"十四五"高等学校新工科计算机类专业系列教材

系统能力课程

总主编 陈明

数据结构与算法基础

徐孝凯◎主编

潘莹 王鸿飞◎副主编

中国铁道出版社有限公司
CHINA RAILWAY PUBLISHING HOUSE CO., LTD.

内容简介

本书是一部针对高等学校新工科计算机类专业的实用性教材，采用易于学习和使用的C语言来描述算法，并加以详细注释，重点知识配备了二维码视频讲解，可读性好、实用性强。对于不熟悉C语言而熟悉其他任何一种计算机语言的学习者来说，只要掌握了本书中详细介绍的数据结构及其运算方法，一样能够编写出相应语言的算法描述和上机程序。本书共分为10章，主要包括集合、线性表、栈和队列、树和二叉树、二叉树应用、图、图的应用、查找以及排序等内容。

本书适合作为普通高校计算机及相关专业"数据结构"课程的教材，也可供相关证书考试、考研或从事计算机应用与工程工作的科技工作者参考。

图书在版编目(CIP)数据

数据结构与算法基础/徐孝凯主编.—北京：中国铁道出版社有限公司，2023.9
"十四五"高等学校新工科计算机类专业系列教材
ISBN 978-7-113-30375-4

Ⅰ.①数… Ⅱ.①徐… Ⅲ.①数据结构-高等学校-教材②算法分析-高等学校-教材 Ⅳ.①TP311.12

中国国家版本馆CIP数据核字(2023)第129909号

书　　名：数据结构与算法基础
作　　者：徐孝凯

策　　划：秦绪好　贾　星　　　　**编辑部电话：**(010)63549501
责任编辑：贾　星　包　宁
封面设计：崔丽芳
责任校对：安海燕
责任印制：樊启鹏

出版发行：中国铁道出版社有限公司(100054，北京市西城区右安门西街8号)
网　　址：http://www.tdpress.com/51eds/
印　　刷：河北宝昌佳彩印刷有限公司
版　　次：2023年9月第1版　2023年9月第1次印刷
开　　本：787 mm×1 092 mm　1/16　**印张：**19　**字数：**523千
书　　号：ISBN 978-7-113-30375-4
定　　价：59.00元

“十四五”高等学校新工科计算机类专业系列教材

编审委员会

序

习近平同志在党的二十大报告中回顾了过去五年的工作和新时代十年的伟大变革，指出："我们加快推进科技自立自强，全社会研发经费支出从一万亿元增加到二万八千亿元，居世界第二位，研发人员总量居世界首位。基础研究和原始创新不断加强，一些关键核心技术实现突破，战略性新兴产业发展壮大，载人航天、探月探火、深海深地探测、超级计算机、卫星导航、量子信息、核电技术、新能源技术、大飞机制造、生物医药等取得重大成果，进入创新型国家行列。"

"新工科"建设是我国高等教育主动应对新一轮科技革命与产业革命的战略行动。新工科重在打造新时代高等工科教育的新教改、新质量、新体系、新文化。教育部等五部门在2023年2月21日印发《普通高等教育学科专业设置调整优化改革方案》"深化新工科建设"部分指出，"主动适应产业发展趋势，主动服务制造强国战略，围绕'新的工科专业，工科专业的新要求，交叉融合再出新'，深化新工科建设，加快学科专业结构调整"。新的工科专业，主要指以互联网和工业智能为核心，包括大数据、云计算、人工智能、区块链、虚拟现实等相关工科专业。工科专业的新要求，主要以云计算、人工智能、大数据等技术用于传统工科专业的升级改造。交叉融合再出新，推动现有工科交叉复合、工科与其他学科交叉融合、应用理科向工科延伸，形成新兴交叉学科专业，培育新的工科领域。相对于传统的工科人才，未来新兴产业和新经济需要的是实践能力强、创新能力强、具备国际竞争力的高素质复合型新工科人才。而新工科人才的培养急需有适应新工科教育的教材作为支撑。

在此背景下，中国铁道出版社有限公司联合北京高等教育学会计算机教育研究分会、河南省高等学校计算机教育研究会、河北省计算机教育研究会等组织共同策划组织"'十四五'高等学校新工科计算机类专业系列教材"。本系列教材充分吸收教育部推出"新工科"计划以来的理念和内涵、新工科建设探索经验和研究成果。

本系列教材涉及范围除了本科计算机类专业核心课程教材之外，还包括与计算机专业相关的蓬勃发展的特色专业的系列教材，例如人工智能、数据科学与大数据技术、物联网工程等专业系列教材。各专业系列教材以子集形式出现，主要有：

- “系统能力课程”系列
- “数据科学与大数据技术专业”系列
- “人工智能专业”系列
- “网络空间安全专业”系列
- “物联网工程专业”系列
- “网络工程专业”系列
- “软件工程专业”系列

本系列教材力图体现如下特点：

(1)在育人功能上：坚持立德树人，为党育人、为国育才，把思想政治教育贯穿人才培养体系，注重培养学生的爱国精神、科学精神、创新精神以及历史思维、工程思维，扎实推进习近平新时代中国特色社会主义思想进教材、进课堂、进头脑。

(2)在内容组织上：为了满足新工科专业建设和人才培养的需要，突出对新知识、新理论、新案例的引入。教材中的案例在设计上充分考虑高阶性、创新性和挑战度，并把高质量的科研创新成果在教材中进行了充分体现。

(3)在表现形式上：注重以学生发展为中心，立足教学适用性，凸显教材实践性。另外，教材以媒体融合为亮点，提供大量的视频、仿真资源、扩展资源等，体现教材多态性。

本系列教材由教学水平高的专家、学者撰写，他们不但从事多年计算机类专业教学、教改，而且参加和完成多项计算机类的科研项目和课题，将积累的经验、智慧、成果融入教材中，力图为我国高校新工科建设奉献一套优秀教材。热忱欢迎广大专家、同仁批评、指正。

“十四五”高等学校新工科计算机类专业系列教材总主编 陈明[①]

2023年8月

① 陈明：中国石油大学(北京)教授，博士生导师。历任北京高等教育学会计算机教育研究分会副理事长，中国计算机学会开放系统专业委员会副主任，中国人工智能学会智能信息网络专业委员会副主任。曾编著13部国家级规划教材、6部北京高等教育精品教材，对高等教育教学、教改、新工科建设有较深造诣。

前　言

数据结构是计算机及其相关专业的一门核心骨干课程,主要讨论数据的逻辑结构和存储结构,以及对数据的运算、算法(运算方法和过程)和在计算机系统上的实现(算法执行)。数据的逻辑结构简称数据结构,它是对数据进行有效组织的各种联系方式(方法),总体上有集合结构、线性结构、树形结构、图结构等四种基本结构,以及在基本结构基础上构造出来的各种各样的组合结构。人们在利用计算机进行数据处理时,可以根据需要选用任一种合适的数据结构来组织数据。

算法就是在数据结构的基础上对数据进行相应运算的方法和过程,思考和解决问题(即如何运算)的思路不同,设计出来的算法也不同,在计算机上执行的快慢程度也不同。当然,如果设计出的算法是正确和有效的,通过执行就能够得到正确的数据处理结果。

算法并不是一个新鲜的名词,是一直存在着的,在以前传统社会,对数据进行运算的各种算法都是通过手工计算完成的,只有进入现代计算机和信息社会时代,算法才得以在计算机上执行。当然其传统算法也要根据在计算机上执行的需要而做出相应的修改和变化。

要使自己设计出的算法能够在计算机上执行,必须借助一种计算机语言作为工具,将其编写成相关的程序代码。本书利用 C 语言作为其算法设计语言,编写出相应的函数定义模块,进而通过函数调用实现其算法功能。算法在计算机上执行时,其待处理的数据来自计算机存储系统中存储的数据,所以现实牛活中的数据,包括其选用的数据结构,还必须事先按照一定的存储方法(存储结构),使之有效地保存到计算机存储器中,供算法执行时访问和处理,算法处理结果也需要保存到计算机存储器中,或打印输出供用户使用。

学习"数据结构"课程的目的是要学会根据数据处理问题的需要,选择合适的数据结构和存储结构,根据相应的运算设计出算法,进而编写出相应的程序代码,并在计算机上执行(运行)后得到处理结果。

本书按照"'十四五'高等学校新工科计算机类专业系列教材"总体编写规划的要求编写,适合作为普通高校"数据结构"课程的教材。

本书符合课程自身学科特点,注重突出其实用性、简明性、系统性和基础性,让学生能够收到学以致用、事半功倍的良好效果。

本书共分为10章。第1章讨论数据的各种基本数据结构,算法的定义以及评价标准等内容,为学习后续各章内容做好准备和铺垫。第2章讨论数据的集合结构,以及相应运算、存储结构和算法实现(即编写代码)。第3章讨论数据的线性结构(线性表),以及相应运算、存储结构和算法实现。第4章讨论数据的栈结构和队列结构(它们都是线性数据结构中的特殊结构),以及它们的运算、存储结构和算法实现。第5章讨论树形结构和其中典型的二叉树结构,以及它们的运算、存储结构和算法实现。第6章讨论二叉树的应用,列举了搜索二叉树、堆和哈夫曼树的定义、运算和相应的算法实现。第7章讨论数据的图结构和运算,以及相应的存储结构和算法实现。第8章讨论图的具体应用,其中包括求一个图的最小生成树、最短路径、拓扑排序和关键路径。第9章讨论对数据进行的各种查找方法和算法,主要有二分查找、索引查找、散列查找和B树查找等。第10章讨论对数据进行的各种排序方法和算法,主要有堆排序、快速排序、归并排序、外存数据文件排序等。

编者精心编写本书,力求本书内容比同类教材更加系统规范,更加简明实用。由于编者能力所限,错误和不足之处在所难免,敬请广大同行和读者批评指正!

本书中所有习题的详细解答及课件等资源可以在中国铁道出版社教育资源数字化平台(https://www.tdpress.com/51eds/)免费下载。另外,还可以通过QQ号(771229083)与编者联系。

徐孝凯

2023年3月

目　录

第1章 绪论

要学习好"数据结构"课程，首先就要弄清楚以下问题：什么叫数据结构？ 什么叫算法？以及它们之间有什么关系？ 如何来描述和评价一个算法？ 本章将逐一阐述和回答这些问题，为读者学习本课程起到提纲挈领的作用，为顺利学习以后各章内容做好充分准备。

本章知识导图

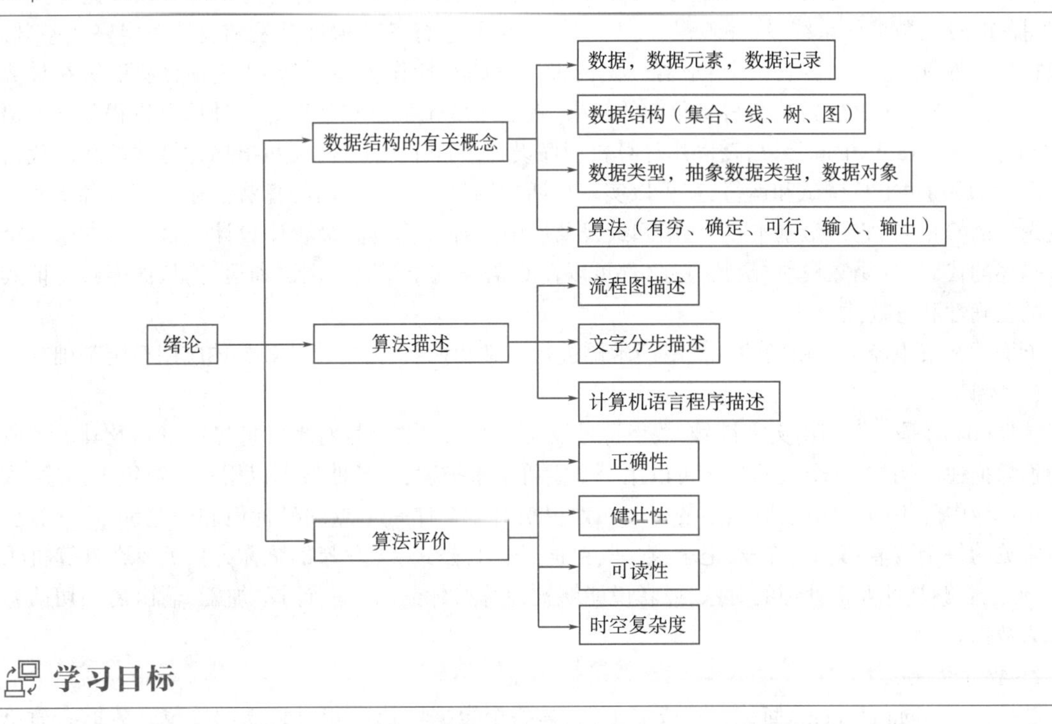

学习目标

◎了解：数据、数据元素、数据记录、数据类型、抽象数据类型、数据对象等的含义。
◎理解：算法的定义和特性，算法的不同描述方法，算法的各种评价指标的含义。
◎掌握：数据结构的二元组表示，数据结构的不同类型及其特点。
◎应用：能够根据一个程序设计算法求出其时间复杂度和空间复杂度的数量级表示。

1.1 数据结构的有关概念

数据结构与算法基础课程是各高校计算机、信息管理等相关专业的一门专业基础课程,它专门讨论由人们根据解决问题的实际需要,把从现实世界中抽象出来的可记录的数据,如何在计算机系统中进行有效的表示、组织、存取和处理。这里所说的数据是广义的,它不仅包括可供人们日常使用的数值数据、字符数据、日期数据等简单数据,而且还包括带有一定结构的各种复杂数据,如记录数据、向量数据、矩阵数据、表格数据、图形数据、图像数据、音频数据、视频数据等。

利用计算机存储数据不仅要存储数据本身,而且要存储数据元素之间的联系(即数据结构),使得解决一个问题的所有数据集变为一个有机的数据整体,这样就能够根据一定的路径和搜索方法快速地访问到所需要的任何一个或一组数据元素,并进行有效的处理和利用。

在计算机中存储数据有许多种可选的方法,每种方法又称存储数据的一种存储结构,通常可选的方法有顺序存储结构、链式存储结构、散列存储结构、索引存储结构等,根据这些最基本的存储结构,可以按照实际需要进行不同组合,从而形成较为复杂的各种具体的存储结构。

对数据(广义地称为数据结构)进行处理的方法又称算法,它是根据人们解决实际问题的需要而逐渐产生、发展和丰富起来的。到目前为止,人们已经总结出许多常用和有效的处理数据的算法,了解、掌握和使用这些较成熟的算法是"数据结构"课程的主要内容。这将为学习后续各门专业课程,如操作系统、数据库系统、软件工程、人工智能等,以及进行各类软件开发和设计奠定坚实基础。对数据进行处理的方法(算法)都对应着一定的设计思路和操作步骤,若要让这种算法能够在计算机系统上真正实现(执行),从而得到预期的结果,就必须事先学习和掌握好一种计算机程序设计语言,如 C、C++、Java、Python 等语言,利用计算机程序设计语言作为工具,编写出描述算法的相应代码(程序),然后通过上机调试和运行,就可以实现预期的结果。本书采用的算法描述语言是各高校中普遍选用的 C 语言,它是最基本、最通用和最普及性的一种计算机高级程序设计语言。本书中每个算法描述的代码(即函数模块、函数过程)都可以在 C 语言编译环境下调试和运行,从而能够验证其算法的正确性和有效性。

下面就本书中经常使用到的一些专门术语进行定义和说明,为后续各章具体应用奠定基础。

1. 数据

数据(data)是人们利用文字符号、数字符号以及其他规定的符号对现实世界的事物及其活动所做的抽象描述。例如,一个人的名字可以用一个字符串来描述;一条曲线可以用一个数组来描述;依次取出曲线中的不同坐标点,数组中的每一元素用来对应存储每个点的坐标值和颜色编号。因此,平时常见的每个数值、文字、符号、记录、数列、单词、语句、公式、文章等都统称为数据。在计算机领域,人们把能够被计算机处理的对象,或者说能够被计算机输入、存储、计算、加工、输出的一切信息都称为数据。

2. 数据元素

数据元素(data element)简称元素或成员,它是一个数据整体中相对独立的单位。数据有简单数据和组合数据之分,对于组合数据,其中就包含着若干个数据元素。如对于一个数据表来说,所包含的每个单独的数值就是其数据元素;对于一个字符序列(字符串)来说,其中的每个字符就是它的数据元素;对于一个数列(数组)来说,每个不同位置上的数据就是它的数据元素。数据和数据元素是相对而言的,是整体和个体的关系。如对于一个记录数据来说,它是所属文件这个整体数据中的一个数据元素,而它相对于所含的每个数据项而言又是一个整体数据,其中的数据项又是这个记录数据中的数据元素。因此,在叙述中很难对数据和数据元素的使用进行严格区分,读者应根据上下文理解其含义。

3. 数据记录

数据记录(data record)简称记录,它是数据处理领域组织数据的基本单位,数据中的每个数据元素在许多应用场合都被组织成记录的形式和结构。一个数据记录由一个或多个数据项(item)所组成,每个数据项可以是简单数据(即不可再分,如一个数值、一个字符等),也可以是组合数据(如数组或记录等)。就拿对一个单位职工进行人事管理的职工文件表来说,其中的每条记录就表示一名职工的身份信息,见表 1-1。

表 1-1　职工文件表

职工号	姓名	身份证号	性别	最高学历	入职时间	年薪(万元)
KX001	张　兴	110 *********** 4328	男	本科	1996/08/25	35
KX002	刘　洋	325 *********** 0013	男	硕士	1998/03/12	40
KX003	王晓敏	431 *********** 1708	女	博士	2001/10/15	45
KX005	蒋　华	211 *********** 4023	女	专科	2005/05/06	26
KX006	刘新民	110 *********** 1059	男	硕士	2010/05/16	20
KX008	魏珊珊	211 *********** 5204	女	本科	2015/10/25	15
KX012	金　平	526 *********** 0716	男	博士	2018/06/09	20
⋮	⋮	⋮	⋮	⋮	⋮	⋮

在表 1-1 中,第一行为表目行或目录行,它给出了此表中每条记录内各数据项的名称,由此构成每条职工记录的数据结构。从表目行向下的每一行为一条职工记录,它给出了一名在职职工的有关登记信息;此表中的每一列为一个数据项,它描述了职工文件表中每个职工的一种属性。每条职工记录由 7 个数据项组成,其名称分别为职工号、姓名、身份证号、性别、最高学历、入职时间和年薪等,其前五个数据项均为字符序列(字符串)类型,第六个数据项为日期时间类型,最后一个数据项为整数类型。

在任一个数据表中,若所有记录在某个数据项中的值均不同,也就是说,其中的每个值能够唯一地标识一条记录时,则可把这个数据项定义为关键数据项,简称关键项(key item),关键项中的每个值称为所在记录的关键字(key word 或 key)。如在表 1-1 中,职工号数据项中的所有值均不同,所以可把职工号作为此数据表的关键项,其中的每个值就是所在记录的关键字。如 KX002 就是第 2 条记录的关键字,KX005 就是第 4 条记录的关键字。

在一个表中,能够作为关键项的数据项可能没有,可能只有一个,也可能多于一个。当没有时,可把多个有关的数据项联合起来,构成一个组合关键项,用组合关键项中的每个组合值唯一地标识一条记录,该组合值就是所在记录的关键字。

引入了记录的关键项和关键字后,为简便起见,在以后的讨论中,经常利用关键项来代替所有记录,利用关键字来代替所在的记录,而把记录中的其他数据项暂时忽略掉。如表 1-1 可以简记为(KX001,KX002,KX003,KX005,KX006,KX008,KX012,…),其中第 2 条记录可以简记为 KX002。

4. 数据结构

数据结构(data structure)是指数据及其所含成员(元素)相互之间的联系。例如,一个家族就是一种数据结构。在这个数据结构中,存在着每个家族成员,也存在着成员之间的各种关系(结构),如夫妻关系、父子关系、兄弟关系、姊妹关系、妯娌关系等。所以,在现实世界中,任何数据都不是孤立存在的,都是在一定意义上相互聚集、相互联系、相互影响的。数据及其所含成员之间的相互联系,也被更确切地称为数据的逻辑结构(data logical structure)。

在计算机中存储数据(数据结构)时,不仅要存储数据本身,而且要存储它们之间的联系(即逻辑结构)。数据结构在计算机存储器中的存储表示,被称为数据的存储结构(dada storage structure),它是数据逻辑结构的存储映象。按照存储方法的不同,数据的存储结构具有顺序、链式、索引、散列等各种不同的结构方式,所以,一种数据结构(逻辑结构)可以根据数据处理的需要选用任一种相应的存储结构,而被存储到计算机系统中。数据逻辑结构是在现实世界的层面上反映出的数据结构,而数据存储结构是在计算机世界的层面上反映出的数据结构,它们时常都被直接称为数据结构,读者应根据上下文体会其层面含义。

为了更确切地描述一种数据结构(逻辑结构),通常采用二元组表示:

$$B=(K,R)$$

B 表示一种数据结构,它由数据元素的集合 K 和 K 上二元关系的集合 R 所组成。其中

$$K=\{k_i \mid 1\leqslant i\leqslant n, n\geqslant 0\}$$
$$R=\{r_j \mid 1\leqslant j\leqslant m, m\geqslant 0\}$$

k_i表示集合 K 中的第 i 个数据元素,n 为 K 中数据元素的个数,特别地,若 $n=0$,则 K 是一个空集,表明没有任何元素,此时 B 也就无结构而言,有时认为 B 具有人们想要的任一种结构;r_j 表示集合 R 中的第 j 个二元关系(以后简称为关系),m 为 R 中关系的个数,特别地,若 $m=0$,则 R 是一个空集,表明不考虑集合 K 中元素之间存在任何关系,元素之间彼此是独立的,没有次序关系,就像数学中集合里的元素一样,互不隶属。在本书所讨论的数据结构中,一般只讨论 $m=1$ 的情况,即 R 中只包含一个关系($R=\{r_1\}$),并且直接把这个关系用 R 表示。若一个数据结构中包含有多个关系,可以分别对每一个关系进行讨论。

K 上的一个关系 R 是元素序偶的集合。对于 R 中的任一序偶$<x,y>(x,y\in K)$,把元素 x 称为序偶的第一元素,把元素 y 称为序偶的第二元素,又称序偶的第一元素为第二元素的直接前驱(为叙述简便以后简称为前驱),称第二元素为第一元素的直接后继(简称后继)。如在$<x,y>$的序偶中,x 为 y 的前驱,确切地说为直接前驱,而 y 为 x 的后继,确切地说为直接后继。

一种数据结构还能够利用图形表示出来,图形中的每个结点(又称顶点)对应着一个数据元素,两结点之间带箭头的连线(又称有向边或弧)对应着关系中的一个序偶,其中序偶的第一元素为有向边的起始结点,第二元素为有向边的终止结点,即箭头所指向的结点。

作为例子,根据下面数据表 1-2 构造出一些典型的数据结构。

表 1-2 某公司人事简表

职工号	姓名	性别	出生日期	职务	部门
01	江明华	男	1982. 03. 20	总经理	
02	刘 宁	男	1976. 06. 14	主任	办公室
03	张 利	女	1978. 12. 07	科长	销售科
04	仝婷婷	女	1980. 08. 05	科长	采购科
05	刘永年	男	1967. 08. 15	科长	生产科
06	王明理	女	1993. 04. 01	科员	办公室
07	鲍 娟	女	1988. 06. 28	科员	销售科
08	张 才	男	1975. 03. 17	科员	销售科
09	陈书琴	女	1993. 10. 12	科员	采购科

续上表

职工号	姓名	性别	出生日期	职务	部门
10	徐宗英	男	1990. 07. 05	科员	生产科
11	刘华胜	男	1998. 11. 25	科员	生产科
12	张山	男	1996. 02. 08	科员	生产科

表 1-2 中共有 12 条记录,每条记录都由六个数据项组成,由于每条记录的职工号各不相同,所以可把每条记录的职工号作为该记录的关键字,并在下面的例子中,用记录的关键字代表整条记录。

例1-1　一种数据结构 set=(*K*,*R*),其中

K={01,02,03,04,05,06,07,08,09,10,11,12}

R={}

在数据结构 set 中,只存在着元素的集合,不存在有关系的集合,表明只考虑表 1-2 中的每条记录,并不考虑它们之间的任何关系。称具有此种特点的数据结构为集合结构(set structure)。对于集合结构,元素之间按任何次序排列都是允许的,如可以按关键字的升序排列,也可以按关键字的降序排列,这可根据处理问题的需要任意决定。

例1-2　一种数据结构 linear=(*K*,*R*),其中

K={01,02,03,04,05,06,07,08,09,10,11,12}

R={<05,08>,<08,02>,<02,03>,<03,04>,<04,01>,<01,07>,<07,10>,<10,06>,<06,09>,<09,12>,<12,11>}

对应的图形如图 1-1 所示。

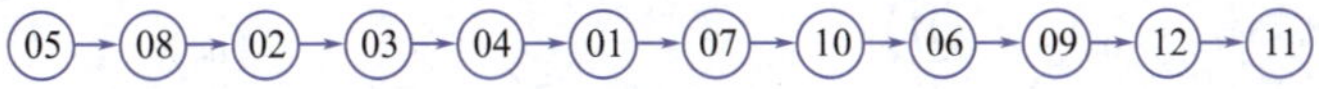

05→08→02→03→04→01→07→10→06→09→12→11

图 1-1　数据的线性结构示意图

结合表 1-2,细心的读者不难理解:*R* 是按照职工出生日期从先向后,即职工年龄从大到小排列的线性关系。

在数据结构 linear 中,每个数据元素有且仅有一个直接前驱元素(除结构中第一个元素 05 外),有且仅有一个直接后继元素(除结构中最后一个元素 11 外)。这种数据结构的特点是数据元素之间的 1 对 1(1 : 1)联系,由此构成元素之间的线性关系。把具有这种特点的数据结构称为线性结构或线结构(linear structure)。

例1-3　一种数据结构 tree=(*K*,*R*),其中

K={01,02,03,04,05,06,07,08,09,10,11,12}

R={<01,02>,<01,03>,<01,04>,<01,05>,<02,06>,<03,07>,<03,08>,<04,09>,<05,10>,<05,11>,<05,12>}

对应的图形如图 1-2 所示。

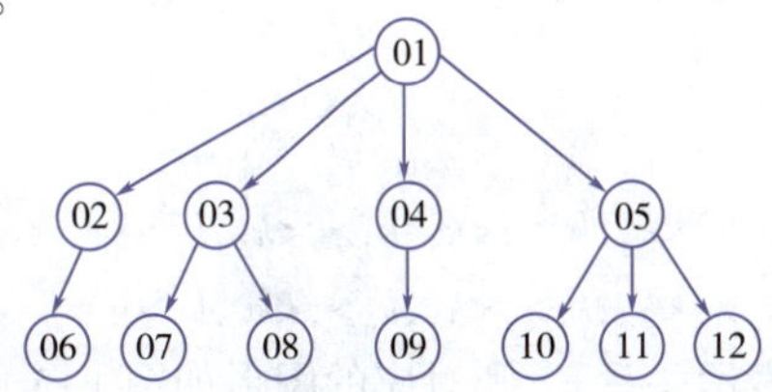

图 1-2　数据的树结构示意图

结合表 1-2,细心的读者不难看出:R 是职工之间领导与被领导的关系。

图 1-2 像倒着画的一棵树,在这棵树中,最上面一层的一个没有前驱只有后继的结点称为树根结点,最下面一层的只有前驱没有后继的结点称为树叶结点,除树根和树叶之外的结点称为树枝结点。在一棵树中,每个结点有且只有一个前驱结点(除树根结点外),但可以有任意多个后继结点(树叶结点可看作具有 0 个后继结点)。这种数据结构的特点是数据元素之间的 1 对 $N(1:N)$ 联系($N \geqslant 0$),又称 1 对多联系,由此形成结点之间的层次关系。把具有这种特点的数据结构称为树形结构、树结构(tree structure),简称树。

例1-4 一种数据结构 graph=(K,R),其中

$K=\{01,02,03,04,05,06,07,08,09,10,11,12\}$

$R=\{<01,02>,<02,01>,<01,05>,<05,01>,<02,03>,<03,02>,<02,07>,<07,02>,<05,04>,<04,05>,<04,09>,<09,04>,<04,10>,<10,04>,<06,11>,<11,06>,<08,09>,<09,08>\}$

对应的图形如图 1-3 所示。

从图 1-3 可以看出,R 是 K 上的对称关系,则$<x,y>$与$<y,x>$同时存在,为了简化起见,把$<x,y>$和$<y,x>$这两个对称序偶用一个无序对(x,y)或(y,x)来代替;在示意图中,把 x 结点和 y 结点之间两条相反的有向边用一条无向边来代替,其中有向边用尖括号,无向边用圆括号。这样 R 关系可改写为:

$R=\{(01,02),(01,05),(02,03),(02,07),(05,04),(04,09),(04,10),(06,11),(08,09)\}$

对应的图形如图 1-4 所示。

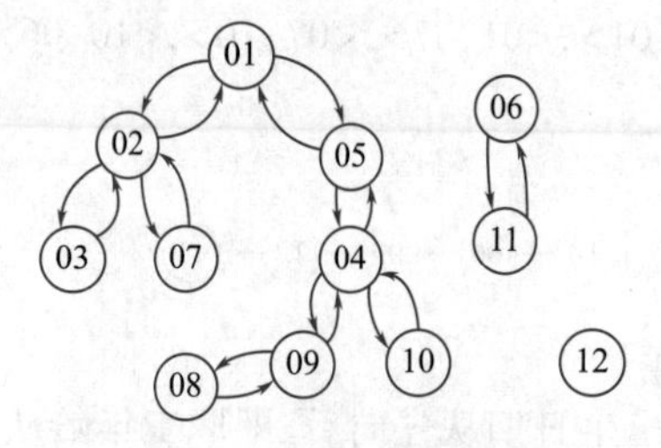

图 1-3 数据的图结构示意图

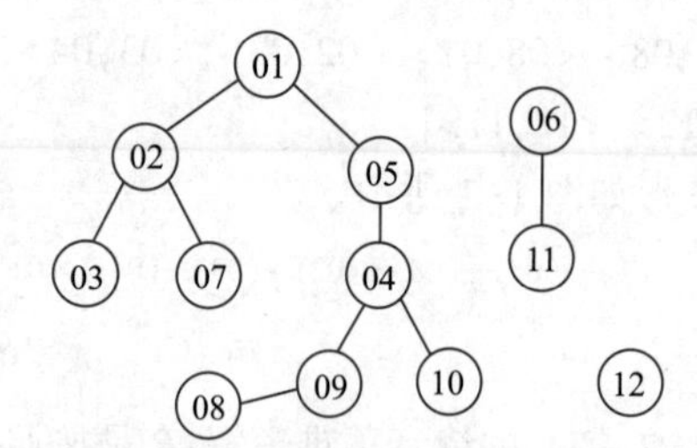

图 1-4 图 1-3 的等价表示

如果说 R 中每个序偶里的两个元素所代表的员工是好友,那么 R 关系就是员工之间的好友关系。

从图 1-3 或 1-4 可以看出,结点之间的联系是 M 对 $N(M:N)$ 联系($M \geqslant 0, N \geqslant 0$),又称多对多联系,由此形成结点之间的网状关系,也就是说,每个结点可以有任意多个前驱结点和任意多个后继结点。把具有这种特点的数据结构称为图形结构、图结构、网结构(graph/chain structure),简称图或网。

由以上图结构、树结构和线结构的定义可知,树结构是图结构的特殊情况,线结构又是树结构的特殊情况,当然更是图结构的特殊情况。为了区别于线结构,把树结构和图结构统称为非线(性)结构。线结构和非线结构相对于集合来说都是有结构的,而集合则是无结构的,或者说是空结构。

例1-5 一种数据结构 $B=(K,R)$,其中

$K=\{k_1,k_2,k_3,k_4,k_5,k_6,k_7\}$

$R=\{r_1,r_2\}$

$r_1=\{<k_3,k_2>,<k_3,k_5>,<k_3,k_7>,<k_2,k_1>,<k_5,k_4>,<k_5,k_6>\}$

$r_2=\{<k_1,k_2>,<k_2,k_3>,<k_3,k_4>,<k_4,k_5>,<k_5,k_6>,<k_6,k_7>\}$

若用实线表示关系 r_1,虚线表示关系 r_2,则对应的图形如图 1-5 所示。

从图 1-5 可以看出:此种数据结构 B 是一种非线性的图结构。但是,若只考虑关系 r_1 则为树结

构,若只考虑关系 r_2 则为线性结构。

当一组数据中包含有多个二元关系时,通常把它们看作多个数据结构分别进行分析和处理。如对于上述表 1-2 所示的公司人事简表,根据处理不同问题的需要,就可能存在着按年龄排序建立的线性关系、按领导和被领导地位建立的层次关系,按好友联系建立的网状关系,按不分次序建立的集合关系等。从而在同一组数据集上能够分别构建成适应各自不同用途的数据结构。

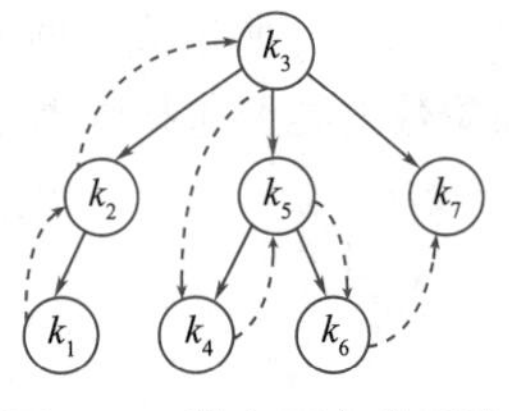

图 1-5　带有两个关系的一种数据结构示意图

5. 数据类型

数据类型(data type)是对数据的取值范围、数据结构以及允许施加运算(算法)的整体描述及定义。在每一种计算机语言中都定义有其各种标准数据类型,如通常定义有整数、实数(浮点数)、枚举、字符、字符串、指针、数组、记录、文件等数据类型。

就拿整数类型来说,其中的每个整数,在计算机存储中通常用两个字节或四个字节来存储,若采用两个字节,则存储整数范围为 $-2^{15}\sim2^{15}-1$,即 $-32\,768\sim32\,767$;若采用四个字节,则存储整数范围为 $-2^{31}\sim2^{31}-1$,即 $-2\,147\,483\,648\sim2\,147\,483\,647$。整数之间的关系就是从小到大有序的线性关系,即整数类型中的数据结构就是线性结构。对整数类型中的每个整数允许施加的操作有:单目取正或取负运算,双目加、减、乘、除、取模等运算,双目等于、不等于、大于、大于或等于、小于、小于或等于等比较大小的运算,以及赋值运算等。

字符类型中的每个字符在机器中通常用一个字节或两个字节来表示(存储),当使用一个字节时,无符号表示范围为 0~255,能够至多对 256 种不同字符进行识别、编码和存储,字符类型中的数据之间的关系是按 ASCII 码表中的字符编码有序,也是线性关系,字符类型中的数据结构也是线性结构,对字符类型的数据允许进行的操作主要为赋值和各种比较大小的运算。字符串类型是在字符类型基础上的组合类型,其中的每个值都是一个有限的字符序列(即字符串),字符之间是按前后位置排列有序的,不同字符串也是可以按其值大小进行比较和有序排列的,所以字符串类型中的数据结构也是线性结构,对字符串的运算(操作)主要有求串长度、串复制、两串连接、两串比较大小等。

数据类型可分为简单类型和组合类型两种。简单类型中的每个数据即为简单数据,如一个整数、实数、字符、指针、枚举量等。组合类型是在简单类型的基础上按照一定的规则构造而成,并且组合类型仍可以再包含组合类型。所以一种组合类型中的数据(即组合数据)可以分解为若干个简单数据或组合数据,其中的每个组合数据仍可再分。如一般计算机语言中的数组类型就是一种由简单类型构成的组合类型,数组类型中的每个数组值包含有固定个数的同一类型的数据值,数组值中的每个分量(元素)都可以通过下标运算符直接访问。在一般计算机语言中的记录(结构)类型也是一种由简单类型构成的组合类型,其中的每个记录值包含有固定个数的不同类型的数据值,记录值中每个成分都可以通过成员运算符(点运算符)直接访问。

数组类型中的数据结构可用二元组描述如下:

array = (A,R),其中

$A=\{a[i]\mid 0\leqslant i\leqslant n-1,n\geqslant1\}$

$R=\{<a[i],a[i+1]>\mid 0\leqslant i\leqslant n-2\}$

$a[i]$ 为数组中的下标为 i 的元素,n 为大于或等于 1 的整数,用来表明数组中元素的个数,数组元素的下标从 0 到 $n-1$,数组值中前后相邻位置上的两个元素为一个序偶,其前一元素 $a[i]$ 是后一元素 $a[i+1]$ 的前驱,而 $a[i+1]$ 则是 $a[i]$ 的后继,第一个元素 $a[0]$ 无前驱元素,最后一个元素 $a[n-1]$ 无后继元素。由此可知数组的数据结构也是线性结构。

6. 抽象数据类型

抽象数据类型(abstract data type,ADT)由一组数据(内含结构)和在该组数据上的操作集(运算集、算法集)所组成。抽象数据类型比一般计算机语言中的标准数据类型的含义更宽泛和更抽象。抽象数据类型包括数据定义和操作定义两部分,具体可以采用如下格式进行描述。

```
ADT <抽象数据类型名> is
    Data:
      <数据定义>
    Operations:
      <操作定义>
end <抽象数据类型名>
```

在面向对象的程序设计语言(如C++、Java)中,抽象数据类型相当于用户定义的一个类,其数据定义就是此类中对数据成员的定义,其操作定义就是此类中对成员函数的定义。

在面向过程的程序设计语言(如C)中,没有对应的抽象数据类型的定义模式,只能将其数据定义和操作定义分开进行,其数据定义部分采用程序设计语言中提供的数据类型来定义,其操作定义部分采用程序设计语言中提供的函数描述来定义。

本书将采用面向过程的C语言程序设计方法来定义和使用其抽象数据类型。

下面看一个简单的例子。

假定把对一个矩形的表示和处理定义成一种抽象数据类型,其数据定义部分包括矩形的长度和宽度,其操作定义部分包括初始化矩形的长宽尺寸、计算矩形的周长和计算矩形的面积。

该抽象数据类型名假定用RECtangle(矩形)表示,定义矩形数据的记录类型名假定用Rectangle表示,其所包含的矩形长度和宽度的成员名假定用length和width表示,并假定它们均为双精度浮点数类型double,初始化矩形数据的函数名假定用initRectangle表示,求矩形周长的函数名假定用girth表示,求矩形面积的函数名假定用area表示,则矩形的ADT(抽象数据类型)可描述如下:

```
ADT RECtangle is
    Data:           //定义数据部分,其数据结构是两个实数的集合,定义 r 为一个矩形变量
        struct Rectangle {double length,width;} r;
    Operations:     //定义操作部分,这里暂且给出其相应声明,稍后给出定义
        struct Rectangle initRectangle(double len,double wid);
        double girth(struct Rectangle r);
        double area(struct Rectangle r);
end RECtangle
```

初始化一个矩形的函数定义如下:

```
struct Rectangle initRectangle(double len,double wid)
{                               //给矩形赋初值并返回
    struct Rectangle r;         //定义一个矩形对象 r
    r.length=len;               //把形参 len 值赋给 r 的 length 域
    r.width=wid;                //把形参 wid 值赋给 r 的 width 域
    return r;                   //返回被初始化后的矩形对象
}
```

该函数把两个形参len和wid的值分别赋给矩形对象r中的length域和width域,实现对一个矩形r的初始化,然后返回这个矩形对象到调用此函数的程序中,以便利用。

求矩形周长和求矩形面积的函数定义分别如下:

```
double girth(struct Rectangle r){          //计算周长并返回
    return 2* (r.length+r.width);
}
double area(struct Rectangle r){           //计算面积并返回
    return r.length* r.width;
}
```

用C语言编写出进行矩形类型定义和计算的完整程序如下：

```
#include<stdio.h>                                    //用于进行数据输入和输出的系统头文件
struct Rectangle {double length,width;};             //定义矩形类型
struct Rectangle initRectangle(double len,double wid)
{                                                     //给矩形赋初值并返回
    struct Rectangle r;                               //定义一个矩形对象 r
    r.length=len;                                     //把形参 len 值赋给 r 的 length 域
    r.width=wid;                                      //把形参 wid 值赋给 r 的 width 域
    return r;                                         //返回被赋初值后的矩形
}
double girth(struct Rectangle r)
{                                                     //计算周长并返回
    return 2* (r.length+r.width);
}
double area(struct Rectangle r)
{                                                     //计算面积并返回
    return r.length* r.width;
}
void main(void){                                      //主函数
    double len,wid;                                   //定义变量用于保存一个矩形的长和宽
    double p,s;                                       //定义变量用于保存一个矩形的周长和面积
    struct Rectangle r;                               //定义一个矩形变量
    printf("请输入一个矩形的长和宽:");
    scanf("% lf % lf",&len,&wid);                     //从键盘为 len 和 wid 输入值
    r=initRectangle(len,wid);                         //对矩形 r 进行初始化
    p=girth(r);                                       //计算矩形 r 的周长
    s=area(r);                                        //计算矩形 r 的面积
    printf("矩形的长和宽:% lf % lf\n",r.length,r.width);
    printf("矩形的周长   :% lf\n",p);
    printf("矩形的面积   :% lf\n",s);
}
```

此程序在C语言编译环境下，经过输入、编译、连接和运行，假定从键盘上输入的一个矩形的长和宽分别为5和7，则得到的运行结果为：

```
请输入一个矩形的长和宽:5 7
矩形的长和宽:5.000000 7.000000
矩形的周长   :24.000000
矩形的面积   :35.000000
Press any key to continue
```

7. 数据对象

数据对象(data object)简称对象，它属于一种数据类型中的具体实例。如25为一个整数类型中的数据对象，'A'为一个字符类型中的数据对象。又如语句“char * p;”定义p为一个字符指针类型中的数据对象，它可以用来指向一个字符串；语句“int a[10];”定义a为一个含有10个整数元素的数组对象；语句“struct Rectangle r1;”定义r1为一个具有struct Rectangle记录结构类型的数据对象；语句“RECtangle rec;”定义rec为一个具有RECtangle抽象数据类型的数据对象。

8. 算法

算法(algorithm)就是解决问题的方法和过程。一个算法可以采用文字叙述，也可以采用传统流程图、N-S图(盒图)或PAD图(问题分析图)等描述，但要在计算机上运行和实现，则最终必须采用

计算机中的一种程序设计语言来加以描述。作为一个算法应具备以下5个特性：

(1)有穷性

一个算法必须在执行有限步之后结束。

(2)确定性

算法中的每一步都必须具有确切的含义，无二义性。

(3)可行性

算法中的每一步都必须是可行的，也就是说，每一步都能够通过手工或机器经有限次操作后在有限时间内实现。

(4)输入

一个算法可以有0个、1个或多个输入量，为执行算法时提供初始数据。

(5)输出

一个算法执行结束后至少要有一个输出量，它是利用算法对输入量进行运算和处理的结果。

算法可分为数值算法和非数值算法两大类。解决数值问题的算法通常称为数值算法，科学和工程计算方面的算法都属于数值算法，如求解数值积分、求解线性方程组、求解代数方程、求解微分方程等。解决数据处理问题的算法通常称为非数值算法，如对数据进行的各种排序算法、查找算法、插入算法、删除算法、统计算法、遍历输出算法等。数值算法和非数值算法并没有严格的区别，一般说来，在非数值算法中，主要进行数据之间的比较和逻辑运算，而在数值算法中则主要进行各种算术运算。

算法可以采用递归的方法，也可以采用非递归的方法进行构思，因此算法就有递归算法和非递归算法之分。当然，从理论上讲，任何递归算法都可以通过循环(迭代)和使用数据堆栈等方法转化为一个非递归算法。

通过学习数据结构与算法基础这门课程，要能够根据实际数据处理问题的需要，抽象出所涉及的数据(数据结构)，建立相应的数据模型，接着设计出相应的数据处理算法，然后通过使用一种计算机程序设计语言，并选择合适的数据存储结构存储数据，并按照算法思路编写出能够上机运行的函数和程序。

1.2 算法描述

一个算法可以借助各种表示工具描述出来，包括流程图描述、文字分步描述和计算机语言程序描述等。

1. 流程图描述

例如：若从 n 个整数元素中查找出最大值，选用流程图描述如图1-6所示。

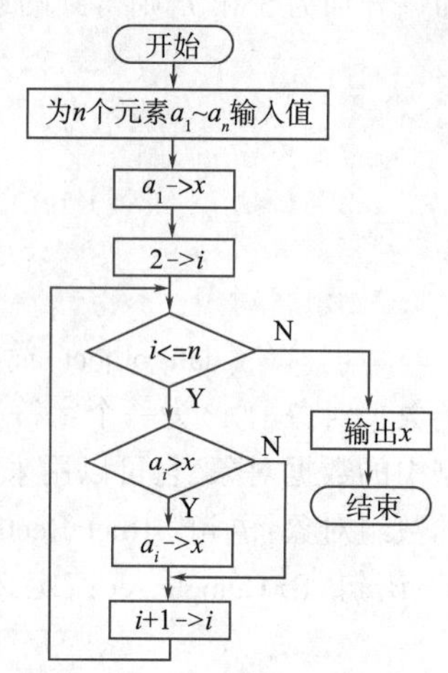

图1-6 求 n 个元素中的最大值

2. 文字分步描述

若对于上面算法举例，选用文字描述，则如下列步骤所示：

①给 n 个元素 $a_1 \sim a_n$ 输入数值；

② 把第一个元素 a_1 的值赋给用于保存最大值元素的变量 x；

③ 把表示下标的变量 i 赋初值2；

④ 如果 $i \leqslant n$ 则向下一步继续执行，否则输出最大值 x 后结束算法；

⑤ 如果 $a_i > x$ 则将 a_i 的值赋给 x，否则不改变 x 的值，这使得 x 始终保存着当前比较过的所有元素的最大值；

⑥ 使下标 i 增1，用来指示下一个待比较的元素；

⑦ 转向上面第④步继续执行。

3. 计算机语言程序描述

若要使一个算法在计算机上实现,则必须选用一种计算机程序设计语言编写出程序进行描述。如对于上述算法举例,若采用C语言描述,则可以编写成如下程序。

```
#include<stdio.h>
#include<stdlib.h>
#define NN 20                          //假定符号常量NN的值定为20,表示待处理元素的最大个数
int findMax(int a[],int n)             //从数组a的n个元素中求出最大值并返回的算法描述
{
    int i,x;
    x=a[0];                            //把第1个元素a[0]的值赋给x
    i=1;                               //把第2个元素a[1]的下标1赋给i
    while(i<n){                        //通过循环比较求出数组a[n]中的最大值
        if(a[i]>x) x=a[i];
        i++;
    }
    return x;                          //返回数组a中n个元素的最大值
}
void main(void)                        //主函数
{
    int i,n,x,a[NN];                   //用a[0]~a[n-1]保存a1~an元素
    printf("请输入表示数据个数的n值,n的值要小于或等于%d:",NN);
    scanf("%d",&n);
    if(n<=0 ||n>NN){printf("输入的n值非法,退出运行!\n");exit(1);}
    printf("请输入%d个整数:",n);
    for(i=0;i<n;i++) scanf("%d",&a[i]);
    x=findMax(a,n);                    //函数算法调用求出最大值
    printf("%d个整数中的最大值为:%d\n",n,x);
}
```

若在C语言编译环境下输入、编辑、编译、连接和运行此程序,则得到的一次运行结果如下:

```
请输入表示数据个数的n值,n的值要小于或等于20:12
请输入12个整数:23 45 89 67 44 80 91 25 48 69 92 85
12个整数中的最大值为:92
Press any key to continue
```

1.3 算法评价

对于解决同一个问题,往往能够根据不同的分析思路设计出不同的算法。例如,对于数据排序问题,在本书第10章将根据不同的排序方法介绍数据排序的各种不同算法。进行算法评价的目的,既在于从解决同一问题的不同算法中选择出较为合适的一种,也在于知道如何对现有算法进行改进,从而有可能设计出更好的算法。一般从以下5个方面对算法的质量优劣进行评价。

1. 正确性

正确性(correctness)是设计和评价一个算法的首要条件,如果一个算法不正确,即不能完成所要求的任务,或者说不能得到正确的结果,其他方面也就无从谈起。一个正确的算法是指在合理的数据输入下,能够在有限的运行时间内得出正确的结果。通过采用各种典型的输入数据上机反复调试算法,使得算法中的每段代码都能够被测试到,若发现错误及时修正,最终可以验证出算法的正确

性。当然,要从理论上证明一个算法的正确性,并不是一件容易的事,也不属于本书所研究的范围,故不作讨论。

2. 健壮性

健壮性(robustness)是指一个算法对不合理(又称不正确、非法、错误等)数据输入的反应和处理能力。一个好的算法应该能够识别出不合理数据并进行相应的处理。对不合理数据的处理一般包括给出错误信息、调用错误处理模块、返回标识错误的特定信号标志、中止程序运行等。

3. 可读性

可读性(readability)是指一个算法供人们阅读的容易程度。一个可读性好的算法,应该使用便于识别和记忆的、与描述的事物或实现的功能相一致的标识符,应该符合结构化、模块化以及面向对象的程序设计方法,应该对其中的每个数据成员或函数成员、功能模块、重要数据类型等加以注释,应该建立有相应的程序文档,对整个程序的结构、使用及有关事项进行必要说明。

4. 时间复杂度

时间复杂度(time complexity)又称计算复杂度(computation complexity)或称时间复杂性/计算复杂性,它是衡量算法有效性的两个指标之一,衡量算法有效性的另一个指标是稍后要介绍的空间复杂度。时间复杂度是一个算法运行时间长短的相对量度。一个算法的运行时间是指在计算机上从开始到结束运行所花费的时间,它大致等于计算机执行每一种简单操作(如赋值、比较、简单计算、转向、返回、输入、输出等)所需的平均时间与算法中进行简单操作次数的乘积。因为执行一种简单操作所需的平均时间随所在机器系统而异,它是由机器本身硬软件环境和性能决定的,与算法本身无关,所以这里只讨论影响算法运行时间的另一个因素——算法中进行简单操作次数的多少。

不管一个算法是简单还是复杂,最终都是被计算机编译后分解成每个简单操作来具体执行的,因此,每个算法都对应着一定量的简单操作的次数。显然,在一个算法中,进行简单操作的次数越少,其运行时间也就相对越少;次数越多,其运行时间也就相对越多。所以,通常把算法中包含简单操作次数的多少称为该算法的时间复杂度,用它来衡量一个算法的运行时间性能(长度)。

(1)时间复杂度分析举例

若解决一个问题的规模(数据量)用 n 表示,则相应算法的时间复杂度就是自变量为 n 的一个函数,假定标记为 $S(n)$。下面通过例子来分析一些典型算法的时间复杂度。

算法 1-1:

```
int sum(int b[],int n)        //累加求和
{
    int i,s=0;
    for(i=0;i<n;i++) s+=b[i];
    return s;
}
```

在这个算法中,函数体的第 1 行语句为定义变量并赋初值,第 3 行为返回语句,这两行语句各表示一次简单操作,第 2 行 for 循环语句所包含的简单操作的次数可进行如下分解计算:

```
      i=0;                        //1 次
mark1:if(i>=n) goto mark2;        //n+1 次
         s+=b[i];                 //n 次
         i++;                     //n 次
         goto mark1;              //n 次
mark2:return s;
```

把第 2 行 for 循环语句执行过程中分解后的每一条简单语句的执行次数加起来,就得到了它所包含的简单操作的次数总和,即为 $4n+2$。因此,算法 1-1 的时间复杂度为:

$$S(n)=4n+4$$

算法 1-2:

```
void matrixAdd(int a[MS][MS],int b[MS][MS],int c[MS][MS],int n)  //两矩阵相加
    // a[n,n]+b[n,n]=>c[n,n],MS 为事先定义过的大于或等于 n 的符号常量
{
    int i,j;
    for(i=0;i<n;i++)
        for(j=0;j<n;j++)
            c[i][j]=a[i][j]+b[i][j];
}
```

运行此算法需要执行的简单操作的次数等于双重 for 循环语句所包含的简单操作的次数,对该语句可进行如下分解计算:

```
    i=0;                              //1 次
mark1:if(i>=n)goto mark4;             //n+1 次
        j=0;                          //n 次
mark2:if(j>=n)goto mark3;             //n(n+1)次
        c[i][j]=a[i][j]+b[i][j];      //n*n 次
        j++;                          //n*n 次
        goto mark2;                   //n*n 次
mark3:i++;                            //n 次
        goto mark1;                   //n 次
mark4:  ;
```

把分解后的每一条简单语句的执行次数加起来,就得到了算法 1-2 所包含的简单操作的次数。因此,算法 1-2 的时间复杂度为:

$$S(n)=4n^2+5n+2$$

算法 1-3:

```
void selectSort(int b[],int n)        //简单选择排序
{
    int i,j,k,x;
    for(i=0;i<n-1;i++)
    {
        k=i;                          //给 k 赋初值 i,指示待比较区间内的最小值元素
        for(j=i+1;j<n;j++)            //从当前待比较区间顺序找到最小值 b[k]
            if(b[j]<b[k])k=j;
        x=b[i];b[i]=b[k];b[k]=x;      //把最小值交换到当前比较区间的开始位置
    }
}
```

此算法包含双重 for 循环,外层 for 循环的循环变量为 i,它从 0 取值到 $n-2$,共 $n-1$ 次取值,对于 i 的每一取值,首先通过 $k=i$ 赋值语句和内层 for 循环语句,在 $b[i]$ 至 $b[n-1]$ 之间顺序查找出具有最小值的元素 $b[k]$,然后通过其后的三条赋值语句交换 $b[i]$ 和 $b[k]$ 的值,使得当前 $b[i]$ 的值成为 $b[i]$ 至 $b[n-1]$ 之间的最小值。这样,当算法执行结束后,数组 b 中的 n 个元素就按照其值从小到大的次序排列好了。

要计算出该算法包含的简单操作的次数,可将双重 for 循环语句分解如下:

```
    i=0;                          //1 次
mark1:if(i>=n-1)goto mark4;       //n 次
        k=i;                      //n-1 次
```

```
        j=i+1;                      //n-1 次
    mark2:if(j>=n)goto mark3;       // ∑_{i=0}^{n-2} (n - i) = (n + 2)(n - 1)/2 次
        if(b[j]<b[k])k=j;           // ∑_{i=0}^{n-2} (n - i - 1) = n(n - 1)/2 次
        j++;                        //n(n-1)/2 次
        goto mark2;                 //n(n-1)/2 次
    mark3:x=b[i];                   //n-1 次
        b[i]=b[k];                  //n-1 次
        b[k]=x;                     //n-1 次
        i++;                        //n-1 次
        goto mark1;                 //n-1 次
    mark4: ;
```

把分解后的每一条简单语句的执行次数加起来，就得到了算法 1-3 所包含的简单操作的次数。算法 1-3 的时间复杂度为：

$$S(n)=2n^2+7n-7$$

(2)时间复杂度的数量级表示

从以上分析可以看出，对一个算法时间复杂度的计算是相当烦琐的，特别对于较复杂的算法更是如此。实际上，一般也没有必要精确地计算出算法的时间复杂度，只要大致计算出相应的数量级(order)大小即可。下面接着讨论时间复杂度 $S(n)$ 的数量级表示。

设 $S(n)$ 的一个辅助函数为 $T(n)$，定义为当 n 大于或等于某一足够大的正整数 n_0 时，存在着两个正的常数 A 和 B(其中 $A\leqslant B$)，使得 $A\leqslant\frac{S(n)}{T(n)}\leqslant B$ 均成立，则称 $T(n)$ 是 $S(n)$ 的同数量级函数。把 $S(n)$ 表示成数量级的形式为：

$$S(n)=O(T(n))$$

其中大写字母 O 为英文 order(即数量级)一词的第一个字母。这种表示的意思是指 $T(n)$ 同 $S(n)$ 只相差一个常数倍，属于同一个数量级。

例如，在算法 1-1 中，当 $n\geqslant1$(即取 n_0 为 1)时，$4\leqslant\frac{4n+4}{n}\leqslant8$ 均成立，则 $T(n)=n$；在算法 1-2 中，当 $n\geqslant2$(即取 n_0 为 2)时，$4\leqslant\frac{4n^2+5n+2}{n^2}\leqslant7$ 均成立，则 $T(n)=n^2$；对于算法 1-3，当 $n\geqslant3$(即取 n_0 为 3)时，$2\leqslant\frac{2n^2+7n-7}{n^2}\leqslant4$ 均成立，则 $T(n)$ 也等于 n^2。由此不难发现，当 $S(n)$ 是 n 的多项式时，$T(n)$ 则为 $S(n)$ 中 n 的最高次幂项，它与 $S(n)$ 中的其余项和最高次幂项的系数都无关。若把算法 1-1、算法1-2 和算法 1-3 的时间复杂度分别用数量级的形式表示，则分别为 $O(n)$、$O(n^2)$ 和 $O(n^2)$。

算法的时间复杂度采用数量级的形式表示后，将给求一个算法的时间复杂度 $S(n)$ 带来很大方便，这时只需要分析影响一个算法时间复杂度的主要部分即可，不必对每一步都进行详细而精确的分析；同时，对主要部分的分析也可简化，一般只要分析清楚主循环体内任一条简单语句的执行次数或递归函数的调用次数即可。例如，对于算法 1-1，只要根据 for 循环中的循环体语句被累加执行的次数为 n，就可直接求出其时间复杂度为 $O(n)$；对于算法 1-2，只要弄清楚双重循环内赋值操作的执行次数为 n^2，就可直接求出其时间复杂度为 $O(n^2)$；对于算法 1-3，只要能够求出内层 for 循环体内条件语句的执行次数为 $\sum_{i=0}^{n-2}(n-i-1)=\frac{1}{2}n(n-1)=\frac{1}{2}n^2-\frac{1}{2}n$，即最高次幂项为 n 的平方项，就可直接得到其时间复杂度为 $O(n^2)$。

(3)不同数量级的时间复杂度比较

算法的时间复杂度通常具有 $O(1)$、$O(n)$、$O(\log_2 n)$、$O(n\log_2 n)$、$O(n^2)$、$O(n^3)$、$O(2^n)$、$O(n!)$ 等不同级别。$O(1)$表示算法的运行时间为常量,它不随待处理的数据量 n 的改变而改变。如访问数据表中第一个元素时,无论该表的大小如何,其时间复杂度均为 $O(1)$。具有 $O(n)$数量级的算法被称为时间复杂度为线性的算法,其运行时间与数据量 n 的大小成正比。如对一个包含有 n 个元素的数组进行顺序查找时,其时间复杂度就是 $O(n)$。有一些算法的时间复杂度为 $O(\log_2 n)$,即与 n 的对数成正比。如第 9 章介绍的对有序数组进行二分查找的算法就是如此。对数组进行排序的各种简单算法,其时间复杂度为 $O(n^2)$数量级的,当 n 增加一倍时,其运行时间将增长 4 倍。对数组进行排序的各种改进型算法,其时间复杂度为 $O(n\log_2 n)$数量级的,当 n 增加一倍时,其运行时间只是原来的 $2\left(1+\frac{1}{\log_2 n}\right)$倍,随着 n 值的增大,近乎线性增长的算法。做两个 n 阶矩阵的乘法运算时,其时间复杂度为 $O(n^3)$。求具有 n 个元素的集合中所有子集的算法,其时间复杂度应为 $O(2^n)$,因为对于含有 n 个元素的集合来说共有 2^n个不同的子集。求具有 n 个元素的全排列的算法,其时间复杂度为 $O(n!)$,因为它共含有 $n!$ 种不同的排列序列。

表 1-3 给出了对于不同的 n 值,各种时间复杂度的数量级所对应的值。

表 1-3　算法的时间复杂度的不同数量级变化对照表

n	$\sqrt{n}$	$\mathrm{lon}_2 n$	$n\log_2 n$	n^2	n^3	2^n	$n!$
4	2	2	8	16	64	16	24
8	≈3	3	24	64	512	256	40 320
16	4	4	64	256	4 096	65 536	2.1×10^{13}
32	≈6	5	160	1 024	32 768	4.3×10^{9}	2.6×10^{35}
128	≈11	7	896	16 384	2 097 152	3.4×10^{38}	∞
1 024	32	10	10 240	1 048 576	1.07×10^{9}	∞	∞
10 000	100	≈13	132 877	10^{8}	10^{12}	∞	∞

从表 1-3 中可以清楚地看出,随着 n 值的增大,各种数量级对应值的增长速度是大不相同的,对数的增长速度最慢,平方根的也较慢,线性的较之快些,其余依次为线性与对数的乘积、平方、立方、指数和阶乘,即阶乘的增长速度最快。当 n 大于一定的值后,各种不同数量级对应的值存在着如下关系:

$$O(1)<O(\log_2 n)<O(\sqrt{n})<O(n)<O(n\log_2 n)<O(n^2)<O(n^3)<O(2^n)<O(n!)$$

从表 1-3 中还可以看出,当 n 值较大时,若时间复杂度为指数或阶乘数量级,则相应的算法是无效的,即无法实现的。如假定一台计算机每秒能够做 1 亿次简单操作,则对于一个 n 值为 32 的具有阶乘数量级的算法,则至少要运行 8.34×10^{17}个世纪才能完成,这显然是不可能实现的,是一个无效的算法。

(4)同一算法不同情况下的时间复杂度分析

一个算法的时间复杂度还可以具体分为最好、最差(又称最坏)和平均这三种情况讨论。下面结合从一维数组 a[n]中顺序查找其值等于给定值 item 的元素的算法进行说明。

```
int sequenceSearch(int a[],int n,int item)
//若查找成功则返回元素的下标,否则返回-1
{
    for(int i=0;i<n;i++)
```

```
        if(a[i]==item)return i;
    return -1;
}
```

此算法的时间复杂度主要取决于 for 循环体被反复执行的次数。最好情况是第一个元素 $a[0]$ 的值等于 item,此时只需要进行元素的一次比较就查找成功,相应的时间复杂度为 $O(1)$;最差情况是最后一个元素 $a[n-1]$ 的值等于 item,此时需要进行同所有 n 个元素的比较后才能查找成功,相应的时间复杂度为 $O(n)$;平均情况是:每个元素都有相同的概率(即均为 $\frac{1}{n}$)等于给定值 item,则查找成功需要同元素进行比较的平均次数为 $\frac{1}{n}\sum_{i=1}^{n} i = \frac{1}{2}(n+1)$,相应的时间复杂度也为 $O(n)$,它同最坏情况具有相同的数量级,因为它们之间的比较次数只在 n 的系数项和常数项上有差别,而在 n 的最高指数值上没有差别。

当在数组 a 上顺序比较 n 个全部元素后仍找不到等于给定值 item 的元素,则表明查找失败,这种情况也进行了 n 次比较的过程,所以对应的时间复杂度也为 $O(n)$。

在一个算法中,最好情况的时间复杂度最容易求出,但它通常没有多大的实际意义,因为数据一般都是随意分布的,出现最好情况分布的概率极小;最差情况的时间复杂度也容易求出,它比最好情况有实际意义,通过它可以估计到此算法运行时所需要的相对最长时间,并且能够使用户知道如何设法改变数据的排列次序,尽量提高最差情况的时间复杂度;平均情况下的时间复杂度的计算要困难一些,因为它往往需要概率统计等方面的数学知识,有时还需要经过严格的数学理论推导才能求出,但平均情况下的时间复杂度最有实际意义,它确切地反映了运行一个算法的平均快慢程度,通常就用它来代表一个算法的时间复杂度。对于一般算法来说,平均和最差这两种情况下的时间复杂度的数量级形式往往是相同的,它们的主要差别是在数据量 n 的最高次幂的系数上。另外有一些算法,其最好、最差和平均情况下的时间复杂度或相应的数量级都是相同的。如对于上面介绍过的算法 1-1、算法 1-2 和算法 1-3 就是如此。

5. 空间复杂度

空间复杂度(space complexity)是对一个算法在运行过程中临时占用存储空间大小的量度,它也是衡量算法有效性的一个重要指标。一个算法在计算机存储器上所占用的存储空间的大小,包括存储算法本身所占用的存储空间,算法的输入/输出数据所占用的存储空间和算法在运行过程中临时占用的存储空间这三个方面的大小。

算法的输入输出数据所占用的存储空间是由要解决问题的规模所决定的,是通过参数表由调用函数传递而来的,对于指针参数将占有很少的空间,而对于传值参数将可能占有很大的存储空间。所以在可能的情况下,尽量采用指针参数,减少使用传值参数,对于数据类型长度较大的参数更应如此。

存储算法本身所占用的存储空间与算法书写的长短成正比,要压缩这方面的存储空间,就必须编写出较短的算法。如编写成递归算法通常就比相应的非递归算法要短。

算法在运行过程中临时占用的存储空间随着算法的不同而异,有的算法只需要占用少量的临时存储空间,而且不随问题规模的大小而改变,称这种算法是"就地"进行的,是最节省存储的算法。如本节上面介绍过的几个算法都是如此。有的算法需要占用的存储空间与解决问题的数据量规模 n 有关,它随着 n 的增大而增大,当 n 较大时,将占用较多的存储空间。例如,将在第 10 章中介绍的快速排序和归并排序算法就属于这种情况。

分析一个算法所占用的存储空间要从各个方面综合考虑。如对于递归算法来说,一般都比较简短,算法本身所占用的存储空间较少,但运行时通常需要自动使用系统建立的一个临时数据堆栈,从而占用较多的临时存储空间；若写成非递归算法，一般可能比较长，算法本身占用的存储空间较多，但运行时将可能需要占用较少的存储空间。

一个算法的空间复杂度通常只是考虑在其算法运行过程中为局部变量分配的临时存储空间的大小，它包括为参数表中形参变量分配的存储空间和为在函数体中定义的局部变量所分配的存储空间这两个部分。若一个算法为递归算法，其空间复杂度也包括为递归所自动建立和使用的数据堆栈空间的大小，此堆栈空间的大小等于一次调用递归函数所分配的临时存储空间的大小乘以被递归调用的次数。算法的空间复杂度一般也以数量级的形式给出。如当一个算法的空间复杂度为一个常量，即不随被处理数据量 n 的大小而改变时，则表示为 $O(1)$；当一个算法的空间复杂度与以 2 为底的 n 的对数成正比时，则表示为 $O(\log_2 n)$；当一个算法的空间复杂度与 n 成线性比例关系时，则表示为 $O(n)$；……

这里需要指出：若形参为数组，则它实质上为一个指针参数，只需要为其分配一个存储由实参传送来的一块存储空间的首地址，即一个机器字长空间，通常为 4 字节；而对于结构类型的形参就是传值参数，需要为其分配该类型长度大小的存储空间，以便保存被传递来的结构值。

对于一个算法，其时间复杂度和空间复杂度往往是相互影响的，当追求一个较好的时间复杂度时，可能会使空间复杂度的性能变差，即可能导致占用较多的存储空间；反之，当追求一个较好的空间复杂度时，可能会使时间复杂度的性能变差，即可能导致占用较长的运行时间。另外，算法的所有性能之间都存在着或多或少的相互影响。因此，当设计一个算法（特别是大型算法）时，要综合考虑算法的各项性能，算法的使用频率，算法处理的数据量的大小，算法描述语言的特性，算法运行的机器系统环境等诸多因素，通过权衡利弊才能够设计出比较优秀的算法。

小　结

1. 数据结构是指数据及其所含元素之间的联系，按照相互联系的不同，可大体上把数据结构分类为集合结构、线性结构、树结构、图结构等四大类。

2. 在数据的集合结构中，不考虑其元素之间的任何联系，元素之间处于无序状态；在线性结构中，元素之间是 1 对 1 的联系；在树结构中，元素之间是 1 对多的联系；在图结构中，元素之间是多对多的联系。

微视频

数据结构、算法及评价概述

3. 算法就是对解决特定问题的思路和方法，算法描述就是把算法用一种或几种算法描述工具给展现出来，一个算法往往需要在计算机上运行实现，最终必须采用一种计算机程序设计语言（如 C 语言）进行描述，并上机运行和验证。

4. 算法评价包括正确性、健壮性、可读性、有效性等四个方面，有效性又包括时间复杂性（度）和空间复杂性（度）这两个方面。算法的时间复杂性和空间复杂性越好，就越节省运行时间和存储空间。

5. 算法的时间和空间复杂性通常是以其数量级的形式给出的，其数量级的级别有常量级、对数级、平方根级、线性级、线性加对数级、平方级、立方级、指数级等，当数据量较大时，处于前面级别的算法在时间复杂度上一定优于其后面级别的算法。

思考与练习

一、单选题

1. 一个数组元素 a[i]的等价表示为（　　）。

A. *（a+i）　　B. a+i　　C. * a+i　　D. &a+i

2. 若一个数据具有集合结构，则元素之间的关系为(　　)。

A. 线性　　B. 层次　　C. 网状　　D. 无

3. 数据逻辑结构包括集合结构、线性结构、树结构和(　　)。

A. 模块结构　　B. 表结构　　C. 图结构　　D. 文件结构

4. 数据存储结构包括顺序结构、链接结构、索引结构和(　　)。

A. 模块结构　　B. 散列结构　　C. 图结构　　D. 树结构

5. 当待处理的数据量 n 足够大时，下面的数量级最大的是(　　)。

A. $O(n^2)$　　B. $O(n\log_2 n)$　　C. $O(n)$　　D. $O(\log_2 n)$

6. 下面算法的时间复杂度为(　　)。

```
for(i=0;i<m;i++) a[i]=i* i;
```

A. $O(m^2)$　　B. $O(m)$　　C. $O(m \cdot i)$　　D. $O(i \cdot i)$

7. 下面算法的时间复杂度为(　　)。

```
for(i=0;i<m;i++)
    for(j=0;j<n;j++) a[i][j]=i+j;
```

A. $O(m^2)$　　B. $O(n^2)$　　C. $O(m \cdot n)$　　D. $O(m+n)$

8. 执行下面算法时，内循环体 S 模块被执行的总次数为(　　)。

```
for(i=1;i<=n;i++)
    for(j=1;j<=n;j++) S;
```

A. n^2　　B. $n^2/2$　　C. $n(n+1)$　　D. $n(n+1)/2$

9. 执行下面算法时，内循环体 S 模块被执行的总次数为(　　)。

```
for(i=1;i<=n;i++)
    for(j=1;j<=i;j++) S;
```

A. n^2　　B. $n^2/2$　　C. $n(n+1)$　　D. $n(n+1)/2$

10. 下面算法的时间复杂度为(　　)。

```
int f(unsigned int n) {
    if(n==0 ||n==1) return 1;
    else return n*f(n-1);
}
```

A. $O(1)$　　B. $O(n)$　　C. $O(n^2)$　　D. $O(n\log_2 n)$

11. 使用 f(5) 调用下面算法时，该算法被调用执行的总次数为(　　)。

```
int f(unsigned int n) {
    if(n==0) return 1;
    else return n*f(n-1);
}
```

A. 3　　B. 4　　C. 5　　D. 6

二、判断题

1. 假定一个整型数组为 $a[10]$，整型长度为 4 字节，则 $a[10]$ 所占用的存储空间的大小为 40 字节。(　　)

2. 从一维数组 $a[n]$ 中按下标访问一个元素的时间复杂度为 $O(n)$。(　　)

3. 从一维数组 $a[n]$ 中顺序查找出一个最大值元素的时间复杂度为 $O(n \cdot n)$。(　　)

4. 输出一个二维数组 $b[m][n]$ 中所有元素值的时间复杂度为 $O(m \cdot n)$。(　　)

5. 假定一个算法的时间复杂度为 $(3n^3+15n^2-10n+2)$，则数量级表示为 $O(n^3)$。(　　)

6. 假定从一个数组 $a[10]$ 中顺序查找每个元素值的概率都相同，则此查找运算的平均查找长度(即查找路径上所需比较元素个数的平均值)为 5。（　　）

7. 从一个数组 $a[7]$ 中顺序查找元素时，假定查找第一个元素 $a[0]$ 的概率为 1/3，查找第二个元素 $a[1]$ 的概率为 1/4，查找其余元素的概率均相同，则此查找运算的平均查找长度为 35.0/12。（　　）

8. 假定一种数据结构的二元组表示为：$B=(K,R)$，其中 $K=\{a,b,c,d,e,f,g\}$，$R=\{<a,b>,<b,c>,<c,d>,<d,e>,<e,f>,<f,g>\}$，则它是树结构。（　　）

9. 假定一种数据结构的二元组表示为：$C=(K,R)$，其中 $K=\{a,b,c,d,e,f\}$，$R=\{<d,b>,<d,e>,<b,a>,<b,c>,<e,f>\}$，则它是线性结构。（　　）

10. 假定一种数据结构的二元组表示为：$D=(K,R)$，其中 $K=\{1,2,3,4,5\}$，$R=\{(1,2),(2,3),(2,4),(3,4),(3,5),(4,5)\}$，则它是图结构。（　　）

三、算法分析题

指出下列各算法的功能并求出其时间复杂度(即数量级表示)。

```
1. int prime(int n)
   {
       int i;
       for(i=2;i*i<=n;i++)
           if(n% i==0)break;
       if(i*i>n)return 1;
       else return 0;
   }
2. int sum1(int n)
   {
       int i,p=1,s=0;
       for(i=1;i<=n;i++){
           p*=i;
           s+=p;
       }
       return s;
   }
3. int sum2(int n)
   {
       int i,s=0;
       for(i=1;i<=n;i++){
           int j,p=1;
           for(j=1;j<=i;j++)p*=j;
           s+=p;
       }
       return s;
   }
4. int fun(int n)
   {
       int i=1,s=1;
       while(s<n)s+=++i;
       return i;
   }
5. void mtable(int n)
```

```
  {
      int i,j;
      for(i=1;i<=n;i++){
          for(j=i;j<=n;j++)
              printf("%d*%d=%2d",i,j,i*j);
          printf("\n");
      }
  }
6. void cmatrix(int a[N][N],int m,int n)
  {   //N为符号整型常量,其值要大于或等于m和n
      int i,j;
      for(i=0;i<m;i++)
          for(j=0;j<n;j++)
              a[i][j]=i*i+j*j+1;
  }
7. void matrimult(int a[M][N],int b[N][L],int c[M][L])
  {   //M、N和L均为符号整型常量
      int i,j,k;
      for(i=0;i<M;i++)
          for(j=0;j<L;j++) c[i][j]=0;
      for(i=0;i<M;i++)
          for(j=0;j<L;j++)
              for(k=0;k<N;k++)
                  c[i][j]+=a[i][k]* b[k][j];
  }
```

四、算法设计题

假定针对二次多项式 ax^2+bx+c 设计出其抽象数据类型,它的名称为QUAdratic,该类型的数据部分为一个记录数据,假定用 q 表示,其类型用Quadratic表示,它包含有三个双精度实数类型的数据成员,假定分别用 a、b 和 c 表示,分别对应二次多项式中的二次项系数 a、一次项系数 b 和常数项 c。该类型的操作部分假定包括:给表示二次多项式的数据记录 q 赋初值;做两个二次多项式的加法并返回相加结果;根据给定变量 x 的值计算出二次多项式的值并返回;求解二次方程 $ax^2+bx+c=0$ 的根;按照ax^2+bx+c的格式(x^2 用x^2表示)输出二次多项式等。该抽象数据类型的定义如下,同学们按照下面各小题的进一步要求编写出每个函数的定义,并尽可能地编写出完整程序,然后上机调试和运行。

```
ADT QUAdratic is
    Data:           //定义数据部分,定义q为一个二次多项式变量
struct Quadratic {double a,b,c;} q;
    Operations:     //定义操作部分,这里暂且给出其相应声明,由读者给出其定义
        void initQuadratic (struct Quadratic* pq,double aa,double bb,double cc);
        struct Quadratic add(struct Quadratic* pq1,struct Quadratic* pq2);
        double eval(struct Quadratic* pq,double x);
        int root(struct Quadratic* pq,double* r1,double* r2);
        void print(struct Quadratic* qq);
    end QUAdratic
```

1. 初始化一个由pq指针参数所指向的二次多项式中的三个数据成员a、b和c,每个数据成员的初始值依次为参数aa、bb和cc的值。

2. 做两个多项式加法,即使对应的系数相加,返回相加结果。

3. 根据给定 x 的值计算多项式的值并返回。

4. 计算方程 $ax^2+bx+c=0$ 的两个实数根并通过指针参数 r1 和 r2 带回，对于该方程有实根、无实根和不是二次方程(即 a==0)这三种情况都要返回不同的整数值，假定分别用返回 1、-1 和 0 来表示，以便其调用函数能够做不同的处理。

5. 按照 ax^2+bx+c 的格式(x^2 用 x^2 表示)输出二次多项式，在输出时要注意去掉系数为 0 的项，并且当 b 和 c 的值为负时，其前不能出现加号。

第2章 集合

集合是集合结构的简称，它是日常生活中最常见的一种数据结构，如一个班级中的全体学员，一次活动中的所有与会人员，一个停车场中停放的所有车辆，一家餐厅所提供菜谱中的所有菜名，等等，都是集合的例子。集合结构的特点是：其成员之间是相互平等和独立的，不存在相互隶属和依赖关系，因而也就不存在固定的前驱和后继的关系，存储和处理它们时可以任意安排其元素的先后次序。本章专门讨论集合的定义和各种运算，集合的顺序存储结构和链式存储结构，以及在这些存储结构上实现的各种运算的算法。

本章知识导图

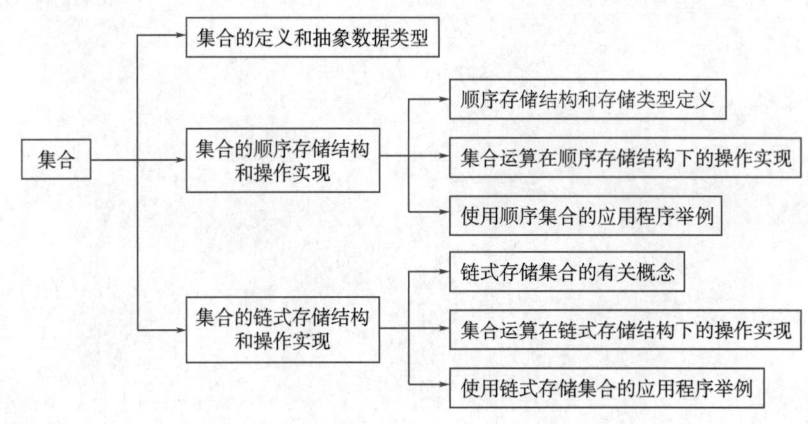

学习目标

◎了解:集合的定义和其抽象数据类型的定义。

◎掌握:集合的顺序存储结构及存储类型的定义,集合的单链式存储结构及存储类型的定义。

◎掌握:集合运算在顺序存储结构和链式存储结构下分别对应的运算方法及算法描述。

◎应用:能够分析清楚给定集合运算的算法及时间复杂度,能够设计出给定集合运算的算法编码并上机调用成功。

2.1　集合的定义和抽象数据类型

1. 集合定义

集合(set)又称集合结构，它是由不存在任何固定次序的具有相同属性的数据元素组合而成，并且各元素值(或其关键字)之间必须互不相同。集合中数据元素的个数称为集合的长度，假定用 n 表示，$n \geq 0$。当 $n=0$ 时则为空集。一个集合中的所有元素通常用一对花括号括起来，元素之间用逗号分开，若集合为空，则表示为{}，若集合非空则表示为：

$$S=\{a_1, a_2, \cdots, a_i, a_{i+1}, \cdots, a_n\}$$

这里用大写字母 S 表示一个集合，其中的每个元素的下标为对该元素的编号，编号从 1 开始，直到 n 为止，此编号是为了元素相互区别而人为标注的，不代表任何次序。因为集合中的元素无固定次序，也可以说能够按照人们所需要的任何次序排列，假定不妨按照元素编号从小到大的次序排列，那么 a_1 就是集合中的第一个元素，a_2 就是第二个元素，a_i 就是第 i 个元素，a_n 就是第 n 个(最后一个)元素。

一个集合的长度是变化的，当向它插入一个元素后其长度就增加 1，当从中删除一个元素后其长度就减少 1。

集合中的元素类型可以为任何一种类型，假定用标识符 ElemType 表示。若实际的元素类型为某一具体数据类型，如整型，则可以通过如下 C 语言中的类型重定义语句将 ElemType 类型指定为整型。

```
typedef int ElemType;
```

2. 集合的抽象数据类型

集合的抽象数据类型同样包括数据和操作两个部分。数据部分为一个集合，假定用标识符 S 表示，它可以选用任何一种存储结构类型存储起来。操作部分包括对集合进行的各种基本运算，如初始化集合为空，向集合中插入一个元素，从集合中删除一个元素，从集合中查找一个元素，判断一个元素是否属于指定集合，判断集合是否为空，求出集合中元素个数，输出集合中所有元素，求两个集合的并集，求两个集合的交集，求两个集合的差集，清除集合中的所有元素，复制集合等操作。

集合的抽象数据类型，假定用标识符 SET 表示，则可定义如下：

```
ADT SET is
    Data:
        一个集合 S,假定用标识符 Set 表示它的抽象存储类型
    Operation:
        void initSet(Set S,int ms);                         //初始化集合为空
        int insertSet(Set S,ElemType item);                 //向集合中插入一个元素
        int deleteSet(Set S,ElemType item);                 //从集合中删除一个元素
        ElemType*  findSet(Set S,ElemType item);            //从集合中查找元素并返回
        int inSet(Set S,ElemType item);                     //判断一个元素是否属于集合
        int emptySet(Set S);                                //判断集合是否为空
        int lengthSet(Set S);                               //求出集合长度并返回
        void outputSet(Set S);                              //输出集合中所有元素
        Set unionSet(Set S1,Set S2);                        //求两个集合的并集返回
        Set interseSet(Set S1,Set S2);                      //求两个集合的交集返回
        Set differenceSet(Set S1,Set S2);                   //求两个集合的差集返回
        void clearSet(Set S);                               //清除集合中的所有元素
        void copySet(Set S1,Set S);                         //把 S 集合复制到 S1 中
end SET
```

3. 集合运算应用举例

假定一个整型数组 a[5]={25,38,19,42,33},x=60,y=42,则对集合 S 可进行如下运算:

```
initSet(S,10);         //初始化集合 S 为一个空集,其存储集合的空间大小初始设定为 10
for(i=0;i<5;i++)insertSet(S,a[i]);  //向集合 S 依次插入数组 a 中的所有元素
deleteSet(S,38);       //从集合 S 中删除元素 38,S 变为{25,19,42,33}
b=inSet(S,y);          //判断 y 是否属于集合 S 中的元素,因是则返回 1 赋给 b
c=lengthSet(S);        //求出集合 S 的长度(即所含元素个数)并赋给 c,c 的值为 4
insertSet(S,x);        //向集合 S 中插入 x 元素,S 变为{25,19,42,33,60}
clearSet(S);           //清除 S 中的所有元素,使之变为一个空集
```

2.2 集合的顺序存储结构和操作实现

2.2.1 集合的顺序存储结构和存储类型定义

集合的顺序存储结构通过使用一个数组来实现,数组中元素的类型就是被存储的集合中元素的类型,集合中的所有元素被依次存储到该数组中,另外还需要使用一个整型变量存储集合的当前长度,以及使用一个整型常量或变量表示数组长度。这三个对象的定义可以假定如下:

```
#define MaxSize 20              //定义存储集合的数组长度,假定为 20
ElemType set[MaxSize];          //定义顺序存储集合的数组
int len;                        //定义保存集合当前长度的整型变量
```

集合中的元素可以按任何次序存入 set 数组中,不妨按照元素在集合中的编号次序保存到数组中对应的下标位置中,即集合中的第一个元素保存到下标为 0 的数组元素 set[0]中,第二个元素保存到下标为 1 的数组元素 set[1]中,依此类推,最后第 n 个元素保存到下标为 $n-1$ 的数组元素 set[$n-1$]中。因为集合中的元素与次序无关,所以若要向集合插入新元素则直接添加到数组的末尾最简便,若要删除一个元素则把数组中最后一个元素直接移动到这个被空出的位置上最简便。在顺序存储的集合中插入和删除元素,不需要依次移动任何元素,从而节省运算时间。

为了方便对顺序存储的集合的操作,可以把 set 数组和 len 变量封装在一个结构类型中,假定结构类型名用 SequenceSet 表示,具体定义如下:

```
struct SequenceSet {            //定义保存集合的顺序存储结构类型
    ElemType set[MaxSize];      //顺序保存集合的数组
    int len;                    //保存集合长度
};
```

若要对顺序存储集合的数组空间采用动态分配,并且其数组长度能够按需要改变,则可以定义出如下的顺序存储结构类型:

```
struct SequenceSet {
    ElemType* set;              //set 指向长度为 MaxSize 动态分配的数组空间
    int len;                    //存集合当前长度
    int MaxSize;                //存 set 数组长度
};
```

使用此结构类型定义一个集合对象时,要使该对象中的 set 指针指向由 malloc()或 calloc()函数动态分配的存储空间。当然 MaxSize 的值要事先被给定。

集合的顺序存储结构的示意图如图 2-1 所示。

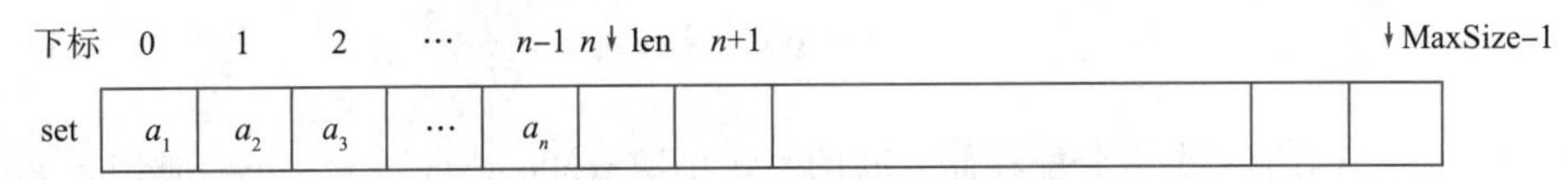

图 2-1 集合的顺序存储结构的示意图

通过下面的类型重定义语句,可以把集合的抽象存储类型 Set 具体定义为 struct SequenceSet * 类型,即集合的顺序存储结构类型的指针类型。

```
typedef struct SequenceSet*  Set;
```

2.2.2 集合运算在顺序存储结构下的操作实现

下面依次给出在集合顺序存储结构的情况下,对集合的每种运算的算法(即操作实现)。

1. 初始化集合为空

此操作要为保存集合动态分配其数组存储空间,并由 set 指针所指向,同时设置集合长度 len 的值为 0,表示当前为一个空集。初始化集合算法的具体定义如下:

```
void initSet(Set S,int ms)
{   //建立和初始化集合* S,动态分配其集合存储空间
    if(ms<10)S->MaxSize=10;//若参数 ms 的值小于 10,则设置数组长度为 10
    else S->MaxSize=ms;     //若参数 ms 的值大于或等于 10,则设置其为 ms 的值
    S->set=calloc(S->MaxSize,sizeof(ElemType));    //动态存储分配集合空间
    if(! S->set){printf("动态空间不足! \n");exit(1);} //分配失败退出运行
    S->len=0;                //初始把集合置为空
}
```

在这个算法中调用了动态分配存储空间的系统函数 calloc(unsigned int n,unsigned int k),它返回动态分配的 $n×k$ 字节的存储空间的首地址。calloc()函数的原型包含在系统头文件 stdlib. h 中。

2. 向集合插入一个元素

此算法包含如下 5 个步骤:

①顺序查找集合中是否存在值为待插值 item 的元素,若存在则不能插入,返回 0,因为集合中不允许存在重复的元素。

②检查集合空间是否即将用完,若是则动态增加存储空间,假定把只剩余最后一个数组元素空间时定义为集合空间即将用完。

③把 item 值插入到最后一个集合元素的后面空位置上。

④集合长度增 1。

⑤返回 1 表示插入成功。

对应的算法描述如下:

```
int insertSet(Set S,ElemType item)
{   //向集合中插入元素,若插入成功则返回 1,否则返回 0
    int i;
    for(i=0;i<S->len;i++)            //元素已存在,返回 0 表示不用插入
        if(S->set[i]==item)return 0;
    if(S->len==S->MaxSize-1){       //对空间即将用完的情况进行处理
        S->set=realloc(S->set,2*sizeof(ElemType)* S->MaxSize);  //增加 1 倍空间
        if(! S->set){printf("动态空间不足! \n");exit(1);}  //分配失败退出
        S->MaxSize=2*S->MaxSize;  //把集合空间大小修改为新的长度,即原来的 2 倍
    }
    S->set[S->len]=item;             //在集合末尾插入新元素
    S->len++;                        //集合长度增 1
```

```
    return 1;                         //返回 1 表示插入成功
}
```

在这个算法中调用了动态重分配存储空间的系统函数 realloc(void * ptr, unsigned int k),它返回动态分配的 k 字节的存储空间的首地址,并且在返回之前,把参数 ptr 指针所指向的动态存储空间的内容原样复制到新分配的动态存储空间的开始位置。realloc() 函数的原型仍然包含在系统头文件 stdlib. h 中。

微视频

在顺序存储集合上插入和删除元素的方法

3. 从集合删除一个元素

此算法首先从集合中顺序查找值等于待删值 item 的元素,若存在该元素则删除它。其删除过程是:把空出的被删除元素的位置用集合中最后一个元素填补,接着使集合长度减 1。为了提高集合存储空间的利用率,可以接着检查其利用率,如果利用率太低(如低于 1/3),则缩减其为原来的 2/3,然后返回 1 表示删除成功。若待删除的元素不存在,即无法删除,则返回 0 表示删除失败。

```
int deleteSet(Set S,ElemType item)
{   //从集合中删除元素,若删除成功则返回真,否则返回假
    int i;
    for(i=0;i<S->len;i++)
        if(S->set[i]==item)break;
    if(i<S->len){                       //删除 set[i]元素
        S->set[i]=S->set[S->len-1];     //最后一个元素调换到被删元素位置
        S->len--;                       //集合长度减 1
        if(S->MaxSize>10 && S->len<S->MaxSize/3){  //需缩小存储空间
            S->set=realloc(S->set,sizeof(ElemType)*(S->MaxSize*2/3));
          S->MaxSize=S->MaxSize*2/3;//缩减空间后调整 MaxSize 的值
        }
        return 1;                       //删除成功返回 1
    }
    else return 0;                      //删除失败返回 0
}
```

4. 从集合中查找一个元素并返回

此算法首先从集合中顺序查找出其值(或关键字)等于 item 的元素,若存在该元素则表明查找成功,返回该元素的地址,若集合中不存在该元素,则表明查找失败,应返回空指针 NULL,此符号常量的值为 0,在系统头文件 stdio. h 中被定义。

```
ElemType*  findSet(Set S,ElemType item)
{   //若查找成功则返回该元素的地址,否则返回空 NULL
    int i=0;
    S->set[S->len]=item;                //将待查元素值保存到集合末尾作为"岗哨"
    while(S->set[i]!=item)i++;          //从头开始依次向后比较元素
    if(i<S->len)return &(S->set[i]);    //若查找成功返回元素地址
    else return NULL;                   //若查找失败则返回 NULL
}
```

在这个算法中,首先把待查元素值保存到集合中最后一个元素位置的后面,当从头向后进行循环比较时,不用每次判断元素的下标是否越界,即使查找失败,当比较到集合末尾也会因不满足循环条件而自动结束 while 循环,从而比使用 for 循环进行查找要节省运算时间。

5. 判断一个元素是否属于集合

此算法比较简单,就是对集合中的元素顺序比较查找的过程,若找到则表明该元素属于这个集

合,应返回1,否则不属于这个集合,应返回0。

```
int inSet(Set S,ElemType item)
{   //判断一个元素是否属于集合
    int i=0;
    S->set[S->len]=item;              //将item值暂存到集合末尾作为"岗哨"
    while(S->set[i]! =item)i++;       //从头开始依次向后比较查找
    if(i<S->len)return 1;             //若属于集合则返回1
    else return 0;                    //若不属于集合则返回0
}
```

6. 判断集合是否为空

此算法很简单,若集合长度为0则返回1表示空,否则返回0表示非空。

```
int emptySet(Set S)
{   //判断集合是否为空
    if(S->len==0)return 1;else return 0;
}
```

7. 求出集合中元素个数

此算法就是求出集合的当前长度,它只要返回集合S中的len域的值即可。

```
int lengthSet(Set S)
{   //求出集合中元素个数
    return S->len;
}
```

8. 输出集合中所有元素

此算法使用一个for循环,依次输出S集合中set域所指数组中保存的每个元素值即可。

```
void outputSet(Set S)
{   //输出集合中所有元素
    int i;
    printf("{");
    for(i=0;i<S->len;i++)
        printf("% d",S->set[i]);      //假定集合元素为整型
    printf("}\n");
}
```

9. 求两个集合的并集

该算法求两个集合S1和S2的并集,并返回这个并集,即返回所求得的结果。为此需要在算法中定义一个集合保存运算结果,假定为S。接着要对S进行初始化,其初始动态数组空间长度应为S1中动态数组空间的长度,再接着把集合S1复制到S中,然后把S2中的每个元素依次插入集合S中,当然重复的元素不可能被插入,最后在S中就得到了S1和S2的并集,把它返回即可。

```
Set unionSet(Set S1,Set S2)
{   //求两个集合的并集并返回
    int i;
    Set S= malloc(sizeof(struct SequenceSet));  //动态存储分配保存结果的集合S
    initSet(S,S1->MaxSize);           //初始化集合S,其动态数组长度是S1中数组长度
    for(i=0;i<S1->len;i++)            //S1集合中的全部元素依次复制到S中
        S->set[i]=S1->set[i];
    S->len=S1->len;                   //置集合S的当前集合长度为S1中的集合长度
    for(i=0;i<S2->len;i++)            //向集合S依次插入集合S2中的每个元素
        insertSet(S,S2->set[i]);
```

```
    return S;                              //返回并集 S
}
```

10. 求两个集合的交集

此算法也需要首先定义保存 S1 和 S2 的交集 S 并初始化，接着依次从 S2 集合中取出每个元素，利用它去查找 S1 集合，看其是否存在，若存在则把它写入交集 S 中，这样每次写入 S 中的元素既属于 S1 又属于 S2，最后返回 S 即可。

```
Set interseSet(Set S1,Set S2)
{   //求两个集合的交集并返回
    int i,len;
    Set S= malloc(sizeof(struct SequenceSet));  //动态存储分配保存结果的集合 S
    if(S1->len<S2->len)len=S1->MaxSize;else len=S2-> MaxSize;
    initSet(S,len);             //初始化 S,交集 S 中的数组长度采用两集合中的最小长度
    for(i=0;i<S2->len;i++){
        ElemType*  xp=findSet(S1,S2->set[i]);
        if(xp){S->set[S->len]=S2->set[i];S->len++;}
    }
    return S;
}
```

11. 求两个集合的差集

此算法也需要首先定义保存 S1 和 S2 的差集 S 并初始化，接着依次从 S1 集合中取出每个元素，利用它去查找 S2 集合，看其是否存在，若不存在则把它写入差集 S 中，这样每次写入 S 中的元素只属于 S1 而不属于 S2，最后返回 S 即可。

```
Set differenceSet(Set S1,Set S2)
{   //求两个集合 S1 和 S2 的差集(S1-S2)并返回
    int i;
    Set S= malloc(sizeof(struct SequenceSet));  //动态存储分配保存结果的集合 S
    initSet(S,S1->MaxSize);                     //用 S1 中的数组长度初始化差集 S
    for(i=0;i<S1->len;i++){
        ElemType*  xp=findSet(S2,S1->set[i]);
        if(xp==NULL){S->set[S->len]=S1->set[i];S->len++;}
    }
    return S;
}
```

12. 清除集合中的所有元素

在 Set 集合类型的对象中，由于集合数组空间是动态分配的，所以在清除集合时，要同时释放所占用的动态存储空间。

```
void clearSet(Set S)
{   //清除集合中的所有元素
    if(S->set! =NULL){
        free(S->set);               //释放动态数组空间
        S->set=NULL;                //置 set 指针为空
        S->len=S->MaxSize=0;        //置 len 和 MaxSize 的值同时为 0
    }
}
```

13. 根据一个集合复制出一个新集合

此算法首先要清除这个新集合中的所有元素以及所占有的存储空间，接着按照待复制集合中的

数组长度,重新给这个新集合动态分配数组空间,然后把待复制集合中的所有元素以及集合长度与数组长度一起复制到这个新集合中。

```
void copySet(Set S1,Set S)
{  //把集合 S 复制到新集合 S1 中
    int i;
    clearSet(S1);                    //清除 S1 集合
    S1->set=calloc(S->MaxSize,sizeof(ElemType));       //动态分配新集合空间
    if(! S1->set){printf("动态空间不足! \n");exit(1);}  //分配失败退出运行
    for(i=0;i<S->len;i++)S1->set[i]=S->set[i];         //依次复制集合元素
    S1->len=S->len;                  //置 S1 集合的长度为 S 集合的长度
    S1->MaxSize=S->MaxSize;          //置 S1 集合的数组长度为 S 集合的数组长度
}
```

在以上算法中,第1、6、7、12算法的时间复杂度为 $O(1)$;第2、3、4、5、8、13算法的时间复杂度为 $O(n)$,n 表示参数集合 S 的长度 S->len;第9、10、11算法的时间复杂度为 $O(n_1 \cdot n_2)$,n_1 和 n_2 分别表示参数集合 S1 和 S2 的长度。

2.2.3 对顺序集合进行各种运算的程序示例

假定采用下面程序调试上述对集合进行各种运算的算法。

```
#include<stdio.h>
#include<stdlib.h>
typedef int ElemType;                     //定义集合中元素的类型为 int 型
struct SequenceSet {                      //定义集合的顺序存储结构类型
    ElemType * set;                       //set 指向长度为 MaxSize 的动态分配的数组空间
    int len;                              //存集合当前长度
    int MaxSize;                          //存 set 数组长度
};
typedef struct SequenceSet*  Set;         //定义集合 Set 类型为 struct SequSet*类型
#include"集合在顺序存储结构下运算的算法.c" //假定此文件保存着上述 13 种运算的算法
void main(void)
{
    int i;
    ElemType x=42,* xp;
    int a[5]={25,38,19,42,33};
    int b[10]={25,45,38,23,19,66,77,88,37,40};
    struct SequenceSet ss1,* s1=&ss1;
    struct SequenceSet ss2,* s2=&ss2;
    Set s3,s4,s5;
    initSet(s1,1);
    initSet(s2,1);
    for(i=0;i<5;i++)insertSet(s1,a[i]);
    for(i=0;i<10;i++)insertSet(s2,b[i]);
    printf("集合 s1:");outputSet(s1);
    printf("集合 s2:");outputSet(s2);
    printf("集合 s1、集合 s2 的当前长度:% d  % d\n",lengthSet(s1),lengthSet(s2));
    s3=unionSet(s1,s2);
    printf("集合 s1 与集合 s2 的并集 s3:");outputSet(s3);
    s4=interseSet(s1,s2);
```

```
    printf("集合 s1 与集合 s2 的交集 s4:");outputSet(s4);
    s5=differenceSet(s1,s2);
    printf("集合 s1 与集合 s2 的差集 s5:");outputSet(s5);
    xp=findSet(s1,x);
    if(xp)printf("从集合 s1 中查找成功! 返回元素值为% d\n",* xp);
    else printf("从集合 s1 中查找元素% d 不成功! \n",x);
    for(i=0;i<3;i++)deleteSet(s2,b[i]);
    printf("从集合 s2 中删除前 3 个元素后的情况:");outputSet(s2);
    copySet(s3,unionSet(s1,s2));  //把 s1 和 s2 的并集复制到 s3 中
    printf("新集合 s3:");outputSet(s3);
    clearSet(s1);clearSet(s2);
    clearSet(s3);clearSet(s4);clearSet(s5);
    printf("程序运行结束。再见! \n");
}
```

此程序运行结果如下:

```
集合 s1:{25 38 19 42 33 }
集合 s2:{25 45 38 23 19 66 77 88 37 40 }
集合 s1、集合 s2 的当前长度:5  10
集合 s1 与集合 s2 的并集 s3:{25 38 19 42 33 45 23 66 77 88 37 40 }
集合 s1 与集合 s2 的交集 s4:{25 38 19 }
集合 s1 与集合 s2 的差集 s5:{42 33 }
从集合 s1 中查找成功! 返回元素值为 42
从集合 s2 中删除前 3 个元素后的情况:{40 37 88 23 19 66 77 }
新集合 s3:{25 38 19 42 33 40 37 88 23 66 77 }
程序运行结束。再见!
```

同学们可结合运行结果,分析对集合的有关算法的执行过程。

2.3 集合的链式存储结构和操作实现

2.3.1 链式存储集合的有关概念

集合的顺序存储结构是通过数组实现的,而集合的链式存储结构是通过存储结点之间的链接实现的,链接形成的结果称为链接表。

1. 单链表的定义和操作

在存储集合的链接表中,其每个结点只需要包含一个值域和一个指针域,值域用来存储集合中的一个相应元素,而指针域用来存储下一个结点的地址,或者说用来指向下一个结点。由于此链接表的每个结点中只包含有一个指针域,所以称为单链表。在一个单链表中,第一个结点称为表头结点,指向第一个结点的指针称为表头指针,最后一个结点称为表尾结点,表尾结点的指针域的值为空(NULL)。

一个集合的链式存储结构的示意图如图 2-2 所示,在这里使用 head 作为表头指针。

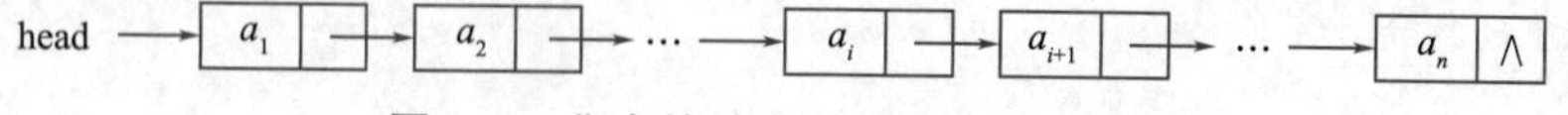

图 2-2 集合的链式存储结构的示意图

在一个单链表中,除表头结点外,每个结点都由前一个结点的指针域所指向,第一个结点只能由另设的表头指针所指向,在图 2-2 中,head 就是表头指针。当访问一个单链表时,只能从表头指针

出发,首先访问第一个结点,由第一个结点的指针域得到第二个结点的地址,按此地址接着访问第二个结点,再由第二个结点的指针域得到第三个结点的地址,再按此地址接着访问第三个结点,依此类推,直到访问完最后一个结点(即指针域为空的表尾结点)为止。

当一个集合利用单链表存储时,集合中的每个元素对应单链表中的一个结点,把这个元素存储到相应结点的值域中。由于集合中的元素是无序的,所以在单链表中可以按任何次序链接。通常向表示集合的单链表中插入一个保存着元素的结点时,为操作简便,是把它插入到表头,即插入到第一个结点的前面,使它成为新的表头结点,而原来的表头结点将成为第二个结点,此时只需要修改新插入结点的指针域,使其指向原来的表头结点,再修改表头指针,使其指向新插入的结点,由此完成结点的插入过程。当从单链表中删除一个结点时,就是把该结点的指针域的值(即后一结点的地址)赋给其前一结点的指针域即可,若它本身为表头结点,则应把该结点的指针域的值赋给表头指针。

2. 循环单链表和带附加表头结点的单链表

在上面的一般单链表中,可以使表尾结点的指针域不是空,让其指向第一个表头结点,由此构成的单链表称为循环单链表,如图 2-3 所示。当从表头结点访问一个循环单链表时,若被访问结点的指针域的值不是表头结点的地址,或者说不是指向表头结点,则接着访问下一个结点,否则表明整个单链表访问完毕,应结束访问。当向一个循环单链表的表尾插入一个结点时,要注意首先把原表尾结点的指针域的值赋给新结点的指针域,使之指向表头结点,然后再把新插入结点的地址赋给原表尾结点的指针域,从而完成插入操作。

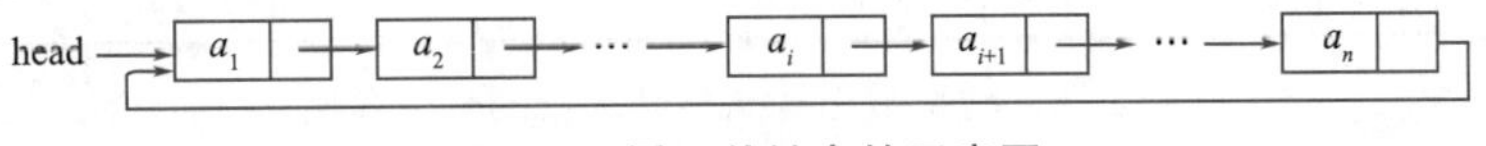

图 2-3 循环单链表的示意图

在一个单链表中,为了插入和删除结点的方便,使得对表头结点和其他结点的操作完全相同,通常在其第一个结点的前面增加一个附加表头结点,如图 2-4 所示,其中左侧为带附加表头结点的一个非空单链表,右侧为一个空单链表,表头指针 head 均指向这个附加表头结点,附加表头结点的值域一般空闲不用,其指针域用来指向第一个元素结点,即原表头结点,当然若此单链表为空,则只存在附加表头结点,并且该指针域的值为空。向带有附加表头结点的表头插入一个元素新结点时,是把新结点插入到附加表头结点之后,此时只要把 head 结点的指针域的值赋给新结点的指针域,使之指向原来的表头结点,然后再把新结点的地址赋给 head 结点的指针域即可,完全不用修改表头指针 head 的值。

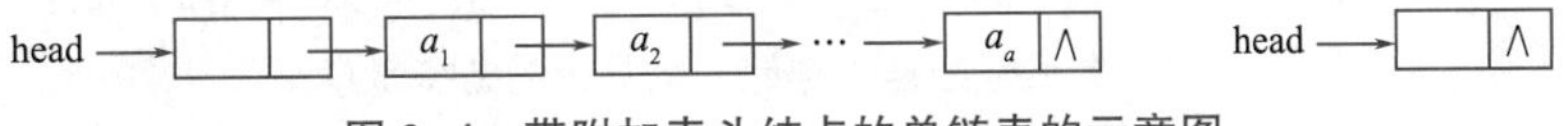

图 2-4 带附加表头结点的单链表的示意图

在一个单链表中,既可以带有附加表头结点,也可以带有循环链接指针,如图 2-5 所示,其中左侧为带有附加表头结点的非空的循环单链表,右侧为一个空表,此表中只含有附加表头结点,并且其指针域指向其自身结点。

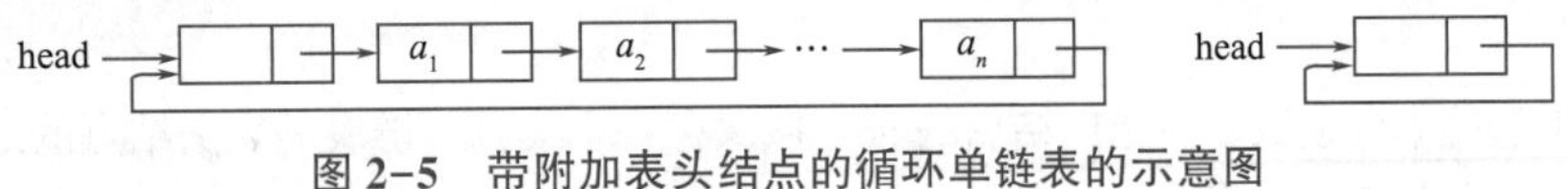

图 2-5 带附加表头结点的循环单链表的示意图

3. 单链表中结点结构的定义

无论采用以上哪种形式的单链表来链式存储一个集合,其单链表中的存储结点的结构都相同,都是由一个存储元素的值域和一个指向其后继结点的指针域所组成,其结点结构可以定义如下:

```
struct SingleNode {
    ElemType data;
    struct SingleNode* next;
};
```

其中 struct SingleNode 为单链表中的结点类型，struct SingleNode * 为指向其结点的指针类型，data 为存储元素值的结点值域，next 为存储下一个结点地址的指针域。

使用以上定义的结点类型的单链表来链式存储一个数据集合时，其每个存储结点要在算法执行时进行动态分配产生，不需要事先分配好固定的存储空间，所以定义一个单链表只需要定义其表头指针即可，由表头指针就能够访问到整个单链表中的所有元素结点。假定表头指针用 head 表示，则 head 应定义为：

```
struct SingleNode* head;        //单链表的表头指针
```

当然，单链表中的结点结构，也可以进行如下定义：

```
struct SingleNodeA {
    ElemType data;
    int next;
};
```

其中结点的指针域 next 被定义为整型，利用该结点类型作为元素类型来定义一个数组，我们就可以利用这个数组来链式存储一个集合，每个元素结点的 next 域用来存储下一个元素结点的下标值。图 2-6 所示为这种链式存储集合的一个示例。

下标：	0	1	2	3	4	5	6	7	8	9	10	11	…
data：		25	34	68	42	55	19	37	82	65	58		
next：	3	5	6	2	7	4	8	10	1	0	9		

图 2-6　利用数组链式存储集合的一个事例

在这个链式存储结构中，存储集合的单链表是一个带有附加表头结点的循环单链表，附加表头结点就是下标为 0 的元素结点，该结点的 next 域的值 3 就是第一个元素结点的下标，单链表中最后一个元素结点就是下标为 9 的结点，该结点的 next 域的值 0 就是附加表头结点的下标。该单链表所存储的集合为{68,34,19,82,25,55,42,37,58,65}，其链式存储的示意图如图 2-7 所示，每个指针上面所标识的数字就是所指向元素结点的下标值。假定用 head 表示该单链表的表头指针，它应该被定义为 int 类型，它的值应为 0，即附加表头结点元素的下标，则 a[head].next 的值就是第一个元素结点的下标值 3，这里用标识符 a 表示具有上述 struct SingleNodeA 元素类型的一个数组。

$\xrightarrow{3} 68 \xrightarrow{2} 34 \xrightarrow{6} 19 \xrightarrow{8} 82 \xrightarrow{1} 25 \xrightarrow{5} 55 \xrightarrow{4} 42 \xrightarrow{7} 37 \xrightarrow{10} 58 \xrightarrow{9} 65 \xrightarrow{0}$

图 2-7　利用数组链式存储一个集合的链接示意图

2.3.2　集合运算在链式存储结构下的操作实现

通过下面的类型重定义语句，可以把集合的抽象存储类型 Set 具体定义为 struct SingleNode * 类型，即单链式存储集合的结点的指针类型。

```
typedef struct SingleNode* Set;
```

利用 Set 类型的集合参数 S 所指向结点的 next 域保存一个集合单链表的表头结点的地址(指针)，即由 S->next 指向集合单链表中第一个元素结点，此时 S 所指向的结点就是集合单链表的附加表头结点，采用此种形式的带附加表头结点的单链表来链式存储集合，比采用一般单链表存储集合更方便对集合的访问和运算。下面依次给出在集合的链式存储结构中，对集合的每种运算的算法(即操作实现)。

1. 初始化一个集合为空

```
void initSet(Set S,int ms)
{   //参数 S 的 next 域为表头结点指针，在这里 ms 参数暂且闲置无用
    S->next=NULL;       //初始化链接集合为空，即给附加表头结点的指针域置空
}
```

2. 向集合插入一个元素

```
int insertSet(Set S,ElemType item)
{   //向集合S中插入一个元素,若插入成功则返回1,否则返回0
    struct SingleNode* p;
    //建立值为item的新结点
    struct SingleNode* xp=malloc(sizeof(struct SingleNode));
    if(! xp){printf("动态空间用完! \n");exit(1);} //分配失败退出运行
    xp->data=item;
    //从单链表集合中顺序查找是否存在值为item的结点
    p=S->next;    //使p指向集合中的第一个元素结点
    while(p! =NULL){
        if(p->data==item)break;
        else p=p->next;
    }
    //若不存在同值结点则把新结点插入到表头并返回1,否则不插入直接返回0
    if(p==NULL){xp->next=S->next;S->next=xp;return 1;}
    else return 0;
}
```

3. 从集合删除一个元素

```
int deleteSet(Set S,ElemType item)
{   //从集合中删除元素,若删除成功则返回1,否则返回0
    //从单链表中顺序查找是否存在值为item的结点
    struct SingleNode * p=S->next,* q=S;
    while(p! =NULL){                 //p指向当前待比较结点,q指向p的前驱结点
        if(p->data==item)break;      //查找到待删除结点则退出循环
        else {q=p;p=p->next;}        //使p和q指针后移一个结点位置
    }
    //若不存在待删除结点则返回0,表明删除失败
    if(p==NULL)return 0;
    //从单链表中删除已找到的p结点,即让它的前驱q结点的指针域指向它的后继结点
    q->next=p->next;
    //回收p结点后返回1,表示删除成功
    free(p);
    return 1;
}
```

微视频

在单链表集合上插入和删除元素的方法

4. 从集合中查找一个元素

```
ElemType*  findSet(Set S,ElemType item)
{   //从集合中查找元素,若查找成功则返回元素地址,否则返回空
    //从单链表中顺序查找是否存在值为item的结点
    struct SingleNode* p=S->next;
    while(p! =NULL){
        if(p->data==item)break;
        else p=p->next;
    }
    //若查找成功则返回元素地址,否则返回NULL
    if(p! =NULL)return &(p->data);
    else return NULL;
}
```

5. 判断一个元素是否属于集合

```
int inSet(Set S,ElemType item)
{   //判断一个元素是否属于集合,若属于则返回1,否则返回0
    struct SingleNode* p=S->next;
    while(p! =NULL){
        if(p->data==item)return 1;
        else p=p->next;
    }
    return 0;
}
```

6. 判断集合是否为空

```
int emptySet(Set S)
{   //判断集合是否为空,若为空则返回1,否则返回0
    return S->next==NULL;       //等式成立时返回1,否则返回0
}
```

7. 求出集合中元素个数

```
int lengthSet(Set S)
{   //求出集合中元素个数,即集合长度,然后返回
    int n=0;
    struct SingleNode* p=S->next;
    while(p! =NULL){n++;p=p->next;}
    return n;                  //返回集合长度
}
```

8. 输出集合中所有元素

```
void outputSet(Set S)
{   //打印输出集合中所有元素
    struct SingleNode* p=S->next;
    printf("{");
    while(p! =NULL){
        printf("% d ",p->data);
        p=p->next;
    }
    printf("}\n");
}
```

9. 求两个集合的并集

```
Set unionSet(Set S1,Set S2)
{   //求两个集合的并集,返回运算结果的集合
    //定义指针变量p,初始保存S1集合的表头结点指针
    struct SingleNode* p=S1->next,* r;
    //定义保存并集运算的结果集合S并初始化为空集
    Set S=malloc(sizeof(struct SingleNode));
    S->next=NULL;r=S;    //使r指向S中的表尾结点,初始指向附加表头结点
    //把S1单链表集合复制到S单链表集合中
    while(p! =NULL){
        //建立新结点并赋值为p->data
        struct SingleNode* xp=malloc(sizeof(struct SingleNode));
        if(! xp){printf("动态空间用完! \n");exit(1);} //分配失败退出运行
        xp->data=p->data;xp->next=NULL;
```

```
        //把新结点插入到 S 单链表集合中的表尾,并修改 r 指针指向新的表尾结点
        r->next=xp;r=xp;
        //使 p 指向下一个结点
        p=p->next;
    }
    //把 S2 单链表集合中的每个元素插入到 S 单链表集合中
    p=S2->next;
    while(p! =NULL){
        insertSet(S,p->data);
        p=p->next;
    }
    //返回并集的运算结果的集合 S
    return S;
}
```

10. 求两个集合的交集

```
Set interseSet(Set S1,Set S2)
{   //求两个集合的交集并返回
    struct SingleNode * p2=S2->next;  //给 p2 赋值为 S2 的表头指针
    //定义保存交集运算的结果集合 S 并初始化为空集
    Set S=malloc(sizeof(struct SingleNode));
    S->next=NULL;
    //把 S1 集合与 S2 集合中共同的元素插入到 S 集合中
    while(p2! =NULL){
        ElemType x=p2->data;            //将 S2 集合中的一个元素值赋给 x
        ElemType*  r=findSet(S1,x);     //用 x 查找 S1 集合
        if(r)insertSet(S,x);            //若找到则把 x 插入到 S 集合中
        p2=p2->next;                    //使 p2 指向 S2 集合中的下一个结点
    }
    //返回交集的运算结果的集合 S
    return S;
}
```

11. 求两个集合的差集

```
Set differenceSet(Set S1,Set S2)
{   //求两个集合的差集并返回
    struct SingleNode * p1=S1->next;  //给 p1 赋值为 S1 的表头结点指针
    //定义保存差集运算的结果集合 S 并初始化为空集
    Set S=malloc(sizeof(struct SingleNode));
    S->next=NULL;
    //把在 S1 集合存在而在 S2 集合不存在的元素插入 S 集合中
    while(p1! =NULL){
        ElemType x=p1->data;              //将 p1->data 赋给 x
        ElemType*  r=findSet(S2,x);       //用 x 查找 S2 集合
        if(r==NULL)insertSet(S,x);        //把 x 插入到 S 集合中
        p1=p1->next;                      //使 p1 指向 S1 集合中的下一个结点
    }
    //返回差集运算结果的集合 S
    return S;
}
```

12. 清除集合中的所有元素

```
void clearSet(Set S)
{   //清除集合中的所有元素
    struct SingleNode * p=S->next,* q;
    while(p! =NULL){                          //动态回收 S 集合中的每个存储结点
        q=p->next;                            //q 指向 p 的后继结点
        free(p);                              //删除 p 结点
        p=q;                                  //使 p 指向原来的后继结点
    }
    S->next=NULL;                             //把 S 集合置为空集
}
```

13. 根据一个集合复制出一个新集合

```
void copySet(Set S1,Set S)
{   //把集合 S 复制到新集合 S1 中
    struct SingleNode * p=S->next,* q=S1,* r;
    clearSet(S1);                             //清除 S1 集合
    while(p! =NULL){                          //依次把集合 S 中的每个元素复制到 S1 集合中
        r=malloc(sizeof(struct SingleNode));
        r->data=p->data;r->next=NULL;         //建立新结点
        q->next=r;q=r;                        //将新结点插入到 S1 单链表集合的表尾
        p=p->next;                            //使 p 指向原来的后继结点
    }
}
```

在以上算法中，第 1、6 算法的时间复杂度为 $O(1)$；第 2、3、4、5、7、8、12、13 算法的时间复杂度为 $O(n)$，n 表示 S 单链表集合中元素结点数（即集合长度）；第 9、10、11 算法的时间复杂度为 $O(n_1 \cdot n_2)$，n_1 和 n_2 分别表示单链表集合 S1 和 S2 中的集合长度。

对集合这种数据结构，除了可以进行顺序存储和链式存储外，还可以进行散列存储和索引存储，相应也能够编写出在集合抽象数据类型中所给出的各种运算的算法，并且都比较容易写出，待以后学习了有关章节内容后就能够轻松地编写出来。

2.3.3 对链式存储集合进行各种运算的程序示例

假定采用下面程序调试上述算法，它同上一节采用顺序存储集合的调试程序基本相同，只是有关存储类型的语句和相应算法有所改变，主函数未做任何改变，因为无论是顺序存储的集合，还是链式存储的集合，其算法调用格式不变，都是使用集合的抽象数据类型中所定义的每个运算（算法）的原型格式。

```
#include<stdio.h>
#include<stdlib.h>
typedef int ElemType;                         //定义元素类型为整型
struct SingleNode {                           //定义集合链式存储的结点类型
    ElemType data;                            //结点值域，用来保存集合中一个元素
    struct SingleNode* next;                  //结点指针域，用来指向下一个元素结点
};
typedef struct SingleNode* Set;               //定义集合 Set 类型为 struct SingleNode*类型
#include"集合在链式存储结构下运算的算法.c" //假定此文件保存着上述 13 种运算的算法
void main(void)
{
```

```
    int i;
    ElemType x=42,* xp;
    int a[5]={25,38,19,42,33};
    int b[10]={25,45,38,23,19,66,77,88,37,40};
    struct SingleNode ss1,* s1=&ss1;
    struct SingleNode ss2,* s2=&ss2;
    Set s3,s4,s5;
    initSet(s1,1);
    initSet(s2,1);
    for(i=0;i<5;i++)insertSet(s1,a[i]);
    for(i=0;i<10;i++)insertSet(s2,b[i]);
    printf("集合 s1:");outputSet(s1);
    printf("集合 s2:");outputSet(s2);
    printf("集合 s1、集合 s2 的当前长度:% d  % d\n",lengthSet(s1),lengthSet(s2));
    s3=unionSet(s1,s2);
    printf("集合 s1 与集合 s2 的并集 s3:");outputSet(s3);
    s4=interseSet(s1,s2);
    printf("集合 s1 与集合 s2 的交集 s4:");outputSet(s4);
    s5=differenceSet(s1,s2);
    printf("集合 s1 与集合 s2 的差集 s5:");outputSet(s5);
    xp=findSet(s1,x);
    if(xp)printf("从集合 s1 中查找成功! 返回元素值为% d\n",* xp);
    else printf("从集合 s1 中查找元素% d 不成功! \n",x);
    for(i=0;i<3;i++)deleteSet(s2,b[i]);
    printf("从集合 s2 中删除前 3 个元素后的情况:");outputSet(s2);
    copySet(s3,unionSet(s1,s2));  //把 s1 和 s2 的并集复制到 s3 中
    printf("新集合 s3:");outputSet(s3);
    clearSet(s1);clearSet(s2);
    clearSet(s3);clearSet(s3);clearSet(s3);
    printf("程序运行结束。再见! \n");
}
```

此程序运行结果如下:

```
集合 s1:{33 42 19 38 25 }
集合 s2:{40 37 88 77 66 19 23 38 45 25 }
集合 s1、集合 s2 的当前长度:5  10
集合 s1 与集合 s2 的并集 s3:{45 23 66 77 88 37 40 33 42 19 38 25 }
集合 s1 与集合 s2 的交集 s4:{25 38 19 }
集合 s1 与集合 s2 的差集 s5:{42 33 }
从集合 s1 中查找成功! 返回元素值为 42
从集合 s2 中删除前 3 个元素后的情况:{40 37 88 77 66 19 23 }
新集合 s3:{23 66 77 88 37 40 33 42 19 38 25 }
程序运行结束。再见!
```

此程序的运行结果是正确的,同上一节程序得到的运行结果相比,可能在每个集合中元素排列次序上有差别,这不影响其正确性,因为集合中的元素可以任意排列,不考虑其次序的不同。

本章在集合抽象数据类型中定义的各种运算只是一些基本的和典型的运算,当然在实际应用中可能还有许多其他运算。如根据一个集合建立出它的顺序存储集合或链式存储集合,按条件修改集合中元素的值,从集合中查找出具有同一属性的所有元素并输出,从集合中查找出具有最大或最小值的元素,把一个集合按某一条件分解为两个集合等。读者只要掌握好对集合的上述基本运算的算

法,就不难编写出对集合的其他任何运算的算法。

另外,若集合中元素的类型不是简单类型,而是包含有多个域值的结构类型,则在相应的算法中,不能对元素进行直接比较运算,而必须修改为对元素的相应域值进行直接比较运算。

小　结

1. 集合是具有相同属性并能够通过值或关键字相互区别的一组数据,数据之间不考虑存在任何联系,它们可以按任何次序排列。

2. 对集合可以进行各种运算,如插入、删除、查找元素等运算,又如进行集合的并、交、差等运算。

3. 本章讨论了对集合抽象数据类型的定义,在此定义中给出了 13 种对集合的不同运算(操作),每种运算都可以在顺序存储结构和链式存储结构下通过算法(编程)实现。

4. 由于一个集合的长度是变化的,它随着插入或删除元素而增加或减少,所以对保存集合的存储空间最好采用动态分配,即在算法执行时随时分配,以满足随时所需。

5. 对集合进行顺序存储时使用数组来实现,对集合进行链式存储时使用单链表来实现,当向顺序集合中添加元素时,是添加到数组的末尾,当向单链表集合中添加元素时,是添加到表头,当从顺序集合中删除一个元素,就用最后位置上的一个元素来填补,当从单链表集合中删除一个元素结点时,就把其后继结点链接到它的前驱结点上。

6. 存储集合的单链表有多种形式,一般的、循环的、带附加表头结点的,本书算法中采用的单链表是带附加表头结点的单链表,此种单链表将给结点的插入和删除带来方便,都不需要修改表头指针。

思考与练习

一、单选题

1. 在一个长度为 n 的顺序存储的集合中查找值为 x 的元素时,在等概率情况下,查找成功时的平均查找长度为(　　)。

   A. n　　B. $n/2$　　C. $(n+1)/2$　　D. $(n-1)/2$

2. 在一个长度为 n 的链式存储的集合中查找值为 x 的元素时,算法的时间复杂度为(　　)。

   A. $O(1)$　　B. $O(n)$　　C. $O(n \cdot n)$　　D. $O(\log_2 n)$

3. 如果一个值为 x 的元素不属于一个长度为 n 的顺序或链式存储的集合 S,在插入时不用做确定性检查而直接插入,则此种插入操作的时间复杂度为(　　)。

   A. $O(1)$　　B. $O(\log_2 n)$　　C. $O(n)$　　D. $O(n \cdot n)$

4. 从一个长度为 n 的顺序存储的集合 S 中删除第 k 个元素($1 \leq k \leq n$)时,其时间复杂度为(　　)。

   A. $O(1)$　　B. $O(\log_2 n)$　　C. $O(n)$　　D. $O(n \cdot n)$

5. 从一个长度为 n 的链式存储的集合 S 中删除第 k 个元素($1 \leq k \leq n$)时,其时间复杂度为(　　)。

   A. $O(1)$　　B. $O(\log_2 n)$　　C. $O(n)$　　D. $O(n \cdot n)$

6. 对长度分别为 m 和 n 的两个集合进行并运算,其时间复杂度为(　　)。

   A. $O(\log_2 n)$　　B. $O(m)$　　C. $O(n)$　　D. $O(m \cdot n)$

7. 假定一个值为 x 的元素不属于顺序存储的集合 S,把它插入集合 S 的操作为(　　)。

   A. S->set[S->len--]=x;　　B. S->set[++S->len]=x;

C. S->set[--S->len-1]=x;　　D. S->set[S->len++]=x;

8. 假定一个值为 x 的元素属于链式存储的集合 S,由 p 指向了值为 x 的结点,q 指向该结点的前驱结点,则从 S 中删除 x 结点的操作为(　　)。

A. q->next=p->next;free(p);　　B. free(p);q->next=p->next;

C. p->next=q->next;free(q);　　D. q->next=p->next;free(q);

9. 有一个链式存储的集合,head 为它的表头指针,若从中删除第一个元素,则进行的操作为(　　)。

A. head=head->next;free(head);　　B. head=head->next;free(head->next);

C. p=head;head=head->next;free(p);　　D. p=head->next;free(head);

10. 有一个链式存储的集合,head 为它的表头指针,若从中删除 p 指针所指向结点的后继结点,则进行的操作为(　　)。

A. p->next=p->next->next;free(p);　　B. q=p->next;p->next=q->next;free(p);

C. p->next=p->next->data;　　D. p->next=p->next->next;

二、判断题

1. 向顺序存储的集合中插入元素是把该元素插入到表头。　(　　)

2. 向链式存储的集合中插入元素是把该元素的结点插入到表尾。　(　　)

3. 从顺序存储的集合中删除一个元素时只需要移动一个元素的位置。　(　　)

4. 设集合 S 的长度为 n,则从该集合中删除给定值元素的时间复杂度为 $O(n)$。　(　　)

5. 对于一个长度为 n 的顺序存储的集合 S,求其长度的时间复杂度为 $O(n)$。　(　　)

6. 对于一个长度为 n 的链式存储的集合 S,求其长度的时间复杂度为 $O(n)$。　(　　)

7. 由集合 S1 和 S2 的并运算而得到结果集合,其长度大于或等于任一个原集合的长度。　(　　)

8. 由集合 S1 和 S2 的交运算而得到结果集合,其长度大于或等于任一个原集合的长度。　(　　)

9. 设集合 S 的长度为 n,则判断 x 是否属于集合 S 的时间复杂度为 $O(1)$。　(　　)

10. 设集合 S1 和 S2 的长度分别为 n_1 和 n_2,则进行交运算的时间复杂度为 $O(n_1 \cdot n_2)$。　(　　)

三、集合运算题

1. 假定一个集合 S={23,56,12,49,35} 采用顺序存储,若按照书中的相应算法先向它插入元素 72,再从中删除元素 56,请写出运算后的集合 S。

2. 假定一个集合 S={23,56,12,49,35,48} 采用顺序存储,若按照书中的相应算法依次从中删除元素 56 和 23,写出运算后的集合 S。

3. 假定一个集合 S={23,56,12,49,35},若按照集合 S 中所给元素的次序通过调用插入运算的算法建立链式存储,将得到相应的单链表,再向它依次插入元素 72 和删除元素 56,则给出运算后得到的对应集合 S。

4. 假定集合 S1={23,56,12,49,35} 和集合 S2={23,12,60,38} 均采用顺序存储,若按照书中集合并的算法对 S1 和 S2 进行并运算,写出并运算后的结果集合。

5. 假定集合 S1={23,56,12,49,35} 和集合 S2={23,12,60,38} 均采用顺序存储,若按照书中集合交的算法对 S1 和 S2 进行交运算,写出交运算后的结果集合。

6. 假定集合 S1={23,56,12,49,35} 和集合 S2={23,12,60,38} 均采用顺序存储,若按照书中集合差的算法对 S1 和 S2 进行差运算,写出差运算后的结果集合。

7. 假定两个集合单链表对应的集合分别为 S1={23,56,12,49,35} 和 S2={23,12,60,38},若按

照书中集合并的算法对它们进行并运算,并运算后得到一个结果单链表,写出该单链表所对应的集合。

8. 假定两个集合单链表对应的集合分别为 S1={23,56,12,49,35} 和 S2={23,12,60,38},若按照教材中集合交的算法对它们进行交运算,交运算后得到一个结果单链表,写出该单链表所对应的集合。

四、算法分析题

写出下面每个程序段的运行结果。

1.
```
int r[8]={12,5,9,13,7,25,34,16};
int i;
struct SequenceSet d,*a=&d;
initSet(a,1);
for(i=0;i<8;i++)insertSet(a,r[i]);
deleteSet(a,25);
deleteSet(a,9);
outputSet(a);
printf("集合a的长度:% d\n",lengthSet(a));
```

2.
```
int i;
int r1[8]={12,5,9,13,7,25,34,16};
int r2[6]={5,60,16,30,34,8};
struct SequenceSet d1,*a1=&d1;
struct SequenceSet d2,*a2=&d2;
struct SequenceSet *a3,*a4,*a5;
initSet(a1,1);initSet(a2,1);
for(i=0;i<8;i++)insertSet(a1,r1[i]);
for(i=0;i<6;i++)insertSet(a2,r2[i]);
a3=unionSet(a1,a2);
a4=interseSet(a1,a2);
a5=differenceSet(a1,a2);
outputSet(a3);
outputSet(a4);
outputSet(a5);
clearSet(a1);clearSet(a2);
clearSet(a3);clearSet(a4);clearSet(a5);
```

3.
```
int i;
int r[8]={3,5,9,15,7,5,34,16};
struct SingleNode d,*a=&d;
initSet(a,1);
for(i=0;i<8;i++)insertSet(a,r[i]);
deleteSet(a,15);
deleteSet(a,34);
deleteSet(a,16);
outputSet(a);
```

4.
```
int i;
int r1[8]={10,15,56,5,17,48,17,16};
int r2[6]={5,60,16,30,8,17};
struct SingleNode d1,*a1=&d1;
struct SingleNode d2,*a2=&d2;
struct SingleNode *a3,*a4,*a5;
```

```
    initSet(a1,1);initSet(a2,1);
    for(i=0;i<8;i++)insertSet(a1,r1[i]);
    for(i=0;i<6;i++)insertSet(a2,r2[i]);
    outputSet(a1);outputSet(a2);
    a3=unionSet(a1,a2);
    a4=interseSet(a1,a2);
    a5=differenceSet(a1,a2);
    outputSet(a3);outputSet(a4);outputSet(a5);
```

五、算法设计题

1. 编写一个算法,根据数组 a 中 n 个元素建立一个顺序存储的集合后返回。

```
Set createSet(ElemType a[],int n);
```

2. 编写一个算法,返回一个顺序存储的集合 S 中所有元素的最大值,若集合为空则返回空指针。

```
ElemType* maxSet(Set S);
```

3. 编写一个算法实现三个集合的交运算并返回结果集合(允许调用已学习过的基本算法)。

```
Set threeInterseSet(Set S1,Set S2,Set S3);
```

第3章 线性表

线性表是一种常见的线性数据结构，人们可以利用它建立各种数据档案进行有效的数据管理和使用。本章将详细介绍和讨论如何采用顺序存储结构和链式存储结构存储线性表，来对线性表进行各种运算的方法及算法。虽然线性表和集合的数据结构不同，运算种类和方法不同，但都可以采用同样的存储结构进行存储，进而设计出完成各自运算的算法程序。

本章知识导图

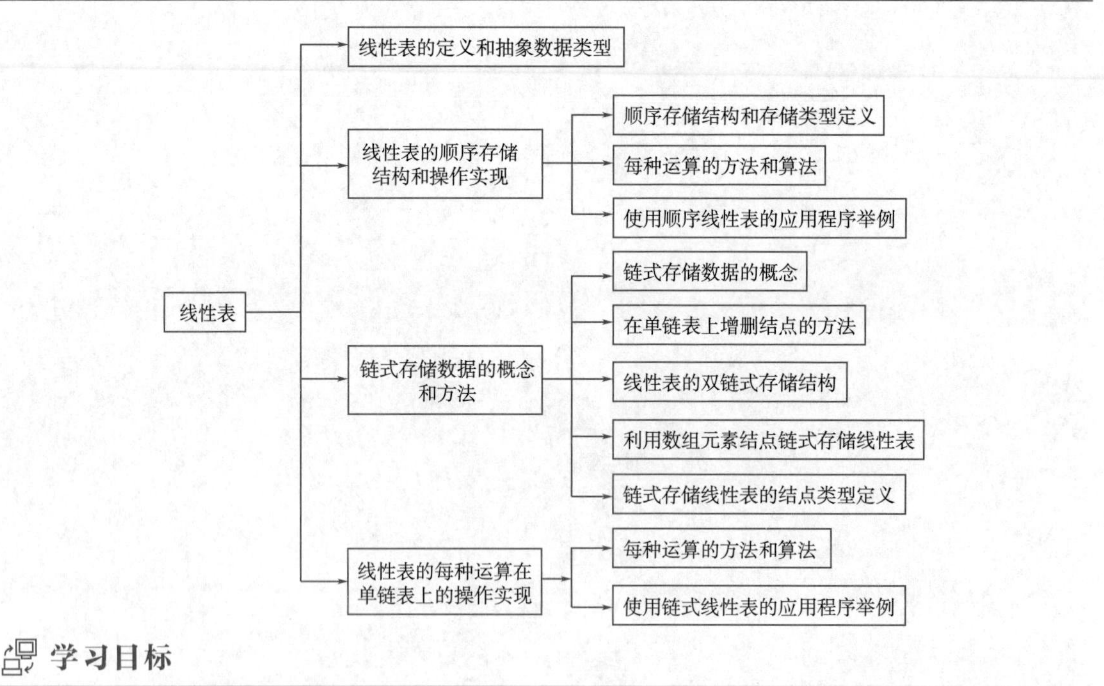

学习目标

◎了解:线性表的定义和其抽象数据类型的定义。

◎掌握:线性表的顺序存储结构及存储类型的定义,线性表的单链式存储结构及存储类型的定义。

◎掌握:线性表运算在顺序存储结构和链式存储结构下分别对应的每种基本运算方法及算法描述。

◎应用:能够分析清楚对线性表进行运算的算法及相应的时间复杂度,能够设计出给定线性表运算的算法程序并上机调试成功。

3.1　线性表的定义和抽象数据类型

1. 线性表的定义

线性表(linear list)是具有相同属性的数据元素的一个有限序列,该序列中的元素值允许出现重复,各元素之间存在着线性依赖关系。该序列中元素的个数称为线性表长度。线性表长度可以为0,表明它是一个空表,即不含有任何元素。若线性表为一个非空表,则一般表示为:

$$(a_1,a_2,\cdots,a_i,a_{i+1},\cdots,a_n)$$

一个线性表用一对圆括号括起来,线性表中的第一个元素 a_1 称为表头元素,a_n 称为表尾元素,线性表长度 n 大于或等于 0。

通常可以为一个线性表命名,如用一个标识符表示,此标识符通常采用大写。如可把上面这个线性表用 R 表示,即 $R=(a_1,a_2,\cdots,a_i,a_{i+1},\cdots,a_n)$。

线性表中的元素通常是按照其值或某个域的值(如关键字域的值)有序排列的,也就是说,线性表元素是按照前后位置线性有序的,即第 i 个元素 a_i 在逻辑上是第 $i+1$ 个元素 a_{i+1} 的前驱,而反过来,第 $i+1$ 个元素 a_{i+1} 又是第 i 个元素 a_i 的后继($1\leqslant i<n$)。线性表中的第一个元素只有后继没有前驱,而最后一个元素则只有前驱没有后继,其余每个元素既有一个前驱元素也有一个后继元素。

线性表中的元素是线性有序的,用二元组表示为

$$\text{linear\_list}=(A,R)$$

其中

$A=\{a_i \mid 1\leqslant i\leqslant n,n\geqslant 0,a_i\in \text{ElemType}\}$

$R=\{<a_i,a_{i+1}> \mid 1\leqslant i\leqslant n-1\}$

对应的逻辑图如图 3-1 所示。

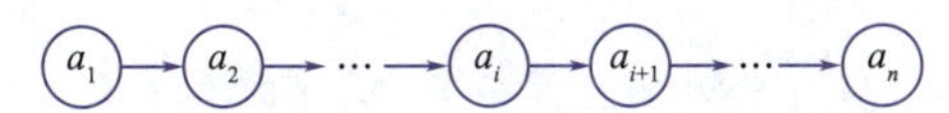

图 3-1　线性表的逻辑结构示意图

线性表的逻辑结构是线性结构,它是线性结构数据的一种简略表示。如对于第 1 章中讨论的线性数据结构 linear 可用线性表表示为:

(05,08,02,03,04,01,07,10,06,09,12,11)

因此,以后对线性表的讨论就代表了对任何线性结构数据的讨论。

在日常生活中所见到的各种各样的表都是线性表的例子,如人事档案表、职工工资表、学生成绩表、图书目录表、列车时刻表、产品目录表等。每一种这样的表通常都以记录登记的先后次序排列,或以关键字(即某个域的值)升序或降序排列。如职工工资表按“职工号”字段的升序排列,学生成绩表按“学生号”字段的升序排列,列车时刻表按开出时间字段的升序排列等。

线性表中的元素个数和内容通常是变化的,但元素之间的逻辑关系应保持不变,当从一个位置上删除一个元素后,其后的所有元素都要依次前移一个位置,同样当向一个位置插入一个元素前,该位置及以后的所有元素都要依次后移一个位置。保持元素之间的次序不变是线性表同集合的根本区别所在,从集合中删除一个元素后,不需要依次移动元素,只需要简单地用最后一个元素来填补;向集合插入元素不需要考虑插入位置,直接放到尾部即可,因而不需要移动任何元素。

2. 线性表的抽象数据类型

线性表的抽象数据类型同样由数据和操作两部分组成。数据部分为一个线性表,假定用标识符

L 表示,它可以采用任一种存储结构实现,为了算法需要和便于参数传递,假定将它定义为一种指针类型。操作部分包括插入、删除、查找、排序、遍历输出等对线性表的基本运算。利用这些基本运算的算法,可以很容易编写出对线性表的其他任何运算的算法。

线性表的抽象数据类型可定义如下:

```
ADT LIST is
    Data:
        一个指向线性表的指针 L,假定用标识符 List 表示线性表的抽象存储类型
    Operation:
    void initList(List* L int ms);                    //初始化线性表为空
    ElemType* getList(List* L,int pos);               //返回表中第 pos 个元素的地址值
    ElemType* findList(List* L,ElemType item);        //从表中查找元素并返回
    int insertList(List* L,ElemType item,int k);      //向表中指定位置插入元素
    int deleteList(List* L,ElemType item);            //从表中删除元素
    int emptyList(List* L);                           //判断线性表是否为空
    int lengthList(List* L);                          //求出线性表长度
    ElemType* maxList(List* L);                       //返回线性表中具有最大值的元素
    void outputList(List* L);                         //遍历输出线性表
    List* sortList(List* L);                          //返回按值或关键字有序排列的表
    List* addList(List* L1,List* L2,);                //对两个线性表相加并返回结果
    void clearList(List* L);                          //清除线性表中所有元素
    void copyList(List* L1,List* L);                  //根据 L 线性表复制出 L1 线性表
end LIST
```

3. 线性表运算举例

假定一个整型数组 a[5]={25,38,19,42,33},x=60,y=19,则对线性表 L 可进行如下运算:

```
initList(L,10);              //初始化 L 为一个空表,其存储线性表的空间大小初始设定为 10
for(i=0;i<5;i++)             //向线性表 L 中依次插入数组 a 中的所有元素
    insertList(L,a[i],0);    //假定参数 k 的值为 0,表示向线性表末尾插入元素
deleteList(L,y);             //从线性表 L 中删除元素 19,L 变为{25,38,42,33}
insertList(L,x,2,);          //向 L 中第 2 个位置插入 x,L 变为{25,60,38,42,33}
R=sortList(L);               //对 L 中的元素按值排序生成一个新的有序线性表返回
                             //返回后 R 为{25,33,38,42,60},L 保存不变
clearList(L);                //清除 L 中的所有元素,使之变为一个空的线性表
```

3.2 线性表的顺序存储结构和操作实现

同集合的顺序存储结构一样,线性表的顺序存储结构也是利用一个数组实现的,为了保存线性表的长度也需要定义一个整数变量,同样也需要定义一个符号常量来存储数组空间长度,亦即所能表示的线性表的最大长度。这三个对象可以分开定义如下:

```
#define MaxSize 20             //定义存储线性表元素的数组长度
ElemType list[MaxSize];        //定义存储线性表所有元素的数组
int len;                       //定义保存线性表当前长度的变量
```

线性表中的每个元素将依次被存入到一维数组 list 中,具体地说,线性表中第一个元素 a_1 被存入到 list[0]中,第二个元素 a_2 被存入到 list[1]中,依此类推,最后一个元素 a_n 被存入到 list[n-1]中。在这种顺序存储结构中,线性表元素之间的线性关系就通过存储位置之间的先后下标关系自然地反映出来,即 list[i]的前驱元素是它的前一个存储位置上的元素 list[i-1],后继元素是它的后一个存储位置上的元素 list[i+1],下标为 0 的元素没有前驱,下标为 len-1 的元素没有后继。

为了方便对线性表操作，通常把上面三个量用一个结构类型定义，并要求对存储线性表的数组存储空间采用动态分配，假定结构类型名用 SequenceList 表示，则具体定义类型如下：

```
struct SequenceList {          //定义顺序存储线性表的结构类型
    ElemType *list;            //指向动态数组空间的指针
    int len;                   //保存线性表的当前长度
    int MaxSize;               //保存 list 数组的长度
};
```

通过下面的类型重定义语句，可以把线性表的抽象存储类型 List 具体定义为 struct SequenceList 类型，即顺序存储线性表的结构类型。

```
typedef struct SequenceList List;
```

下面依次给出在线性表的顺序存储结构的情况下，在线性表抽象数据类型中定义的每种运算的算法描述(即操作实现)。

1. 初始化线性表为空

同对集合进行初始化操作一样，对线性表的初始化操作也要为保存线性表动态分配其数组存储空间，并由 list 指针所指向，同时设置线性表长度 len 的值为 0，表示当前为一个空表。初始化线性表算法的具体定义如下：

```
void initList(List* L,int ms)
{   //初始化线性表,分配动态存储和置为空表
    if(ms<10)L->MaxSize=10;        //若 ms 的值小于 10,则设置数组长度为 10
    else L->MaxSize=ms;            //若 ms 的值大于等于 10,则设置其为 ms 的值
    L->list=calloc(L->MaxSize,sizeof(ElemType));  //动态分配线性表空间
    if(! L->list){printf("动态空间用完! \n");exit(1);}   //分配失败退出
    L->len=0;                      //初始把线性表置为空
}
```

2. 得到线性表中第 pos 个元素的值

线性表中第 pos 个元素被对应存储在 list 数组中下标为 pos-1 的位置上，此算法的 pos 的有效值应大于或等于 1 且小于或等于线性表的实际长度，若超出此范围则返回空指针，否则返回第 pos 个元素的地址值，返回后可以根据此地址值访问到该元素值。

```
ElemType* getList(List* L,int pos)
{   //返回线性表 L 中第 pos 个元素值的地址,若 pos 值无效则返回空地址
    //检查 pos 值是否在有效范围内,若超出范围则返回空指针
    if(pos<1 ||pos>L->len)return NULL;
    //返回线性表中第 pos 个元素的地址值
    else return &(L->list[pos-1]);
}
```

3. 从线性表中查找与 item 值相匹配的第一个元素并返回

从线性表中查找元素分为顺序查找和二分查找(又称折半查找、对分查找等，待以后介绍)两种。若线性表中的元素不是按其值或关键字有序排列，则只能采用顺序查找，否则可以采用二分查找。若采用顺序查找，它将从表头开始依次比较每个元素，当找到与 item 值或某个域的值相匹配的第一个元素时表明查找成功，则返回该元素的地址，若比较完所有元素后没有找到与之匹配的元素，则表明查找失败，应返回空指针。

在顺序存储的线性表上进行顺序查找的算法描述为：

```
ElemType* findList(List* L,ElemType item)
{   //从 L 中查找与 item 相匹配的第一个元素,并返回其地址值
    //顺序查找值为 item 的元素,若查找成功则退出循环
```

```
    int i=0;
    L->list[L->len]=item;              //将待查值保存到线性表末尾作为“岗哨”
    while(L->list[i]! =item)i++;  //当元素类型为结构时应比较其相应成员域
    //当查找成功时返回该元素的地址值,否则返回空指针 NULL
    if(i<L->len)return &(L->list[i]);
    else return NULL;
}
```

4. 向线性表中指定位置插入一个元素

向线性表 L 中的指定位置 k 插入一个元素 item 时,若给定值 k 在有效范围以内,则可以进行插入,否则不能进行插入,当插入成功时返回 1,否则返回 0。参数 k 的有效值范围是[0,L->len+1],假定 k 的值取 0 或 L->len+1 时,则把 item 值插入到表尾,而当 k 取 1 至 L->len 之间任一个值时,则把 item 值插入到线性表 L 中第 k 个元素的位置上,原来第 k 个元素及后面所有元素均需要后移一个位置,以确保各元素之间的逻辑关系不变。当然在插入时,若原有动态数组空间即将用完,则需要重新分配更大的动态数组空间。

下面给出在顺序存储的线性表中按指定位置插入新元素的算法。

```
int insertList(List* L,ElemType item,int k)
{   //向线性表中指定位置插入一个元素,插入成功返回 1,否则返回 0
    //检查 k 值的有效性
    if(k<0 || k>L->len+1){printf("插入位置无效! \n");return 0;}
    //对动态数组空间即将用完的情况进行处理
    if(L->len==L->MaxSize-1){        //若末尾只剩余一个元素空间时则满足条件
        L->list=realloc(L->list,2*sizeof(ElemType)* L->MaxSize);  //增加 1 倍空间
        if(! L->list){printf("动态存储不足! \n");exit(1);}              //分配失败退出
        L->MaxSize=2* L->MaxSize;        //把线性表空间大小修改为新的长度
    }
    //当 k 等于 0 或者等于 L->len+1 时,把新元素插入到表尾
    if(k==0 || k==L->len+1){
        L->list[L->len]=item;
        L->len++;
        return 1;
    }
    //把新元素插入到线性表第 k 个元素位置前,需要依次后移每个元素
    else{
        int i;
        for(i=L->len-1;i>=k-1;i--)           //从后向前后移每个元素,腾出位置
            L->list[i+1]=L->list[i];
        L->list[k-1]=item;                   //把新元素写入到空出的第 k 个位置
        L->len++;                            //插入后线性表长度增 1
        return 1;                            //插入成功后返回 1
    }
}
```

下面对此线性表的插入算法进行时间复杂度分析。

假定线性表的长度 L->len 用 n 表示,其插入位置有 $n+1$ 个,当插入到第 i 个位置($1 \leqslant i \leqslant n+1$)时,需要后移 $n-i+1$ 个元素,所以每次插入平均需要移动元素的次数为

$$\frac{1}{n+1}\sum_{i=1}^{n+1}(n-i+1)=\frac{n}{2}$$

由此可知,此算法的时间复杂度为 $O(n)$。

5. 从线性表中删除与 item 值相匹配的第一个元素

从线性表中删除与 item 值相匹配的第一个元素,首先从线性表开始位置起顺序进行查找,若找到待删除的元素,则将其删除,即需要把其后面所有位置上的元素依次前移一个位置,然后修改线性表长度为原来值减 1,若没找到则返回 0 表示删除失败。为了提高线性表存储空间的利用率,需要检查保存线性表的动态数组空间被删除一个元素后,是否空闲太多,若其利用率低于 1/3 则缩减为原来的 1/2。算法结束时返回 1 表示删除成功。

下面给出从线性表中删除元素的算法描述。

```
int deleteList(List* L,ElemType item)
{   //从线性表删除与 item 相匹配的第一个元素
    //顺序查找待删除的元素
    int i=0,j;
    L->list[L->len]=item;           //将待删值保存到线性表末尾作为"岗哨"
    while(L->list[i]! =item)i++;    //当元素类型为结构时应比较其相应成员域
    if(i==L->len)return 0;          //删除失败返回 0
    //删除元素,即从下标 i+1 至表尾依次前移一个位置完成删除
    for(j=i+1;j<L->len;j++)
        L->list[j-1]=L->list[j];
    //线性表长度减 1
    L->len--;
    //若动态数组空间浪费太大,利用率低于 1/3,则缩减其 1/2 的存储空间
    if(L->MaxSize>10 && L->len<L->MaxSize/3){
        L->list=realloc(L->list,sizeof(ElemType)* (L->MaxSize/2));
        L->MaxSize=L->MaxSize/2;    //缩减空间后调整 MaxSize 的值
    }
    return 1;
}
```

下面对此线性表的删除算法进行时间复杂度分析。

执行此算法时,为顺序查找待删除元素需要比较 $i+1$ 次($0 \leqslant i \leqslant$ L->len-1),为填补空出的位置,保持元素之间的线性关系不变,需要向前移动 L->len-i-1 个元素。假定顺序存储的线性表长度L->len 用 n 表示,则每次运算需要平均比较 $\frac{1}{n}\sum_{i=0}^{n-1}(i+1)=\frac{n+1}{2}$ 个元素,需要平均移动 $\frac{1}{n}\sum_{i=0}^{n-1}(n-i-1)=\frac{n-1}{2}$ 个元素,每次比较和移动的总次数不变,即等于线性表的长度 n。所以此算法的时间复杂度为 $O(n)$。若删除操作失败,则需要比较 $n+1$ 次,当然更不会移动任何元素,所以其时间复杂度也为 $O(n)$。

6. 判断线性表是否为空

若线性表为空则返回 1,否则返回 0。

```
int emptyList(List* L)
{   //判断线性表是否为空
    if(L->len==0)return 1;else return 0;
}
```

7. 求出线性表长度

此算法返回线性表 L 的 len 域的值,即线性表长度。

```
int lengthList(List* L)
```

```
{   //求出线性表长度
    return L->len;
}
```

8. 求出并返回线性表中具有最大值的元素

此算法求出并返回线性表 L 中具有最大值的元素,当线性表 L 为空时返回空指针,否则通过依次比较查找出最大值元素,然后返回这个元素的地址值。

```
ElemType* maxList(List* L)
{   //求出并返回 L 中最大值元素
    int i,k=0;
    if(L->len==0) return NULL;                //若线性表为空则返回空指针
    for(i=1;i<L->len;i++)                     //通过循环求出其最大值元素
        if(L->list[i]>L->list[k]) k=i;        //若元素为结构类型需比较其成员域
    return &(L->list[k]);                     //返回具有最大值元素的地址
}
```

9. 遍历输出线性表

此算法要求依次访问线性表中的每个元素并输出其值。在顺序存储中就是从下标 0 开始,依次使下标增 1,同时输出每个下标位置上保存的元素值。

```
void outputList(List* L)
{   //遍历输出线性表
    int i;
    printf("(");
    for(i=0;i<L->len;i++)
        printf("%d ",L->list[i]);         //若元素为结构类型则需依次输出每个成员域
    printf(")\n");
}
```

10. 按元素的值或关键字对线性表排序

对线性表排序,就是对保存线性表的数组进行排序。数据排序分为升序和降序两种,通常是指按升序排序,即按元素或关键字值从小到大的次序排列数组元素,使之成为一个有序表。现有的数组排序方法有许多,将在本书第 10 章做详细讨论,这里仅介绍一种简单的排序方法,即直接插入排序方法。

直接插入排序方法是:把数组 $a[0]\sim a[n-1]$ 中共 n 个元素看作一个有序表和一个无序表,开始时有序表中只有一个元素 $a[0]$(一个元素自然为有序),无序表中包含 $n-1$ 个元素 $a[1]\sim a[n-1]$,以后每次从无序表中取出第一个元素,把它插入到前面有序表中的合适位置,使之成为一个新的有序表,这样有序表就增加了一个元素,无序表就减少了一个元素;经过 $n-1$ 次后,有序表中包含有 n 个元素,无序表变为一个空表,整个数组就成为一个有序表。

接着讨论如何在第 i 次($1\leqslant i\leqslant n-1$)把无序表中的第一个元素 $a[i]$ 插入到前面有序表 $a[0]\sim a[i-1]$ 中。一种可用的方法是:从有序表中第一个元素 $a[0]$ 开始,依次向后使每个元素同 $a[i]$ 进行比较,直到 $a[i]$ 小于某个元素 $a[j]$($0\leqslant j\leqslant i-1$),即 $a[i]<a[j]$ 成立,或者 j 等于 i 为止,此 $a[j]$ 元素的位置就是 $a[i]$ 的插入位置,接着从后向前依次移动 $a[i-1]$ 至 $a[j]$ 之间的每个元素值,然后把空出的 $a[j]$ 位置赋予原来的 $a[i]$ 元素值。进行此次插入 $a[i]$ 元素后,有序表中增加一个元素,变为 $i+1$ 个,无序表中减少一个元素,变为 $n-i-1$ 个。

按照线性表抽象数据类型中所给排序算法的声明,是把对线性表 L 的排序结果用另一个临时线性表表示并返回,而线性表 L 仍保持不变。

根据顺序存储的线性表 L 建立有序排序的新线性表并返回的算法描述如下:

```
List* sortList(List* L)
```

```
{   //返回对 L 线性表进行按元素值或某个域值有序排列的线性表
    int i,j,k;
    ElemType x;
    List* pa;                               //定义用来保存有序排序结果的线性表指针
    pa=malloc(sizeof(struct SequenceList));  //动态存储分配线性表结点
    initList(pa,L->MaxSize);                //对结果线性表进行初始化
    if(L->len>0){pa->list[0]=L->list[0];pa->len=1;}  //第 1 元素赋结果表
    for(i=1;i<L->len;i++)                   //共循环 n-1 次,每次向有序表插入一个元素
    {
        x=L->list[i];                       //把无序表中的第一个元素暂存 x
        for(j=0;j<pa->len;j++)              //从保存排序结果的有序表中查找插入位置
            if(x<pa->list[j])break;
        for(k=pa->len-1;k>=j;k--)           //后移元素,腾出插入位置 pa->list[j]
            pa->list[k+1]=pa->list[k];
        pa->list[j]=x;                      //把 x 写入到已经空出的 j 位置
        pa->len++;                          //有序线性表长度增 1
    }
    return pa;                              //返回作为排序结果的有序表
}
```

此算法中存在着双重 for 循环,其中外层循环次数等于线性表 L 的长度 n 减 1,即 L->len-1,外循环变量 i 从 1 取值到 $n-1$,对应 i 的每次取值,都将 L->list[i]元素值插入到结果线性表 pa 中的合适位置,进行插入时需要进行元素比较和移动之和大致为 $i+1$,所以此算法的总共比较和移动次数之和为 $\sum_{i=1}^{n-1}(i+1)=\frac{n^2+n-2}{2}$,可得此算法的时间复杂度为 $O(n^2)$。

微视频

在数组上直接插入排序方法

11. 对两个线性表相加并返回它们的和线性表

假定是从两个表的表头元素开始,使其对应元素值相加,其和值作为一个元素值插入到结果线性表的表尾。

```
List* addList(List* L1,List* L2,)
{   //对两个线性表 L1 和 L2 求和,并返回求和结果
    int i;
    ElemType x;
    int k=(L1->len<L2->len ? L1->len:L2->len);      //线性表长度最小值赋给 k
    List* L3=malloc(sizeof(struct SequenceList));   //动态存储分配线性表结点
    initList(L3,L1->MaxSize);                 //初始化结果线性表
    for(i=0;i<k;i++){                         //根据和值建立新元素并插入到 L3 的表尾
        x=L1->list[i]+L2->list[i];
        insertList(L3,x,0);
    }
    if(k<L1->len)                             //把 L1 中剩余的元素插入到 L3 的表尾
        for(i=k;i<L1->len;i++)insertList(L3,L1->list[i],0);
    else                                      //把 L2 中剩余的元素插入到 L3 的表尾
        for(i=k;i<L2->len;i++)insertList(L3,L2->list[i],0);
    return L3;                                //返回结果线性表
}
```

12. 清除线性表中的所有元素

```
void clearList(List* L)
{   //清除线性表中的所有元素,释放占有的动态存储空间
```

```
    if(L->list! =NULL){
        free(L->list);
        L->list=NULL;
        L->len=L->MaxSize=0;
    }
}
```

13. 根据 L 线性表复制出 L1 线性表

```
void copyList(List* L1,List* L)
{   //把线性表 L 复制到线性表 L1 中
    int i;
    clearList(L1);                                             //清除 L1 线性表
    L1->list=calloc(L->MaxSize,sizeof(ElemType));              //动态分配新表空间
    if(! L1->list){printf("动态空间不足! \n");exit(1);}        //分配失败退出运行
    for(i=0;i<L->len;i++)L1->list[i]=L->list[i];               //依次复制集合元素
    L1->len=L->len;                      //置 L1 线性表的长度为 L 线性表的长度
    L1->MaxSize=L->MaxSize;              //置 L1 的数组长度为 L 的数组长度
}
```

在以上算法中,第 1、2、6、7、12 算法的时间复杂度为 $O(1)$,第 3、4、5、8、9、11、13 算法的时间复杂度为 $O(n)$,第 10 算法的时间复杂度为 $O(n^2)$,n 表示参数线性表 L 的长度 L->len,但对于第 11 算法则表示两个参数线性表的最大长度。

假定采用下面程序调试上述算法。

```
#include<stdio.h>
#include<stdlib.h>
typedef int ElemType;               //定义线性表中的元素类型为整型
struct SequenceList {               //按照线性表顺序存储结构所定义的结构类型
    ElemType * list;                //指向动态数组空间的指针
    int len;                        //保存线性表的当前长度
    int MaxSize;                    //保存 list 数组的长度
};
typedef struct SequenceList List;                 //定义 List 为顺序存储结构类型
#include"线性表在顺序存储结构下运算的算法.c"    //保存着对线性表运算的 13 种算法
void main(void)
{
    int i;
    ElemType* p;
    List x1,x2,* t1=&x1,* t2=&x2;
    List * t3;
    int a[6]={38,68,46,73,24,50};
    int b[10]={25,45,38,23,19,66,77,46,45,23};
    initList(t1,1);initList(t2,1);
    for(i=0;i<6;i++)insertList(t1,a[i],0);
    for(i=0;i<10;i++)insertList(t2,b[i],0);
    printf("线性表 t1:");outputList(t1);
    printf("线性表 t2:");outputList(t2);
    printf("线性表 t1 和 t2 中的最大值:% d % d\n",* (maxList(t1)),* (maxList(t2)));
    printf("从头开始访问线性表 t2 中的偶数元素:");
    for(i=2;i<=lengthList(t2);i+=2)
        printf("% d  ",* (getList(t2,i)));
```

```
    printf("\n");
    for(i=0;i<10;i+=4)  //从线性表 t2 中删除 b[0]、b[4]和 b[8]元素
       deleteList(t2,b[i]);
    printf("线性表 t2 被删除 3 个元素后:");outputList(t2);
    p=findList(t1,73);
    if(p==NULL)printf("从 t1 中查找元素 73 失败! \n");
    else printf("从 t1 中查找元素 73 成功! \n");
    if(p)* p=84;                         //把在 t1 中被查找到的元素值修改为 84
    deleteList(t1,a[0]);insertList(t1,59,3);  //对 t1 进行插入和删除操作
    printf("线性表 t1 被一系列操作后:");outputList(t1);
    t3=sortList(t1);                     //按照线性表 t1 中的元素进行排序建立有序表并返回
    printf("由线性表 t1 得到的有序线性表 t3:");outputList(t3);
    copyList(t3,addList(t1,t2));      //对 t1 和 t2 求和后得到结果线性表 t3
    printf("新线性表 t3:");outputList(t3);
    printf("线性表 t1、t2、t3 的当前长度:% d % d % d\n",
       lengthList(t1),lengthList(t2),lengthList(t3));
    clearList(t1);clearList(t2);clearList(t3);
    if(emptyList(t1)&& emptyList(t2)&& emptyList(t3))
       printf("三个线性表 t1、t2 和 t3 当前均为空表! \n");
    printf("程序运行结束。再见! \n");
}
```

此程序运行结果如下:

```
线性表 t1:(38 68 46 73 24 50 )
线性表 t2:(25 45 38 23 19 66 77 46 45 23 )
线性表 t1 和 t2 中的最大值:73 77
从头开始访问线性表 t2 中的偶数元素:45   23   66   46   23
线性表 t2 被删除 3 个元素后:(38 23 66 77 46 45 23 )
从 t1 中查找元素 73 成功!
线性表 t1 被一系列操作后:(68 46 59 84 24 50 )
由线性表 t1 得到的有序线性表 t3:(24 46 50 59 68 84 )
新线性表 t3:(106 69 125 161 70 95 23 )
线性表 t1、t2、t3 的当前长度:6 7 7
三个线性表 t1、t2 和 t3 当前均为空表!
程序运行结束。再见!
```

读者自行分析程序执行过程所显示出来的每行运行结果,从而证明每种线性表运算的算法描述的正确性。当然算法描述不是唯一的,只要能较好地满足算法评价中所列出的标准即可。

上面只介绍了对线性表操作的一些基本算法,读者完全可以举一反三,编写出满足需要的对线性表进行其他任何运算的算法。如建立一个线性表的顺序存储结构的算法,统计出一个线性表中符合给定条件的元素个数的算法,删除一个线性表中给定值范围内的所有元素的算法,倒排一个线性表(即以中间位置为准,前后对称位置上的元素值交换)的算法等。

3.3 链式存储数据的概念和方法

1. 链式存储的一般概念

在第 2 章中已经简单讨论了链式存储的最简单形式——单链表的概念和表示方法,这里将讨论链式存储更广泛的概念。

顺序存储和链式存储是数据的两种最基本的存储结构。在顺序存储结构中，每个存储结点只含有所存元素本身的信息，元素之间的逻辑关系是通过数组下标位置简单地计算出来的。如在线性表的顺序存储中，若其中的一个元素存储在对应数组中的下标位置为 i，则它的前驱元素在对应数组中的下标位置为 $i-1$，它的后继元素在对应数组中的下标位置为 $i+1$。在链式存储中，每个存储结点不仅含有所存元素本身的信息，而且含有元素之间逻辑关系的信息，其存储结点的结构如图 3-2 所示。

data	p_1	p_2	…	p_m

图 3-2 链式存储中元素结点的结构

其中 data 表示值域，用来存储一个元素，$p_1,p_2,\cdots,p_m(m\geqslant1)$ 均为指针域，每个指针域的值为其对应的后继元素或前驱元素所在结点（以后简称为后继结点或前驱结点）的引用（地址、存储位置）。通过结点的指针域（又称链域）可以访问到对应的后继结点或前驱结点，该后继结点或前驱结点称为指针域（链域）所指向（或链接）的结点。若一个结点中的某个指针域不需要指向任何结点，则令它的值为空（NULL）。

在数据的顺序存储中，由于每个元素的存储位置都可以通过对下标的简单计算得到，所以可以随机地存取数据中的任一元素，所以对任一元素的存取时间都相同，这是一种随机存取（访问）机制；而在数据的链式存储中，由于每个元素的存储位置是保存在它的前驱结点或后继结点中的，所以只有当访问到其前驱结点或后继结点后才能够按指针（引用）访问到该结点，这是一种顺序存取（访问）机制。

数据的链式存储表示又称链接表。当链接表中的每个结点只含有一个指针域时，则称为单链表，否则称为多链表。

2. 在单链表上的插入和删除操作

线性表的链式存储结构有单链表结构和双向链表结构两种。单链表结构有一般形式的、循环形式的、带附加表头结点形式的，这些与在第 2 章介绍过的集合单链表的各种形式完全相同，这里不再赘述。

下面通过示意图说明如何在链式存储线性表的单链表中插入和删除结点。

图 3-3（a）和（b）分别给出了在 p 结点（即 p 所指向的结点，其值为 a）和 q 结点（即 q 所指向的结点，其值为 c）之间插入 s 结点（即 s 所指向的结点，其值为 b）的前后状态，其插入操作的过程分两步进行：

①将 p 结点指针域的值 q 赋给 s 结点的指针域，即执行 s->next=p->next 的赋值操作。

②将 s 指针的值赋给 p 结点的指针域，即执行 p->next=s 的赋值操作。

这样，s 结点就被插入到 p 和 q 结点之间了，当访问 p 结点后，接着访问的后继结点是 s 结点，而不是原来的 q 结点，当访问 s 结点后，接着访问的是 q 结点。

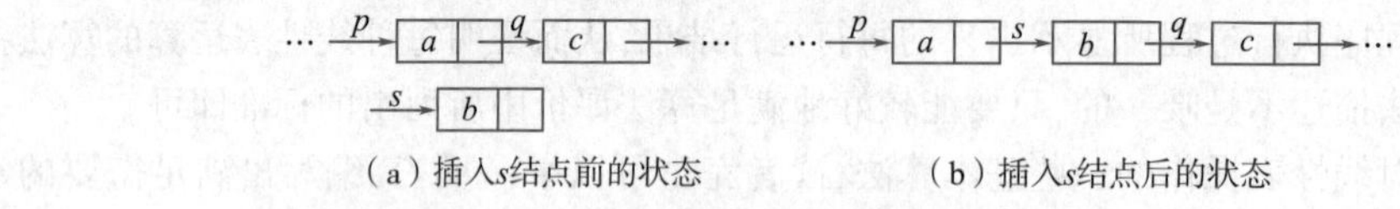

（a）插入s结点前的状态　　（b）插入s结点后的状态

图 3-3 在单链表中插入结点示意图

若要在一般单链表的表头插入一个新结点，则首先要把原表头指针赋给新结点的指针域，然后再把新结点的存储位置赋给表头指针变量。

图 3-4（a）和（b）分别给出从单链表中删除 p 结点的后继结点 q 的前后状态，其删除操作的过程分两步进行：

①将 p 结点的指针域的值 q（即指向后继结点的指针）赋给一个临时指针变量 s，以便处理和回收该结点，要执行的赋值操作为 s=p->next。

②将后继 q 结点的指针域的值 r（即指向 q 后继结点的指针）赋给 p 结点的指针域，要执行的赋值操作为 p-next=q->next。

这样，q 结点就从单链表中删除掉了，当访问 p 结点后，接着访问的后继结点是 r 结点，而不是原来的 q 结点。

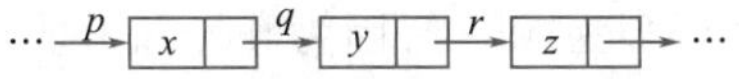

（a）删除q结点前的状态 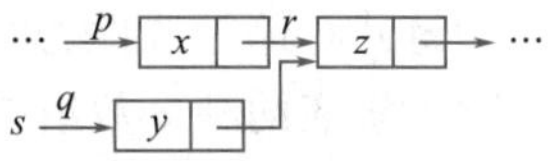　（b）删除q结点后的状态

图 3-4 从单链表中删除结点的示意图

若要从一般单链表中删除表头结点，则首先要把表头指针赋给一个临时指针变量，以便处理和回收该结点，然后再把原表头结点指针域的值（即指向原表头后继结点的指针）赋给表头指针变量，就使其原来的下一个结点成为新的表头结点。

3. 线性表的双链式存储结构

线性表的另一种存储方法是采用双向链式存储结构，即双向链表结构。在双向链表结构中的每个结点除了具有保存元素的值域外，还带有两个指针域，一个称为左指针域（又称前驱指针域），用以指向其前驱结点，另一个称为右指针域（又称后继指针域），用以指向其后继结点。双向链表也可以带附加表头结点，也可以采用循环链接，相应的示意图分别如图 3-5(a)～(e)所示。

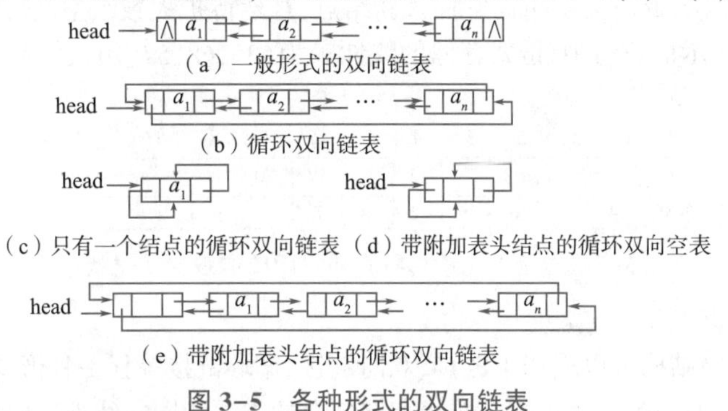

（a）一般形式的双向链表

（b）循环双向链表

（c）只有一个结点的循环双向链表（d）带附加表头结点的循环双向空表

（e）带附加表头结点的循环双向链表

图 3-5 各种形式的双向链表

4. 利用数组元素结点链式存储线性表

链式存储线性表中的元素时可以利用 malloc() 函数动态分配存储结点，也可以采用数组元素作为存储结点，数组中元素的类型应包含数值域 data 和指针域 next，next 应定义为整型，它保存后继元素所在的下标位置。

由数组存储单链表时，通常下标为 0 的元素不作为单链表中的结点使用，而是用它的 next 指针域保存表头指针，这样，数组最多能够为建立单链表提供 MS-1 个结点，对应的下标范围是 1～MS-1。当一个元素结点无后继结点时，其指针域被赋予数值-1，表示空指针，或者被赋予数值 0，指向下标为 0 的元素，由此构成带附加表头结点的循环单链表。

图 3-6(a)就是利用数组元素单链式存储的一个线性表(44,50,57,62,68,75,83,94)的具体例子，表头指针为下标 0 位置中的 next 域的值 4，图 3-6(b)为此单链表的逻辑示意图，每个结点的后继指针 next 上标示的数值就是该指针的具体值，亦即后继结点的下标值。

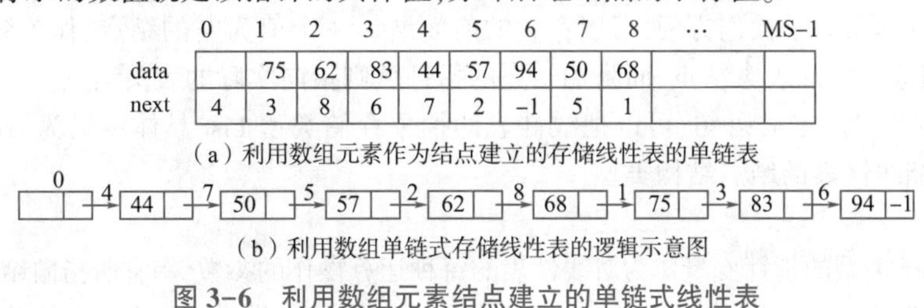

	0	1	2	3	4	5	6	7	8	…	MS-1
data		75	62	83	44	57	94	50	68		
next	4	3	8	6	7	2	-1	5	1		

（a）利用数组元素作为结点建立的存储线性表的单链表

（b）利用数组单链式存储线性表的逻辑示意图

图 3-6 利用数组元素结点建立的单链式线性表

在由数组元素结点建立一个单链表时，通常需要把所有空闲元素结点链接起来构成一个空闲单链表，空闲单链表的表头指针也需要用一个元素结点的指针域保存起来，假定使用下标为 1 结点的指针域。在这种数组中链式存储的线性表的长度至多为 MS-2，因为 0 号和 1 号元素结点均被表头指针所占用。当对保存单链表的整个数组进行初始化时，不仅需要设置单链表为空，即把-1 赋给 0 号元素结点的指针域，而且要把全部 MS-2 个空闲结点链接起来构成空闲单链表，同时把它的表头指针(即 2)赋给 1 号元素结点的指针域。对数组进行初始化后的情况如图 3-7 所示。

	0	1	2	3	4	5	6	7	8	…	MS-1
data											
next	-1	2	3	4	5	6	7	8	9		-1

图 3-7 带有元素单链表和空闲单链表的初始化状态

当向数组中的元素单链表插入一个新元素时，首先从空闲表中取出(即删除)表头结点作为保存新元素的结点使用，然后再把该结点按条件插入到元素单链表中；当从元素单链表中删除一个元素结点时，首先从中取出(摘下)这个结点，然后再把该结点插入到空闲单链表的表头。

数组中的元素单链表和空闲单链表的结点总数，在任何时候都等于 MS-2 个，当空闲单链表为空时，则元素单链表为满，此时无法再向它插入新结点，当然待扩大数组空间后可插入。

例如，在图 3-8 所示的数组中，链式存储的线性表为(35,68,57,70)，空闲单链表中依次包含有下标为 3、5、8、9 等结点。

	0	1	2	3	4	5	6	7	8	…	MS-1
data			68		35		57	70			
next	4	3	6	5	2	8	7	-1	9		-1

图 3-8 数组中元素单链表和空闲单链表的变化状态

5. 线性表链式存储的结点类型

线性表的链式存储结构可以采用单链接、双向链接、循环链接等任一种形式来实现，这里假定采用单链接的形式实现，即与第 2 章采用的链式存储集合的方法相同。线性表中的每个元素对应单链表中的一个结点，并且每个结点的指针域的值为其后继元素所在结点的地址，也就是说通过一个结点的指针域可以访问到后继结点，即后继元素所在的结点。

存储线性表的单链表，其结点类型假定仍采用存储集合元素的结点类型，重写如下：

```
struct SingleNode {
    ElemType data;
    struct SingleNode* next;
};
```

其中 struct SingleNode 为结点类型，data 为存储元素值的结点值域，next 为指针域，用来存储下一个元素的结点地址。

每个单链表都有一个表头指针，由表头指针出发可以依次访问到每个结点，即存取相应的结点值。线性表中元素之间的线性关系通过单链表中结点指针域的链接关系反映出来。

对于一个单链表，为了操作方便，可以在它的前面增加一个值为空的结点，作为附加表头结点，让表头指针指向这个附加表头结点，而附加结点的指针域则指向实际的表头结点。

通过下面的类型重定义语句，可以把线性表的抽象存储类型 List 具体定义为 struct SingleNode 类型，即链式存储线性表的结点结构类型。

```
typedef struct SingleNode List;
```

利用具有 List 类型的指针变量作为对线性表的每种运算操作的参数，用它所指向结点的 next 指针域指向实际的表头结点。由此可知，此种链式存储线性表的形式是带附加表头结点的单链表形式。

3.4　线性表的每种运算在单链表上的操作实现

下面依次给出在线性表的抽象数据类型中列出的每种运算,在单链表中的操作实现(算法描述)。

1. 初始置空线性表

```
void initList(List* L,int ms)
{   //参数 L 的 next 域为表头指针,ms 参数暂且闲置不用
    L->next=NULL;             //初始化线性表为空
}
```

2. 得到并返回线性表中第 pos 个元素的地址值

对线性表链式存储的单链表中的结点只能顺序存取,即从表头结点起依次访问每个结点,只有访问了前一个结点后才能接着访问到后一个结点,不像在数组中顺序存储的线性表那样可以直接按下标存取元素。所以要访问单链表中的第 pos 个结点的值(即对应线性表中的第 pos 个元素的值),必须从表头指针开始依次向后访问,直到第 pos 个结点被访问到为止。当单链表中不存在第 pos 个结点时,表明所给的 pos 值无效,应返回空指针,否则应返回第 pos 个结点的值域地址,以便在返回程序中访问该元素。

从链式存储线性表的单链表中访问第 pos 个元素结点的算法描述如下:

```
ElemType* getList(List* L,int pos)
{   //返回线性表 L 中第 pos 个元素结点的地址,若不存在则返回空
    List* p=L->next;            //线性表的表头指针赋给 p
    int i=0;
    while(p! =NULL){            //从线性表 L 中顺序查找第 pos 个结点
        i++;
        if(i==pos)break;
        p=p->next;
    }
    if(p==NULL)return NULL;     //pos 参数值非法,返回空地址
    else return &(p->data);     //返回第 pos 个结点的值域地址
}
```

3. 从线性表中查找与 item 值相匹配的第一个元素并返回其地址

此算法比较简单,首先从表头结点开始依次向后查找,若发现等于待查找的元素值或关键字,则结束查找,否则继续向后查找,然后判断是否查找成功,若不成功则返回空,否则返回其元素地址。

```
ElemType* findList(List* L,ElemType item)
{   //从单链存储的线性表 L 中查找相匹配的元素并返回其地址,否则返回空地址
    List* p=L->next;
    while(p! =NULL){              //从单链表中顺序查找相匹配的结点
        if(p->data==item)break;   //若元素类型为结构类型,则应比较相应成员域
        else p=p->next;
    }
    if(p==NULL)return NULL;       //查找失败时则返回空
    else return &(p->data);       //查找成功时返回元素地址
}
```

4. 向线性表中给定位置插入一个元素

微视频
向顺序和链式存储的线性表中给定位置插入元素

向链式存储的线性表中第 k 个位置插入一个元素时,要首先从表头开始查找插入位置,

然后进行插入,若 k 的值有效则插入值为 item 的新结点后返回 1,表明插入成功,否则返回 0,表明插入失败。具体地说,当 k 的值等于 1 至 n(即线性表长度)之间任一整数值时,则把新元素结点插入到线性表中第 k 个位置,当 k 的值为 0 或等于线性表的长度 n 加 1 时,则按规定把新元素结点插入到线性表的末尾,否则若小于 0 或大于线性表的长度 n 加 1 时,则不能进行插入。

在链式存储的线性表上第 k 个元素位置插入值为 item 的结点,其算法描述如下:

```
int insertList(List* L,ElemType item,int k)
{   //向线性表中的指定位置插入一个新元素,插入成功返回 1,否则返回 0
    int i=0;
    List * r,* p,* q;
    //根据 item 值建立一个待插入的新结点
    r=malloc(sizeof(struct SingleNode));r->data=item;
    //从单链表中顺序查找第 k 个结点
    p=L->next,q=L;                    //给 p 和 q 赋初值,q 结点是 p 结点的前驱
    while(p! =NULL){
        i++;
        if(i==k)break;
        else {q=p;p=p->next;}   //q 和 p 相继指向其后继结点
    }
    //如果 k 大于或等于 0 同时小于或等于 i+1,则把新结点 r 插入到 q 和 p 之间
    if(k>=0 && k<=i+1){r->next=p;q->next=r;return 1;}
    //否则 k 必然小于 0 或大于 i+1,表明 k 值无效,应返回 0
    else return 0;
}
```

5. 从线性表中删除一个元素

此算法与在表示集合的单链表上删除一个元素的算法类似。

```
int deleteList(List* L,ElemType item)
{   //从线性表中删除与 item 值相匹配的第一个元素,若成功返回 1,否则返回 0
    //从单链表中顺序查找是否存在值为 item 的结点
    List * p=L->next,* q=L;
    while(p! =NULL){
        if(p->data==item)break;
        else {q=p;p=p->next;}
    }
    //若不存在则返回 0,表明删除失败
    if(p==NULL)return 0;
    //查找到待删除结点,从单链表中删除 p 结点,返回 1 表明删除成功
    else {q->next=p->next;free(p);return 1;}
}
```

6. 判断线性表是否为空

```
int emptyList(List* L)
{   //判断线性表是否为空,若 L 所指结点的 next 域为空则为空表,返回 1,否则返回 0
    if(L->next==NULL)return 1;else return 0;
}
```

7. 求出线性表长度

求单链式存储的线性表的长度,同求单链式存储的集合的长度相同,都是一个遍历单链表的过程,统计出结点数并返回。

```
int lengthList(List* L)
```

```
{   //求出线性表长度
    int n=0;
    List* p=L->next;
    while(p! =NULL){        //进行元素结点统计
        n++;
        p=p->next;
    }
    return n;          //返回元素结点个数,即线性表长度
}
```

8. 返回线性表中具有最大值的元素

此算法也需要遍历整个单链表,找出具有最大值的结点后,返回其值域地址。

```
ElemType* maxList(List* L)
{   //返回线性表中具有最大值的元素
    int k=1;
    List * p=L->next,* q;
    if(p==NULL) return NULL;                    //线性表为空,则返回空地址
    if(p->next==NULL) return &(p->data);        //线性表中只有一个结点,则返回值域地址
    q=p->next;                                  //从第 2 个结点起进行顺序访问和比较
    while(q! =NULL){                            //依次访问每个结点找出最大值结点
        if(q->data>p->data) p=q;
        q=q->next;
    }
    return&(p->data);                           //返回最大值结点的值域地址
}
```

9. 遍历输出线性表

此算法很简单,具体描述如下:

```
void outputList(List* L)
{   //遍历输出线性表
    List* p=L->next;
    printf("(");
    while(p! =NULL){
        printf("% d ",p->data);
        p=p->next;
    }
    printf(")\n");
}
```

10. 按元素的值或关键字对线性表排序

同在线性表的顺序存储结构上进行排序一样,在单链表上进行排序也是采用直接插入排序的方法,它从新建立的空表开始,依次从待排序的表中取出结点元素,建立新结点,接着在新表中通过顺序比较为待插入结点寻找插入位置,直到待插入的元素值小于某个结点的元素值,或者比较到新建有序表的表尾为止,然后将新插入结点链接到新表中。参数表 L 中的所有元素值都被插入到结果有序表后,返回该有序表即可。

```
List* sortList(List* L)
{   //返回按元素值或某个域值有序排列的单链式存储的线性表
    //定义一个新单链表 q 作为保存排序结果的有序单链表,开始初始化为空
    List * p,* q;
    q= malloc(sizeof(struct SingleNode));       //动态存储分配附加表头结点
```

```
    initList(q,1);                                         //初始化有序单链表 q 为空
    //根据原单链表 L 建立新的有序单链表 q
    p=L->next;
    while(p! =NULL){
        //把 p 结点的值赋给 x,以便建立新结点
        ElemType x=p->data;
        //在有序单链表 q 中为 x 寻找插入位置
        List * t=q->next,* s=q,* r;
        while(t! =NULL && x>=t->data){s=t;t=t->next;}
        //根据 x 值建立一个待插入的新结点 r
        r=malloc(sizeof(struct SingleNode));r->data=x;
        //把 r 链接到 s 结点和 t 结点之间,实现有序插入
        r->next=t;s->next=r;
        //使 p 指向下一个结点
        p=p->next;
    }
    //返回建立好的结果有序表 q
    return q;
}
```

11. 对两个线性表相加并返回结果

假定从两个表的表头元素开始,使其对应元素值相加,其和值作为一个元素值插入到结果线性表的表尾。

```
List* addList(List* L1,List* L2)
{   //对两个线性表 L1 和 L2 求和,并返回求和结果
    ElemType x;
    List * p1=L1->next,* p2=L2->next;
    List* L3=malloc(sizeof(struct SingleNode));      //动态存储分配附加表头结点
    initList(L3,1);                                  //初始化结果线性表
    //根据对应元素的和值建立新元素并插入到 L3 的表尾
    while(p1! =NULL && p2! =NULL){
        x=p1->data+p2->data;
        insertList(L3,x,0);
        p1=p1->next;p2=p2->next;
    }
    //把 L1 中剩余的元素插入到 L3 的表尾
    while(p1! =NULL){insertList(L3,p1->data,0);p1=p1->next;}
    //把 L2 中剩余的元素插入到 L3 的表尾
    while(p2! =NULL){insertList(L3,p2->data,0);p2=p2->next;}
    //返回结果线性表
    return L3;
}
```

12. 清除线性表中的所有元素

```
void clearList(List* L)
{   //清除线性表中的所有元素,释放对应单链表占用的动态存储空间
    List * p=L->next,* q;
    while(p! =NULL){
        q=p;              //由 q 指向待删除结点,以便系统回收
        p=p->next;        //p 指向下一个结点
```

```
        free(q);          //释放 q 所指结点的动态存储空间
    }
    L->next=NULL;         //最后置链式线性表为空
}
```

13. 根据 L 线性表复制出 L1 线性表

```
void copyList(List* L1,List* L)
{   //把线性表 L 复制到线性表 L1 中
    List * p=L->next;              //使 p 初始指向 L 的表头结点
    List * s=L1;                   //使 s 初始指向 L1 的附加表头结点
    clearList(L1);                 //清除 L1 线性表
    while(p! =NULL){               //依次访问和复制线性表 L 中的元素
        List* r=malloc(sizeof(struct SingleNode));//动态分配存储结点
        r->data=p->data;           //把 L 中元素值赋给 r 结点的值域
        s->next=r;s=r;             //把 r 结点添加到 L1 的表尾
        p=p->next;                 //使 p 指向下一个结点
    }
    s->next=NULL;                  //把空指针放置到 L1 表尾结点的指针域
}
```

在以上算法中,第 1、6 算法的时间复杂度为 $O(1)$,第 2、3、4、5、7、8、9、12、13 算法的时间复杂度为 $O(n)$,第 10、11 算法的时间复杂度依次为 $O(n^2)$ 和 $O(n_1^2 \cdot n_2^2)$,n、n_1、n_2 分别表示参数线性表的长度。

利用单链表结构存储线性表后,当需要对线性表进行插入或删除元素时,只要把保存元素值的结点链接到相应的位置,为此只需要修改其前后结点指针域的值,不需要像利用数组顺序存储的线性表那样,为空出插入位置或填补空缺位置而需要移动约半个表长度的元素位置,所以对链式表插入和删除元素是节省时间的。另外,对于链式表,只能从表头开始依次访问每个结点,不能像数组那样可以按下标直接访问任一个元素,所以当要求从线性表中访问指定序号的元素时,顺序存储比链式存储要节省时间。

假定采用下面程序调试上述链式存储线性表的各种运算的算法,此程序与上面介绍过的调试顺序存储线性表运算算法的程序类似,只是个别类型定义有区别,调用各种运算的算法接口(函数原型)是完全相同的,这就是把一种数据结构定义为抽象数据类型所带来的方便之处。

```
#include<stdio.h>
#include<stdlib.h>
typedef int ElemType;
struct SingleNode {
    ElemType data;
    struct SingleNode* next;
};
typedef struct SingleNode List;
#include"线性表在链式存储结构下运算的算法.c"   //此文件保存上述 13 种运算的算法
void main(void)
{   //主函数与调试顺序存储的线性表没有任何改变
    int i;
    ElemType* p;
    List x1,x2,* t1=&x1,* t2=&x2;
    List * t3;
    int a[6]={38,68,46,73,24,50};
    int b[10]={25,45,38,23,19,66,77,46,45,23};
```

```
    initList(t1,1);initList(t2,1);
    for(i=0;i<6;i++)insertList(t1,a[i],0);
    for(i=0;i<10;i++)insertList(t2,b[i],0);
    printf("线性表 t1:");outputList(t1);
    printf("线性表 t2:");outputList(t2);
    printf("线性表 t1 和 t2 中的最大值:% d % d\n",* (maxList(t1)),* (maxList(t2)));
    printf("从头开始访问线性表 t2 中的偶数元素:");
    for(i=2;i<=lengthList(t2);i+=2)
       printf("% d  ",* (getList(t2,i)));
    printf("\n");
    for(i=0;i<10;i+=4)     //从线性表 t2 中删除 b[0]、b[4]和 b[8]元素
       deleteList(t2,b[i]);
    printf("线性表 t2 被删除 3 个元素后:");outputList(t2);
    p=findList(t1,73);
    if(p==NULL)printf("从 t1 中查找元素 73 失败! \n");
    else printf("从 t1 中查找元素 73 成功! \n");
    if(p)* p=84;     //把在 t1 中被查找到的元素值修改为 84
    deleteList(t1,a[0]);insertList(t1,59,3);    //对 t1 进行插入和删除操作
    printf("线性表 t1 被一系列操作后:");outputList(t1);
    t3=sortList(t1); //按照线性表 t1 中的元素进行排序建立有序表并返回
    printf("由线性表 t1 得到的有序线性表 t3:");outputList(t3);
    copyList(t3,addList(t1,t2)); //对 t1 和 t2 求和后得到结果线性表 t3
    printf("新线性表 t3:");outputList(t3);
    printf("线性表 t1、t2、t3 的当前长度:% d % d % d\n",
       lengthList(t1),lengthList(t2),lengthList(t3));
    clearList(t1);clearList(t2);clearList(t3);
    if(emptyList(t1)&& emptyList(t2)&& emptyList(t3))
       printf("三个线性表 t1、t2 和 t3 当前均为空表! \n");
    printf("程序运行结束。再见! \n");
}
```

此程序运行结果如下,其运行结果与使用顺序存储的线性表情况完全一样。读者可根据已学习过的相应算法分析其运行结果的正确性。

```
线性表 t1:(38 68 46 73 24 50 )
线性表 t2:(25 45 38 23 19 66 77 46 45 23 )
线性表 t1 和 t2 中的最大值:73 77
从头开始访问线性表 t2 中的偶数元素:45   23   66   46   23
线性表 t2 被删除 3 个元素后:(38 23 66 77 46 45 23 )
从 t1 中查找元素 73 成功!
线性表 t1 被一系列操作后:(68 46 59 84 24 50 )
由线性表 t1 得到的有序线性表 t3:(24 46 50 59 68 84 )
新线性表 t3:(106 69 125 161 70 95 23 )
线性表 t1、t2、t3 的当前长度:6 7 7
三个线性表 t1、t2 和 t3 当前均为空表!
程序运行结束。再见!
```

小　结

1. 线性表属于线性结构,可以采用顺序存储结构和链式存储结构等进行存储表示和运算,每种

运算在不同的存储结构中将具有不同的算法描述,但算法的调用接口是完全相同的,都是在线性表抽象数据类型中所定义的函数原型格式。

2. 线性表中的元素是按照前后位置有序排列的,排列次序不同将得到不同的线性表,这是同集合数据结构的本质区别。

3. 在线性表中进行插入和删除元素的运算时,要做好其前后元素之间的连接操作,使得其他元素的前后位置关系不受影响。所以在顺序存储结构中需要进行相应地后移或前移平均一半表元素的操作,在链式存储结构中需要进行前后结点之间的指针域链接操作。

4. 在线性表的顺序存储结构中,能够按照元素序号直接访问到该元素,所以其时间复杂度为$O(1)$。而在线性表的链式存储结构中,只能从表头指针开始依次访问过序号较小的每个元素后,才能访问到给定序号的元素结点,所以其时间复杂度为$O(n)$。

5. 在顺序存储结构的线性表的表尾插入和删除元素的时间复杂度为$O(1)$,因为它不需要移动任何元素,在链式存储结构的线性表的表头插入和删除元素的时间复杂度为$O(1)$,因为它不需要按照元素序号查找位置。

6. 链式存储线性表所使用的单链表可以由动态分配的独立结点链接而成,也可以由统一分配的数组中的各元素结点链接而成,在此是以元素的下标值作为元素地址使用的。

7. 线性表的链式存储结构具有各种不同的形式,有单向的和双向的,有循环的和不循环的,有带附加表头结点的和不带此结点的,等等。用户可根据需要自行选择。

思考与练习

一、单选题

1. 在一个长度为n的顺序存储的线性表中,向第i个元素($1 \leqslant i \leqslant n+1$)位置插入一个新元素时,需要从后向前依次后移的元素个数为(　　)。

A. $n-i$　　B. $n-i+1$　　C. $n-i-1$　　D. i

2. 在一个长度为n的顺序存储的线性表中,删除第i个元素($1 \leqslant i \leqslant n$)时,需要从前向后依次前移的元素个数为(　　)。

A. $n-i$　　B. $n-i+1$　　C. $n-i-1$　　D. i

3. 在一个长度为n的线性表中顺序查找值为x的元素时,在等概率情况下,查找成功时的平均查找长度为(　　)。

A. n　　B. $n/2$　　C. $(n+1)/2$　　D. $(n-1)/2$

4. 在一个长度为n的顺序存储的线性表中,删除值为x的元素时需要比较元素和移动元素的总次数为(　　)。

A. $(n+1)/2$　　B. $n/2$　　C. n　　D. $n+1$

5. 在一个顺序存储的线性表的表尾插入一个元素的时间复杂度为(　　)。

A. $O(n)$　　B. $O(1)$　　C. $O(n \cdot n)$　　D. $O(\log_2 n)$

6. 在一个顺序存储的线性表中的任何位置插入一个元素的时间复杂度为(　　)。

A. $O(n)$　　B. $O(\log_2 n)$　　C. $O(1)$　　D. $O(n^2)$

7. 在一个单链式存储的线性表中删除表头结点的时间复杂度为(　　)。

A. $O(n)$　　B. $O(\log_2 n)$　　C. $O(1)$　　D. $O(n^2)$

8. 在一个单链式存储的线性表中删除表尾结点的时间复杂度为(　　)。

A. $O(n^2)$　　B. $O(1/n)$　　C. $O(1)$　　D. $O(n)$

9. 对线性表进行插入排序运算的时间复杂度为(　　)。

A. $O(n^2)$　　B. $O(1/n)$　　C. $O(1)$　　D. $O(n)$

10. 线性表的链式存储比顺序存储最有利于进行(　　)。

A. 查找　　B. 表尾插入或删除　　C. 按值插入或删除　　D. 表头插入或删除

11. 线性表的顺序存储比链式存储最有利于进行(　　)。

A. 查找　　B. 表尾插入或删除　　C. 按值插入或删除　　D. 表头插入或删除

12. 在一个单链式存储的线性表中,若要在指针 q 所指结点的后面插入一个由指针 p 所指向的结点,所执行的操作为(　　)。

A. q->next=p->next;p->next=q;　　B. p->next=q->next;q=p;

C. q->next=p->next;p->next=q;　　D. p->next=q->next;q->next=p;

13. 在一个单链式存储的线性表中,若要删除指针 p 所指结点的后继结点,所执行的操作为(　　)。

A. p->next=p->next->next;　　B. p=p->next;

C. p->next->next=p->next;　　D. p->next=q->next->data;

二、判断题

1. 对一个线性表,若分别采用顺序和链式存储,当需要读取第 i 个元素值时,链式存储的方式更快。(　　)

2. 若经常需要对线性表进行插入和删除运算,则最好采用链式存储结构。(　　)

3. 若经常需要对线性表进行查找运算,则最好采用顺序存储结构。(　　)

4. 访问一个线性表中具有给定值元素的时间复杂度为 $O(1)$。(　　)

5. 由 n 个元素生成一个顺序存储结构的线性表,若每次都调用插入算法把一个元素插入到表尾,则整个算法的时间复杂度为 $O(n)$。(　　)

6. 由 n 个元素生成一个顺序存储结构的线性表,若每次都调用插入算法把一个元素插入到表头,则整个算法的时间复杂度为 $O(n)$。(　　)

7. 由 n 个元素生成一个单链表,若每次都调用插入算法把一个元素插入到表尾,则整个算法的时间复杂度为 $O(n)$。(　　)

8. 由 n 个元素生成一个单链表,若每次都调用插入算法把一个元素插入到表头,则整个算法的时间复杂度为 $O(n)$。(　　)

9. 在线性表的单链式存储中,若一个元素所在结点的地址为 p,则其后继元素结点的地址为 p->next。(　　)

10. 在一个循环单链表中,表尾结点的指针域的值与表头指针的值相同。(　　)

11. 在以 L 为表头指针的带附加表头结点的单链表中,链表为空的条件为 L->next==NULL。(　　)

12. 在一个单链表中删除指针 p 所指向结点的后继结点时,需要把 p->next 的值赋给 p。(　　)

三、算法分析题

```
1. void AA(List* L)
   {
       int i,a[4]={5,8,12,15};
       initList(L,1);
       insertList(L,20,0);
       insertList(L,50,1);
       for(i=0;i<4;i++)insertList(L,a[i],i);
```

```
  }
  该算法被调用执行后,L中保存的线性表为:________________
2. void AB(List* L)
  {
      insertList(L,30,0);
      insertList(L,50,2);
      deleteList(L,12);
      insertList(L,28,3);
  }
  假定调用该算法时L中存储的线性表为(5,8,12,15),则调用返回后L中保存的线性表为:________。
3. void AC(List* L)            //参数L为一个空线性表
  {
      int i,a[7]={15,8,9,26,12,50,20};
      for(i=0;i<7;i++){
          int j=1;
          while(j<=lengthList(L)){
              ElemType* x=getList(L,j);
              if(a[i]<=*x)break;else j++;
          }
          insertList(L,a[i],j);
      }
  }
  该算法被调用执行后,L中所存储的线性表为:________________。
4. void AD(List* L)            //L为一个空线性表
  {
      int i,j;
      int a[7]={15,8,9,26,12,50,20};
      for(i=0;i<7;i++)insertList(L,a[i],0);
      for(j=1;j<=lengthList(L);j+=2)
          deleteList(L,* getList(L,j));
      outputList(L);
  }
  该算法被调用执行后,L中所保存的线性表为:________________。
```

四、算法设计题

提示:编写每个算法时,请调用在线性表抽象数据类型中已定义的有关运算。

1. 编写在线性表上统计出其值为参数 x 值的元素个数的算法,统计结果由函数返回。

```
int countAll(List* L,ElemType x);
```

2. 编写在线性表上删除其值等于 x 的所有元素。

```
void deleteAll(List* L,ElemType x);
```

3. 编写在线性表上删除具有重复值的多余结点(删除前面多余的,保留最后一个),使每个结点的值均不同。如将所存的线性表(2,8,9,2,5,5,6,8,7,2)变为(9,5,6,8,7,2)。

```
void deleteAllRepeat(List* L);
```

4. 编写一个向有序线性表L插入参数item值的算法,使得插入后仍然有序。假定参数L是一个链式存储的按升序排列的有序线性表。

```
void insertOrderList(List* L,ElemType item);
```

5. 编写一个从有序线性表L中删除等于参数item值的第一个元素的算法,使得删除后仍然有序,若删除成功则返回1,否则返回0。假定参数L是一个链式存储的按升序排列的有序线性表。

```
int deleteOrderList(List* L,ElemType item);
```

6. 根据循环单链表和带附加表头结点的单链表分别编写一个算法,解决约瑟夫(Josephus)问题。这个问题是:设有 n 个人围坐在一张圆桌周围,并依次进行 1~n 的对应编号,现从某个人开始报数,报数到 m 的人出列(即离开座位,不参加以后的报数),接着从出列的下一个人开始重新从 1 报数,报数到 m 的人又出列,如此下去直到所有人都出列为止,试打印输出他们的出列次序。

例如,当 $n=8$,$m=4$ 时,若从第一个人(假定每个人的编号依次为 $1,2,\cdots,n$)开始报数,则得到的出列次序为:4,8,5,2,1,3,7,6;若从编号为 3 的人开始报数,则出列次序为:6,2,7,4,3,5,1,8。

此算法要求以 n、m 和 s(假定从第 s 个人开始第一次报数)作为参数。

```
//利用循环单链表求解约瑟夫问题的算法,n为人数,m为间隔数,s为起点序号
void Josephus1(int n,int m,int s);
//利用带表头附加结点的单链表求解约瑟夫问题的算法,n为人数,m为间隔数,s为起点序号
void Josephus2(int n,int m,int s);
```

第4章 栈和队列

栈和队列同线性表一样都是线性数据结构，栈和队列又都是运算受限的线性表，各自受到不同的限制。栈和队列在计算机科学领域具有广泛的应用，人们为了解决问题和设计算法的需要，有时必须利用栈和队列这两种数据结构来组织和处理数据。本章首先讨论栈和队列的定义、运算、存储结构及其操作实现，接着讨论栈在算术表达式计算中的应用，最后讨论栈与递归的关系，以及如何利用递归求解迷宫问题和汉诺塔问题。

本章知识导图

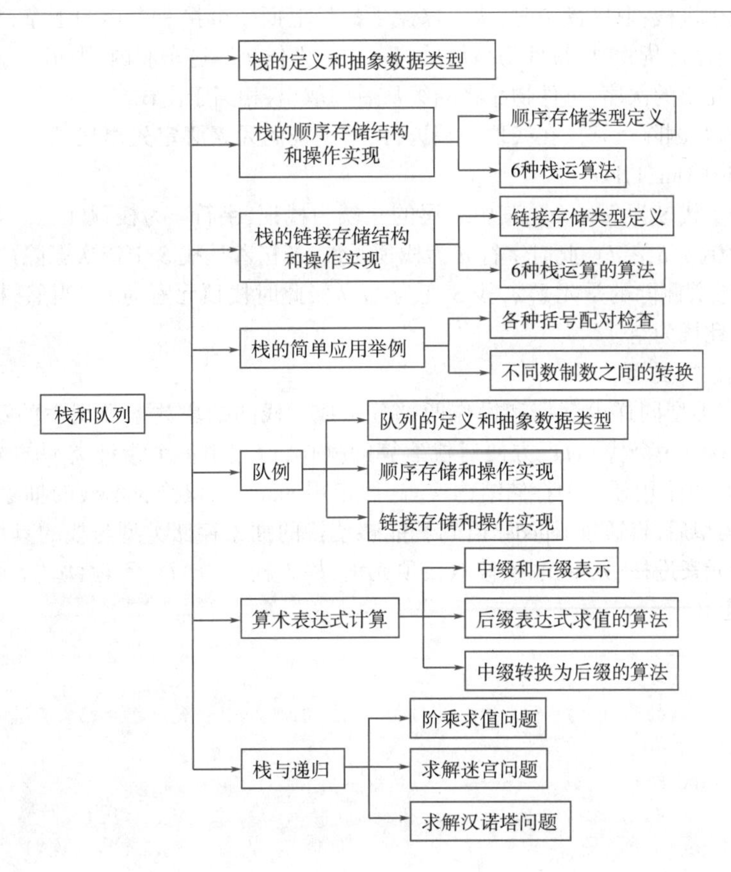

学习目标

◎了解：栈和队列的各自定义和抽象数据类型的定义，利用递归解决问题的方法。

◎掌握：栈和队列的顺序存储结构及存储类型的定义，栈和队列的单链式存储结构及存储类型的定义。

◎掌握：栈和队列的插入和删除等运算在顺序和链式这两种存储结构下的运算方法及算法。

◎应用：能够利用栈和队列编写出解决简单应用问题的算法，能够分析清楚使用堆栈或递归的算法，并能给出其算法执行结果。

4.1 栈的定义和抽象数据类型

1. 栈的定义

栈（stack）又称堆栈，它是一种运算受限的线性表，其限制是仅允许在表的一端进行查找、插入、删除等运算，而不允许在其他任何位置进行运算。由此可知，栈是运算极简单的线性表。人们把对栈进行运算的一端称为栈顶（top），栈顶的第一个元素称为栈顶元素；相对地，把另一端称为栈底（bottom）。向一个栈插入新元素又称为进栈或入栈（push），它是把新元素放到栈顶元素的上面，使之成为新的栈顶元素；从一个栈删除元素又称出栈或退栈（pop），它是把栈顶元素删除掉，使其下面的相邻元素成为新的栈顶元素。

在日常生活中，有许多类似栈的例子，如刷洗盘子时，依次把每个洗净的盘子放到洗好的一摞盘子的最上面，相当于进栈；取用盘子时，从一摞盘子的最上面一个接一个地向下拿，相当于出栈。又如向货车集装箱内搬运货物时，每件物品从后门一件一件依次装进车厢内，则相当于进栈；到达卸货地点后，按照后进先出的次序，每件物品将陆续从后门取出，相当于出栈。

由于栈的插入和删除运算仅在栈顶一端进行，后进栈的元素必定先出栈，所以又把栈称为后进先出表（Last In First Out，LIFO）。

例如，假定一个栈 S 为 (a,b,c)，其中表尾的一端为栈顶，字符 c 为栈顶元素。若向 S 压入一个元素 d，则栈 S 变为 (a,b,c,d)，此时字符 d 为栈顶元素；若接着从栈 S 中依次删除两个元素，则首先删除的是元素 d，接着删除的是元素 c，栈 S 变为 (a,b)，此时栈顶元素为 b。当然，栈底元素始终为 a，当 a 被删除后，此栈为空。

2. 栈的抽象数据类型

栈的抽象数据类型同样由数据和操作两部分组成。栈的抽象数据类型中的数据部分为具有 ElemType 元素类型的一个栈，为了方便对栈运算的操作，假定由一个指针类型的对象 S 指向一个栈，S 所指向的栈可以采用任一种存储结构实现，假定用 Stack 标识符表示栈的抽象存储类型，待定义栈的具体存储类型后，再通过 typedef 语句就能够使栈的抽象存储类型与栈的具体存储类型相联系；操作部分包括元素进栈、元素出栈、读取栈顶元素、检查栈是否为空等运算。下面给出栈的抽象数据类型的具体定义。

```
ADT STACK is
    Data:
        指向一个栈的指针 S,S 的类型为 Stack* ,假定用 Stack 表示栈的抽象存储类型。
    Operation:
        void initStack(Stack* S);                    //初始化栈 S,并把它置为空
        void push(Stack* S,ElemType item)            //元素 item 进栈,即插入到栈顶
        ElemType pop(Stack* S)                       //删除栈顶元素并返回
        ElemType peek(Stack* S)                      //只返回栈顶元素的值,但不改变栈顶
```

```
    int emptyStack (Stack*  S);                 //判断栈 S 是否为空
    void clearStack(Stack*  S);                 //清除栈 S 中的所有元素,使之为空
end STACK
```

3. 栈运算举例

假定一个栈 a 的元素类型为 int,下面给出调用上述栈操作的一些例子。

```
·initStack(a);                  //把栈 a 置空
·push(a,18);                    //元素 18 进栈
·int x=46;push(a,x);            //x 的值 46 进栈,此时栈 a 为(18,46)
·push(a,x/3);                   //x 除以 3 的整数商 15 进栈,栈 a 为(18,46,15)
·x=pop(a);                      //栈顶元素 15 退栈并赋给 x,栈 a 为(18,46)
·printf("% d\n",peek(a));       //读取栈顶元素 46 并输出,栈 a 仍为(18,46)
·pop(a);                        //栈顶元素 46 出栈,栈 a 为(18)
· emptyStack(a);                //因栈非空,应返回 0
·printf("% d\n",pop(a));        //栈顶元素 18 退栈并输出,栈 a 变为空
· x=emptyStack(a);              //因栈为空,返回 1 后赋给 x
```

4.2　栈的顺序存储结构和操作实现

在栈的存储中,若采用顺序存储结构来存储栈,需要使用保存数据元素的一个数组,假定数组名用 stack 表示,还需要使用保存栈顶元素位置的一个变量,称为栈顶指针,假定变量名用 top 表示,再需要使用保存数组长度的一个变量,假定用 MaxSize 表示。假定顺序存储栈的结构类型名用 SequenceStack 表示,其存储栈的数组空间将在初始化时采用动态分配,则该顺序栈类型的定义如下:

```
struct SequenceStack {          //利用顺序存储结构所定义的栈的存储类型
    ElemType * stack;           //存储一个栈中的所有元素的动态数组
    int top;                    //存储栈顶元素的下标位置变量
    int MaxSize;                //存储动态数组长度,亦即所能存储栈的最大长度
};
```

在顺序存储的栈中,top 的值为-1 表示栈空,每次向栈中压入一个元素时,首先使 top 增 1,用以指示新的栈顶位置,然后再把新元素赋值到这个新位置上,使之成为新的栈顶元素;每次从栈中删除一个元素时,首先取出栈顶元素,然后使 top 减 1,指示出下面一个元素成为新的栈顶元素。由此可知,对顺序栈的插入和删除运算相当于是在顺序表(即顺序存储的线性表)的表尾进行的,其时间复杂度为 $O(1)$。

在一个顺序栈中,若栈顶指针 top 已经指向了 stack 数组下标的 MaxSize-1 的位置,则表示栈满,若再向其插入新元素时就需要进行栈满处理,如分配更大的存储空间满足插入要求,或输出栈满信息告之用户等;相反,若 top 的值已经等于-1,则表示栈空,通常利用栈空作为循环结束的条件,表明当前栈中的所有数据已经处理完毕。

设一个栈 S 为(a,b,c,d,e),对应的顺序存储结构如图 4-1(a)所示。若向 S 中插入一个元素 f,则对应如图 4-1(b)所示。若接着执行两次出栈操作后,则栈 S 对应如图 4-1(c)所示。若依次使栈 S 中的所有元素出栈,则 S 变为空,如图 4-1(d)所示。在图 4-1 中栈是垂直画出的,并且使下标编号向上递增,这样可以形象地表示出栈顶在上,栈底在下,当然水平画出也是可以的。

通过下面的类型重定义语句,可以把栈的抽象存储类型 Stack 具体定义为 struct SequenceStack 类型,即顺序存储栈的结构类型。

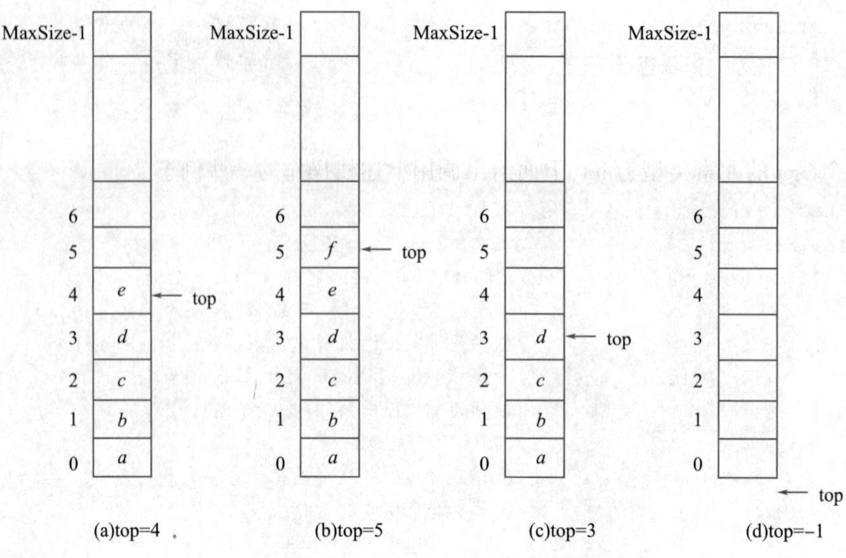

图 4-1　栈的顺序存储结构和操作过程示意图

```
typedef struct SequenceStack Stack;
```

下面给出栈在顺序存储结构下的操作实现。

1. 初始化栈 S 为空

同初始化集合或线性表一样，此操作也需要首先为栈分配动态数组存储空间，然后设置栈为空。

```
void initStack(Stack* S)
{
    S->MaxSize=10;               //假定初始设置栈数组长度为 10
    S->stack=calloc(S->MaxSize,sizeof(ElemType));        //动态分配栈空间
    if(! S->stack){printf("动态空间不足! \n");exit(1);}  //分配失败退出
    S->top=-1;                                           //初始置栈为空
}
```

2. 元素 item 进栈

```
void push(Stack* S,ElemType item)
{
    if(S->top==S->MaxSize-1){        //若栈满则扩大存储空间
        S->stack=realloc(S->stack,2* sizeof(ElemType)* S->MaxSize);//增加 1 倍
        if(! S->stack){printf("动态空间不足! \n");exit(1);}           //分配失败退出
        S->MaxSize=2* S->MaxSize;    //把栈空间大小修改为新的长度
    }
    S->top++;                        //栈顶指针后移一个位置
    S->stack[S->top]=item;           //将新元素插入到栈顶
}
```

3. 删除栈顶元素并返回

```
ElemType pop(Stack* S)
{
    if(S->top==-1){                         //若栈空则退出运行
        printf("栈空无法删除,退出运行! \n");exit(1);
    }
    return S->stack[S->top--];              //返回原栈顶元素的值并退栈
}
```

此算法在返回栈顶元素的值时,将修改栈顶指针的值,即减1,使其指向前一个位置元素,表示退栈。

4. 读取栈顶元素的值

```
ElemType peek(Stack* S)
{
    if(S->top==-1){                    //若栈空则退出运行
        printf("栈空无法读取,退出运行!\n");exit(1);
    }
    return S->stack[S->top];           //返回栈顶元素的值,不修改栈顶指针
}
```

此算法只访问栈顶元素,而不改变栈的状态,即不修改栈顶指针的值。

5. 判断栈是否为空

```
int emptyStack(Stack* S)
{   //判断栈S是否为空,若是则返回1,否则返回0
    return S->top==-1;  //或者被替换为:if(S->top==-1)return 1;else return 0;
}
```

6. 置栈为空并释放动态存储空间

```
void clearStack(Stack* S)
{
    if(S->stack! =NULL){
        free(S->stack);
        S->stack=NULL;
        S->top=-1;
        S->MaxSize=0;
    }
}
```

若采用下面的程序调试上述对栈的各种运算的算法。

```
#include<stdio.h>
#include<stdlib.h>
typedef int ElemType;
struct SequenceStack {                      //利用顺序存储结构所定义的栈类型
    ElemType * stack;                       //存储一个栈中的所有元素
    int top;                                //存栈顶元素的下标位置
    int MaxSize;                            //存储动态数组长度,亦即栈的最大长度
};
typedef struct SequenceStack Stack;         //定义栈的抽象存储类型为顺序栈类型
#include"栈在顺序存储结构下运算的算法.c"    //此文件保存着对栈各种运算的算法
void main()
{
    int i,x,y,z;
    int a[12]={3,8,5,17,9,30,15,22,38,45,24,36};
    Stack r,* S=&r;
    initStack(S);
    for(i=0;i<12;i++)push(S,a[i]);
    x=pop(S);y=pop(S);z=pop(S);
    printf("依次输出刚退栈的三元素:x,y,z=% d,% d,% d\n",x,y,z);
    push(S,68);push(S,42);
    x=peek(S);y=pop(S);z=peek(S);
```

```
    printf("进行读取和退栈操作后得到:x,y,z=% d,% d,% d\n",x,y,z);
    push(S,60);
    printf("依次退栈输出栈内的所有元素:");
    while(! emptyStack(S))printf("% d ",pop(S));
    printf("\n");
    clearStack(S);
    printf("程序运行结束。再见! \n");
}
```

则得到的程序运行结果如下:

```
依次输出刚退栈的三元素:x,y,z=36,24,45
进行读取和退栈操作后得到:x,y,z=42,42,68
依次退栈输出栈内的所有元素:60 68 38 22 15 30 9 17 5 8 3
程序运行结束。再见!
```

4.3 栈的链式存储结构和操作实现

栈的链式存储结构与集合及线性表的链式存储结构相同,也是通过由结点构成的单链表实现的,此时表头指针称为栈顶指针,由栈顶指针指向的表头结点称为栈顶结点,整个单链表称为链栈,即链式存储的栈。当向一个链栈插入元素时,是把该元素插入到栈顶,就是使该元素结点的指针域指向原来的栈顶结点,而栈顶指针则修改为指向该元素结点,使该结点成为新的栈顶结点。当从一个链栈中删除元素时,是把栈顶元素结点删除掉,即取出栈顶元素后,使栈顶指针指向原栈顶结点的指针域所指向的结点。由此可知,对链栈的插入和删除操作是在单链表的表头进行的,其时间复杂度为 $O(1)$。

设一个栈为(a,b,c),当采用链式存储时,对应的存储结构如图 4-2(a)所示,其中 HS 表示栈顶指针,其值为存储元素 c 结点的地址。当向这个栈插入一个元素 d 后,对应如图 4-2(b)所示。当从这个栈依次删除两个元素后,对应如图 4-2(c)所示。当链栈中的所有元素全部出栈后,栈顶指针 HS 的值为空,即为常量 NULL 所表示的常数 0。

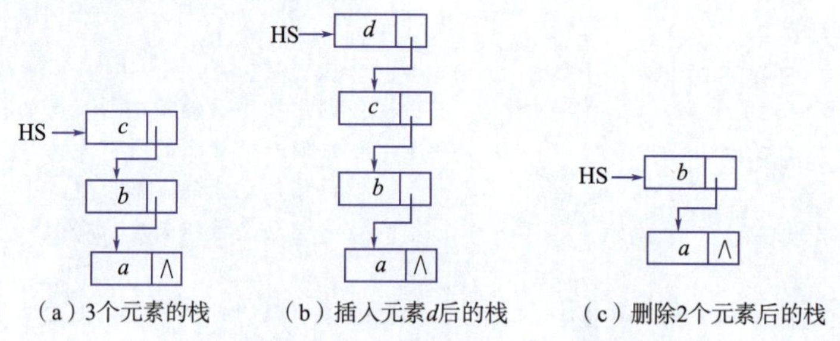

图 4-2 栈的链式存储结构及操作过程示意图

假定链栈中的结点仍采用以前定义和使用过的 struct SingleNode 结点类型,该类型定义如下:

```
struct SingleNode {
    ElemType data;
    struct SingleNode* next;
};
```

假定 HS 为一个链栈的栈顶指针,由它指向栈顶结点,则此栈顶指针的类型为:

```
struct SingleNode*          //栈顶指针类型
```

通过下面的类型重定义语句,可以把栈的抽象存储类型 Stack 具体定义为 struct SingleNode 类型,即链栈中的结点结构类型。

```
typedef struct SingleNode Stack;
```

为操作方便,利用具有 Stack * 类型的指针作为对栈进行的每种运算操作的参数,用它所指向结点的 next 指针域保存栈顶指针,指向其栈顶结点,当此指针域为空时,表明当前链栈为空。由此可知,此种链栈也是带附加表头结点的单链表形式。下面依次给出在栈的这种链式存储的情况下,对栈进行的每种运算的算法(即操作实现)。

1. 初始化链栈

```
void initStack(Stack*  S)
{   //初始化栈 S,S->next 为实际的栈顶指针域,即把它置为空
    S->next=NULL;           //初始化链栈为空
}
```

2. 向链栈中插入一个元素

```
void push(Stack*  S,ElemType item)
{   //元素 item 进栈,即插入到栈顶
    Stack * p=malloc(sizeof(struct SingleNode));    //产出一个动态结点
    p->data=item;                                   //待插入元素赋给结点值域
    p->next=S->next;                                //原栈顶指针赋给新结点的指针域
    S->next=p;                                      //新结点地址赋给栈顶指针域
}
```

3. 从链栈中删除一个元素并返回

```
ElemType pop(Stack*  S)
{
    if(S->next==NULL){          //不能从空栈删除,退出程序运行
        printf("Linked stack is empty! Exit!  \n");exit(1);
    }
    else{
        Stack*  p=S->next;      //暂存栈顶指针的值
        ElemType x=p->data;     //暂存栈顶元素值
        S->next=p->next;        //使栈顶指针指向下一结点,成为新栈顶
        free(p);                //释放原栈顶结点的动态存储空间
        return x;               //返回原栈顶元素
    }
}
```

4. 读取栈顶元素

```
ElemType peek(Stack*  S)
{
    if(S->next==NULL)  {        //无法从空栈中读取,退出运行
        printf("Linked stack is empty! Exit!");exit(1);
    }
    return S->next->data;       //返回栈顶结点的值
}
```

5. 检查链栈是否为空

```
int emptyStack(Stack*  S)
{
    return S->next==NULL;
}
```

6. 清除链栈为空

```
void clearStack(Stack*  S)
{
```

```
    Stack * p=S->next;              //栈顶指针赋给p
    while(p! =NULL){                //从栈顶到栈底依次删除每个结点
        Stack * q=p->next;
        free(p);
        p=q;
    }
    S->next=NULL;                   //最后置链栈为空
}
```

若采用下面的程序调试上述对链栈进行的各种运算的算法。

```
#include<stdio.h>
#include<stdlib.h>
typedef int ElemType;
struct SingleNode {
    ElemType data;
    struct SingleNode* next;
};
typedef struct SingleNode Stack;              //定义栈的抽象存储类型为链栈类型
#include"栈在链式存储结构下运算的算法.c"        //此文件保存着对链栈运算的算法
void main()
{   //此主函数同上面使用顺序栈的调试程序中的主函数完全相同
    int i,x,y,z;
    int a[12]={3,8,5,17,9,30,15,22,38,45,24,36};
    Stack r,* S=&r;
    initStack(S);
    for(i=0;i<12;i++)push(S,a[i]);
    x=pop(S);y=pop(S);z=pop(S);
    printf("依次输出刚退栈的三元素:x,y,z=% d,% d,% d\n",x,y,z);
    push(S,68);push(S,42);
    x=peek(S);y=pop(S);z=peek(S);
    printf("进行读取和退栈操作后得到:x,y,z=% d,% d,% d\n",x,y,z);
    push(S,60);
    printf("依次退栈输出栈内的所有元素:");
    while(! emptyStack(S))printf("% d ",pop(S));
    printf("\n");
    clearStack(S);
    printf("程序运行结束。再见! \n");
}
```

此程序与上面顺序存储栈的程序完全相同,只是栈的存储类型发生了改变,其他的都没有变化,所以其运行结果也完全相同,如下所示。

```
依次输出刚退栈的三元素:x,y,z=36,24,45
进行读取和退栈操作后得到:x,y,z=42,42,68
依次退栈输出栈内的所有元素:60 68 38 22 15 30 9 17 5 8 3
程序运行结束。再见!
```

4.4 栈的简单应用举例

1. 利用栈进行数据的后进先出操作

例4-1 从键盘上输入一批整数,然后按照相反的次序打印出来。

根据题意可知，后输入的整数将先被打印出来，这正好符合栈后进先出的特点。所以此题很容易用栈来解决。假定采用顺序栈，其参考程序如下：

```
#include<stdio.h>
#include<stdlib.h>
typedef int ElemType;                    //定义元素类型为整型
struct SequenceStack {
    ElemType * stack;                    //存栈元素
    int top;                             //存栈顶元素的下标位置
    int MaxSize;                         //存 stack 数组长度
};
typedef struct SequenceStack Stack;      //定义 Stack 的顺序栈类型
#include"栈在顺序存储结构下运算的算法.c"
void main(){
    int x;
    Stack r,* s=&r;
    initStack(s);
    printf("请从键盘输入若干个整数,最后输入-1 作为结束标记! \n");
    scanf("% d",&x);
    while(x! =-1){                       //假定用-1 作为终止键盘输入的标志
        push(s,x);scanf("% d",&x);
    }
    while(!emptyStack(s))                //栈不为空时依次退栈并打印输出元素
        printf("% d  ",pop(s));
    printf("\n");
}
```

从键盘上输入和运行结果如下所示，其中第 1 行为提示信息，第 2 行为通过键盘输入的一行整数，第 3 行为输出结果。由此结果可以看出，它与输入整数的排列次序正好相反。

```
请从键盘输入若干个整数,最后输入-1 作为结束标记!
25 38 46 52 63 74 89 17 29 30 -1
30  29  17  89  74  63  52  46  38  25
```

2. 利用栈进行程序语法检查

例4-2　栈在计算机语言编译程序的过程中用来进行语法检查。试编写一个算法，用来检查一个 C 语言程序中的花括号、方括号和圆括号是否各自配对，若能够全部配对则返回 1；若不配对，则返回 0，说明出现了语法错误。

分析：在这个算法中，需要扫描待检查程序中的每一个字符，当扫描到每个花左括号、方左括号、圆左括号时，均令其进栈，当扫描到每个花右括号、方右括号、圆右括号时，则检查栈顶是否为相应的左括号，若是则作退栈处理，若不是则表明出现了语法错误，应返回 0。当扫描到程序文件结尾后，若栈为空则表明没有发现括号配对错误，应返回 1，否则表明栈中还有未配对的括号，应返回 0。另外，对于一对单引号或双引号内的字符不进行括号配对检查。

根据分析，编写出算法如下：

```
int bracketsCheck(char*  fname)
{   //对由 fname 所指字符串为文件名的文件进行括号配对检查
    char ch;                          //定义 ch 用来读取文件中的字符
    Stack r,* s=&r;                   //定义一个栈
    FILE * finstr;                    //定义一个文件流
    finstr=fopen(fname,"r");          //以只读方式打开文件
```

```
    if(! finstr){                        //没有找到相应的物理文件则退出运行
        printf("File\'% s\'not found! \n",fname);
        exit(1);
    }
    initStack(s);                        //栈 s 初始化
    ch=fgetc(finstr);                    //从文件中读取第一个字符
    while(ch! =EOF){                     //顺序从文件中得到每个字符并处理
        if(ch==39){                      //单引号内的字符不参与配对比较
            ch=fgetc(finstr);
            while(ch! =EOF){             //循环读取单引号内的字符
                if(ch==39)break;         //39 为单引号的 ASCII 值
                else ch=fgetc(finstr);
            }
            if(ch==EOF)return 0;         //单引号不配对,执行结束返回 0
        }
        else if(ch==34){                 //双引号内的字符不参与配对比较
            ch=fgetc(finstr);
            while(ch! =EOF){             //循环读取双引号内的字符
                if(ch==34)break;         //34 为双引号的 ASCII 值
                else ch=fgetc(finstr);
            }
            if(ch==EOF)return 0;         //双引号不配对,执行结束返回 0
        }
        switch(ch){
            case '{':
            case '[':
            case '(':
                push(s,ch);              //出现以上三种左括号则进栈
                break;
            case '}':
                if(! emptyStack(s)&& peek(s)=='{')
                    pop(s);              //栈顶的左花括号出栈
                else return 0;
                break;
            case ']':
                if(! emptyStack(s)&& peek(s)=='[')
                    pop(s);              //栈顶的左方括号出栈
                else return 0;
                break;
            case ')':
                if(! emptyStack(s)&& peek(s)=='(')
                    pop(s);              //栈顶的左圆括号出栈
                else return 0;
                break;
        }
        ch=fgetc(finstr);                //从文件中顺序读取下一个字符
    }
    if(emptyStack(s))return 1;           //最后栈为空时返回 1,否则返回 0
    else return 0;
}
```

可以采用下面程序来调试这个算法,得到的运行结果为括号配对检查成功。

```
#include<stdio.h>
#include<stdlib.h>
typedef char ElemType;                  //定义元素类型为字符型
struct SequenceStack {
    ElemType * stack;                   //存栈元素
    int top;                            //存栈顶元素的下标位置
    int MaxSize;                        //存 stack 数组长度
};
typedef struct SequenceStack Stack;     //定义 Stack 的顺序栈类型
#include "栈在顺序存储结构下运算的算法.c"
int bracketsCheck(char* fname){    }    //请给出完整的函数定义
//对由 fname 所指字符串为文件名的文件进行括号配对检查
void main(){
    char* f="第 4 章栈的简单应用程序.c";
    int b=bracketsCheck(f);
    if(b==1)printf("检查程序文件 %s 括号配对成功! \n",f);
    else printf("检查程序文件 %s 括号配对不成功! \n",f);
}
```

此程序的运行结果为:

```
检查程序文件　第 4 章栈的简单应用程序.c　括号配对成功!
```

3. 利用栈进行数制转换

例4-3　把十进制整数转换为二至九之间的任一进制数输出。

由计算机基础知识可知,把一个十进制整数 x 转换为任一种 r 进制数得到的是一个 r 进制的整数,假定为 y,转换方法是采用逐次除基数 r 取余法。具体做法为:首先用十进制整数 x 除以基数 r,得到的整余数是 r 进制数 y 的最低位 y_0,接着以 x 除以 r 的整数商作为被除数,用它再除以 r 得到的整余数是 y 的次最低位 y_1,依此类推,直到商为 0 时得到的整余数是 y 的最高位 y_m,假定 y 共有 $m+1$ 位。这样得到的 y 与 x 等值,y 的按权展开式为:

$$y=y_0+y_1\times r+y_2\times r^2+\cdots+y_m\times r^m$$

例如,若十进制整数为 3698,把它转换为八进制数的过程如图 4-3 所示。

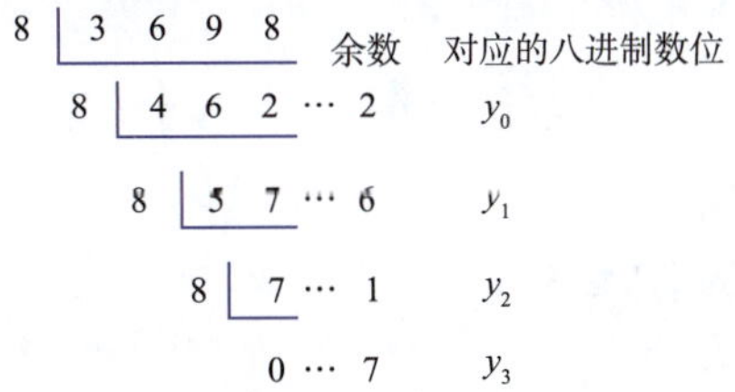

```
8 | 3 6 9 8          余数   对应的八进制数位
    8 | 4 6 2 … 2         y0
        8 | 5 7 … 6       y1
            8 | 7 … 1     y2
                0 … 7     y3
```

图 4-3　十进制整数 3698 转换为八进制数的过程

最后得到的八进制数为$(7162)_8$,对应的十进制数为 $7\times8^3+1\times8^2+6\times8+2=3698$,其值为被转换的十进制数,证明转换过程是正确的。

从十进制整数转换为 r 进制数的过程中,由低到高依次得到 r 进制数中的每一位数字,而输出时又需要由高到低依次输出每一位。所以此问题适合利用栈来解决,具体算法描述为:

```
void transform(unsigned long num,int r)
{   //把一个无符号长整型数 num 转换为一个 r 进制数后输出
    Stack d,* s=&d;                 //定义一个栈
    initStack(s);                   //初始化栈
```

```
    while(num! =0){                    //由低到高求出 r 进制数的每一位并入栈
        int k=num % r;
        push(s,k);
        num/=r;
    }
    while(! emptyStack(s))             //由高到低输出 r 进制数的每一位
        printf("% d",pop(s));
    printf("\n");
}
```

假定使用下面的程序来调用 transform( ) 函数过程。

```
#include<stdio.h>
#include<stdlib.h>
typedef int ElemType;                                    //定义元素类型为整型
struct SingleNode {
    ElemType data;
    struct SingleNode* next;
};
typedef struct SingleNode Stack;
#include"栈在链式存储结构下运算的算法.c"                  //此文件保存着对链栈运算的算法
void transform(unsigned long num,int r){    }            //补充完整函数体
void main()
{
    printf("3698 的八进制数为:");transform(3698,8);
    printf("3698 的六进制数为:");transform(3698,6);
    printf("3698 的四进制数为:");transform(3698,4);
    printf("3698 的二进制数为:");transform(3698,2);
}
```

则得到的运行结果如下:

```
3698 的八进制数为:7162
3698 的六进制数为:25042
3698 的四进制数为:321302
3698 的二进制数为:111001110010
```

4.5 队　　列

4.5.1 队列的定义和抽象数据类型

1. 队列的定义

队列(queue)简称队,它也是一种运算受限的线性表,其限制是仅允许在表的一端进行插入,而在表的另一端进行删除。把进行插入的一端称为队尾(rear),进行删除的一端称为队首(front)。向队列中插入新元素称为进队或入队,新元素进队后就成为新的队尾元素;从队列中删除元素称为离队或出队,元素离队后,其后继元素就成为队首元素。由于队列的插入和删除操作分别是在其各自一端进行的,每个元素必然按照进入的先后次序离队,所以又把队列称为先进先出表(First In First Out,FIFO)。

在日常生活中,人们为购物或等车时所排的队形就是一个队列,新来购物或等车的人接到队尾(即进队),站在队首的人购到物品或上车后离开(即出队),当最后一人离队后,则队列为空。

例如,假定有 a,b,c,d 四个元素依次进队,则得到的队列为(a,b,c,d),其中字符 a 为队首元素,

字符 d 为队尾元素。若从此队中删除一个元素，则队首字符 a 出队，字符 b 成为新的队首元素，此队列变为 (b,c,d)；若接着向该队列插入一个字符 e，则字符 e 就成为新的队尾元素，此队列变为 (b,c,d,e)；若接着做三次删除操作，则队列变为 (e)，此时只有一个元素 e，它既是队首元素又是队尾元素，当它被删除后队列变为空。

2. 队列的抽象数据类型

队列的抽象数据类型中的数据部分为具有 ElemType 元素类型的一个队列，它可以采用任一种存储结构实现；操作部分包括元素进队、出队、读取队首元素、检查队列是否为空等运算。下面给出队列的抽象数据类型的具体定义：

```
ADT QUEUE is
    Data:
        一个指向队列的指针 Q,假定用标识符 Queue 表示队列的抽象存储类型。
    Operation:
        void initQueue(Queue* Q);                    //初始化队列 Q,置 Q 为空
        void enQueue(Queue* Q,ElemType item);        //将新元素 item 的值插入到队尾
        ElemType outQueue(Queue* Q);                 //从队列中删除队首元素并返回
        ElemType peekQueue(Queue* Q);                //返回队首元素,但不改变队列状态
        int emptyQueue (Queue* Q);                   //判断队列是否为空,是返 1;否则返 0
        void clearQueue(Queue* Q);                   //清除队列 Q 中的所有元素使之变为空队列
    end QUEUE
```

3. 队列的运算举例

假定有一个指向队列的指针 q，其队列中的元素类型为整型 int，下面给出调用上述队列运算操作的一些例子。

```
· initQueue(q);                        //把队列 q 置空
· enQueue(q,35);                       //元素 35 进队
· int x=12;enQueue(q,2*x+3);           //元素 2*x+3 的值 27 进队
· enQueue(q,-16);                      //元素-16 进队,此时队列 q 为(35,27,-16)
· printf("% d ",peekQueue(q));         //输出队首元素 35
· outQueue(q);outQueue(q);             //依次删除元素 35 和 27
· while(! emptyQueue(q))               //依次输出队列 q 中的所有元素,
      printf("% d ",outQueue(q));      //因 q 中只有一个元素-16,所以只输出它
```

4.5.2　队列的顺序存储结构和操作实现

队列的顺序存储结构需要使用一个数组和两至三个整型变量来实现，利用数组来顺序存储队列中的所有元素，利用一个整型变量来存储队首元素的位置（通常，为了运算方便存储队首元素的前一个位置），利用另一个整型变量存储队尾元素的位置，利用第三个整型变量（若使用的话）存储队列的长度，即队列中当前已有的元素个数。把指向队首元素前一个位置的变量称为队首指针，由它加 1 就得到队首元素的下标位置，把指向队尾元素位置的变量称为队尾指针，由它可直接得到队尾元素的下标位置。

假定存储队列的数组用 queue[MaxSize]表示，队首指针和队尾指针分别用 front 和 rear 表示，存储队列长度的变量用 len 表示，则元素类型为 ElemType 的队列的顺序存储结构可通过下列一组变量定义来描述：

```
ElemType queue[MaxSize];                  // MaxSize 为已定义的符号常量
int front,rear,len;
```

队列的顺序存储结构同样可以被定义在一个结构类型中，假定类型名为 struct SequenceQueue，并且对存储队列的数组空间采用动态分配，则该结构类型定义为：

```
struct SequenceQueue {                     //队列顺序存储的结构类型
    ElemType *queue;                       //指向存储队列的数组空间
    int front,rear,len;                    //队首指针、队尾指针、队列长度变量
    int MaxSize;                           //表示 queue 所指数组空间的大小
};
```

每次向队列插入一个元素,首先需要使队尾指针后移一个位置,然后再向这个位置写入新元素。当队尾指针指向数组空间的最后一个位置 MaxSize-1 时,若队首元素的前面仍存在空闲位置,则表明队列未占满整个数组空间,下一个存储位置是下标为 0 的空闲位置,因此,首先要使队尾指针指向下标为 0 的位置,然后再向该位置写入新元素。通过表达式 rear=(rear+1)%MaxSize 计算待插入元素的下标位置,可使存储队列的整个数组空间变为首尾相接的一个环,所以顺序存储的队列又称循环队列。在循环队列中,其存储空间是首尾循环利用的,当 rear 指向最后一个存储位置时,下一个所求的位置自动为数组空间的开始位置(即下标为 0 的位置)。

每次从队列中删除一个元素时,若队列非空,则首先把队首指针后移,使之指向队首元素,然后再返回该元素的值。使队首指针后移也必须采用取模运算,该计算表达式为 front=(front+1)%MaxSize,这样才能够实现存储空间的首尾相接。

当一个顺序队列中的 len 域的值为 0 时,表明该队列为空,则不能进行出队和读取队首元素的操作,当 len 域的值等于 MaxSize 时,表明队列已满,即存储空间已被用完,此时应动态扩大存储空间,接着才能插入新元素。

在队列类型的定义中,若省略长度 len 域也是可行的,但此时的长度为 MaxSize 的数组空间最多只能存储长度为 MaxSize-1 的队列,也就是说必须有一个位置空闲着。这是因为,若使用全部 MaxSize 个位置存储队列,则当队首和队尾指针指向同一个位置时,也可能为空队,也可能为满队,就存在二义性,无法进行准确判断。为了解决这个矛盾,只有牺牲一个位置的存储空间,利用队首和队尾指针是否相等只作为判断空队的条件,而利用队尾指针加 1 并对 MaxSize 取模后是否等于队首指针(即队尾是否从后面又追上了队首)作为判断满队的条件。

图 4-4 给出了顺序队列的插入和删除过程的实例,从中可以清楚地看出队列内容及队首和队尾指针的变化情况。假定此队列的初始数组长度为 5。

```
        0    1    2    3    4
(1) [   *    *    *    *    * ]                       //空队列，首尾指针均为0，假定用*表示空位置
        ↑front，rear
(2) [   *   25   36   49    * ]                       //连续插入三个元素25，36，49
        ↑front         ↑rear
(3) [   *   25   36   49   30 ]                       //接着插入一个元素30
        ↑front              ↑rear
(4) [   *    *    *   49   30 ]                       //连续删除两个元素25和36
                  ↑front    ↑rear
(5) [  66   23    *   49   30 ]                       //连续插入两个元素66和23
             ↑rear ↑front
        0    1    2    3    4    5    6    7    8    9
(6) [   *    *    *   49   30   66   23   52    *    * ]  //插入元素52时，因队列满
                  ↑front                  ↑rear          //需扩大一倍空间
(7) [  38    *    *   49   30   66   23   52   47   15 ]  //连续插入元素47，15，38
        ↑rear     ↑front
(8) [  38    *    *    *    *    *    *   52   47   15 ]  //连续删除四元素
        ↑rear                        ↑front
```

图 4-4　顺序队列的插入和删除操作实例

采用顺序存储结构的队列称为顺序队列。下面给出在顺序队列上进行各种队列运算的算法,假定在队列类型的定义中省略队列长度变量。

1. 初始化队列

```
void initQueue(Queue* Q)
{
    //假定设置队列初始数组空间的大小为10
    Q->MaxSize=10;
    //动态存储空间分配,若分配失败则退出运行
    Q->queue=calloc(Q->MaxSize,sizeof(ElemType));
    if(! Q->queue){printf("动态存储空间不足! \n");exit(1);}
    //初始置队列为空,让队首和队尾指针同时指向下标0元素
    Q->front=Q->rear=0;
}
```

2. 向队列插入元素

```
void enQueue(Queue* Q,ElemType item)
{   //向队列插入元素,若队列已满需重新分配更大的存储空间
    //当队列满时进行动态重分配,增加1倍空间,建立新队列
    if((Q->rear+1)% Q->MaxSize==Q->front){        //队尾从后面追上队首
        int i;
        Q->queue=realloc(Q->queue,2* sizeof(ElemType)* Q->MaxSize);
        if(! Q->queue){printf("动态存储空间不足! \n");exit(1);}
        for(i=0;i<=Q->rear;i++)                   //将在数组前面的属于原队列
            Q->queue[Q->MaxSize+i]=Q->queue[i];   //后半部分的元素搬到后面
        Q->rear=Q->MaxSize+Q->rear;               //置队尾指针为新的队尾下标
        Q->MaxSize=2* Q->MaxSize;                 //数组空间大小修改为新长度
    }
    Q->rear=(Q->rear+1)% Q->MaxSize;              //求出队尾的下一个位置
    Q->queue[Q->rear]=item;                       //把item的值赋给新的队尾位置
}
```

3. 从队列中删除元素并返回

```
ElemType outQueue(Queue* Q)
{
    //若队列为空则终止运行
    if(Q->front==Q->rear){printf("队列已空,退出! \n");exit(1);}
    Q->front=(Q->front+1)% Q->MaxSize;        //使队首指针指向下一个位置
    return Q->queue[Q->front];                //返回队首元素
}
```

4. 读取队首元素

```
ElemType peekQueue(Queue* Q)
{   //读取队首元素,不改变队列状态
    //若队列为空则退出程序运行
    if(Q->front==Q->rear){printf("队列已空,退出! \n");exit(1);}
    //队首元素是队首指针下一个位置中的元素
    return Q->queue[(Q->front+1)%Q->MaxSize];
}
```

5. 检查一个队列是否为空

```
int emptyQueue (Queue* Q)
```

```
{ //检查一个队列是否为空,若是则返回1,否则返回0
    return Q->front==Q->rear;
}
```

6. 清除一个队列为空

```
void clearQueue(Queue* Q)
{   //清除一个队列为空,并释放动态存储空间
    if(Q->queue! =NULL){
        free(Q->queue);
        Q->queue=NULL;
        Q->front=Q->rear=0;
        Q->MaxSize=0;
    }
}
```

在顺序队列中进行任何操作的时间复杂度均为$O(1)$。当然当队满时需要重新分配存储空间和复制原队列的内容,在这种特殊的情况下,其插入算法的时间复杂度为$O(n)$,n表示队列的长度。

通过下面程序可以调试对顺序队列进行的各种运算的算法。

```
#include<stdio.h>
#include<stdlib.h>
typedef int ElemType;                          //假定队列中的元素类型为 int
struct SequenceQueue {                         //定义队列的顺序存储类型
    ElemType * queue;                          //指向存储队列的数组空间
    int front,rear;                            //定义队首指针和队尾指针
    int MaxSize;                               //定义 queue 数组空间的大小
};
typedef struct SequenceQueue Queue;            //定义 Queue 为顺序存储队列的类型
#include"队列在顺序存储结构下运算的算法.c"     //此文件保存着对队列运算的算法
void main()
{
    int i,x=12;
    Queue d,* q=&d;
    initQueue(q);                              //把队列置空
    enQueue(q,35);                             //元素 35 进队
    enQueue(q,2*x+3);                          //元素 2*x+3 的值 27 进队
    enQueue(q,16);                             //元素 16 进队
    printf("% d ",peekQueue(q));               //输出队首元素 35
    printf("% d\n",outQueue(q));               //输出并删除队首元素 35
    for(i=0;i<=30;i+=3)enQueue(q,i);           //i 的取值依次进队
    while(! emptyQueue(q))                     //依次输出队列 q 中的所有元素
        printf("% d ",outQueue(q));
    printf("\n");
    clearQueue(q);
}
```

此程序运行结果如下:

```
35 35
27 16 0 3 6 9 12 15 18 21 24 27 30
```

4.5.3 队列的链式存储结构和操作实现

队列的链式存储结构也是通过由结点构成的单链表实现的,此时只允许在单链表的表头进行删

除和在单链表的表尾进行插入，因此它需要使用两个指针：队首指针 front 和队尾指针 rear。用 front 指向队首（即表头）结点的存储位置，用 rear 指向队尾（即表尾）结点的存储位置。用于存储队列的单链表简称链接队列或链队。假定链队中的结点类型仍为以前定义的单链表结点类型 struct SingleNode，则队首和队尾指针为 struct SingleNode * 类型，即结点指针类型。若把一个链队的队首指针和队尾指针定义在一个结构类型中，并假定该结构类型用标识符 LinkQueue 表示，则具体定义如下：

```
struct LinkQueue {
    struct SingleNode*  front;        //队首指针
    struct SingleNode*  rear;         //队尾指针
};
```

其中 struct SingleNode 结点类型重写如下：

```
struct SingleNode {
    ElemType data;                    //值域
    struct SingleNode*  next;         //链接指针域
};
```

一个链式存储的队列如图 4-5 所示。

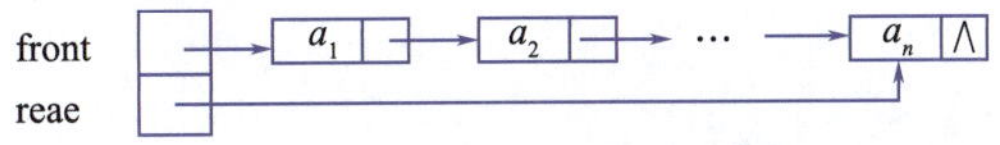

front
reae
a_1　a_2　…　a_n　∧

图 4-5　一个链队的示意图

通过下面的类型重定义语句，可以把队列的抽象存储类型 Queue 具体定义为 struct LinkQueue 类型，即链式存储队列的结构类型。

```
typedef struct LinkQueue Queue;
```

在由指针 Q 所指向的具有 struct LinkQueue 类型的链队上进行队列的各种运算的算法如下：

1. 初始化链队

```
void initQueue(Queue*  Q)
{
    Q->front=Q->rear=NULL;            //把队首和队尾指针置为空
}
```

2. 向链队中插入一个元素

```
void enQueue(Queue*  Q,ElemType item)
{
    //根据 item 值建立一个待插入的新结点
    struct SingleNode * r=malloc(sizeof(struct SingleNode));
    r->data=item;r->next=NULL;
    //若链队为空，则插入的新结点既是队首结点又是队尾结点
    if(Q->rear==NULL)Q->front=Q->rear=r;
    //若链队非空，则依次修改队尾结点的指针域和队尾指针使之指向新的队尾结点
    else Q->rear=Q->rear->next=r;
}
```

3. 从队列中删除一个元素

```
ElemType outQueue(Queue*  Q)
{
    if(Q->front==NULL){                       //若链队为空则中止运行
        printf("链队为空，无法删除，退出运行！ \n");exit(1);
    }
```

```
    else {
        ElemType x=Q->front->data;              //暂存队首元素以便返回
        struct SingleNode* p=Q->front;          //暂存队首指针以便回收队首结点
        Q->front=p->next;                       //使队首指针指向下一个结点
        if(Q->front==NULL)Q->rear=NULL;         //若删除后链队为空,则修改队尾指针为空
        free(p);                                //回收原队首结点
        return x;                               //返回被删除的队首元素
    }
}
```

4. 读取队首元素

```
ElemType peekQueue(Queue* Q)
{
    if(Q->front==NULL){                         //若链队为空则中止运行
        printf("链队为空,无法删除,退出运行! \n");exit(1);
    }
    return Q->front->data;                      //返回队首元素
}
```

5. 检查链队是否为空

```
int emptyQueue(Queue* Q)
{   //判断队首或队尾任一个指针是否为空即可
    return Q->front==NULL;
}
```

6. 清除链队中的所有元素使之变为空队

```
void clearQueue(Queue* Q)
{
    //队首指针赋给 p
    struct SingleNode* p=Q->front;
    //依次删除队列中的每个结点,最后使队首指针为空
    while(p! =NULL){
        Q->front=p->next;
        free(p);
        p=Q->front;
    }  //循环结束后队首指针已经变为空
    //置队尾指针为空
    Q->rear=NULL;
}
```

在以上对链队的所有操作中,除了清除队列的操作外,其余对链队操作的时间复杂度均为 $O(1)$,清除队列操作的时间复杂度 $O(n)$,n 表示队列的长度。

通过下面程序可以调试对链队进行的各种运算的算法,其运算结果与顺序存储队列的情况完全一样。

```
#include<stdio.h>
#include<stdlib.h>
typedef int ElemType;
struct SingleNode {                             //定义结点类型
    ElemType data;                              //值域
    struct SingleNode* next;                    //链接指针域
};
```

```
struct LinkQueue {                              //定义链接队列类型
    struct SingleNode*  front;                  //队首指针
    struct SingleNode*  rear;                   //队尾指针
};
typedef struct LinkQueue Queue;                 //定义 Queue 为链式存储队列的类型
#include"队列在链式存储结构下运算的算法.c"    //对链队运算的算法存于此
void main()     //主函数与在顺序存储队列的调试程序中的主函数完全相同
{               //此两个程序只是队列的存储结构不同而已,运算接口完全相同
    int i,x=12;
    Queue d,* q=&d;
    initQueue(q);                             //把队列置空
    enQueue(q,35);                            //元素 35 进队
    enQueue(q,2*x+3);                         //元素 2*x+3 的值 27 进队
    enQueue(q,16);                            //元素 16 进队
    printf("% d ",peekQueue(q));              //输出队首元素 35
    printf("% d\n",outQueue(q));              //输出并删除队首元素 35
    for(i=0;i<=30;i+=3)enQueue(q,i);          //i 的取值依次进队
    while(! emptyQueue(q))                    //依次输出队列 q 中的所有元素
        printf("% d ",outQueue(q));
    printf("\n");
    clearQueue(q);
}
```

此调试链接队列运算的程序运行结果同调试顺序队列时的运行结果完全相同。

```
35 35
27 16 0 3 6 9 12 15 18 21 24 27 30
```

4.5.4 队列的应用简介

在以后的章节中将会看到队列在具体算法中的应用,这里仅从两个方面来简述队列在计算机科学领域所起的一些作用。第一个方面是解决主机与外围设备之间速度不匹配的问题,第二个方面是解决由多用户引起的资源竞争问题。

对于第一个方面,仅以主机和打印机之间速度不匹配的问题为例做一下简要说明。主机输出数据给打印机打印,输出数据的速度比打印数据的速度要快得多,若直接把输出的数据送给打印机打印,由于速度不匹配,显然是不行的。所以解决的方法是设置一个打印数据缓冲区,主机把要打印输出的数据依次写入到这个缓冲区中,写满后就暂停输出,转去做其他的事情;打印机就从缓冲区中按照先进先出的原则依次取出数据并打印,打印完后再向主机发出请求,主机接到请求后再向缓冲区内写入一批打印数据,这样做既保证了打印数据的正确,又使主机提高了效率。由此可见,打印数据缓冲区中所存储的数据就是一个队列。

对于第二个方面,CPU(即中央处理器,它包括运算器和控制器)资源的竞争就是一个典型的例子。在一个带有多终端多任务的计算机系统上,有多个用户多个任务需要 CPU 各自运行自己的程序,它们分别通过各自终端(进程)向操作系统提出占用 CPU 的请求,操作系统通常按照每个请求在时间上的先后顺序,把它们排成一个队列,每次把 CPU 分配给队首请求的用户使用,当相应的程序运行结束或用完规定的时间间隔后,则令其出队(出队后可重新加入队尾),再把 CPU 分配给新的队首请求的用户(进程)使用,这样既满足了每个用户(进程)的请求,又使 CPU 能够正常运行。

除上面讨论的一般队列之外,还有一种在计算机系统中经常使用的队列称为优先级队列,这种队列中的每个元素都带有一个优先级号,用以表示其优先级别。在优先级队列中,优先级最高的元

素必须处在队首位置,因此,每次向这种队列插入元素时,都要按照一定次序调整各元素位置,确保把优先级最高的元素调整到队首,每次从中删除队首元素(即优先级最高的元素)时,也都要按照一定次序调整队列中的有关元素,确保把当前优先级最高的元素调整到队首。优先级队列在操作系统的各种调度算法中应用广泛,它需要使用第6章介绍的"堆"的完全二叉树结构来实现,故在此不作讨论。

4.6 算术表达式的计算

在计算机中进行算术表达式的计算是通过栈来实现的。这一节首先讨论算术表达式的两种表示方法,即中缀表示法和后缀表示法,接着讨论后缀表达式求值的算法,最后讨论中缀表达式转换为后缀表达式的算法。

4.6.1 算术表达式的两种表示

通常书写的算术表达式是由操作数(又称运算对象或运算量)和运算符以及改变运算次序的圆括号连接而成的式子。操作数可以是常量、变量和函数,同时还可以是表达式。运算符包括单目运算符和双目运算符两类,单目运算符只要求一个操作数,并被放在该操作数的前面,双目运算符要求有两个操作数,并被放在这两个操作数的中间。单目运算符为取正"+"和取负"-",双目运算符有加"+"减"-"乘"*"和除"/"等。为了简便起见,下面的讨论中只考虑双目运算符,并且仅限于+、-、*、/这四种运算。

如对于一个算术表达式2+5*6,乘法运算符"*"的两个操作数是它两边的5和6;对于加法运算符"+"的两个操作数,一个是它前面的2,另一个是它后面的表达式5*6(其运算结果为30),整个表达式的值为32。把双目运算符出现在两个操作数中间的这种表示称为算术表达式的中缀表示,这种算术表达式称为中缀算术表达式或中缀表达式或中缀式。

中缀表达式的计算比较复杂,它必须遵守以下三条规则:

①先计算括号内,后计算括号外。

②在无括号或同层括号内,先进行乘除运算,后进行加减运算,即乘除运算的优先级高于加减运算的优先级。

③同一优先级运算,从左向右依次进行。

从这三条运算规则可以看出,在中缀表达式的计算过程中,既要考虑括号的作用,又要考虑运算符的优先级,还要考虑运算符出现的先后次序。因此,各运算符实际的运算次序往往同它们在表达式中出现的先后次序是不一致的,是不可预测的。当然凭直观判别一个中缀表达式中哪个运算符最先算,哪个次之,…,哪个最后算并不困难,但通过计算机处理将困难得多。

那么,能否把中缀算术表达式转换成另一种形式的算术表达式,使计算简单化呢?回答是肯定的。波兰科学家卢卡谢维奇(Lukasiewicz)很早就提出了算术表达式的另一种表示,即后缀表示,其定义是把运算符放在两个运算对象的后面。采用后缀表示的算术表达式称为后缀算术表达式或后缀表达式。在后缀表达式中,不存在括号,也不存在优先级的差别,计算过程完全按照运算符出现的先后次序进行,整个计算过程仅需一遍扫描便可完成,显然比中缀表达式的计算要简单得多。例如,对于后缀表达式"12 4 - 5 /",因减法运算符在前,除法运算符在后,所以应先做减法,后做除法;减法的两个操作数是它前面的12和4,其中第一个数12是被减数,第二个数4是减数;除法的两个操作数是它前面的12减4的差(即8)和5,其中8是被除数,5是除数。

中缀算术表达式是人们常用的表达形式,把它转换成对应的后缀算术表达式的规则是:把每个运算符都移到它的两个运算对象的后面,然后删除掉所有的括号即可。

例如,对于下列各中缀表达式:

中缀表达式		后缀表达式
①3/5+6	对应的后缀表达式分别为:	①3 5 / 6 +
②16-9*(4+3)		②16 9 4 3 + * -
③2*(x+y)/(1-x)		③2 x y + * 1 x - /
④(25+x)*(a*(a+b)+b)		④25 x + a a b + * b + *

从以上实例可以看出,转换前后每个数据项的前后次序没有改变,改变的只是每个运算符的位置和次序,并且去掉了所有圆括号。

4.6.2　后缀表达式求值的算法

后缀表达式的求值比较简单,扫描一遍即可完成。它需要使用一个栈,假定用S表示,其元素类型应为操作数的类型,假定为双精度实数型double,用此栈存储后缀表达式中的操作数、计算过程中的中间结果以及最后结果。假定一个后缀算术表达式以一个字符串的方式提供,后缀表达式求值算法的基本过程是:假定包含后缀算术表达式的一个字符串是由一个字符指针参数所指向,每次从该字符串中读入一个字符,若它是空格则不做任何处理,若它是运算符,则表明它的两个操作数已经在栈S中,其中栈顶元素为运算符的后一个操作数,栈顶元素的前一个元素为运算符的前一个操作数,把它们弹出后进行相应运算并保存到一个变量(假定为x)中,否则,扫描到的字符必为数字或小数点,应把从此开始的浮点数子字符串转换为一个浮点数并暂存x中,然后把计算或转换得到的浮点数(即x的值)压入栈S中。依次向下扫描每个字符并进行上述处理,直至遇到字符串结束符(即ASCII为0的空字符)为止,表明后缀表达式计算完毕,最终结果保存在栈顶,并且栈中仅存这一个值,把它弹出返回即可。具体算法描述为:

```
double compute(char* str)
{   //计算由str所指字符串的后缀表达式的值并返回
    //定义相应变量用于保存浮点数,定义i用于扫描后缀表达式
    double x,x1,x2,y;
    int i=0;
    //用S栈存储操作数和中间计算结果,元素类型为double,顺序或链式栈均可
    Stack r,*S=&r;
    initStack(S);
    //扫描后缀表达式中的每个字符,并进行相应处理
    while(str[i]){
        //扫描到空格字符不做任何处理
        if(str[i]==32){i++;continue;} //空格字符的ASCII码为32
        switch(str[i]){
            case '+':                     //做栈顶两个元素的加法,和赋给x
                if(emptyStack(S)){printf("栈已空! \n");exit(1);}
                else x1=pop(S);           //弹出加数项
                if(emptyStack(S)){printf("栈已空! \n");exit(1);}
                else x2=pop(S);           //弹出被加数项
                x=x2+x1;i++;break;
            case '-':                     //做栈顶两个元素的减法,差赋给x
                if(emptyStack(S)){printf("栈已空! \n");exit(1);}
                else x1=pop(S);           //弹出减数项
                if(emptyStack(S)){printf("栈已空! \n");exit(1);}
                else x2=pop(S);           //弹出被减数项
                x=x2-x1;i++;break;
```

```
            case '*':                       //做栈顶两个元素的乘法,积赋给 x
                if(emptyStack(S)){printf("栈已空! \n");exit(1);}
                else x1= pop(S);            //弹出乘数项
                if(emptyStack(S)){printf("栈已空! \n");exit(1);}
                else x2= pop(S);            //弹出被乘数项
                x=x2*x1;i++;break;
            case '/':                       //做栈顶两个元素的除法,商赋给 x
                if(emptyStack(S)){printf("栈已空! \n");exit(1);}
                else x1= pop(S);            //弹出除数项
                if(emptyStack(S)){printf("栈已空! \n");exit(1);}
                else x2= pop(S);            //弹出被除数项
                if(x1==0.0){ printf("除数为 0! \n");exit(1);}
                else x=x2/x1;
                i++;break;
            default:                        //扫描到的是一个浮点数的开始字符
                x=0;                        //利用 x 保存扫描到的整数部分的值
                while(str[i]>=48 && str[i]<=57){
                    x=x* 10+str[i]-48;i++;
                }
                if(str[i]=='.'){
                    double j;
                    i++;
                    y=0;                    //利用 y 保存扫描到的小数部分的值
                    j=10.0;                 //用 j 作为相应小数位的权值
                    while(str[i]>=48 && str[i]<=57){
                        y=y+(str[i]-48)/j;
                        i++;j* =10;
                    }
                    x+=y;                   //把小数部分合并到整数部分 x 中
                }
                else if(str[i]==32)break; //空格的 ASCII 码为 32
                else {printf("表达式错误! \n");exit(1);}
        }//switch end
        //把扫描转换后或进行相应运算后得到的一个浮点数压入栈 S 中
        push(S,x);
    }//while end
    //若计算结束后栈为空则中止运行
    if(emptyStack(S)){printf("栈为空! \n");exit(1);}
    //若栈中仅有一个元素,则它就是后缀表达式的值,否则为出错
    x=pop(S);
    if(emptyStack(S))return x;
    else {printf("表达式错误! \n");exit(1);}
    clearStack(S);
}
```

此算法的运行时间主要花在 while(str[i])循环上,它从头到尾扫描后缀表达式中的每一个字符,若后缀表达式的字符串长度为 n,则此算法的时间复杂度为 $O(n)$。此算法在运行时所占用的临时空间主要取决于栈 S 的大小,显然,它的最大深度不会超过表达式中所含操作数的个数,因为操作数的个数比运算符的个数多 1,所以此算法的空间复杂度也同样为 $O(n)$。

假定一个字符串 a 为：

```
char* a="36.2 9.45 4.7 3.6 + 6.4 *  - /";
```

对应的中缀算术表达式为 36.2/(9.45-(4.7+3.6)＊6.4)，若使用如下语句调用上面计算后缀表达式值的函数，则在 d 中得到的计算结果为-0.828944。

```
double  d=compute(a);
```

在进行这个后缀表达式求值的过程中，栈 S 中保存的操作数和中间结果的数据变化情况如图 4-6 所示，左边第一个栈是连续进入 4 个操作数后的状态，第 2 个栈是处理加号运算符后的状态，第 3 个栈是进入操作数 6.4 后的状态，第 4 个栈是处理乘号运算符后的状态，第 5 个栈是处理减号运算符后的状态，最后一个栈是处理除号运算符后的状态。

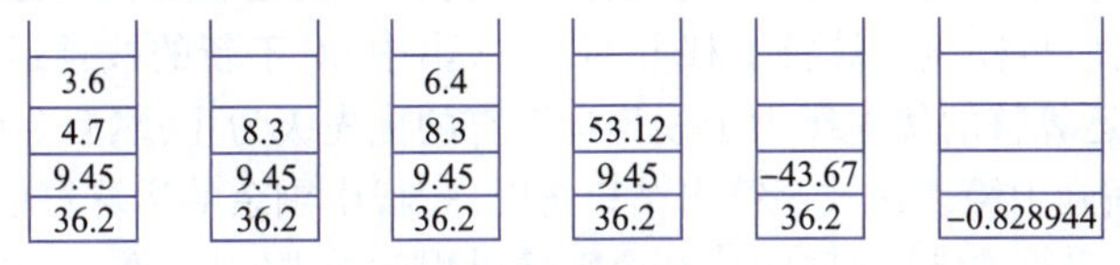

图 4-6　栈 S 中数据的变化

可以使用下面程序来调试计算后缀表达式的算法。

```
#include<stdio.h>
#include<stdlib.h>
typedef double ElemType;                //定义元素类型为双精度实数型
struct SequenceStack {                  //利用顺序存储结构所定义的栈类型
    ElemType * stack;                   //存储一个栈中的所有元素
    int top;                            //存栈顶元素的下标位置
    int MaxSize;                        //存储动态数组长度,亦即所能存储栈的最大长度
};
typedef struct SequenceStack Stack;     //定义 Stack 的顺序栈类型
#include"栈在顺序存储结构下运算的算法.c"
double compute(char*  str){}            //计算后缀表达式的值并返回,补充完整此函数体
void main()
{
    char* r="36.2 9.45 4.7 3.6 + 6.4 *  - /";
    double  d=compute(r);
    printf("计算后缀表达式 \"% s\" 的值为:% Lf\n",r,d);
}
```

此程序的运行结果如下：

```
计算后缀表达式 "36.2 9.45 4.7 3.6 + 6.4 *  - /" 的值为:-0.828944
```

4.6.3　把中缀表达式转换为后缀表达式的算法

设中缀算术表达式已经保存在 s1 字符串中，转换后得到的后缀算术表达式拟存于 s2 字符串中。由中缀表达式转换为后缀表达式的规则可知：转换前后，表达式中数值项的次序不变，而运算符的次序发生了变化，由处在两个运算对象的中间变为处在两个运算对象的后面，同时去掉了所有括号。为了使转换正确，必须设定一个运算符栈，并在栈底放入一个特殊运算符，假定为'@'字符，让它具有最低的运算符优先级，假定其优先级为数值 0。此栈用来保存扫描中缀表达式的过程中得到的暂不能放入后缀表达式中的运算符，待它的两个运算对象都放入后缀表达式以后，再令其出栈并写入后缀表达式中。

把中缀表达式转换为后缀表达式算法的基本过程是：从头到尾扫描中缀表达式中的每个字符，

对于不同类型的字符按不同情况进行处理。若遇到的是空格则认为是分隔符，不需要进行任何处理；若遇到的是数字或小数点，则直接写入 s2 中，并在每个数值的最后写入一个空格，以示同后面的数据隔开；若遇到的是左括号，则应把它压入运算符栈中，待以它开始的括号内的表达式转换完毕后再出栈；若遇到的是右括号，则表明括号内的中缀表达式已经扫描完毕，把从栈顶直到保存着的对应左括号之间的运算符依次退栈并写入 s2 串中；若遇到的是运算符，当该运算符的优先级大于栈顶运算符的优先级（加减运算符的优先级设定为 1，乘除运算符的优先级设定为 2，在栈中保存的特殊运算符'@'和'('的优先级设定为 0）时，表明该运算符的后一个运算对象还没有被扫描到，应把它暂存于运算符栈中，待它的后一个运算对象从 s1 串中读出并写入 s2 串中后，再令其出栈并写入 s2 串中；若遇到的运算符的优先级小于或等于栈顶运算符的优先级，这表明栈顶运算符的两个运算对象已经被保存到 s2 串中，应将栈顶运算符退栈并写入 s2 串中，对于新的栈顶运算符仍继续进行比较和处理，直到被处理的运算符的优先级大于栈顶运算符的优先级为止，然后令该运算符进栈即可。

按照以上过程扫描到中缀表达式字符串结束符时，把栈中剩余的运算符依次退栈并写入到后缀表达式中，再向 s2 写入字符串结束符'\0'，整个转换过程就处理完毕，在 s2 中就得到了转换成的后缀表达式字符串。

在将中缀算术表达式转换为后缀算术表达式的算法中，需要使用一个用于保存运算符的字符类型的栈，它同后缀表达式求值的算法中所使用的保存运算对象的双精度实数类型的栈不同，不能在一个程序中统一定义，所以此算法中所使用栈的字符类型需要被重新定义为栈的通用元素类型 ElemType，具体算法描述如下：

```
int change(char* s1,char* s2)
{   //将字符串 s1 中的中缀表达式转换为用 s2 字符串表示的后缀表达式
    //定义 i,j 分别用于扫描 s1 和指示 s2 串中待访问字符的位置
    int i=0,j=0;
    //定义 ch 保存 s1 串中扫描到的字符,初值为第一个字符
    char ch=s1[i];
    //定义元素类型为字符型,以适应建立运算符栈的需要
    typedef char ElemType;
    //定义用于暂存运算符的栈 R 并初始化,该栈的元素类型为 char
    Stack r,* R=&r;
    initStack(R);
    //给栈底放入'@ '字符,它具有最低优先级 0
    push(R;'@ ');
    //依次处理中缀表达式中的每个字符
    while(ch! ='\0'){
        //对于空格字符不做任何处理,直到读取一个非空字符为止
        while(ch==32)ch=s1[++i];      //空格的 ASCII 码为 32
        //对于左括号,直接进栈
        if(ch=='('){push(R,ch);ch=s1[++i];}
        //对于右括号,使括号内仍停留在栈中的运算符依次出栈并写入 s2 中
        else if(ch==')'){
            while(peek(R)! ='(')s2[j++]=pop(R);
            pop(R);                    //删除栈顶的左括号
            ch=s1[++i];
        }
        //对于运算符,使暂存于栈顶的不低于 ch 优先级的运算符依次出栈并写入 s2
        else if(ch=='+'||ch=='-'||ch=='* '||ch=='/'){
            char w=peek(R);
```

```
            while(precedence(w)>=precedence(ch))
            {   //precedence()函数返回运算符形参的优先级
                s2[j++]=w;pop(R);
                w=peek(R);
            }
            push(R,ch);                //把 ch 运算符写入栈中
            ch=s1[++i];
        }
        //此处必然为数字或小数点字符,否则为中缀表达式表示错误
        else if((ch>='0'&& ch<='9')||ch=='.')
        {   //把一个数值中的每一位依次写入 s2 串中
            while((ch>='0'&& ch<='9')||ch=='.'){
                s2[j++]=ch;
                ch=s1[++i];
            }
            s2[j++]='';                //在 s2 的每个数值后面放入一个空格字符
        }
        else {    //若扫描到非法字符则返回 0
            printf("中缀表达式表示错误! \n");
            return 0;
        }
    }//while end
    //把暂存于栈中的运算符依次退栈并写入 s2 串中
    ch=pop(R);
    while(ch!='@ '){
        if(ch=='('){printf("表达式语法错误! \n");return 0;}
        else {s2[j++]=ch;ch=pop(R);}
    }
    //在后缀表达式的末尾放入字符串结束符
    s2[j++]='\0';
    clearStack(R);
    return 1;                          //转换成功返回 1
}
```

其中,求运算符优先级的 precedence()函数定义为:

```
int precedence(char op){                      //返回运算符 op 所对应的优先级数值
    switch(op){
        case '+':case '-':return 1;           //定义加减运算的优先级为 1
        case '* ':case '/':return 2;          //定义乘除运算的优先级为 2
        case '(':case '@ ':default:           //定义左括号和@字符的优先级为 0
        return 0;
    }
}
```

算术表达式由中缀转后缀的过程示例

在这个转换算法中,中缀算术表达式中的每个字符均需要扫描一遍,对于从 s1 中扫描得到的每个运算符,最多需要进行入 R 栈、出 R 栈和写入 s2 后缀表达式这三次操作,对于从 s1 中扫描得到的每个数字或小数点,只需要把它直接写入 s2 后缀表达式即可。所以,此算法的时间复杂度为 $O(n)$,n 为中缀表达式中字符的个数。该算法需要使用一个运算符栈,需要的深度不会超过中缀表达式中运算符的个数,所以此算法的空间复杂度至多也为 $O(n)$。

例如:假定 s1 字符串的内容为“36.2/(9.45-(4.7+3.6) * 6.4)”,s2 是元素类型为 char 的字符数组名,则通过中缀转后缀的 change(s1,s2) 函数的调用,将得到 s2 数组的内容为“36.2 9.45 4.7 3.6 + 6.4 * - /”。

可以使用下面程序来调试上面介绍的表达式转换与求值的算法。

```
#include<stdio.h>
#include<stdlib.h>
typedef double ElemType;                    //定义元素类型为双精度实数型
struct SequenceStack {                      //利用顺序存储结构定义栈的存储类型
    ElemType * stack;                       //存储一个栈中的所有元素
    int top;                                //存栈顶元素的下标位置
    int MaxSize;                            //存储动态数组长度,亦即所能存储栈的最大长度
};
typedef struct SequenceStack Stack;  //定义 Stack 的顺序栈类型
#include"栈在顺序存储结构下运算的算法.c"
int precedence(char op){}                  //返回 op 所对应的优先级数值,补充完整此函数体
int change(char* s1,char* s2){}          //中缀转后缀的算法,补充完整此函数体
double compute(char* str){}                //计算后缀表达式的值并返回,补充完整此函数体
void main()
{
    char s1[50]="36.2/(9.45-(4.7+3.6)* 6.4)";
    char s2[50];
    int x=change(s1,s2);
    printf("中缀表达式 s1 为:\"% s\"\n",s1);
    if(x==1){
        double d;
        printf("后缀表达式 s2 为:\"% s\"\n",s2);
        d=compute(s2);
        printf("表达式的计算结果为:% Lf\n",d);
    }
    else printf("表达式 \"% s\" 有语法错误! \n",s1);
}
```

此程序的运行结果为:

```
中缀表达式 s1 为:"36.2/(9.45-(4.7+3.6)* 6.4)"
后缀表达式 s2 为:"36.2 9.45 4.7 3.6 +6.4 * -/"
表达式的计算结果为:-0.828944
```

利用表达式的后缀表示和堆栈技术只需要两遍扫描即可完成中缀算术表达式的计算,第一遍是实现把中缀表达式转换为后缀表达式,第二遍是实现后缀表达式的计算,其时间复杂度为 n 数量级的,n 表示表达式中的字符个数。若只利用中缀表达式进行计算,则需要许多次扫描才能实现,每次扫描只能对一个运算符进行运算,原则上有多少运算符就需要扫描多少次才能完成,其时间复杂度大约是 n 平方数量级的。显然利用后缀表示和堆栈技术比直接利用中缀表达式进行计算要快得多。

4.7 栈与递归

递归是一种非常重要的数学概念和解决问题的方法,在计算机科学和数学等领域有着广泛的应用。当求解一个问题时,是通过求解与它具有同样解决方法的子问题而得到的,这就是递归。一个

递归的求解必然包含终止递归的条件,当满足一定条件时就终止向下递归,从而使最小的问题得到直接解决,然后再依次返回解决较大的问题,最后解决整个问题。利用递归解决问题的算法称为递归算法,在递归算法中需要根据递归条件直接调用算法本身,当满足终止条件时结束递归调用。当然对于一些简单的递归问题,很容易把它转换为循环问题来解决,从而使编写出的算法更加直接和有效。

4.7.1 阶乘求解的递归算法

例4-4 采用递归算法求解正整数 n 的阶乘($n!$)。

分析:由数学知识可知,n 阶乘的递归定义为:它等于 n 乘以 $n-1$ 的阶乘,即 $n!=n*(n-1)!$,并且规定 0 和 1 的阶乘均为 1。设函数 $f(n)=n!$,则 $f(n)$ 可递归表示为:

$$f(n)=\begin{cases}1 & (n=0 \text{ 或 } n=1)\\ n*f(n-1) & (n>1)\end{cases}$$

在这里 $n=0$ 或 1 为递归终止条件,直接返回 1 结束递归,$n>1$ 需继续进行递归调用,由 n 的值乘以递归调用 $f(n-1)$ 的返回值求出 $f(n)$ 的值。此处求解 n 阶乘的问题就变成了同样地求 $n-1$ 阶乘的子问题,直到满足 n 等于 1 或 0 才终止继续向下递归求解的过程,接着依次返回计算上一级的阶乘值,直到最后返回计算出 n 的阶乘值为止。所以求解 n 阶乘的问题就是一个递归问题,适合采用递归的方法来解决。

用 C 语言编写出求解 $n!$ 的递归函数为:

```
long f(int n)
{
    if(n==1 ||n==0)return 1;
    else return n*f(n-1);
}
```

当从主程序或其他函数非递归调用此阶乘函数(也可以称此次为第 0 次递归调用)时,首先把实参的值传送给形参 n,同时把调用此递归函数执行后的返回地址保存起来,以便调用结束后返回使用;接着执行循环体,当 n 等于 1 或 0 时则返回函数值 1,结束本次非递归调用或递归调用,并按返回地址返回到进行本次调用的位置继续向下执行,当 n 大于 1 时,则以实参 $n-1$ 的值去调用自身函数(即递归调用),返回 n 的值与本次递归调用所求值的乘积。因为进行一次递归调用,传送给形参 n 的值就减 1,所以最终必然导致 n 的值为 1,从而结束递归调用,接着不断地执行与递归调用相对应的返回操作,最后返回到开始保存的进行非递归调用的位置向下执行。

假定用 $f(5)$ 去调用 $f(n)$ 函数,该函数返回 $5*f(4)$ 的值,因返回表达式中包含有函数 $f(4)$,所以接着进行递归调用,返回 $4*f(3)$ 的值,依此类推,当最后进行 $f(1)$ 递归调用,返回函数值 1 后,结束本次递归调用,返回到调用函数表达式 $f(1)$ 的位置,从而计算出 $2*f(1)$ 的值 2,即 $2*f(1)=2*1=2$,作为调用函数 $f(2)$ 的返回值,返回到 $3*f(2)$ 表达式中,计算出递归函数调用 $f(3)$ 的返回值,即 $3*2=6$,接着返回到上一层 $4*f(3)$ 表达式中,计算出递归函数调用 $f(4)$ 的返回值,即 $4*6=24$,再接着返回到 $5*f(4)$ 表达式中,计算出非递归调用 $f(5)$ 的返回值,即 $5*24=120$,从而结束整个调用过程,返回到开始调用函数 $f(5)$ 的位置继续向下执行。

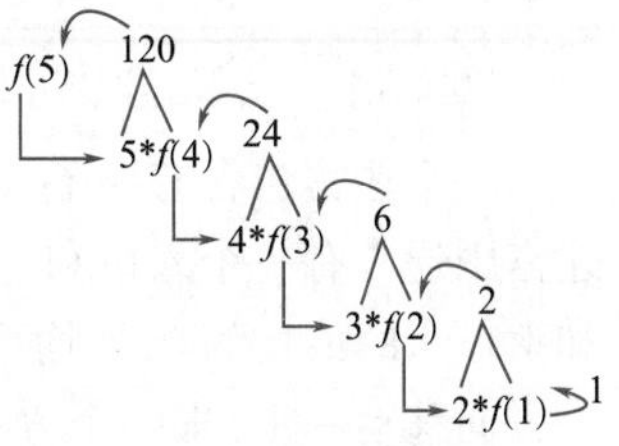

上述调用和返回过程可形象地用图 4-7 表示。

图 4-7 利用 $f(5)$ 调用 $f(n)$ 递归函数的执行流程

在计算机系统内,执行递归函数是通过自动建立和使用栈来实现的,栈中的每个元素包含有递归函数的每个形式参数域、每个局部变量域和调用后的返回地址域,每个域是用于存储其值的实际存储空间。每次进行函数调用时，都把相应的值压入栈，每次调用结束时，都按照本次返回地址返回到指定的位置执行，并且自动作一次退栈操作，使得上一次调用所使用的参数成为新的栈顶，继续被使用。

例如，对于求 n 阶乘的递归函数 $f(n)$，当调用它时系统自动建立和使用一个临时操作栈，该栈中的元素包含值参 n 的域和返回地址 r 域，假定用 $f(5)$ 去调用 $f(n)$ 函数，调用后的返回地址值用 rf 表示，在 $f(n)$ 函数的执行过程中，每次进行 $f(n-1)$ 递归调用的返回地址用 rd 表示，则临时操作栈中的数据变化情况如图 4-8 所示。

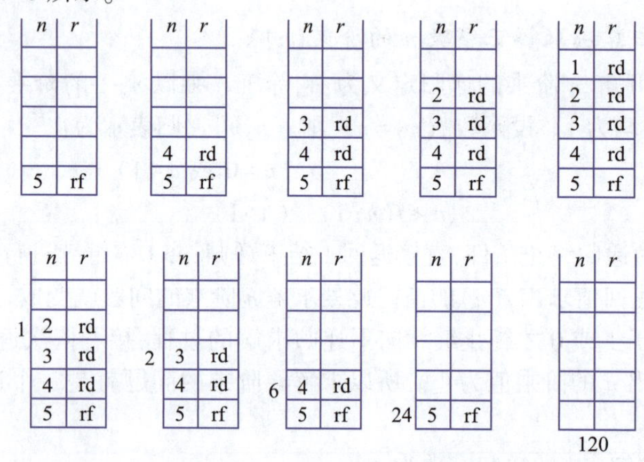

图 4-8 进行 $f(5)$ 调用时临时操作栈的变化状态

在图 4-8 中每个栈状态的栈顶元素的 n 域就是调用 $f(n)$ 函数时为值参 n 所分配的存储空间，r 域就是为保存当前一次调用结束后的返回地址所分配的存储空间。如进行 $f(5)$ 调用时，栈顶元素中的值参 n 域保存的值为 5，返回地址域保存的值为 rf，当执行 $f(5)$ 调用结束（即执行到函数体的右花括号结束符）后，就返回到以 rf 为地址的位置执行。又如当执行 $f(3)$ 函数调用时，栈顶元素中的值参 n 域保存的值为 3，返回地址域保存的值为 rd，当调用 $f(3)$ 函数结束后，就返回到 rd 的位置（即上一层返回表达式中乘号后面的位置）执行。

当调用 $f(n)$ 算法时，系统所使用的临时操作栈的最大深度为 n，n 为首次调用时传送来的实参的值，所以其空间复杂度为 $O(n)$。又因为每执行一次递归调用就是执行一条条件语句，其时间复杂度为 $O(1)$，执行整个算法求出 $n!$ 的值需要进行 n 次调用，所以其时间复杂度也为 $O(n)$。由于采用非递归的循环方法求解 $n!$ 的问题，其空间复杂度为 $O(1)$，时间复杂度为 $O(n)$，并且省去进出栈的烦琐操作，显然比采用递归方法更为有效。

这里对求 n 阶乘采用递归算法，只是为了详细说明系统在执行递归算法时是如何自动建立和使用栈进行操作的，通过这一简单递归算法的例子，为以后分析和理解更为复杂的递归算法打下基础。

4.7.2 求解迷宫问题的递归算法

例 4-5 求解迷宫问题。

一个迷宫包含有 m 行×n 列个小方格，每个方格用 0 表示可通行，用 1 表示墙壁，即不可通行。迷宫中通常有一个入口和一个出口，设入口点的坐标为(1,1)，出口点的坐标为(m,n)，当然入口点和出口点的值均为 0，即均可通行。从迷宫中的某一个坐标位置向东、南、西、北（即右、下、左、上）任一方向移动一步（即一个方格）时，若前进的小方格为 0，则可前进一步，否则通行受阻，不能前进，应按顺时针改变为下一个方向移动。求解迷宫问题就是从入口点出发寻找一条通向出口点的路径，并打印出这条路径，即经过的每个小方格的坐标。图 4-9(a)所示为一个 6×8 的迷宫，入口点坐标为

(1,1),出口点坐标为(6,8),其中的一条路径为(1,1),(1,2),(2,2),(2,3),(3,3),(3,4),(3,5),(3,6),(4,6),(4,7),(5,7),(6,7),(6,8)。

	1	2	3	4	5	6	7	8
1	0	0	1	1	0	1	0	1
2	1	0	0	1	1	0	0	0
3	0	0	0	0	0	0	1	1
4	1	1	0	1	1	0	0	0
5	0	0	0	0	0	1	0	1
6	1	0	1	0	0	0	0	0

(a)一个6×8的迷宫

	0	1	2	3	4	5	6	7	8	9
0	1	1	1	1	1	1	1	1	1	1
1	1	0	0	1	1	0	1	0	1	1
2	1	1	0	0	1	1	0	0	0	1
3	1	0	0	0	0	0	0	1	1	1
4	1	1	1	0	1	1	0	0	0	1
5	1	0	0	0	0	0	1	0	1	1
6	1	1	0	1	0	0	0	0	0	1
7	1	1	1	1	1	1	1	1	1	1

(b)带四周墙壁的迷宫

图 4-9 迷宫阵列图

分析:在一个迷宫中,中间的每个方格位置都有四个可选择的移动方向,而在四个顶点只有两个方向,并且每个顶点的两个方向均有差别,每条边线上除顶点之外的每个位置只有三个方向,并且也都有差别。为了在求解迷宫的算法中避免判断边界条件和进行不同处理的麻烦,使每个方格都能够试着按四个方向移动,可在迷宫的周围镶上边框,在边框的每个方格里填上1,作为墙壁,这样既有助于求解,又不会改变原问题的解,如图4-9(b)所示。这就需要用一个[m+2][n+2]大小的二维整型数组(假定用maze表示数组名)来存储扩展后的迷宫数据。

当从迷宫中的一个位置(称为当前位置)前进到下一个位置时,下一个位置相对于当前位置的位移量(包括行位移量和列位移量)随着前进方向的不同而不同,东、南、西、北(即右、下、左、上)各方向的位移量依次为(0,1),(1,0),(0,-1)和(-1,0)。假定用一个4×2的整型数组move来存储位移量数据,则move数组的内容见表4-1。

表 4-1 各方向行列位移表(move 数组)

	0	1
0	0	1
1	1	0
2	0	-1
3	-1	0

其中move[0]~move[3]依次存储向东、南、西、北每个方向移动一步的行、列位移量。如move[1][0]和move[1][1]分别为从当前位置向南移动一步的行位移量和列位移量,其值分别为1和0。

在求解迷宫问题时,还需要使用一个与存储迷宫数据的maze数组同样大小的辅助数组,假定用标识符mark表示,用它来标识迷宫中对应位置是否被访问过。该数组每个元素的初始值均为0,表示迷宫中的所有位置均没有被访问过。每当访问迷宫中的一个新位置时，都使 mark 数组中对应元素置 1，表示该位置已经被访问过，以后不用再访问到，这样才能够探索新的路径，避免重走已经走不通的老路。

为了寻找从入口点到出口点的一条通路，首先从入口点出发，按照东、南、西、北各方向的次序试探前进，若向东可通行，同时该坐标点没有被访问过，则向东前进一个方格；否则表明向东没有通向出口的路径，接着应向南方向试着前进，若向南可通行同时没有被访问过，应向南前进一步；否则依次向西和向北试探。若试探完当前位置上的所有方向后都没有通路，则应退回一步，从到达该当前位置的下一个方向试探着前进，如到达该当前位置的方向为东，则下一个方向为南。因此每前进一步都要记录其上一步的坐标位置以及前进到此步的方向，以便退回之用，这正好需要用栈来解决，每前进一步时，都把当前位置和前进方向进栈，接着使向前一步后的新位置成为当前位置，若从当前位置无法继续前进时，就做一次退栈操作，从上一次位置的下一个方向试探着前进。若当前位置是出口点时，则表明找到了一条从入口点到出口点的路径，应结束算法执行，此时路径上的每个方格坐标(除出口坐标外)均被记录在栈中。若做退栈操作时栈为空，则表明入口点也已经退栈，并且其所有方向都已访问过，没有通向出口点的路径，此时应结束算法，打印出无通路信息。

栈和递归是可以相互转换的，当编写递归算法时，虽然表面上没有使用栈，但系统执行时会自动建立和使用栈。求解迷宫问题也是一个递归问题，适合采用递归算法解决。若迷宫中的当前位置(初始为入口点)就是出口位置，则表示找到了通向出口的一条路径，应返回 1 结束递归；若当前位置上的所有方向都试探完毕，表明从当前位置出发没有寻找到通向出口点的路径，应返回 0 结束递归；若从当前位置按东、南、西、北方向的次序前进到下一个位置时，若该位置可通行且没有被访问过，则应以该位置为参数进行递归调用，若返回 1 的话，表明从该位置到出口点有通路，输出该位置坐标后，继续向上一个位置返回 1 结束本次递归。

下面给出求解迷宫问题的递归算法，其中 m 和 n 为全局整型常量，分别表示迷宫的行数和列数，亦即出口点的坐标，maze 和 mark 分别为具有[m+2][n+2]大小的全局整型数组，分别用来保存迷宫数据和访问标记，move 为具有[4][2]大小的全局整型数组，用来保存向每个方向前进一步的行列位移量。

```
int seekPath(int x,int y)      //从迷宫中坐标点(x,y)的位置寻找通向终点(m,n)的路径,若找到
                               //则返回 1,否则返回 0,(x,y)的初始值通常为(1,1)
{
    //i 作为循环变量,代表从当前位置移到下一个位置的方向
    int i;
    //g 和 h 用作下一个位置的行坐标和列坐标
    int g,h;
    //到达出口点返回 1 结束递归
    if((x==m)&&(y==n))return 1;
    //依次按方向寻找通向终点的路径,i=0,1,2,3 分别表示东、南、西、北方向
    for(i=0;i<4;i++){
        //求出下一个位置的行坐标和列坐标
        g=x+move[i][0];
        h=y+move[i][1];
        //若下一位置可通行同时没有被访问过,则从该位置起寻找通路
        if((maze[g][h]==0)&&(mark[g][h]==0)){
            //置 mark 数组中对应位置为 1,表明已访问过
            mark[g][h]=1;
            //若从(g,h)到终点存在通路(条件为真),应输出该位置坐标,返回 1
```

```
            if(seekPath(g,h)){
                printf("(% d,% d),",g,h);
                return 1;      //返回1结束本次递归
            }       //若条件为假,则执行下一轮 for 循环,向下一个方向试探
        }
    }
    //从当前位置(x,y)没有通向终点的路径,应返回0
    return 0;
}
```

该算法的运行时间和使用系统栈所占有的存储空间与迷宫的大小成正比,在最好情况下的时间和空间复杂度均为 $O(m+n)$,在最差情况下为 $O(m \cdot n)$,平均情况在它们之间。

下面给出求解迷宫算法的完整程序:

```
#include<stdio.h>
#include<stdlib.h>
#define m 6                          //定义m常量为整数6
#define n 7                          //定义n常量为整数7
int maze[m+2][n+2];                  //定义保存迷宫数据的数组
int mark[m+2][n+2];                  //定义保存访问标记的数组
int move[4][2]={{0,1},{1,0},{0,-1},{-1,0}};
//行下标0,1,2,3分别代表东、南、西、北方向
int seekPath(int x,int y)
{  //函数体需读者补上,为节省篇幅,此处省略 }
void main(void)
{
    int i,j;
    //输入迷宫数据
    printf("请为迷宫数组输入 % d 行*  % d 列数据! \n",m+2,n+2);
    for(i=0;i<m+2;i++)
        for(j=0;j<n+2;j++)scanf("%d",&maze[i][j]);
    //初始化mark数组
    for(i=0;i<m+2;i++)
        for(j=0;j<n+2;j++)  mark[i][j]=0;
    //置入口点对应的访问标记为1
    mark[1][1]=1;
    //从入口点(1,1)开始调用求解迷宫的递归算法
    printf("求解一个图的迷宫问题的路径坐标按从出口到入口的次序为:\n");
    if(seekPath(1,1))
        printf("(1,1)\n");  //从入口到出口的路径
            //按所经位置的相反次序输出,最后需要输出入口点的坐标
}
```

请自行设计一个6行7列的迷宫,输入其迷宫数据,将得到相应的输出结果:

```
请为迷宫数组输入 8 行*  9 列数据!
1 1 1 1 1 1 1 1 1
1 0 1 1 0 0 1 1 1
1 0 0 1 0 1 0 0 1
1 1 0 0 0 1 1 0 1
1 1 0 0 1 0 0 1 1
1 0 0 1 1 0 0 0 1
```

微视频

求解迷宫问题的过程示例

```
1 1 0 0 0 0 1 0 1
1 1 1 1 1 1 1 1 1
求解一个图的迷宫问题的路径坐标按从出口到入口的次序为:
(6,7),(5,7),(5,6),(5,5),(6,5),(6,4),(6,3),(6,2),(5,2),
(4,2),(4,3),(3,3),(3,2),(2,2),(2,1),(1,1)
```

4.7.3 求解汉诺塔问题的递归算法

例4-6 求解汉诺塔(Tower of Hanoi)问题。大意是:有三个台柱,分别编号为A、B和C,或者为1、2和3;在A柱上穿有n个圆盘,每个圆盘的直径均不同,并且按照直径从大到小的次序叠放在柱子上;要求把A柱上的n个圆盘搬移到C柱上,B柱可以作为过渡,并且每次只能搬动一个圆盘,同时必须保证在任何柱子上的圆盘在任何时候都要按序码放,即大的在下,小的在上;当把若干个圆盘从一个柱子搬到另一个柱子时,第三个柱子作为过渡使用;题目要求编写出一个算法,输出搬动圆盘的过程。

分析:若一个柱子上只有一个圆盘,则不需要使用过渡柱,直接把它放到目的柱上即可。若一个柱子上有两个圆盘,则先把一个(只能是上面一个)放到过渡柱子上,再把另一个放到目的柱上,最后把过渡柱上的一个圆盘放到目的柱上,至此完成搬动过程。若一个柱子上有三个、四个、……又如何解决呢?必须找出适应于任意多个(即大于或等于2个)情况的通用方法或规则才行。由此可能想到递归,即先把原柱子上的n-1个圆盘设法搬到过渡柱上,再把原柱子上剩下的最后一个圆盘直接搬到目的柱上,最后设法把过渡柱上的n-1个圆盘搬到目的柱上,从而完成全部搬移过程;当把n-1个圆盘从一个柱子搬动到另一个柱子时,若它的值不是一个,又需要使用第三个柱子作为过渡。此递归就是把n的问题化解为两个n-1的问题,当n等于1时不需要再递归,只需要直接移动即可。

例如,当A柱上有3个圆盘,要求把它移动到C柱上,则需要以下3步完成:

(1)把A柱上的2个圆盘移到过渡柱B上;

(2)把A柱上剩下的1个圆盘直接移到目的柱C上;

(3)把过渡柱B上的2个圆盘移到目的柱C上。

对于上述第(1)步还需要递归完成,具体又分为以下3步:

(1.1)把A柱上的1个圆盘直接移到此时的过渡柱C上;

(1.2)把A柱上剩余的1个圆盘直接移到此时的目的柱B上;

(1.3)把此时的过渡柱C上的1个圆盘直接移到此时的目的柱B上。

对于上述第(3)步也需要递归完成,具体又分为以下3步:

(3.1)把B柱上的1个圆盘直接移到此时的过渡柱A上;

(3.2)把B柱上剩余的1个圆盘直接移到此时的目的柱C上;

(3.3)把此时的过渡柱A上的1个圆盘直接移到此时的目的柱C上。

上述整个移动过程为7个直接步骤,依次为:

A→C;A→B;C→B;A→C;B→A;B→C;A→C

或用数字编号写为:

1→3;1→2;3→2;1→3;2→1;2→3;1→3

根据以上分析,设把n个盘子由值参a所表示的柱子搬到由值参c所表示的柱子,用值参b所表示的柱子作为过渡,则编写出递归算法如下:

```
void Hanoi(int n,int a,int b,int c )
{
```

```
        //当只有一个盘子时,直接由 a 柱搬到 c 柱后结束调用
        if(n==1)printf("% d→% d;",a,c);
        //当多于一个盘子时,向下递归
        else {
            //首先把 n-1 个盘子由值参 a 所表示的柱子搬到由值参 b 所表示的柱子上,用值参 c 所表示的
              柱子作为过渡
            Hanoi(n-1,a,c,b);
            //把由值参 a 所表示的柱子上的最后一个盘子搬到由值参 c 所表示的柱子上
            printf("% d→% d;",a,c);
            //最后把 n-1 个盘子由值参 b 所表示的柱子搬到由值参 c 所表示的柱子上,用值参 a 所表示的
              柱子作为过渡
            Hanoi(n-1,b,a,c);
        }
    }
```

假定采用 Hanoi(3,1,2,3)去调用该递归函数,则得到的整个递归调用关系如图 4-10 所示,它是一棵树结构,每个树叶结点下面的输出是执行 if(n==1)子句中输出语句的结果,每个树枝结点下面的输出是执行 else 子句中输出语句的结果。图中函数名简记为 H。

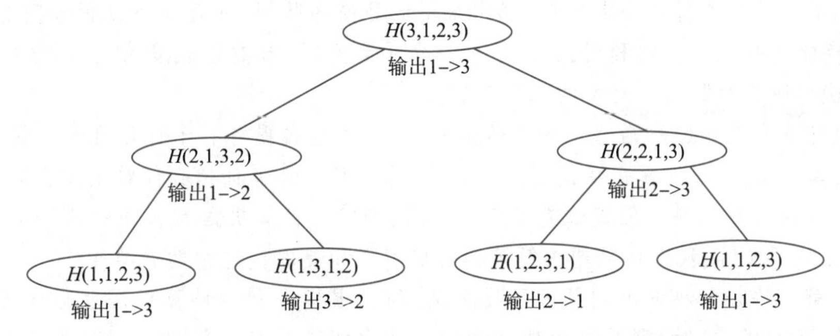

图 4-10 执行 Hanoi(3,1,2,3)时的递归调用关系树

调用上述递归算法时,若实参 n 的值为 1 则算法被执行 1 次,若值为 2 则被执行 3 次,若为 3 则被执行 7 次,依此类推,总之被执行 2^n-1 次。所以此算法的时间复杂度为 $O(2^n)$。算法在执行时系统需要自动建立临时操作栈,栈的深度等于对应递归调用关系树的深度(即层数),该深度等于 n。所以此算法的空间复杂度为 $O(n)$。

采用下面程序来调试 Hanoi 递归算法。

```
#include<stdio.h>
void Hanoi(int n,int a,int b,int c){     } //请补上函数体
void main(){
    printf("1 号柱上有 3 个盘子搬移到 3 号柱上的情况:\n");
    Hanoi(3,1,2,3);
    printf("\n");
    printf("1 号柱上有 4 个盘子搬移到 3 号柱上的情况:\n");
    Hanoi(4,1,2,3);
    printf("\n");
    printf("1 号柱上有 5 个盘子搬移到 3 号柱上的情况:\n");
    Hanoi(5,1,2,3);
    printf("\n");
}
```

则得到的运行结果如下:

```
1号柱上有3个盘子搬移到3号柱上的情况:
1→3;1→2;3→2;1→3;2→1;2→3;1→3;
1号柱上有4个盘子搬移到3号柱上的情况:
1→2;1→3;2→3;1→2;3→1;3→2;1→2;1→3;2→3;              //加了换行
    2→1;3→1;2→3;1→2;1→3;2→3;
1号柱上有5个盘子搬移到3号柱上的情况:
1→3;1→2;3→2;1→3;2→1;2→3;1→3;1→2;3→2;3→1;2→1;//加了换行
    3→2;1→3;1→2;3→2;1→3;2→1;2→3;1→3;2→1;3→2;  //加了换行
    3→1;2→1;2→3;1→3;1→2;3→2;1→3;2→1;2→3;1→3;
```

小　结

1. 栈是一种运算受限的线性表,栈的运算只能在栈顶进行,而不允许在其他地方进行,栈的运算主要是在栈顶插入和删除元素的运算,其运算的时间复杂度均为$O(1)$。

2. 队列也是一种运算受限的线性表,队列的插入运算只能在队尾进行,队列的删除运算只能在队首进行,队列的运算也主要是元素的插入和删除运算,其运算的时间复杂度也均为$O(1)$。

3. 当利用数组顺序存储一个队列时,通常采用的是循环队列,并且当不设置专门的队列长度指针时,其数组存储空间不能全被利用,必须空出一个元素空间,若数组长度为N,则只能利用其N-1个元素空间,这样便于对队满和对空的准确判断。

4. 算术表达式具有中缀和后缀两种表达形式,后缀表达式更有利于计算机进行计算,中缀转后缀需要使用运算符栈,后缀计算需要使用操作数栈,当然可以选择任何存储结构来存储一个栈。

5. 栈和队列在计算机科学领域都有着广泛应用,如进行计算机语言程序的语法检查和编译、表达式求值、迷宫路径求解、汉诺塔问题求解等都需要建立和使用栈这种数据结构。

6. 递归求解方法是解决许多问题的重要方法,而且很适合利用计算机语言程序进行计算。计算机执行递归算法(程序)时,需要自动建立和使用栈来实现。递归算法也可以通过在编程中使用循环和堆栈的方法使之变为相应的非递归算法。

思考与练习

一、单选题

1. 栈的插入和删除运算的位置在(　　)。

A. 栈顶　　B. 栈底　　C. 任意位置　　D. 指定位置

2. 当利用大小为N的数组顺序存储一个栈时,假定用top==N表示栈空,则向这个栈插入一个元素时,修改栈顶指针top的操作应该是(　　)。

A. top++　　B. top--　　C. top=0　　D. top=N

3. 假定利用数组a[N]顺序存储一个栈,用top表示栈顶指针,top==-1表示栈空,并假定栈未满,当元素x进栈时所执行的操作为(　　)。

A. a[--top]=x　　B. a[top--]=x

C. a[++top]=x　　D. a[top++]=x

4. 假定利用数组a[N]顺序存储一个栈,用top表示栈顶指针,top==-1表示栈空,并假定栈未空,当进行退栈并返回栈顶元素时所执行的操作为(　　)。

A. return a[--top]　　B. return a[top--]

C. return a[++top]　　D. return a[top++]

5. 假定一个链栈的栈顶指针用 top 表示，当 p 所指向的结点进栈时，执行的操作为（　　）。

A. p->next=top;top=top->next;　　B. top=p;p->next=top;

C. p->next=top->next;top->next=p;　　D. p->next=top;top=p;

6. 假定一个链栈的栈顶指针用 top 表示，当进行退栈时所进行的指针操作为（　　）。

A. top->next=top;　　B. top=top->data;

C. top=top->next;　　D. top->next=top->next->next;

7. 若让元素 1,2,3 依次进栈，任何时候都允许出栈，则不可能出现的出栈次序是（　　）。

A. 3,2,1　　B. 2,1,3　　C. 3,1,2　　D. 1,3,2

8. 在一个顺序队列中，队首指针指向队首元素的（　　）。

A. 前一个位置　　B. 后一个位置　　C. 当前位置　　D. 开始位置

9. 当利用大小为 N 的数组顺序存储一个队列时，若设有队列长度的变量，则该队列的最大长度可为（　　）。

A. $N-2$　　B. $N-1$　　C. N　　D. $N+1$

10. 当利用大小为 N 的数组顺序存储一个队列时，若未设有队列长度的变量，则该队列的最大长度为（　　）。

A. $N-2$　　B. $N-1$　　C. N　　D. $N+1$

11. 从一个顺序队列删除元素时，首先需要使（　　）。

A. 队首指针循环加 1　　B. 队首指针循环减 1

C. 队尾指针循环加 1　　D. 队尾指针循环减 1

12. 向一个顺序队列插入元素时，首先需要使（　　）。

A. 队首指针循环加 1　　B. 队首指针循环减 1

C. 队尾指针循环加 1　　D. 队尾指针循环减 1

13. 假定一个顺序队列的队首和队尾指针分别为 f 和 r，则判断队空的条件为（　　）。

A. f+1==r　　B. r+1==f　　C. f==0　　D. f==r

14. 假定一个链队的队首和队尾指针分别为 front 和 rear，则判断队空的条件为（　　）。

A. front==rear　　B. front!=NULL

C. rear!=NULL　　D. front==NULL

15. 假定利用数组 a[N] 顺序存储一个队列，用 f 和 r 分别表示队首和队尾指针，并假定队未满，当元素 x 进队时所执行的操作为（　　）。

A. a[++r%N]=x;　　B. a[r++%N]=x;

C. a[--r%N]=x;　　D. a[r--%N]=x;

16. 假定利用数组 a[N] 顺序存储一个队列，用 f 和 r 分别表示队首和队尾指针，并假定队未空，当进行出队并返回队首元素时所执行的操作为（　　）。

A. return a[++r%N];　　B. return a[--r%N];

C. return a[++f%N];　　D. return a[f++%N];

17. 在一个长度为 N 的数组空间中，顺序存储着一个队列，该队列的队首和队尾指针分别用 front 和 rear 表示，则该队列中的元素个数为（　　）。

A. (rear-front)%N　　B. (rear-front+N)%N

C. (rear+N)%N　　D. (front+N)%N

二、判断题

1. 队列的插入操作在队尾进行，删除操作在队首进行。（　　）

2. 栈又称为先进先出表,队列又称为后进先出表。 ( )

3. 向一个顺序栈插入一个元素时,首先使栈顶指针后移一个位置,然后把新元素插入到这个位置上。 ( )

4. 在一个顺序队列 Q 中,判断队满的条件为(Q->r+1)%Q->MaxSize! =Q->f。 ( )

5. 在一个链队中,若队首指针与队尾指针的值相同,则表示该队为一个空队。 ( )

6. 在一个链队中,若队首指针与队尾指针的值相同,则表示该队列中可能包含有一个元素结点。 ( )

7. 从一个链栈中删除一个结点时,需要把栈顶结点的指针域的值赋给栈顶指针。 ( )

8. 当用长度为 N 的数组顺序存储一个栈时,假定用 top==N 表示栈空,则表示栈满的条件为 top==0。 ( )

9. 中缀表达式"3*(x+2)-5"所对应的后缀表达式为"3 2 x + * 5 -"。 ( )

10. 后缀表达式"4 5 * 3 2 + -"的值为 15。 ( )

11. 在求解迷宫问题的递归算法中,输出一条通路上的每个位置的坐标是按照从入口到出口的次序进行的。 ( )

12. 在进行函数调用时,需要把每个实参的值和调用后的返回地址传送给被调用的函数。 ( )

13. 当被调用的函数执行结束后,将自动按所保存的返回地址去执行。 ( )

14. 设元素 a,b,c 依次进入 S 栈,若要在输出端得到序列 bca,则应进行的操作序列为 push(S,a),push(S,b),pop(S),push(S,c),pop(S),pop(S)。 ( )

三、运算题

1. 有 6 个元素 A,B,C,D,E 依次入栈,允许任何时候出栈,能否得到下列的每个出栈序列,若能,给出进出栈操作的过程,若不能,简述其理由。

(1)CDBEA (2)ABEDC (3)DCEAB (4)BAECD

2. 有 3 个元素 a,b,c 依次进栈,任何时候都可以出栈,请写出所有可能的出栈序列和所有不可能存在的序列。如 a,b,c 就是一种可能的出栈序列。

3. 假定用一维数组 a[7]顺序存储一个循环队列,队首和队尾指针分别用 f 和 r 表示,当前队列中已有 5 个元素:23,45,67,80,34,其中 23 为队首元素,f 的值为 3,①请给出此时 r 的值;当连续做 4 次出队运算后,②给出此时 f 的值;接着再让 15,36,48 元素依次进队,③给出此时 r 的值。

四、算法分析题

1. 请写出此递归算法的功能。

```
int AE(int a[],int n)
{
    if(n==0)return 0;
    else return a[n-1]+AE(a,n-1);
}
```

2. 请写出此递归算法的功能。

```
int AF(int k,int s,int MM)
{   //假定使用 AF(0,0,300)调用此算法
    if(s>=MM)return k-1;
    else {
        k++;
        s+=k* k;
        return AF(k,s,MM);
```

```
    }
}
```

3. 请写出此递归算法的功能。

```
void transform(long num)      //num 为正整数
{
    Stack r,* a=&r;
    initStack(a);
    while(num! =0){
        int k=num % 16;
        push(a,k);
        num/=16;
    }
    while(! emptyStack(a))
    {
        int x=pop(a);
        if(x<10)printf("% c",(char)(x+48));     //字符 0 的 ASCII 码为 48
        else printf("% c",(char)(x+55));        //字符 A 的 ASCII 码为 65
    }
    printf("\n");
}
```

五、算法设计题

1. 设计一个递归算法,返回 1 至 n 之间的所有整数平方的和。

```
int SA(int n);  //计算并返回 1 至 n 之间的所有整数平方的和
```

2. 设计一个递归算法,把任一个十进制正整数转换为 S 进制($2\leqslant S\leqslant 9$)数输出。

```
void Transform(long num,int S);
//把十进制正整数转换为 S 进制数输出的递归算法
```

3. 裴波那契(Fibonacci)数列的定义为:它的第 1 项和第 2 项分别为 0 和 1,以后各项为其前两项之和。若裴波那契数列中的第 n 项用 Fib(n)表示,则计算公式为:

$$\mathrm{Fib}(n)=\begin{cases}n-1 & (n=1\text{ 或 }2)\\ \mathrm{Fib}(n-1)+\mathrm{Fib}(n-2) & (n>2)\end{cases}$$

试编写出计算 Fib(n)的递归算法和非递归算法,以及各自的时间和空间复杂度。

```
long Fib(int n);     //求裴波那契数列中第 n 项的递归算法
long FibN(int n);    //求裴波那契数列中第 n 项的非递归算法
```

4. 假定在一个链接队列中只设置队尾指针,不设置队首指针,并且让队尾结点的指针域指向队首结点(称此为循环链队),试分别写出在循环链队上进行插入和删除操作的算法。

```
struct SingleNode*  insertQueue(struct SingleNode*  Rear,ElemType item);
//将 item 的值插入以 Rear 为队尾指针的循环链队中,然后返回新的队尾指针
struct SingleNode*  deleteQueue(struct SingleNode*  Rear,ElemType*  x);
//从以 Rear 为队尾指针的循环链队中删除队首元素,该元素值由参数* x 带回,
//然后返回新的队尾指针
```

5. 根据代数中的二项式定理,二项式$(x+y)^n$的展开式的系数序列可以表示成图 4-11 所示的三角形,其中除每一行最左和最右两个系数均等于 1 以外,其余各系数均等于上一行左右两系数之和。这个系数三角形称为杨辉三角形。

设 $C(n,k)$表示杨辉三角形中第 n 行($n\geqslant 0$)的第 k 个系数($0\leqslant k\leqslant n$),按照二项式定理,$C(n,k)$可递归定义为:

$(x+y)^0$									1								
$(x+y)^1$								1		1							
$(x+y)^2$							1		2		1						
$(x+y)^3$						1		3		3		1					
$(x+y)^4$					1		4		6		4		1				
$(x+y)^5$				1		5		10		10		5		1			
$(x+y)^6$			1		6		15		20		15		6		1		
$(x+y)^7$		1		7		21		35		35		21		7		1	
$(x+y)^8$	1		8		28		56		70		56		28		8		1

图 4-11　杨辉三角形

$$C(n,k)=\begin{cases}1 & (k=0 \text{ 或 } k=n)\\ C(n-1,k-1)+C(n-1,k) & (0<k<n)\end{cases}$$

(1)写出计算 $C(n,k)$ 的递归算法;

(2)利用二维数组写出计算 $C(n,k)$ 的非递归算法;

(3)分析递归算法和非递归算法的时间复杂度和空间复杂度。

```
int C(int n,int k);
//求出指数为 n 的二项展开式中第 k 项(0<=k<=n)系数的递归算法
int CN(int n,int k);
//求出指数为 n 的二项展开式中第 k 项(0<=k<=n)系数的非递归算法
```

第5章 树和二叉树

树和二叉树都是非常重要的数据结构，特别是二叉树在计算机领域应用非常广泛，如在数据排序和检索方面都很有用。本章只讨论一般二叉树和普通树的运算方法和算法，对一些特殊的二叉树的运算方法和算法，将在后序章节中介绍。由于树和二叉树都是递归定义的数据结构，所以对它们运算的方法和算法大都采用递归的方法和算法，使得算法简明扼要，一目了然。

本章知识导图

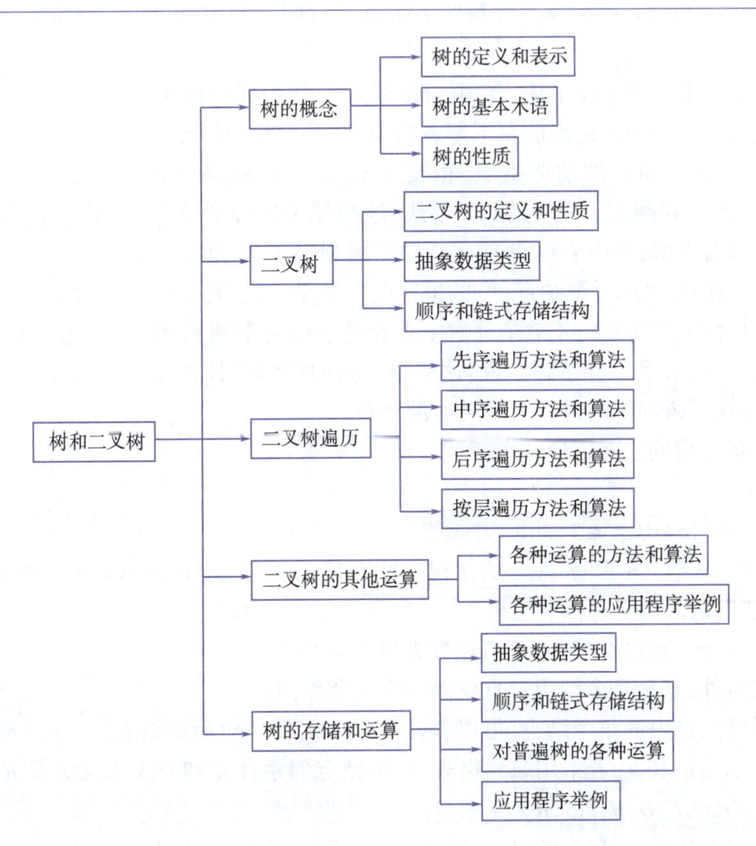

学习目标

◎**了解**:二叉树和普通树的各自定义和其抽象数据类型的定义,广义表表示和特定的二元组表示,以及各自顺序存储结构的方法。

◎**掌握**:二叉树和普通树的链式存储结构及存储类型的定义,二叉树和普通树的各种遍历方法和算法,写出其相应遍历的结点序列。

◎**掌握**:对二叉树和普通树建立其链式存储结构的方法和算法,以及其他对二叉树和普通树进行各种运算的方法和算法。

◎**应用**:能够编写出对二叉树进行给定运算的算法,能够分析清楚对二叉树和普通树进行相应运算的算法,写出算法功能或在程序调用中的执行结果。

5.1 树的概念

5.1.1 树的定义

树(tree)是树形数据结构的简称,是一种重要的非线性数据结构。树或者是一棵空树,它不含有任何结点(元素),或者是一棵非空树,它至少包含有一个结点(元素)。在一棵非空树中,它有且仅有一个称为根(root)的结点,其余所有结点分属于 $m(m\geqslant 0)$ 个互不相交的数据集,每个数据集又构成一棵树,它们都是根结点的子树(sub tree),树的根结点是每棵子树根结点的前驱,而每棵子树的根结点是所在树的根结点的后继。对每棵子树也具有同样的定义,所以,树是一种递归定义的数据结构。

图 5-1 所示为一棵命名为 T 的树,它由树根结点 A 和两棵子树 T_1 和 T_2 组成,T_1 和 T_2 分别位于 A 结点的左下部和右下部,其中树根结点 A 是两棵子树的根结点 B 和 C 的前驱结点,相反 B 和 C 是 A 的后继结点;T_1 又由其根结点 B 和两棵子树 T_{11} 和 T_{12} 组成,这两棵子树分别位于 B 结点的左下部和右下部,其中 B 结点是这两棵子树根结点 D 和 E 的前驱结点,相反它们都是 B 的后继结点;T_{11} 的根结点为 D 结点,它有一个后继结点 I;T_{12} 只含有根结点 E,不含有子树(或者说子树为空树),不可再分;T_2 由其根结点 C 和三棵子树组成,这三棵子树的根结点分别为 F、G 和 H,对于每棵子树都可以进行上述类似的分析。

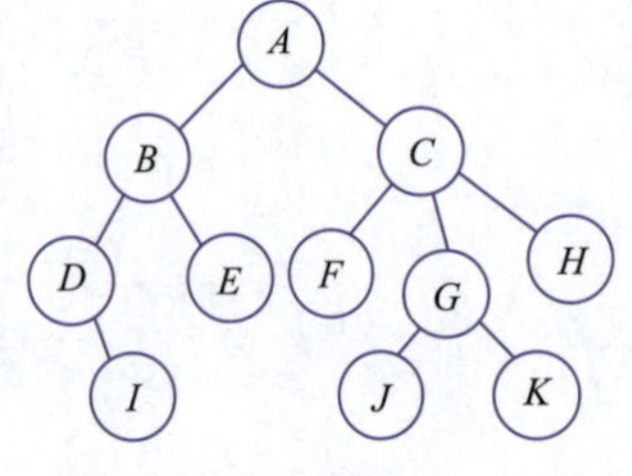

图 5-1 一棵树 T

若采用第 1 章介绍的二元组形式来描述一棵树,则为:

tree $=(K,R)$

$K=\{k_i \mid 1\leqslant i\leqslant n, n\geqslant 0, k_i\in \text{TreeElemType}\}$

其中,假定用标识符 TreeElemType 表示树中结点值的类型,用 n 表示树中的结点数,$n=0$ 则为空树,$n>0$ 则为非空树。对于一棵非空树,关系 R 应满足下列条件:

①有且仅有一个结点没有前驱,该结点称为树的根结点;

②除树根结点外,其余每个结点有且仅有一个前驱结点;

③包括树根结点在内的每个结点,可以有任意多个(含 0 个)后继结点。

对于图 5-1 所示的树 T,若采用二元组表示,则结点的集合 K 和 K 上二元关系 R 分别为:

$K=\{A,B,C,D,E,F,G,H,I,J,K\}$

$R=\{<A,B>,<A,C>,<B,D>,<B,E>,<C,F>,<C,G>,<C,H>,<D,I>,<G,J>,<G,K>\}$

其中 A 结点无前驱结点，称为整个树的根结点；其余每个结点有且仅有一个前驱结点；在所有结点中，C 结点有三个后继结点，A、B、G 结点分别有两个后继结点，D 结点有一个后继结点，其余所有 6 个结点均没有后继结点。在一棵树中，有后继的结点称为分支结点，没有（或者有 0 个）后继的结点称为叶子结点。在这棵树 T 中，A、B、C、D、G 结点为分支结点，E、F、H、I、J、K 结点为叶子结点。

在日常生活和计算机领域，树结构广泛存在。

例5-1　可把一个家族看作一棵树，树中的结点为家族成员的姓名及相关信息，树中的关系为父子关系，即父亲是儿子的前驱，儿子是父亲的后继。图 5-2(a) 所示为一棵家族树，李万富有三个儿子李计仁、李计义和李计智，李计仁和李计智各有一个儿子分别为李兆光和李亮，李计义有两个儿子李兆明和李响。

例5-2　可把一个地区或一个单位的上下组织结构看作一棵树，树中的结点为机构的名称及相关信息，树中的关系为上下级关系。如一个城市分为若干个区，每个区又分为若干个街道，每个街道又分为若干个居委会等。

例5-3　可把一本书的结构看作一棵树，树中的结点为书、章、节的名称及相关信息，树中的关系为包含关系。图 5-2(b) 所示为一本书的结构，根结点为书的名称数学，它包含三章，每章名称分别为加法、减法和乘法，加法一章又包含两节，分别为一位加和两位加，减法和乘法也分别包含若干节。

例5-4　可把一个算术表达式表示成一棵树，运算符作为根结点，它的前后两个运算对象分别作为根的左、右两棵子树。如把算术表达式 $(a-b/c)+d*f$ 表示成树，并选择中间的加号作为根结点，则如图 5-2(c) 所示。

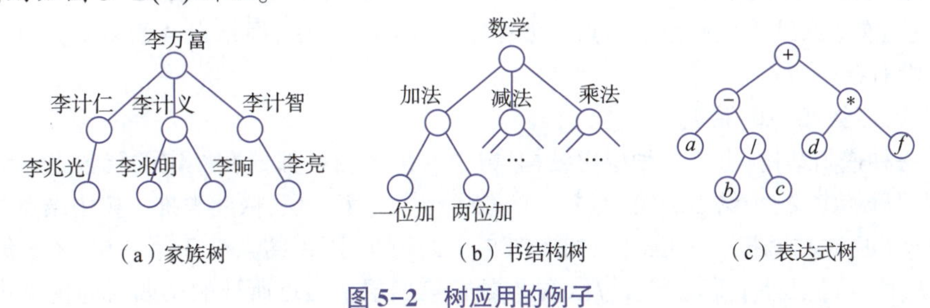

图 5-2　树应用的例子

例5-5　在计算机领域，逻辑磁盘上信息组织的目录结构就是一棵树，树中的结点为包含有目录名或文件名的每个目录项或文件项，树中的根目录用反斜线表示，根目录下包含有若干个子目录项和文件项，每个子目录下又包含有若干个子目录项和文件项，依此类推。

5.1.2　树的表示

树的表示方法有多种。图 5-1 和 5-2 中的树形表示法是其中的一种，也是最常用的一种，图 5-1 和 5-2 中的结点分布是从上向下展开的，有时也需要树中的结点按从左向右展开。在这种树形表示法中，结点之间的关系是通过连线表示的，虽然每条连线上都不带有箭头（即方向），但它并不是无向的，而是有向的，其方向隐含为从上向下或从左向右，即连线的上方或左边结点是下方或右边结点的前驱，下方或右边结点是上方或左边结点的后继。树的另一种表示法是二元组表示法。除这两种之外，通常还使用广义表表示法，每棵树的根作为由子树构成的表的名字而放在表的前面，图 5-1 树 T 的广义表表示为：

$$A(B(D(I),E),C(F,G(J,K),H))$$

5.1.3 树的基本术语

1. 结点的度和树的度

树中每个结点具有的非空子树数或者说后继结点数定义为该结点的度(degree)。树中所有结点度的最大值定义为该树的度。如在图5-1的树T中,*C*结点的度为3,*A*、*B*、*G*结点的度均为2,*D*结点的度为1,其余结点的度均为0。因所有结点最大的度为3,所以树T的度为3。

2. 分支结点和叶子结点

在一棵树中,度等于0的结点称为叶子结点或终端结点,度大于0的结点称为分支结点或非终端结点。在分支结点中,每个结点的分支数就是该结点的度数,如对于度为1的结点,其分支数为1,又称为单分支结点;对于度为2的结点,其分支数为2,又称双分支结点,依此类推。如在图5-1的树T中,*E*、*F*、*H*、*I*、*J*、*K*都是叶子结点;*A*、*B*、*C*、*D*、*G*都是分支结点,其中*C*为三分支结点,*D*为单分支结点,其余为双分支结点。

3. 孩子结点、双亲结点和兄弟结点

在一棵树中,每个结点的子树的根,或者说每个结点的后继,被习惯地称为该结点的孩子、儿子或子女(child),相应地,该结点称为孩子结点的双亲、父亲或父母(parent)。具有同一双亲的孩子互称兄弟(brothers)。每个结点的所有子树中的结点称为该结点的子孙。每个结点的祖先则被定义为从整个树的根结点到达该结点的路径上经过的所有分支结点。如在图5-1的树T中,*B*结点的孩子为*D*和*E*结点,双亲为*A*结点,*D*和*E*互为兄弟,*C*结点的子孙为*F*、*G*、*H*、*J*、*K*结点,*I*结点的祖先为*A*、*B*、*D*结点,对于树*T*中的其他结点亦可进行类似的分析。

由孩子结点和双亲结点的定义可知:在一棵树中,根结点没有双亲结点,叶子结点没有孩子结点,其余结点既有双亲结点也有孩子结点。如在图5-1的树T中,根结点*A*没有双亲,叶子结点*E*、*F*、*H*、*I*、*J*、*K*没有孩子。

4. 结点的层数和树的深度

树既是一种递归结构,也是一种层次结构,树中的每个结点都处在一定的层数上。结点的层数(level)从树根开始定义,根结点为第一层,它的孩子结点为第二层,依此类推。树中结点的最大层数称为树的深度(depth)或高度(height)。如在图5-1的树T中,*A*结点处于第一层,*B*、*C*结点处于第二层,*D*、*E*、*F*、*G*、*H*结点处于第三层,*I*、*J*、*K*结点处于第四层。结点所处的第四层为树T中结点的最大层数,所以树T的深度为4。

5. 有序树和无序树

若树中各结点的子树是按照一定的次序从左向右安排的,则称为有序树,否则称为无序树。如对于图5-3中的两棵树,若看作无序树,则是相同的;若看作有序树,则不同,因为根结点*A*的两棵子树的次序不同。又如,对于一棵反映父子关系的家族树,兄弟结点之间是按照排行大小有序的,所以它是一棵有序树。再如,对于一个机关或单位的机构设置树,若各层机构是按照一定的次序排列的,则为一棵有序树,否则为一棵无序树。因为任何无序树都可以当作任一次序的有序树来处理,所以以后若不特别指明,均认为树是有序的。

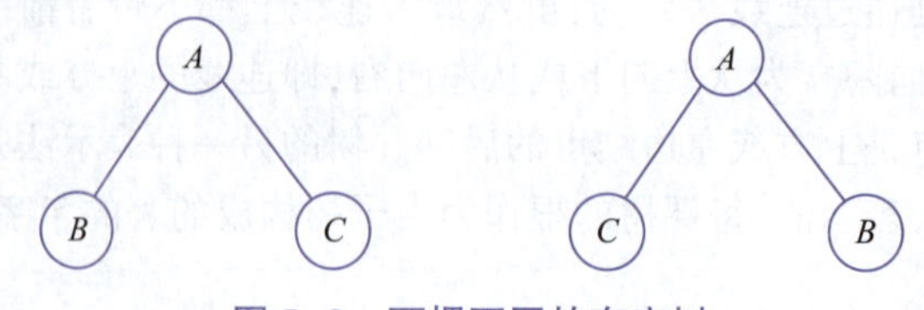

图5-3 两棵不同的有序树

6. 森林

森林是$m(m\geqslant 0)$棵互不相交树的集合。例如,对于树中每个分支结点来说,其子树的集合就是森林。如在图5-1的树T中,由A结点的子树所构成的森林为$\{T_1,T_2\}$,T_1是以结点B为树根的树,T_2是以结点C为树根的树,以结点B为树根的所有子树构成的森林为$\{T_{11},T_{12}\}$,以结点C为树根的所有子树构成的森林为$\{T_{21},T_{22},T_{23}\}$,等等。

5.1.4 树的性质

性质1:树中的结点数等于所有结点的度数之和加1。

证明:根据树的定义,在一棵树中,除树根结点外,每个结点有且仅有一个前驱结点,也就是说,每个结点与指向它的一个分支一一对应,所以除树根结点之外的结点总数等于树中所有结点的分支数(即度数)之和,从而可得树中的结点数等于所有结点的度数之和加1。

性质2:在度为k的树中第i层上至多有k^{i-1}个结点($i\geqslant 1$)。

下面用数学归纳法证明:

对于第一层显然是成立的,因为树中的第一层上只有一个结点,即整个树的根结点,而由$i=1$代入k^{i-1}计算,也同样得到只有一个结点,即$k^{i-1}=k^{1-1}=k^0=1$;假设对于第$i-1$层($i>1$)命题成立,即假定度为k的树中第$i-1$层上至多有$k^{(i-1)-1}=k^{i-2}$个结点,则根据树的定义,度为k的树中每个结点至多有k个孩子,所以第i层上的结点数至多为第$i-1$层上结点数的k倍,即至多为$k^{i-2}*k=k^{i-1}$个,这与命题相同,故命题成立。

性质3:深度为h的k叉树至多有$(k^h-1)/(k-1)$个结点。

证明:显然当深度为h的k叉树(即度为k的树)上每一层都达到最多结点数时,所有结点的总和才能最大,即整个k叉树具有最多结点数。

$$\sum_{i=1}^{h} k^{i-1}=k^0+k^1+k^2+\cdots+k^{h-1}=\frac{k^h-1}{k-1}$$

当一棵k叉树上的结点数等于$\dfrac{k^h-1}{k-1}$时,则称该树为满k叉树。例如,对于一棵深度为4的满二叉树,其结点数为2^4-1,即等于15;对于一棵深度为4的满三叉树,其结点数为$\dfrac{3^4-1}{2}$,即等于40。

性质4:具有n个结点的k叉树的最小深度为$\lceil \log_k(n(k-1)+1)\rceil$

证明:设具有n个结点的k叉树的深度为h,若在该树中前$h-1$层都是满的,即每一层的结点数都等于k^{i-1}个($1\leqslant i\leqslant h-1$),第$h$层(即最后一层)的结点数可能满,也可能不满,则该树具有最小的深度。根据性质3,其深度h与结点数n的相互关系为:

$$\frac{k^{h-1}-1}{k-1}<n\leqslant\frac{k^h-1}{k-1}$$

可变换为 $k^{h-1}<n(k-1)+1\leqslant k^h$

以k为底取对数后得 $h-1<\log_k(n(k-1)+1)\leqslant h$

即 $\log_k(n(k-1)+1)\leqslant h<\log_k(n(k-1)+1)+1$

因h只能是整数,所以 $h=\lceil \log_k(n(k-1)+1)\rceil$

其中一对符号$\lceil x\rceil$表示对x进行向上取整。如x的值为4和4.6时,向上取整结果分别为4和5。

因此得到具有n个结点的一般k叉树的最小深度为$\lceil \log_k(n(k-1)+1)\rceil$。

例如,对于二叉树,求最小深度的计算公式为$\lceil \log_2(n+1)\rceil$,若$n=20$,则$\log_2(21)$的值约4.4,向上取整为5,所以具有20个结点的二叉树的最小深度为5;对于三叉树,求最小深度的计算公式为$\lceil \log_3(2n+1)\rceil$,若$n=20$,则最小深度为4。

5.2 二叉树

5.2.1 二叉树的定义

二叉树(binary tree)是指树的度为2的有序树。它是一种最简单的树结构,在计算机领域有着广泛应用。二叉树的递归定义为:二叉树或者是一棵空树,或者是一棵由一个根结点和两棵互不相交的分别称为根的左子树和右子树所组成的非空树,左子树和右子树又同样都是一棵二叉树。

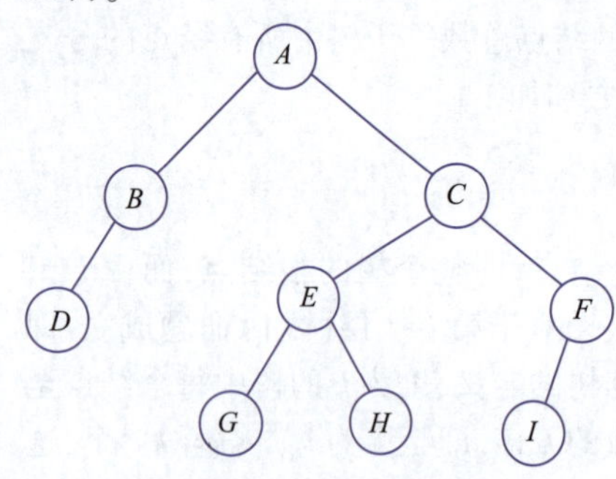

图5-4 一棵二叉树BT

图5-4所示为一棵命名为BT的二叉树,它由根结点A和左子树BT_1及右子树BT_2组成,BT_1位于A结点的左下部,BT_2位于A结点的右下部;BT_1又由根结点B和左子树BT_{11}(它只含有根结点D)组成,B结点的右子树为空;BT_2又由根结点C和左子树(其根结点为E)及右子树(其根结点为F)组成;对于BT树中的每个结点都可进行类似分析。

在二叉树中,每个结点的左子树的根结点称为树根结点的左孩子(left child),右子树的根结点称为树根结点的右孩子(right child)。如在图5-4的二叉树BT中,A结点的左孩子为B结点,右孩子为C结点;B结点的左孩子为D结点,它没有右孩子,或者说右孩子为空;C结点的左孩子为E结点,右孩子为F结点;对其他结点亦可进行类似分析。

5.2.2 二叉树的性质

二叉树具有下列一些重要性质。

性质1:二叉树上终端结点数等于双分支结点数加1。

证明:设二叉树上终端结点数用n_0表示,单分支结点数用n_1表示,双分支结点数用n_2表示,则总结点数为$n_0+n_1+n_2$;另一方面,在一棵二叉树中,所有结点的分支数(即度数)应等于单分支结点数加上两倍的双分支结点数,即等于n_1+2n_2。由树的性质1可得:

$$n_0+n_1+n_2=n_1+2n_2+1 \quad 即\ n_0=n_2+1$$

例如,在图5-4所示的二叉树BT中,度为2的结点数为3个,度为0的结点数为4个,它比度为2的结点数正好多1个。

性质2:二叉树上第i层上至多有2^{i-1}个结点($i \geq 1$)。

由树的性质2可知:度为k的树中第i层上至多有k^{i-1}个结点。对于二叉树,树的度为2,将$k=2$代入k^{i-1}即可得到此性质2。

性质3:深度为h的二叉树至多有2^h-1个结点。

由树的性质3可知:深度为h的k叉树至多有$(k^h-1)/(k-1)$个结点。对于二叉树,树的度为2,将$k=2$代入$(k^h-1)/(k-1)$即可得到此性质3。

在一棵二叉树中,当第i层的结点数为2^{i-1}个时,则称此层的结点数是满的,当树中的每一层都满时,则称此树为满二叉树。由性质3可知,深度为h的满二叉树中的结点数为2^h-1个。图5-5(a)所示为一棵深度为4的满二叉树,其结点数为2^4-1即15。图中每个结点的值是用该结点的编号来表示的。对于一棵二叉树,其结点编号的规则是:树根结点的编号为1,然后按照层数从小到大、同一层从左到右的次序对每个结点进行编号，若双亲结点的编号为 i，则左、右孩子结点的编号分别为 $2i$ 和 $2i+1$。

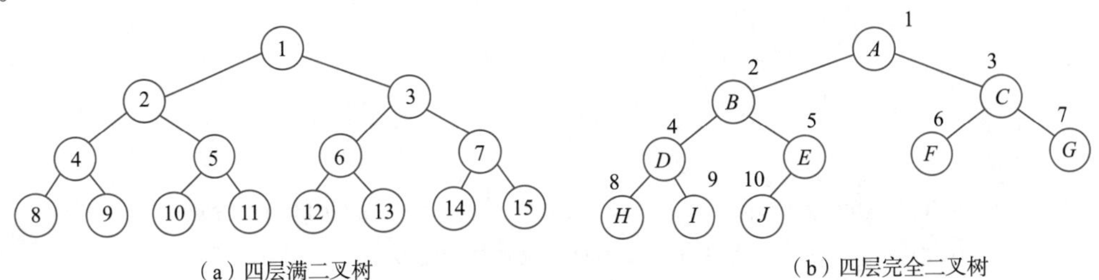

（a）四层满二叉树　　（b）四层完全二叉树

图 5-5　满二叉树和完全二叉树

在一棵二叉树中，除最后一层外，若其余层都是满的，并且最后一层或者是满的，或者是在最右边缺少连续若干个结点，即左边内不存在空缺结点，则称此树为完全二叉树。由此可知，满二叉树是完全二叉树的特例。图 5-5(b) 所示为一棵完全二叉树，它与等高度的满二叉树相比，在最后一层的左边连续存在着 3 个结点，右边连续缺少了 5 个结点。该树中每个结点上面的数字为对该结点的编号。

性质 4：对一棵二叉树中顺序编号为 i 的结点，若它存在左孩子，则左孩子结点的编号为 $2i$；若它存在右孩子，则右孩子结点的编号为 $2i+1$，若它存在双亲结点，则双亲结点的编号为 $\lfloor i/2 \rfloor$，即为 $i/2$ 的向下取整。

例如，在图 5-5(b) 所示的完全二叉树中，对于编号为 2 的结点 B，其左孩子结点 D 的编号为 4，右孩子结点 E 的编号为 5，双亲结点 A 的编号为 1；对于树中的其他结点也可进行类似分析。由于该树的结点的最大编号为 10，所以分支结点的最大编号为 10/2 的向下取整值 5。在 C 语言中，两个整数相除，其得到的结果自然是商的向下取整值。

性质 5：具有 n 个 $(n>0)$ 结点的完全二叉树的深度为 $\lceil \log_2(n+1) \rceil$ 或 $\lfloor \log_2 n \rfloor+1$。

此性质可以从树的相应性质中直接导出，也可以进行如下证明。

证明：设所求完全二叉树的深度为 h，由完全二叉树的定义可知，它的前 $h-1$ 层都是满的，最后一层可以满，也可以不满，由此得到如下不等式：

$$2^{h-1}-1<n\leqslant 2^h-1$$

可变换为：
$$2^{h-1}<n+1\leqslant 2^h$$

取对数后得：
$$h-1<\log_2(n+1)\leqslant h$$

即：
$$\log_2(n+1)\leqslant h<\log_2(n+1)+1$$

因 h 只能取整数，所以：
$$h=\lceil \log_2(n+1) \rceil$$

完全二叉树的深度 h 和结点数 n 的关系，还可表示为：

$$2^{h-1}\leqslant n<2^h$$

取对数后得：
$$h-1\leqslant \log_2 n<h$$

即：
$$\log_2 n<h\leqslant \log_2 n+1$$

因 h 只能取整数，所以：$h=\lfloor \log_2 n \rfloor+1$

在一棵二叉树中，若除最后一层外，其余层都是满的，而最后一层上的结点可以任意分布，则称此树为理想平衡二叉树，简称理想平衡树或理想二叉树。显然，理想平衡树包含满二叉树和完全二叉树。完全二叉树中深度 h 和结点数 n 之间的关系，在理想平衡树中同样成立，因为性质 5 的证明结果实际上是根据理想平衡树的定义推导出来的。图 5-6(a) 所示为一棵深度为 3 的理想平衡树，但它不是完全二叉树；图 5-6(b) 所示不是一棵理想平衡树，因它的最后两层都未满。

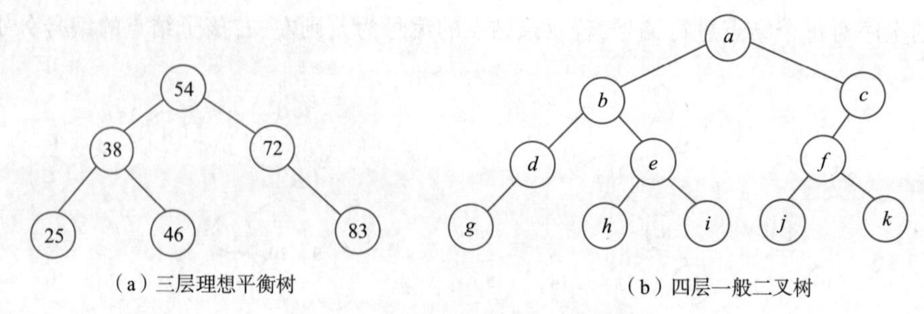

（a）三层理想平衡树　　（b）四层一般二叉树

图 5-6　理想平衡树和普通二叉树

5.2.3　二叉树的抽象数据类型

二叉树的抽象数据类型的数据部分为一棵二叉树，假定使用 BinaryTree 表示其抽象存储类型，操作部分包括初始化二叉树、建立二叉树、遍历二叉树、求二叉树深度、查找二叉树、向二叉树插入边、从二叉树删除边、输出二叉树、清除二叉树等常用操作。下面给出二叉树抽象数据类型的具体定义。

```
DAT BINARYTREE is
    Data:
    一个指向二叉树树根结点的指针 BT,假定用标识符 BinaryTree 表示其抽象存储类型
Operations
    void initBTree(BinaryTree* * PBT);          //初始化二叉树,* PBT 的值为根指针被赋空值
    void preOrder(BinaryTree* BT);              //对二叉树进行先序遍历
    void inOrder(BinaryTree* BT);               //对二叉树进行中序遍历
    void postOrder(BinaryTree* BT);             //对二叉树进行后序遍历
    int levelOrder(BinaryTree* BT);             //对二叉树进行按层遍历
    int emptyBTree(BinaryTree* BT);             //判断二叉树是否为空
    int depthBTree (BinaryTree* BT);            //求出并返回二叉树的深度
    TreeElemType* findBTree(BinaryTree* BT,TreeElemType item);//查找元素并返回
    void printBTree(BinaryTree* BT);            //按照树的一种表示方法输出一棵二叉树
    void copyList(BinaryTree* * PBT,BinaryTree* BT); //根据 BT 复制出* PBT
    BinaryTree* clearBTree(BinaryTree* BT); //清除二叉树,使之变为空树
    BinaryTree* insertBTree(BinaryTree* BT,TreeElemType c1,
        TreeElemType c2,char ch );              //向二叉树 BT 中插入一条边
    BinaryTree* deleteBTree(BinaryTree* BT,TreeElemType c1,
        TreeElemType c2);                       //从二叉树 BT 中删除一条边
    BinaryTree* createBTree(TreeElemType a[][3],int n);//建立一棵二叉树
end BINARYTREE
```

5.2.4　二叉树的存储结构

同线性表一样，二叉树也有顺序和链式两种存储结构。

1. 二叉树的顺序存储结构

顺序存储一棵二叉树时，首先对该树中每个结点进行编号，然后以各结点的编号为下标，把各结点的值对应存储到一维数组元素中。在图 5-7(a)和(b)的二叉树中，各结点上方的数字就是该结点的编号。

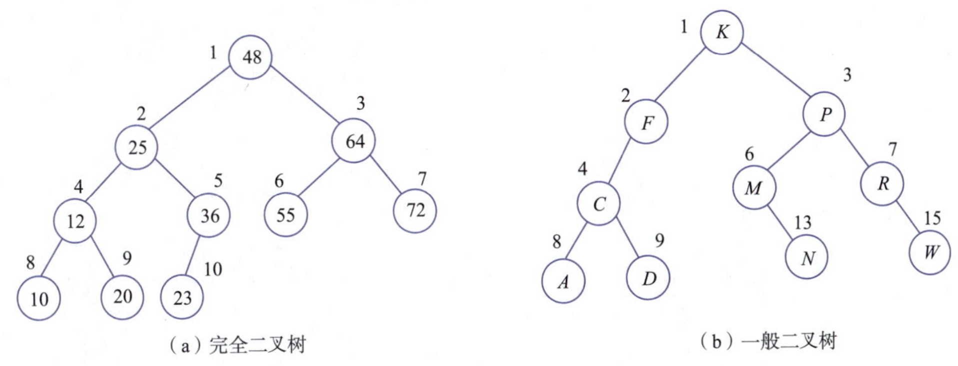

（a）完全二叉树　　　　（b）一般二叉树

图 5-7　带结点编号的二叉树

假定分别采用一维数组 data1 和 data2 来顺序存储图 5-7(a)和(b)中的二叉树，则两数组中各元素的值如图 5-8 所示。

0	1	2	3	4	5	6	7	8	9	10
	48	25	64	12	36	55	72	10	20	23

0	1	2	3	4	5	6	7	8	9	10	11	12	13	14	15
	K	*F*	*P*	*C*		*M*	*R*	*A*	*D*				*N*		*W*

图 5-8　二叉树的顺序存储结构

在二叉树的顺序存储结构中，各结点之间的关系是通过下标计算出来的，因此访问每个结点的双亲和左、右孩子(若有的话)都非常方便。如对于编号为 i 的结点(即下标为 i 的元素)，其双亲结点的下标为$\lfloor i/2 \rfloor$；若存在左孩子，则左孩子结点的下标为 $2i$；若存在右孩子，则右孩子结点的下标为 $2i+1$。

二叉树的顺序存储结构对于存储完全二叉树是合适的，它能够充分利用存储空间，但对于一般二叉树，特别是对于那些单支结点较多的二叉树来说是很不合适的，因为可能只有少数存储位置被利用，而多数或绝大多数存储位置空闲着。因此，对于一般二叉树通常采用下面介绍的链式存储结构。

2. 二叉树的链式存储结构

在二叉树的链式存储中，通常采用的方法是：在每个结点中设置三个域：值域、左指针域和右指针域，其结点结构为：

left	data	right

其中，data 表示值域，用于存储对应的数据元素，left 和 right 分别表示左指针域和右指针域，用以分别存储左孩子和右孩子结点的存储位置(即指针)。

链式存储的另一种方法是：在上面的结点结构中再增加一个 parent 指针域，用来指向其双亲结点。这种存储结构既便于查找孩子结点，也便于查找双亲结点，当然也带来存储空间的相应增加。

对于图 5-9(a)所示的二叉树，它的链式存储结构如图 5-9(b)所示，其中 ff 为指向树根结点的指针，简称树根指针或根指针。在每个结点的指针域中，用字符 ∧ 表示空指针，即值为 NULL 的指针，NULL 是 C 语言中的符号常量，其值为数值 0。

同利用单链表存储线性表的情况类似，利用二叉链表(即二叉树的链式存储结构)既可以采用独立分配的结点链接而成，也可以采用数组中的元素结点链接而成。若采用独立结点，则结点类型可定义为：

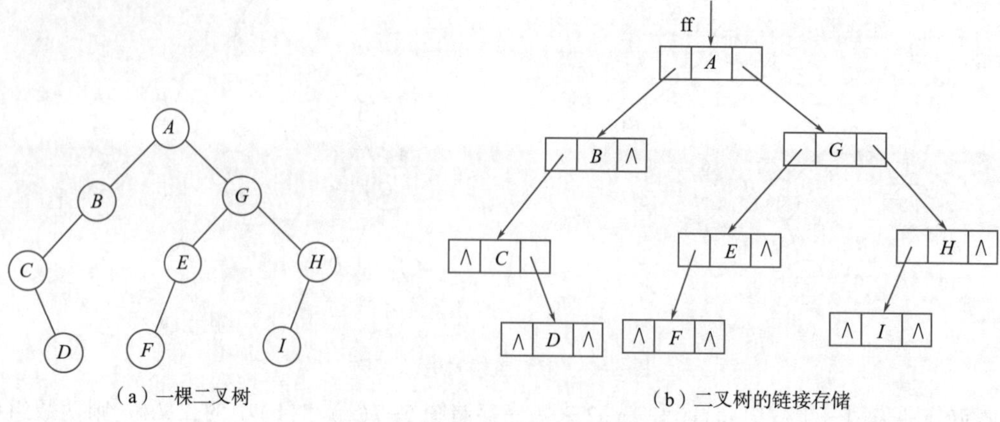

(a) 一棵二叉树　　(b) 二叉树的链接存储

图 5-9　二叉树的链式存储结构

```
struct BTreeNode {
    TreeElemType data;              //二叉树中结点的值域
    struct BTreeNode* left;         //二叉树中结点的左指针域
    struct BTreeNode* right;        //二叉树中结点的右指针域
};
```

通过下面的类型重定义语句，可以把二叉树的抽象存储类型 BinaryTree 具体定义为 struct BTreeNode 类型，即链式存储二叉树的结点类型。

```
typedef struct BTreeNode BinaryTree;        //定义二叉树为此结点类型
```

通过具有 BinaryTree * 类型的指针变量指向一棵二叉树的根结点，就可以按照一定次序访问到二叉树中的每个结点中的值(元素)。

若采用数组中的元素结点，则结点类型可定义为：

```
struct ABTreeNode {
    TreeElemType data;              //二叉树中结点的值域
    int left,right;                 //二叉树中结点的左、右指针域
};
```

在利用数组元素作为保存二叉树中的结点时，left 和 right 域分别存储左、右孩子结点所在元素的下标，所以被定义为整型。为建立二叉链表而提供元素结点的数组类型可定义为：

```
typedef struct ABTreeNode ABTList[BTreeMaxSize];
```

其中 BTreeMaxSize 为符号常量，其值由用户事先定义，由它决定建立二叉链表的最多结点数。

假定用具有 ABTList 数组类型的一维数组存储图 5-9(b)所示的二叉链表，由于在链式存储中，结点之间的逻辑关系是通过指针实现的，所以各结点在数组中占用的下标位置可以按照任何一种次序安排，不妨按照层数从小到大、同一层从左到右的次序为各结点分配存储位置，则得到该二叉链表的存储结构数组如图 5-10 所示，其中元素结点从下标为 1 的位置起使用，下标为 0 位置的左指针域通常用来存储树根指针，右指针域通常用来存储空闲链表的表头指针，空闲链表由空闲结点的 right 域链接而成，指针域为 0 时表示空指针。

	0	1	2	3	4	5	6	7	8	9	10	...BTreeMaxSize-1
data		*A*	*B*	*G*	*C*	*E*	*H*	*D*	*F*	*I*		
left	1	2	4	5	0	8	9	0	0	0		
right	10	3	0	6	7	0	0	0	0	0	11	0

图 5-10　利用数组建立二叉树的链式存储结构

在数组中建立二叉树的好处是:建立好后可以把整个数组写入一个文件中保存起来,当需要时再从文件中整体读入数组进行处理。

5.3 二叉树遍历

假定二叉树由具有 struct BTreeNode(即 BinaryTree)类型的、通过动态分配产生的独立结点链接而成,并假定 BT 为指向树根结点的指针,从树根指针出发可以访问到树中的每个结点,所以可以用树根指针表示一棵二叉树。

二叉树的遍历是二叉树中最重要和最基本的运算。二叉树的遍历是指按照一定次序访问树中所有结点,并且每个结点的值仅被访问一次的过程。根据二叉树的递归定义,一棵非空二叉树由根结点、左子树和右子树所组成,因此,遍历一棵非空二叉树的问题可分解为三个子问题:访问根结点、遍历左子树和遍历右子树。若分别用 D、L 和 R 表示上述三个子问题,则有 DLR、LDR、LRD、DRL、RDL、RLD 六种次序的遍历方案。其中前三种方案都是先遍历左子树,后遍历右子树,而后三种则相反,都是先遍历右子树,后遍历左子树,由于二者对称,故只讨论前三种次序的遍历方案。熟悉了前三种,后三种也就迎刃而解了。

在遍历方案 DLR 中,因为访问根结点的操作在遍历左、右子树之前,故称为先序(preOrder)遍历或前序遍历或先根遍历。类似地,在 LDR 方案中,访问根结点的操作在遍历左子树之后和遍历右子树之前,故称为中序(inOrder)遍历或中根遍历;在 LRD 方案中,访问根结点的操作在遍历左、右子树之后,故称为后序(postOrder)遍历或后根遍历。显然,遍历左、右子树的问题仍然是遍历二叉树的问题,当二叉树为空时递归结束,所以很容易给出这三种遍历的递归算法。

在下面的算法中,假定事先通过了如下重定义语句把结点值域 data 的类型 TreeElemType 定义为字符型,若树中的结点是其他类型,则要把 char 类型修改为其他相应的类型。

```
typedef char TreeElemType;        //定义树中结点元素的类型为字符型
```

1. 先序遍历算法

```
void preOrder(BinaryTree* BT)
{   //对二叉树的先序遍历的递归算法
    if(BT! =NULL){                      //树为空时不用做任何事情则结束递归
        printf("% c ",BT->data);        //访问结点假定以输出结点的值代之
        preOrder(BT->left);             //先序递归遍历其左子树
        preOrder(BT->right);            //先序递归遍历其右子树
    }
}
```

2. 中序遍历算法

```
void inOrder(BinaryTree* BT)
{   //对二叉树的中序遍历的递归算法
    if(BT! =NULL){                      //树为空时不用做任何事情则结束递归
        inOrder(BT->left);              //中序递归遍历其左子树
        printf("% c ",BT->data);        //访问结点假定以输出结点的值代之
        inOrder(BT->right);             //中序递归遍历其右子树
    }
}
```

3. 后序遍历算法

```
void postOrder(BinaryTree* BT)
{   //对二叉树的后序遍历的递归算法
```

```
        if(BT! =NULL){                    //树为空时不用做任何事情则结束递归
            postOrder(BT->left);          //后序递归遍历其左子树
            postOrder(BT->right);         //后序递归遍历其右子树
            printf("% c ",BT->data);     //访问结点假定以输出结点的值代之
        }
    }
```

在这三种遍历算法中,访问根结点的操作可视具体应用情况而定,这里仅以打印输出根结点的值代之。当然若结点的值为其他类型,则要修改打印语句中的格式类型符,如假定结点值的类型为整型,则使用的格式类型符应为“% d”。当然若结点值的类型为用户定义的结构类型,则应依次输出结点值对象中每个成员域的值。

下面以中序遍历算法为例,结合图 5-9 的二叉树,分析其执行过程。

当从其他函数调用(称此次非递归调用为第 0 次递归调用)中序递归遍历算法时,需要以指向树根 A 结点的指针 Ap 作为实参(假定以结点值后加小写字母 p 作为指向该结点的指针使用),把它传递给算法中的值参 BT,系统建立的临时操作栈中应包括 BT 域和返回地址 r 域。当进行第 0 次递归调用结束后,应返回到原来调用表达式的位置继续向下执行;当中序遍历左子树结束后,应返回到执行 printf 语句的开始位置;当中序遍历右子树结束后,应返回此算法的结束位置,接着又继续向上返回。

中序遍历图 5-9 所示二叉树的具体执行过程为:首先中序遍历以 Ap 为指针的二叉树,接着因 Ap 不为空,则中序遍历以 Ap->left 为根的子树,即中序遍历 *A* 结点的左子树(即以 *B* 为根结点的子树);再接着中序遍历 *B* 结点的左子树,它是以 *C* 为根结点的子树;再向下遍历以 *C* 为树根结点的左子树时,因 *C* 结点的左子树为空,所以返回后执行 printf 语句输出字符 *C*,接着向下执行,中序遍历 *C* 结点的右子树,再接着访问其左子树,因 *D* 结点的左子树为空,返回后执行 printf 语句输出字符 *D*,接着访问 *D* 结点的右子树,因右子树为空,返回到算法结束位置,又接着返回到访问 *B* 结点,输出字符 *B*,再接着访问 *B* 结点的右子树,因 *B* 结点的右子树为空,接着返回访问 *A* 结点,输出字符 *A*,再向后访问 *A* 结点的右子树,依此类推。

根据上述分析,中序遍历图 5-9 所示二叉树的过程中,得到的输出结点值序列为:

$$C,D,B,A,F,E,G,I,H$$

类似地,若按照先序遍历算法和后序遍历算法遍历图 5-9 所示的二叉树,则打印出的结点序列分别为:

$$A,B,C,D,G,E,F,H,I \text{ 和 } D,C,B,F,E,I,H,G,A$$

在二叉树的三种递归遍历算法中,因为每个算法都访问到了每个结点的每个域,并且每个结点的每个域仅被访问一次。所以其时间复杂度均为 $O(n)$,n 表示二叉树中结点的个数。另外,在执行每个递归遍历算法时,系统都要使用一个临时工作栈,栈的最大深度等于二叉树的深度加 1,而二叉树的深度视其具体形态决定,若二叉树为理想平衡树或接近理想平衡树,则二叉树的深度大致为 $\log_2 n$,所以其空间复杂度为 $O(\log_2 n)$,若二叉树退化为一棵单支树(即最差的情况),其树的深度达到最大值 n,则空间复杂度为 $O(n)$。

上面所述的对二叉树遍历是按照二叉树的递归结构进行的。另外,还可以按照二叉树的层次结构进行遍历,即按照从上到下、同一层从左到右的次序访问各结点。如对于图 5-9 所示的二叉树,按层遍历各结点的次序为:

$$A,B,G,C,E,H,D,F,I$$

按层遍历算法不能写成递归算法,只能写成非递归算法,此算法需要使用一个队列,开始时把整个树的根结点入队,然后每次从队列中删除一个结点并输出该结点的值后,都把它的非空的左、右孩

子结点入队，这样当队列为空时算法结束，其所有结点也都被按层访问过了。

4. 按层遍历算法

此算法为一个非递归算法，具体描述如下：

```
void levelOrder(BinaryTree* BT)
{   //按层遍历由BT指针所指向的二叉树
    BinaryTree * p;                     //定义一个二叉树结点的指针
    Queue r,* Q=&r;                     //定义一个指针为Q的队列
    initQueue(Q);                       //初始化Q队列为空
    if(BT! =NULL) enQueue(Q,BT);        //让非空的树根指针进队
    else return;                        //否则返回，结束算法
    while(! emptyQueue(Q)){             //当队列非空时执行循环，按层遍历每个结点
        p=outQueue(Q);                  //删除队首元素，开始删除的是树根结点指针
        printf("% c ",p->data);         //输出队首元素所指结点的值
                                        //若结点值为整型，则格式类型符应为"% d "
        if(p->left! =NULL){             //若该结点存在左孩子，则左孩子指针进队
            enQueue(Q,p->left);
        }
        if(p->right! =NULL){            //若该结点存在右孩子，则右孩子指针进队
            enQueue(Q,p->right);
        }
    } //while end
    clearQueue(Q);                      //释放为队列分配的动态存储空间
}
```

在这个算法中，队列的最大长度不会超过二叉树中的结点数，执行此算法的过程就是将二叉树中每个结点的指针（地址）按照层次访问的次序依次进出队列的过程，在每次出队时访问即打印该结点，所以此算法的时间和空间复杂度均为 $O(n)$，n 表示二叉树中结点的个数。

微视频

对二叉树进行四种遍历的过程示例

5.4　二叉树其他运算

1. 初始化二叉树

```
void initBTree(BinaryTree** PBT)
{   //初始化二叉树，给* PBT赋空值
    * PBT=NULL;     //PBT所指存储单元用来保存二叉树的树根指针，初始被赋值为空
}
```

2. 检查二叉树是否为空

```
int emptyBTree(BinaryTree* BT)
{   //判断一棵二叉树是否为空，若是则返回1，否则返回0
    return BT==NULL;
}
```

3. 求一棵二叉树深度

若一棵二叉树为空，则它的深度为0，否则它的深度等于左子树和右子树中的最大深度加1。设dep1为左子树的深度，dep2为右子树的深度，则二叉树的深度为：

```
depth=max(dep1,dep2)+1
```

其中，max()函数表示取参数中的大者。

求二叉树深度的递归算法如下：

```
int depthBTree(BinaryTree* BT)
{   //求由BT指针指向的一棵二叉树的深度
    if(BT==NULL) return 0;                    //对于空树,返回0并结束递归
    else {
        int dep1=depthBTree(BT->left);        //计算左子树的深度
        int dep2=depthBTree(BT->right);       //计算右子树的深度
        if(dep1>dep2) return dep1+1;          //求出树的深度
        else return dep2+1;                   //返回树的深度
    }
}
```

若利用此算法求图5-9所示二叉树的深度,则得到的返回结果为4。

4. 从二叉树中查找与给定值相匹配的结点

该算法类似于二叉树的先序遍历,若树为空则返回空结束递归,表示查找失败,若树根结点的值与给定值item相匹配,则返回该结点的值的地址结束递归,否则先向左子树查找,若查找成功则返回,否则再向右子树查找,若查找成功则返回,若左、右子树均未找到则返回NULL,表示查找失败。具体算法描述为：

```
TreeElemType* findBTree(BinaryTree* BT,TreeElemType item)
{   //从二叉树中查找与item相匹配的结点,若存在则返回其元素地址,否则返回空
    if(BT==NULL) return NULL;                 //树为空返回空地址
    if(BT->data==item)                        //若树根结点的值等于待查值则返回值的地址
        return &(BT->data);
    else {                                    //若树根结点的值不等于待查值
        TreeElemType* x;
        x=findBTree(BT->left,item);           //向左子树查找
        if(x!=NULL) return x;                 //若查找成功则返回结点值的地址
        x=findBTree(BT->right,item);          //向右子树查找
        if(x!=NULL) return x;                 //若查找成功则返回结点值的地址
        return NULL;                          //左、右子树查找均失败则返回NULL
    }
}
```

5. 输出二叉树

输出二叉树就是根据二叉树的链式存储结构以某种树的表示方式打印出来,假定采用二元组集合的形式打印输出。用二元组表示一棵二叉树的规则是:在前后花括号内为每个用逗号分开的二元组项,所有二元组项是按照层次遍历的次序先后排列的,最后一个二元组项后面的逗号也不省略,若每个用尖括号括起来的二元组项内的前后结点值之间为一个左分支则假定使用冒号分开,若前后结点值之间为一个右分支则假定使用分号分开。如对于图5-9所示的二叉树,其对应的二元组(边集)表示为：

$$\{<A:B>,<A;G>,<B:C>,<G:E>,<G;H>,<C:D>,<E:F>,<H:I>,\}$$

因此,用二元组边集的形式输出一棵二叉树时,其算法同对二叉树的层次遍历算法类似,可在层次遍历算法的基础上作适当修改后得到,具体描述如下：

```
void printBTree(BinaryTree* BT)
{   //输出二叉树的二元组集合表示
    BinaryTree * p;                           //定义一个二叉树结点的指针
    Queue r,* Q=&r;                           //定义一个指针为Q的队列
    initQueue(Q);                             //初始化Q队列为空
    printf("{");                              //输出二元组开始的左花括号
```

```
    if(BT==NULL){printf("}\n");return;}          //当树为空时输出右花括号后返回
    else enQueue(Q,BT);                          //当树不为空时将树根指针进队
    while (! emptyQueue(Q)){                     //当队列非空时执行循环
        p=outQueue(Q);                           //删除队首元素
        if(p->left! =NULL){                      //对存在左孩子的情况进行处理
            enQueue(Q,p->left);                  //左孩子指针进队
            printf("<% c",p->data);              //输出二元组项中第一个元素
            printf(":% c>,",p->left->data);      //输出二元组项中第二个元素
        }  //这里假定结点值为字符型,若是整数型,则格式类型符应改为"% d"
        if(p->right! =NULL){                     //对存在右孩子的情况进行处理
            enQueue(Q,p->right);                 //右孩子指针进队
            printf("<% c",p->data);              //输出二元组项中第一个元素
            printf(";% c>,",p->right->data);     //输出二元组项中第二个元素
        }  //在打印语句中使用的格式类型符要与输出数据的类型相匹配
    } //while end
    clearQueue(Q);                               //释放为队列分配的动态存储空间
    printf("}\n");                               //最后输出二元组表示的右花括号
}
```

6. 复制一棵二叉树

复制一棵二叉树就是根据已有的一棵二叉树原样复制出另一棵二叉树,为此需要设置两个参数,一个为接收树根值的参数 BT,用来指向一棵待复制的二叉树,另一个为接收保存新树根值的单元地址的参数 PBT,使以它为地址的数据单元 * PBT,用来指向新复制出的一棵二叉树。此算法类似于先根遍历算法,先复制根结点,再依次复制其左子树和右子树。

```
void copyList(BinaryTree** PBT,BinaryTree* BT)
{   //根据 BT 所指向的一棵二叉树复制出以* PBT 为根指针的一棵二叉树
    if(BT==NULL) *PBT=NULL;     //若 BT 树为空,则新复制出的二叉树也为空
    else {                      //若不为空,先复制根结点,再递归复制左右子树
        BinaryTree* p=malloc(sizeof(BinaryTree));    //建立新结点
        p->data=BT->data;p->left=p->right=NULL;      //复制结点值
        * PBT=p;                //把新的根结点地址作为根指针赋给*PBT 单元中
        copyList(&((*PBT)->left),BT->left);          //继续复制左子树
        copyList(&((*PBT)->right),BT->right);        //继续复制右子树
    }
}
```

7. 清除一棵二叉树

要清除一棵二叉树必须先清除左子树,再清除右子树,最后删除(即回收)根结点并把指向根结点的指针置空。由此可知它是一个递归过程,类似于后序递归遍历。

```
BinaryTree* clearBTree(BinaryTree* BT)
{   //清除二叉树,使之变为空树返回
    if(BT==NULL) return NULL;                  //当树为空时返回空指针
    else {
        BT->left=clearBTree(BT->left);         //删除左子树
        BT->right=clearBTree(BT->right);       //删除右子树
        free(BT);                              //释放根结点
        return NULL;                           //返回空指针
    }
}
```

8. 向一棵二叉树中插入一条边

• 微视频

向二叉树插入一条边的过程示例

向一棵二叉树中可以插入一条边，此边的插入位置必须是空闲的，若已存在边则不能进行插入，也就是说，当二叉树中一个结点的左指针域为空时，才能向其插入一条左边，同样，当右指针域为空时，才能向其插入一条右边，否则不能进行插入。若插入成功则返回该二叉树的树根指针，否则返回空指针，表示插入失败，就是没有插入，原二叉树不变。向一棵二叉树插入一条边的过程中，若原树为空，则插入一条边后返回树根指针即可，该树根指针就是指向新建立的边中第一个结点的指针；若原树根结点的值等于待插边的第一个元素的值，则它为空的左、右指针域就是新边的插入位置，若待插边中前后两个元素的分隔符是字符 1，则应作为树根结点的左分支边插入，若是字符 2，则应作为右分支边插入；若原树的根结点不是新边的插入位置，则需要向左子树中寻找插入位置并进行插入；若在左子树中没有寻找到插入位置，则还需要在右子树中继续寻找插入位置并进行插入；若在左、右子树中都没有插入成功，则返回空指针，表示插入失败，或者说没有进行插入，原树不变。

向一棵二叉树中插入一条边的算法描述如下：

```
BinaryTree* insertBTree(BinaryTree* BT,TreeElemType c1,
    TreeElemType c2,TreeElemType ch)
{   //向二叉树 BT 中插入一条边<c1,c2>,由 ch 决定 c2 是 c1 的左孩子
    //或右孩子,若插入成功返回树根指针,否则表示不能插入而返回空指针
    BinaryTree * p1,* p2,* p;
    if(ch! ='1'&& ch! ='2')return NULL;          //若 ch 符号非法则返回 NULL
    if(BT==NULL){                                 //若开始树为空时,则建立此边,返回树根指针
        p1=malloc(sizeof(BinaryTree));
        p2=malloc(sizeof(BinaryTree));
        p1->data=c1;p1->left=p1->right=NULL;
        p2->data=c2;p2->left=p2->right=NULL;
        if(ch=='1')p1->left=p2;                   //将 p2 结点链接到 p1 结点上
        else p1->right=p2;
        return p1;                                //操作完成返回当前树根指针 p1
    }                                             //若开始不是空树,则向下处理
    else if(BT->data==c1){                        //若树根结点的值等于待插边的前驱元素值
        if(ch=='1'&& BT->left==NULL){             //将新边作为左分支插入
            p2=malloc(sizeof(BinaryTree));
            p2->data=c2;p2->left=p2->right=NULL;
            BT->left=p2;
            return BT;                            //插入成功后返回树根指针
        }
        else if(ch=='2'&& BT->right==NULL){       //将新边作为右分支插入
            p2=malloc(sizeof(BinaryTree));
            p2->data=c2;p2->left=p2->right=NULL;
            BT->right=p2;
            return BT;                            //插入成功后返回树根指针
        }
        else return NULL;                         //原位置有边,不能再插入新边,返回空
    }
    if(BT->left! =NULL){                          //向左子树寻找插入位置和进行插入
        p=insertBTree(BT->left,c1,c2,ch);         //向左子树插入
        if(p! =NULL)return BT;                    //若插入成功返回树根指针
    }
```

```
    if(BT->right! =NULL){                            //向右子树寻找插入位置和进行插入
        p=insertBTree(BT->right,c1,c2,ch);          //向右子树插入
        if(p! =NULL)return BT;                       //若插入成功返回树根指针
    }
    return NULL;                                     //若在左、右子树上均没有插入则返回空
}
```

9. 从一棵二叉树中删除一条边

此算法与向二叉树中插入一条边的算法类似,都相当于对二叉树的先根遍历,在遍历过程中需要进行相应的处理。对于要删除的一条边,此算法要求必须是树中带有叶子结点的边,不允许删除两端点都是分支结点的边,那样将使算法更加复杂,在此不作讨论。当从二叉树中删除一条边成功时,则返回新树的树根指针,若没有能够删除任何边,则表明删除失败,则返回空指针。

从一棵二叉树中删除一条边的算法描述如下:

```
BinaryTree* deleteBTree(BinaryTree* BT,TreeElemType c1,TreeElemType c2)
{   //从二叉树 BT 中删除一条边<c1,c2>,c2 必须是叶子节点,若删除成功
    //返回树根指针,否则返回空指针
    BinaryTree * p;
    if(BT==NULL)return NULL;            //若开始树为空时,则删除失败,返回空
    else if(BT->data==c1){              //若树根结点的值等于待删边的前驱元素值
        if(BT->left! =NULL){            //看左孩子结点情况
            p=BT->left;                 //若左孩子为叶子同时其值等于 c2,则删除此边
            if(p->data==c2 && p->left==NULL && p->right==NULL){
                free(p);BT->left=NULL;return BT;
            }                           //删除此边后返回树根指针
        }
        if(BT->right! =NULL){           //看右孩子结点情况
            p=BT->right;                //若右孩子为叶子同时其值等于 c2,则删除此边
            if(p->data==c2 && p->left==NULL && p->right==NULL){
                free(p);BT->right=NULL;return BT;
            }                           //删除此边后返回树根指针
        }
    }
    if(BT->left! =NULL){                //从左子树寻找和删除
        p=deleteBTree(BT->left,c1,c2);
        if(p! =NULL)return BT;          //若删除成功返回树根指针
    }
    if(BT->right! =NULL){               //从右子树寻找和删除
        p=deleteBTree(BT->right,c1,c2);
        if(p!=NULL)return BT;           //若删除成功返回树根指针
    }
    return NULL;                        //若在左、右子树中删除失败返回空
}
```

10. 建立一棵二叉树

此算法将根据二维数组 a 中保存的一棵二叉树的边集建立一棵链式存储的二叉树并返回树根指针。在二维数组参数 $a[n][3]$ 中,假定按照行下标的次序依次保存着一棵二叉树中按照层次遍历的次序而得到的每条边,其中 $a[i][0]$ 和 $a[i][1]$ 保存着一条边的前驱元素和后继元素,$a[i][2]$ 保存着是左边还是右边的标记符号,假定用数字字符 1 和 2 分别表示左边和右边。如对于上面的图 5-9,则二维数组 a 中保存的边集数据为:

```
{{'A','B','1'},{'A','G','2'},{'B','C','1'},{'G','E','1'},
{'G','H','2'},{'C','D','2'},{'E','F','1'},{'H','I','1'}}
```

此算法首先要建立一棵空树,然后执行一个循环过程,依次从数组 a 中取出每条边,通过调用向二叉树插入一条边的算法,把每条边都插入二叉树中,最后返回已经建立成功的二叉树的树根指针即可。

```
BinaryTree* createBTree(TreeElemType a[][3],int n)
{    //根据 a[n][3]中的边集建立一棵二叉树,返回其树根指针
    int i;
    BinaryTree * root;
    initBTree(&root);          //初始化二叉树,即对 root 赋值一个空值 NULL
    if(n<=0)return root;       //若 n 值错误则返回一棵空树
    for(i=0;i<n;i++)           //向二叉树 root 中依次插入二维数组 a 中的每条边
        if(a[i][2]=='1'||a[i][2]=='2')
            root=insertBTree(root,a[i][0],a[i][1],a[i][2]);
        else {printf("边格式错误! \n");exit(1);}
    return root;               //建立完成后返回树根指针
}
```

上面介绍的对二叉树其他运算的 10 个算法中,第 1 和第 2 算法的时间复杂度 $O(1)$,第 10 算法的时间复杂度为 $O(n^2)$,其余算法的时间复杂度均为 $O(n)$,其中 n 表示二叉树中的结点数(元素数)。

11. 二叉树运算的调试程序示例

下面通过程序调试对二叉树进行的各种运算的算法。在程序开始不仅要定义二叉树的链式存储类型,而且还要定义队列的存储类型,可以是顺序存储的,也可以是链式存储的,因为在有些算法中需要使用队列这种数据类型。

```
#include<stdio.h>
#include<stdlib.h>
typedef char TreeElemType;                       //定义树中结点元素的类型为字符型
struct BTreeNode {                               //定义二叉树中结点的类型
    TreeElemType data;                           //保存结点元素的值域
    struct BTreeNode* left;                      //二叉树结点的左指针域
    struct BTreeNode* right;                     //二叉树结点的右指针域
};
typedef struct BTreeNode BinaryTree;             //定义二叉树抽象存储类型为此结点类型
typedef struct BTreeNode* ElemType;              //定义队列中元素类型为此结点指针型
struct SequQueue {                               //定义一个顺序存储的队列
    ElemType * queue;                            //指向存储队列的数组空间
    int front,rear;                              //定义队首指针和队尾指针
    int MaxSize;                                 //定义 queue 数组空间的大小
};
typedef struct SequQueue Queue;                  //定义 Queue 为顺序存储队列的类型
#include"队列在顺序存储结构下运算的算法.c"      //此文件保存对队列运算的算法
#include"二叉树在链式存储结构下运算的算法.c"    //保存对二叉树运算的算法
void main()
{
    int i;
    TreeElemType ch='F',* p;
    TreeElemType a[8][3]={{'A','B','1'},{'A','G','2'},{'B','C','1'},{'G','E','1'},
```

```
                {'G','H','2'},{'C','D','2'},{'E','F','1'},{'H','I','1'}};
    BinaryTree *root,*root1;
    printf("输出待建立二叉树的边集:");
    printf("{");
    for(i=0;i<8;i++)printf("<%c,%c>,",a[i][0],a[i][1]);
    printf("}\n");
    root=createBTree(a,8);                  //根据保存边的二维数组a建立和返回二叉树
    printf("二叉树的二元组表示:");
    printBTree(root);
    printf("先序遍历序列:");
    preOrder(root);printf("\n");
    printf("中序遍历序列:");
    inOrder(root);printf("\n");
    printf("后序遍历序列:");
    postOrder(root);printf("\n");
    printf("按层遍历序列:");
    levelOrder(root);printf("\n");
    p=findBTree(root,ch);                   //从二叉树中查找
    if(p!=NULL)printf("从二叉树中查找%c成功! \n",*p);
    else printf("从二叉树中查找%c不成功! \n",ch);
    root=insertBTree(root,'E','K','2');
    printf("插入一条边<E,K,2>后的二叉树:");
    printBTree(root);
    printf("删除一条边<C,D>后的二叉树:");
    root=deleteBTree(root,'C','D');
    printBTree(root);
    printf("二叉树的深度为:%d\n",depthBTree(root));
    copyList(&root1,root);                  //根据root二叉树复制出root1二叉树
    printf("复制root得到的一棵二叉树为:");
    printBTree(root1);
    root=clearBTree(root);                  //清除root二叉树,使之变为空树
    root1=clearBTree(root1);                //清除root1二叉树,使之变为空树
    if(emptyBTree(root)&& emptyBTree(root1))printf("两棵树均已清空! \n");
    printf("程序运行结束。再见! \n");
}
```

此程序的运行结果如下:

```
输出待建立二叉树的边集:{<A,B>,<A,G>,<B,C>,<G,E>,<G,H>,<C,D>,<E,F>,<H,I>,}
二叉树的二元组表示:{<A:B>,<A;G>,<B:C>,<G:E>,<G;H>,<C;D>,<E:F>,<H:I>,}
先序遍历序列:A B C D G E F H I
中序遍历序列:C D B A F E G I H
后序遍历序列:D C B F E I H G A
按层遍历序列:A B G C E H D F I
从二叉树中查找F成功!
插入一条边<E,K,2>后的二叉树:{<A:B>,<A;G>,<B:C>,<G:E>,<G;H>,<C;D>,<E:F>,<E;K>,<H:I>,}
删除一条边<C,D>后的二叉树:{<A:B>,<A;G>,<B:C>,<G:E>,<G;H>,<E:F>,<E;K>,<H:I>,}
二叉树的深度为:4
复制root得到的一棵二叉树:{<A:B>,<A;G>,<B:C>,<G:E>,<G;H>,<E:F>,<E;K>,<H:I>,}
两棵树均已清空!
程序运行结束。再见!
```

读者可根据此程序运行结果,仔细分析每个调用算法的执行过程,使之能够更好地理解和掌握每个对二叉树进行运算的算法。

5.5 树的存储结构和运算

5.5.1 树的抽象数据类型

这里所说的树是指度大于等于3的树,又称多元树或多叉树。

树的抽象数据类型的数据部分为一棵普通树,假定用指针 GT 指向这棵树的树根结点,普通树可以采用顺序、链式等任一种存储结构,假定其抽象存储类型用 GeneralTree 标识符表示,操作部分包括初始化树、遍历树、查找树、输出树、清除树、判空树、向树中插入一条边、建立树等一些常用运算。下面给出普通树的抽象数据类型的具体定义。

```
DAT GENERALTREE is
    Data:
        一个指向普通树树根结点的指针 GT,假定用标识符 GeneralTree 表示其抽象存储类型
    Operations
        void initGTree(GeneralTree** PGT);          //初始化一棵树,置树根指针为空
        void preRoot(GeneralTree* GT);              //对普通树进行先根遍历
        void postRoot(GeneralTree* GT);             //对普通树进行后根遍历
        void levelRoot(GeneralTree* GT);            //对普通树进行层次遍历
        TreeElemType* findGTree(GeneralTree* GT,TreeElemType item);//普通树查找
        void printGTree(GeneralTree* GT);           //按照树的一种表示方法输出一棵树
        int depthGTree (GeneralTree* GT)            //求出并返回一棵树的深度
        int emptyGTree (GeneralTree* GT);           //判断树是否为空,若是返回1,否则返回0
        GeneralTree* clearGTree(GeneralTree* GT);  //清除树为空,返回空指针
        GeneralTree* insertGTree(GeneralTree* GT,TreeElemType c1,
        TreeElemType c2,char ch);                   //向普通树 GT 中插入一条边
        GeneralTree* createGTree(TreeElemType a[][NN]);//建立一棵普通树
end GENERALTREE
```

5.5.2 树的存储结构

1. 树的顺序存储结构

树的顺序存储结构同样需要使用一个一维数组,存储方法是:首先对树中每个结点进行编号,然后以各结点的编号为下标,把结点值对应存储到相应元素中。

假定待存储树的度为 k,即它是一棵 k 叉树,则结点编号的规则为:树根结点的编号为1,然后按照从上到下、每一层再按照从左到右的次序依次对每个结点编号。若一个结点的编号为 i,则 k 个孩子结点的编号依次为 $k*i-(k-2)$,$k*i-(k-3)$,…,$k*i+1$。如对于一棵三叉树,若双亲结点的编号为 i,则3个孩子结点的编号依次为 $3*i-1$,$3*i$,$3*i+1$。又如对于四叉树,若双亲结点的编号为 j,则4个孩子结点的编号依次为 $4*j-2$,$4*j-1$,$4*j$,$4*j+1$。

若 k 叉树中一个结点的编号为 j,则它的父亲结点的编号为 $(j-2)/k+1$,即等于 $j-2$ 除以 k 得到的整数商再加上1。如当 $k=3$ 时,编号为 j 的父结点的编号为 $(j-2)/3+1$,若 $j=10$,则父结点的编号为3。

树的顺序存储适合满树的情况,否则将非常浪费存储空间。故在实际应用中很少使用,这里也不作深入讨论。

2. 树的链式存储结构

在一棵 K 叉树的链式存储结构中，树中的每个结点除了包含有存储数据元素的值域外，还包含有 K 个指针域，用来分别指向 K 个孩子结点，或者说，用来分别链接 K 棵子树。K 叉树中结点的类型定义为：

```
struct GTreeNode {
    TreeElemType data;          //结点值域
    struct GTreeNode*  t[K];  //结点指针域 t[0]~t[K-1],K 为事先定义的符号常量
};
```

通过下面的类型重定义语句，可以把普通树的抽象存储类型 GeneralTree 具体定义为 struct GTreeNode 类型，即链式存储普通树的结点类型。

```
typedef struct GTreeNode GeneralTree;
```

图 5-11(a)所示为一棵三叉树，其链式存储结构如图 5-11(b)所示。

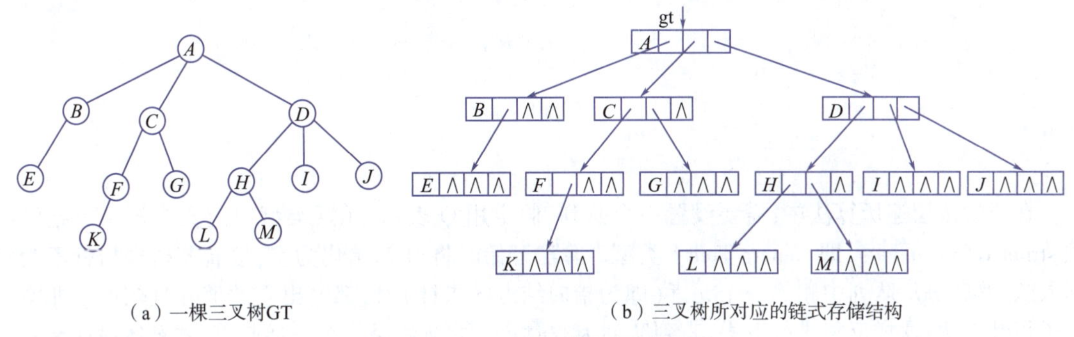

（a）一棵三叉树GT　　（b）三叉树所对应的链式存储结构

图 5-11　三叉树及其链式存储结构

5.5.3　树的运算

对树的运算就是在定义其抽象数据类型时所给出的那些运算，包括初始化树、进行树的遍历、从树中查找结点值、求树的深度、输出树、插入边、建立树等。假定要讨论的是 K 叉树，K 被事先定义为符号常量，树的存储结构采用链式存储结构，下面给出对树进行的每一种运算的算法。

1. 初始化一棵 K 叉树

```
void initGTree(GeneralTree**  PGT)
{    //初始化一棵 K 叉树,即将保存树根指针的存储空间* PGT 置空
    *PGT=NULL;
}
```

2. 树的遍历

树的遍历包括先根遍历(又称深度优先遍历)、后根遍历和按层遍历(又称广度优先遍历)三种。

先根遍历定义为：先访问根结点，然后从左到右依次先根遍历每棵子树，此遍历过程是一个递归过程。如先根遍历图 5-11 所示的树，得到的结点序列为：$A,B,E,C,F,K,G,D,H,L,M,I,J$。

后根遍历定义为：从左到右依次后根遍历根结点的每棵子树，然后再访问根结点，此遍历过程也是一个递归过程。如后根遍历图 5-11 所示的树，得到的结点序列为：$E,B,K,F,G,C,L,M,H,I,J,D,A$。

按层遍历定义为：先访问第一层结点(即树根结点)，再从左到右访问第二层结点，依次按层访问，直到全树中的所有结点都被访问为止，或者说直到访问完最深一层结点为止。如按层遍历图 5-11 所示的树，得到的结点序列为：$A,B,C,D,E,F,G,H,I,J,K,L,M$。

同二叉树的先序遍历算法类似，下面给出树的先根遍历算法。

```
void preRoot(GeneralTree* GT)
{   //先根遍历一棵 K 叉树
    if(GT! =NULL){
        int i;
        printf("% c ",GT->data);          //访问根结点以输出结点值代之
        for(i=0;i<K;i++)                   //依次递归遍历每一个子树
            preRoot(GT->t[i]);
    }
}
```

树的后根遍历算法如下：

```
void postRoot(GeneralTree* GT)
{   //后根遍历一棵 K 叉树
    if(GT! =NULL){
        int i;
        for(i=0;i<K;i++)               //依次递归遍历每一个子树
            postRoot(GT->t[i]);
        printf("% c ",GT->data);   //访问根结点
    }
}
```

在树的按层遍历算法中，需要设置一个队列，假定用 Q 表示，元素类型应定义为树结点指针类型 struct GTreeNode *，即 GeneralTree * 类型。算法开始时将 Q 初始化为空，接着若树根指针不为空则入队；然后每从队列中删除一个元素（即为指向结点的指针）时，都输出它的值并且依次使非空的孩子指针入队，这样反复进行下去，直到队列为空时止。此算法是一个非递归算法，具体描述为：

```
void levelRoot(GeneralTree* GT)
{   //按层遍历由 GT 指针所指向的一棵普通树
    int i;
    GeneralTree *p;                    //定义一个树结点的指针
    Queue r,*Q=&r;                     //定义一个指针为 Q 的队列
    initQueue(Q);                      //初始化 Q 队列为空
    if(GT! =NULL)enQueue(Q,GT);        //让非空的树根指针进队
    else return;                       //为空时返回，结束算法
    while(! emptyQueue(Q)){            //当队列非空时执行循环，按层遍历每个结点
        p=outQueue(Q);                 //删除队首元素，开始删除的是树根结点指针
        printf("% c ",p->data);        //输出队首元素所指结点的值
        for(i=0;i<K;i++)               //将非空的孩子指针进队
            if(p->t[i]!=NULL)
                enQueue(Q,p->t[i]);
    }
    clearQueue(Q);                     //释放为队列分配的动态存储空间并置空
}
```

3. 从树中查找结点值

此算法要求：从树中查找值为 item 的结点时，若存在该结点则返回结点值域的地址，表示查找成功，否则返回空地址表示查找失败。此算法类似树的先根遍历，它首先访问根结点，若值匹配则返回值域地址，否则依次在每个子树上继续查找，若在任一棵子树上查找成功则返回值域地址，若在所有子树上都查找失败则返回空地址，表示查找失败。具体算法描述为：

```
TreeElemType* findGTree(GeneralTree* GT,TreeElemType item)
{   //从树中查找与 item 相匹配的结点，返回该结点值域的地址，否则返回空
```

```
    if(GT==NULL) return NULL;                   //树为空返回空地址
    if(GT->data==item) return &(GT->data);      //找到则返回结点值域的地址
    else {    //若树根结点的值不等于待查值,则向子树查找
        int i;
        TreeElemType* p;
        for(i=0;i<K;i++){
            p=findGTree(GT->t[i],item);         //向每棵子树查找
            if(p) return p;                     //查找成功则返回
        }
        return NULL;                            //在所有子树中查找均失败则返回空
    }
}
```

4. 树的输出

此算法与输出二叉树的二元组表示的情况类似,对其算法略做修改即可得到。假定输出的每条边分别使用冒号、分号和感叹号来表示第 1 分支边、第 2 分支边和第 3 分支边。该算法具体描述为:

```
void printGTree(GeneralTree* GT)
{    //输出普通树的二元组表示
    int i;
    GeneralTree *p;                             //定义一个普通树结点的指针
    Queue r,*Q=&r;                              //定义一个指针为 Q 的队列
    initQueue(Q);                               //初始化 Q 队列为空
    printf("{");                                //输出二元组开始的左花括号
    if(GT==NULL){printf("}\n");return;}         //当树为空时输出右花括号后返回
    else enQueue(Q,GT);                         //当树不为空时将树根指针进队
    while (! emptyQueue(Q)){                    //当队列非空时执行循环,按层输出二元组
        p=outQueue(Q);                          //删除队首元素,开始删除的是树根指针
        for(i=0;i<K;i++){
            if(p->t[i]! =NULL){                 //对结点为非空孩子的情况进行处理
                enQueue(Q,p->t[i]);             //孩子指针进队
                printf("<% c",p->data);         //输出二元组项中第一个元素
                if(i==0)printf(":");            //视情况输出分隔符
                else if(i==1)printf(";");
                else printf("!");
                printf("% c>,",p->t[i]->data);  //输出二元组项中第二个元素
            }  //end if
        }  //end for
    } //end while
    clearQueue(Q);                              //释放为队列分配的动态存储空间并置空
    printf("}\n");                              //最后输出二元组表示的右花括号后返回
}  //end printGTree
```

5. 求树的深度

树的深度定义:若树为空则深度为 0,否则它等于所有子树中的最大深度加 1。为此需要设置一个整型变量,用来保存已求过的子树中的最大深度,当所有子树都求过后,返回该变量值加 1 即可。具体算法描述为:

```
int depthGTree(GeneralTree* GT)
{    //求出并返回一棵树的深度
    if(GT==NULL) return 0;                //空树的深度为 0
```

```
    else {
        int i,d,max=0;                        //max 用来保存子树中的最大深度,初值为 0
        for(i=0;i<K;i++){                      //求出各子树中的最大深度
            d=depthGTree(GT->t[i]);            //计算出每棵子树的深度
            if(d>max)max=d;                    //把当前深度最大者的值赋给 max
        }
        return max+1;                          //返回树的深度,它等于子树中的最大深度加 1
    }
}
```

6. 检查一棵树是否为空

```
int emptyGTree(GeneralTree* GT)
{   //判断树是否为空,若是返回 1,否则返回 0
    return GT==NULL;
}
```

7. 清除一棵树

此算法类似于树的后根遍历算法,当树为空时返回空,当不为空时,则首先依次删除树根结点的所有子树,然后删除根结点并返回空指针。该算法具体描述为:

```
GeneralTree* clearGTree(GeneralTree* GT)
{   //清除树为空,返回空指针
    if(GT==NULL)return NULL;                          //当树为空时返回空指针
    else {
        int i;
        for(i=0;i<K;i++)
            GT->t[i]=clearGTree(GT->t[i]);            //删除各子树
        free(GT);                                      //释放根结点
        return NULL;                                   //返回空指针
    }
}
```

8. 向树中插入一条边

向一棵普通三叉树插入一条边,与向一棵二叉树插一条边的情况类似。此边的插入位置必须是空闲的,若已存在边则不能进行插入,也就是说,当树中一个结点的相应指针域为空时,才能向其插入一条边,否则不能进行插入。若插入成功则返回树根指针,否则返回空指针,表示插入失败,就是没有插入,原三叉树不变。向一棵三叉树插入一条边的过程中,若原树为空,则插入一条边后返回树根指针即可,该树根指针就是指向新建立的边中第一个结点的指针;若原树根结点的值就等于待插边的第一个元素的值,则它的相应空指针域就是新边的插入位置,若待插边中前后两个元素的分隔符是字符 1,则应作为树根结点的第 1 个分支边插入,若是字符 2,则应作为第 2 个分支边插入,若是字符 3,则应作为第 3 个分支边插入;若原树的根结点不是新边的插入位置,则需要向其子树中寻找插入位置并进行插入;若在所有子树中都没有插入成功,则返回空指针,表示插入失败,或者说没有进行插入,原树不变。

向一棵普通三叉树中插入一条边的算法描述如下:

```
GeneralTree* insertGTree(GeneralTree* GT,TreeElemType c1,
    TreeElemType c2,TreeElemType ch)
{   //向普通树 GT 中插入一条边<c1,c2>,由 ch 决定 c2 是 c1 的第 1 或第 2
    //或第 3 个孩子,若插入成功返回树根指针,否则返回空指针表示失败
    GeneralTree * p1,* p2,* p;
    int j,i=ch-49;      //根据 ch 中的数字字符 1、2、3 求出树结点中指针域序号
```

```
    if(i<0 || i>2)return NULL;  //若ch符号非法则返回NULL
    if(GT==NULL){          //若开始树为空时,则建立此边,返回树根指针
        p1=malloc(sizeof(GeneralTree));
        p2=malloc(sizeof(GeneralTree));
        p1->data=c1;for(j=0;j<K;j++)p1->t[j]=NULL;
        p2->data=c2;for(j=0;j<K;j++)p2->t[j]=NULL;
        p1->t[i]=p2;                          //将p2结点链接到p1结点上
        return p1;                            //操作完成返回当前树根指针p1
    }                                         //若开始不是空树,则向下处理
    else if(GT->data==c1){                    //若树根结点的值等于待插边的前驱元素值
        if(GT->t[i]==NULL){                   //将新边插入
            p2=malloc(sizeof(GeneralTree));
            p2->data=c2;for(j=0;j<K;j++)p2->t[j]=NULL;
            GT->t[i]=p2;
            return GT;                        //插入成功后返回树根指针
        }
        else return NULL;                     //原位置有边,不能再插入新边,返回空
    }
    for(j=0;j<K;j++)
        if(GT->t[j]! =NULL){                  //向子树寻找插入位置和进行插入
            p=insertGTree(GT->t[j],c1,c2,ch);//向子树插入
            if(p! =NULL)return GT;            //若插入成功返回树根指针
        }
    return NULL;                              //若在子树上均没有插入则返回空
}
```

9. 建立一棵树

此算法将根据二维数组 *a* 中保存的一棵三叉树的边集建立一棵链式存储的三叉树并返回树根指针。在二维数组参数 *a*[3][NN]中,假定按照列下标的次序依次保存着一棵三叉树中按照层次遍历的次序而得到的每条边,其中 *a*[0][*i*]和 *a*[1][*i*]保存着一条边的前驱元素和后继元素,*a*[2][*i*]保存着边位置的标记符号,假定用数字字符1、2、3分别表示第1、第2、第3条边。如对于上面的图5-11,则二维数组 *a*[3][NN]中保存的边集数据为:

{"AAABCCDDDFHH","BCDEFGHIJKLM","123112123112"},

此二维数组a的行数为3,列数要大于一棵三叉树中所有边数,这里因图5-11树中的边数为12,所以其列数NN要大于或等于13。在 *a* 数组的三行字符中,同一列的三个字符分别表示一条边的始点、终点和连接位置,如第1条边的始点为 *A*,终点为 *B*,*B* 是 *A* 的第1个孩子。

此算法首先要建立一棵空树,然后执行一个循环过程,依次从数组 *a* 中取出每条边,通过调用向三叉树插入一条边的算法,把每条边都插入到三叉树中,最后返回已经建立成功的三叉树的树根指针即可。

```
GeneralTree* createGTree(TreeElemType a[][NN])
{   //根据a[][NN]中的边集建立一棵三叉树,返回其树根指针
    int i=0;
    GeneralTree * root;
    initGTree(&root);          //初始化三叉树,即对root赋值一个空值NULL
    while(a[0][i]! ='\0'){  //向三叉树root中依次插入二维数组a中的每条边
        if(a[2][i]=='1'||a[2][i]=='2'||a[2][i]=='3')
            root=insertGTree(root,a[0][i],a[1][i],a[2][i]);
```

```
        else {printf("边格式错误! \n");exit(1);}
        i++;
    }
    return root;                //建立完成后返回树根指针
}
```

上面讨论的对普通树的一些运算算法,初始化树和判断树空算法的时间复杂度为 $O(1)$,建立树算法的时间复杂度为 $O(n^2)$,其余算法的时间复杂度均为 $O(n)$,n 表示树中的结点数。

10. 对普通树运算的调试程序示例

通过下面程序可以调试对 K 叉树进行的各种操作的算法。

```
#include<stdio.h>
#include<stdlib.h>
#define K 3
#define NN 15
typedef char TreeElemType;                      //定义树中结点元素的类型为字符型
struct GTreeNode {                              //定义普通树结点的类型
    TreeElemType data;                          //结点值域
    struct GTreeNode* t[K];                     //结点指针域t[0]~t[K-1],K为符号常量
};
typedef struct GTreeNode GeneralTree;           //定义普通树的抽象存储类型为树结点类型
typedef struct GTreeNode* ElemType;             //定义队列中元素类型为普通树结点指针型
struct SequQueue {                              //定义一个顺序存储的队列
    ElemType *queue;                            //指向存储队列的数组空间
    int front,rear;                             //定义队首指针和队尾指针
    int MaxSize;                                //定义 queue 数组空间的大小
};
typedef struct SequQueue Queue;                 //定义 Queue 为顺序存储队列的类型
#include"队列在顺序存储结构下运算的算法.c"     //此文件保存着对队列运算的算法
#include"普通树在链式存储结构下运算的算法.c" //此文件保存着对普通树运算的算法
void main()
{
    TreeElemType ch='G',*p;
    char a[3][NN]={"AAABCCDDDFHH","BCDEFGHIJKLM","123112123112"};
    GeneralTree * root;                         //定义树根指针
    root=createGTree(a);                        //根据保存边的二维数组a建立和返回一棵普通树
    printf("普通树的二元组表示:\n");
    printGTree(root);
    printf("先根遍历序列:");
    preRoot(root);printf("\n");
    printf("后根遍历序列:");
    postRoot(root);printf("\n");
    printf("按层遍历序列:");
    levelRoot(root);printf("\n");
    p=findGTree(root,ch);                       //从普通树中查找相匹配的字符
    if(p)printf("从普通树中查找 %c 成功! \n",* p);
    else printf("从普通树中查找 %c 不成功! \n",ch);
    root=insertGTree(root,'M','R','2');
    printf("插入一条边<M,R,2>后的普通树:\n");
    printGTree(root);
```

```
    printf("普通树的深度为:% d\n",depthGTree(root));
    root=clearGTree(root);                    //清除二叉树,使之变为空树
    if(emptyGTree(root))printf("树已清空! \n");
    printf("程序运行结束。再见! \n");
}
```

此程序运行结果如下：

```
普通树的二元组表示:
{<A:B>,<A;C>,<A! D>,<B:E>,<C:F>,<C;G>,<D:H>,<D;I>,<D! J>,<F:K>,<H:L>,<H;M>,}
先根遍历序列:A B E C F K G D H L M I J
后根遍历序列:E B K F G C L M H I J D A
按层遍历序列:A B C D E F G H I J K L M
从普通树中查找 G 成功!
插入一条边<M,R,2>后的普通树:
{<A:B>,<A;C>,<A! D>,<B:E>,<C:F>,<C;G>,<D:H>,<D;I>,<D! J>,<F:K>,<H:L>,<H;M>,<M;R>,}
普通树的深度为:5
树已清空!
程序运行结束。再见!
```

小　　结

1. 树是一种递归的数据结构,由一个称为树根的结点,和若干个子树组成,树根结点是每个子树根结点的前驱,每个子树根结点就是树根结点的后继,每棵子树又同样是一棵树,直到子树为空时为止。

2. 二叉树是度为 2 的有序树,树中每个结点最多允许有两个孩子,一个称为左孩子,另一个称为右孩子。二叉树是最简单的树,便于运算和处理,在数据处理领域有着广泛应用。

3. 二叉树具有顺序和链式两种存储结构,对于满二叉树、完全二叉树、理想二叉树等适合采用顺序存储结构,能够提高存储空间的利用率,对于一般二叉树,适合采用链式存储结构,才能提高其存储空间的利用率。在二叉树的链式存储结构中,其存储结点可以是动态分配的独立结点,也可以是由数组存储空间提供的元素结点。

4. 在一棵深度为 h 的二叉树中,所含结点数的最小值为 h 个,所含结点数的最大值为 2^h-1 个。一棵具有 n 个结点的二叉树,其深度的最大值为 n,最小值为 $\log_2(n+1)$ 的向上取整,当其取值正好为一个整数时,则是一棵满二叉树。

5. 对二叉树和树的运算主要有各种遍历运算、查找和插入运算、建立和输出运算等。建立一棵树或二叉树运算的时间复杂度为 $O(n^2)$,遍历、查找、插入、删除、输出、复制等运算的时间复杂度均为 $O(n)$。

6. 二叉树的先序、中序和后序算法,以及树的先根和后根算法,都是递归算法,二叉树和普通树的按层遍历算法都是非递归的算法,并且都使用了队列这种数据结构。其他对二叉树和普通树的算法都是在相应遍历算法的基础上修改实现的。

思考与练习

一、单选题

1. 树中所有结点的度等于所有结点数加(　　)。

A. 0　　B. 1　　C. -1　　D. 2

2. 在一棵树中,每个结点的前驱结点数最多有(　　)。

A. 0 个　　B. 1 个　　C. 2 个　　D. 任意多个

3. 在一棵二叉树的二叉链式存储结构中，空指针域数等于非空指针域数加(　　)。

A. 2　　B. 1　　C. 0　　D. −1

4. 在一棵具有 n 个结点的二叉树中，所有结点的空子树个数等于(　　)。

A. n　　B. $n-1$　　C. $n+1$　　D. $2*n$

5. 在一棵具有 n 个结点的二叉树的第 i 层上，最多具有的结点数为(　　)。

A. 2^i　　B. 2^{i+1}　　C. 2^{i-1}　　D. 2^n

6. 在一棵深度为 h 的完全二叉树中，所含结点个数不小于(　　)。

A. 2^h　　B. 2^{h+1}　　C. 2^h-1　　D. 2^{h-1}

7. 在一棵深度为 h 的完全二叉树中，所含结点个数不大于(　　)。

A. 2^h　　B. 2^{h+1}　　C. 2^h-1　　D. 2^{h-1}

8. 在一棵具有 35 个结点的理想平衡二叉树中，该树的深度为(　　)。

A. 6　　B. 7　　C. 5　　D. 8

9. 在一棵具有 n 个结点的完全二叉树中，树枝结点的最大编号为(　　)。

A. $(n+1)/2$　　B. $(n-1)/2$　　C. n　　D. $n/2$

10. 在一棵完全二叉树中，若编号为 i 的结点存在左孩子，则左孩子结点的编号为(　　)。

A. $2i$　　B. $2i-1$　　C. $2i+1$　　D. $2i+2$

11. 在一棵完全二叉树中，若编号为 i 的结点存在右孩子，则右孩子结点的编号为(　　)。

A. $2i$　　B. $2i-1$　　C. $2i+1$　　D. $2i+2$

12. 在一棵完全二叉树中，对于编号为 $i(i>1)$ 的结点，其双亲结点的编号为(　　)。

A. $(i+1)/2$　　B. $i/2$　　C. $i/2+1$　　D. $i/2-1$

13. 一棵二叉树的广义表表示为 $a(b(c),d(e(,g(h)),f))$，则该二叉树的深度为(　　)。

A. 3　　B. 4　　C. 5　　D. 6

14. 一棵二叉树的广义表表示为 $a(b(c),d(e(,g(h)),f))$，则该二叉树所含的单支结点数为(　　)。

A. 2　　B. 3　　C. 4　　D. 5

15. 一棵树的二元组表示为{<a:b>,<a;c>,<b:d>,<b;e>,<b! f>,<c;g>,<f:h>,<f! i>,}，该树的深度为(　　)。

A. 3　　B. 4　　C. 5　　D. 6

16. 一棵树的二元组表示为{<a:b>,<a;c>,<b:d>,<b;e>,<b! f>,<c;g>,<f:h>,<f! i>,}，则 h 结点的祖先结点为(　　)。

A. a,b,f　　B. a,b,e　　C. a,c,f　　D. a,c,g

17. 对于一棵具有 25 个结点的三叉树，则其最小深度为(　　)。

A. 3　　B. 4　　C. 5　　D. 6

18. 对于一棵深度为 5 的三叉树，最多具有的结点数为(　　)。

A. 81　　B. 13　　C. 40　　D. 121

二、判断题

1. 对于一棵具有 n 个结点的树，该树中所有结点的度数之和为 $n-1$。(　　)
2. 假定一棵三叉树的结点个数为 50，则它的最小深度为 6。(　　)
3. 在一棵深度为 3 的四叉树中，最多含有 20 个结点。(　　)
4. 在一棵深度为 4 的五叉树中，最多含有 156 个结点。(　　)
5. 在一棵三叉树中，度为 3 的结点数有 2 个，度为 2 的结点数有 1 个，度为 1 的结点数为 2 个，

那么度为0的结点数有6个。 (　　)

6. 一棵深度为5的满二叉树中的结点数为32个。 (　　)

7. 对于一棵含有40个结点的理想平衡树,它最后一层的节点数为9。 (　　)

8. 在一棵二叉树中,假定双分支结点数为5个,单分支结点数为6个,则叶子结点数为6个。 (　　)

9. 在一棵二叉树中,第5层上的结点数最多为32个。 (　　)

10. 一棵二叉树的广义表表示为 $a(b(c,d),e(f(\ ,g)))$,它含有的双分支结点个数为2。 (　　)

11. 假定一棵二叉树的二元组表示为{<*a*:*b*>,<*a*;*c*>,<*b*:*d*>,<*b*;*e*>,<*c*;*f*>,<*e*;*g*>,},则右孩子结点数为4个。 (　　)

12. 假定一棵树的广义表表示为 $A(B(C,D(E,F,G),H(I,J)),K(R,T))$,则结点 D 的层上有4个结点。 (　　)

13. 假定一棵二叉树顺序存储在一维数组 a 中,则 $a[i]$ 元素的左孩子元素为 $a[2*i]$。 (　　)

14. 若对一棵二叉树从0开始进行结点编号,并按此编号将其顺序存储到一维数组 a 中,即编号为0的结点存储到 $a[0]$ 中,编号为1的结点存储到 $a[1]$ 中,依此类推,则 $a[i]$ 元素的右孩子元素为 $a[2*i+1]$。 (　　)

15. 对于一棵具有 n 个结点的二叉树,对应二叉链表中指针总数为 $2n$ 个,其中 n 个用于指向孩子结点,n 个指针空闲着。 (　　)

三、运算题

1. 假定一棵二叉树广义表表示为 $a(b(c),d(e(\ ,f),g))$,分别写出对它进行先序、中序、后序、按层遍历的结果。

先序:

中序:

后序:

按层:

2. 假定一棵普通树的广义表表示为 $a(b(e),c(f(h,i,j),g(\ ,k)),d)$,分别写出先根、后根、按层遍历的结果。

先根:

后根:

按层:

3. 已知一棵二叉树的先根和中根序列,求该二叉树的后根序列。

先根序列:A,B,C,D,E,F,G,H,I,J

中根序列:C,B,A,E,F,D,I,H,J,G

后根序列:

4. 已知一棵二叉树的中根和后根序列,求该二叉树的高度和双支、单支及叶子结点数。

中根序列:c,b,d,e,a,g,i,h,j,f

后根序列:c,e,d,b,i,j,h,g,f,a

高度:　　　双支:　　　单支:　　　叶子:

5. 已知一棵二叉树在数组中的链式存储如下,分别写出该二叉树对应的广义表和二元组表示。

四、算法分析题

1. 下面函数的功能是返回由树根指针BT所指向二叉树中值为X的结点所在的层号,请在划有

	0	1	2	3	4	5	6	7	8	9	10	11	12
data		*a*	*b*	*c*	*d*	*e*	*f*	*g*	*h*	*i*	*j*		
left	1	2	0	4	0	6	0	8	0	0	0		
right	11	5	3	0	0	7	0	9	10	0	0	12	0

横线的地方填写合适内容。

```
int nodeLevel(BinaryTree* BT,TreeElemType X)
{
    if(BT==NULL)return 0;                    //空树的层号为0
    else if(BT->data==X)return 1;            //树根结点的层号为1
    else {                                   //向子树中查找X结点
        int c1,c2;
        c1=nodeLevel(BT->left,X);
        if(c1>=1)_______(1)_______________;
        c2=________(2)_______________;
        if_______(3)_______________;
        else return 0;                       //若树中不存在X结点则返回0
    }
}
```

2. 根据下面函数的定义指出函数的功能。算法中参数BT指向一棵二叉树。

```
BinaryTree* binaryTreeSwap(BinaryTree* BT)
{
    if(BT==NULL) return NULL;
    else {
        BinaryTree* pt=malloc(sizeof(BinaryTree));
        pt->data=BT->data;
        pt->right=binaryTreeSwap(BT->left);
        pt->left=binaryTreeSwap(BT->right);
        return pt;
    }
}
```

3. 根据下面函数的定义指出函数的功能。算法中参数BT指向一棵二叉树。

```
BinaryTree * findBTreeX(BinaryTree * BT,TreeElemType X)
{
    if(BT==NULL)return NULL;
    else {
        BinaryTree* mt;
        if(BT->data==X)return BT;
        else if(mt=findBTreeX(BT->left,X))return mt;
        else if(mt=findBTreeX(BT->right,X))return mt;
        return NULL;
    }
}
```

4. 根据下面函数的定义指出函数的功能。算法中参数BT指向一棵二叉树。

```
int countBTreeX(BinaryTree* BT,TreeElemType X)
{
    int c=0;
    if(BT==NULL)return 0;
    else {
```

```
        if(BT->data==X)c=1;
        c+=countBTreeX( BT->left,X);
        c+=countBTreeX( BT->right,X);
    }
    return c;
}
```

5. 根据下面函数的定义指出函数的功能。算法中参数BT指向一棵二叉树,n给出二叉树中的结点个数,a[ ]是具有结点值域类型的一维数组,数组长度至少为n。

```
void preServe(BinaryTree * BT,TreeElemType a[ ],int n)
{
    static int i=0;
    if(BT! =NULL){
        preServe(BT->left,a,n);
        a[i++]=BT->data;
        preServe(BT->right,a,n);
    }
}
```

五、算法设计题

1. 根据下面函数声明编写出求一棵二叉树中结点总数的算法,该总数值由函数返回。假定参数BT初始指向这棵二叉树的根结点。

```
int totalBTree (BinaryTree * BT);
```

2. 根据下面函数声明编写出求一棵二叉树中叶子结点总数的算法,该总数值由函数返回。假定参数BT初始指向这棵二叉树的根结点。

```
int leafBTree(BinaryTree* BT);
```

3. 根据下面函数声明编写出判断两棵二叉树是否相等的算法,若相等则返回1否则返回0。算法中参数T1和T2为分别指向这两棵二叉树根结点的指针。当两棵树的结构完全相同并且对应结点的值也相同时才被认为相等。

```
int equalBTree (BinaryTree* T1,BinaryTree* T2);
```

4. 根据下面函数声明编写出从一棵二叉树中求出结点值大于X的结点个数的算法,并返回所求结果。算法中参数BT初始指向一棵二叉树的根结点。

```
int greaterBTree(BinaryTree* BT,TreeElemType X);
```

第6章 二叉树应用

二叉树有着广泛的应用，这一章主要介绍三种特殊的二叉树，即二叉搜索树、堆和哈夫曼树。 其他性质的一些二叉树，在此不作介绍。 对二叉搜索树和堆进行插入和删除元素的运算比对一般二叉树做相应的运算要简单和快速得多，其时间复杂度可由 n 数量级一下子提升到 n 对数的数量级。 利用哈夫曼树对使用频率不同的一组字符进行编码，能够有效缩短被传送电文的总长度。

本章知识导图

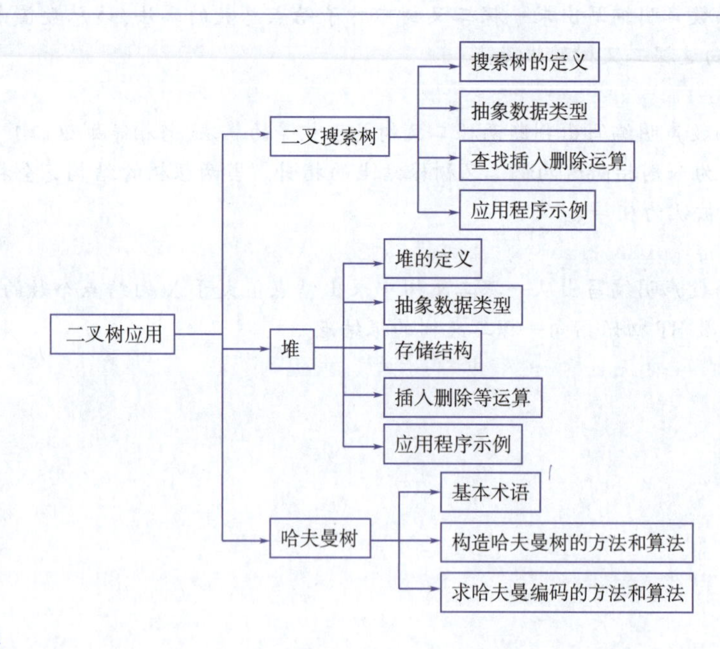

学习目标

◎了解：二叉搜索树、堆和哈夫曼树各自的定义和特点以及相应的存储方法。

◎掌握：二叉搜索树的查找、插入和删除元素的算法，包括递归算法和非递归算法；堆的插入和删除元素的算法；哈夫曼树的建立以及求其带权路径长度的方法与算法。

◎应用：能够写出对二叉搜索树进行插入或删除元素后的状态，对堆进行插入或删除元素后的状态，能够求出由若干个带权叶子结点所构成的哈夫曼树和带权路径长度，以及每个叶子元素的哈夫曼编码。

6.1　二叉搜索树

6.1.1　二叉搜索树的定义

二叉搜索树(binany search tree)又称二叉排序树(binary sort tree),它或者是一棵空二叉树,或者是一棵具有如下特性的非空二叉树。

①若它的左子树非空,则左子树上所有结点的值(排序码)均小于树根结点的值(排序码)。

②若它的右子树非空,则右子树上所有结点的值(排序码)均大于(若允许具有相同的值(排序码)的结点存在,则为大于或等于)树根结点的值(排序码)。

③左、右子树本身又各是一棵二叉搜索树。

在一棵二叉搜索树中,当每个结点的元素类型为简单类型时,则进行比较的是结点的值,当每个结点的元素类型为结构类型时,则进行比较的是结点中某一个特定域的值(即排序码)。如当二叉搜索树中的元素类型为整型时,则结点的值就是一个整数,当二叉搜索树中的元素类型为学生结构类型时,则结点的值就是一个学生记录,结点值之间的大小比较将由其中的某个域值(即排序码,如学号、身份证号、姓名等)来代替。在本书的算法描述中,为统一起见,均用结点的值进行比较,若实际情况需要时,则应修改为使用排序码的比较。

由二叉搜索树的定义可知,在一棵非空的二叉搜索树中,其结点的排序码是按照左子树、根结点和右子树有序的,所以对二叉搜索树进行中序遍历时,得到的结点值序列必然是一个有序序列。

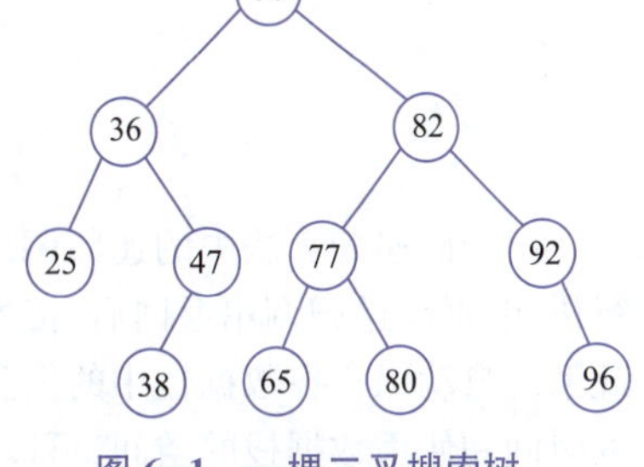

图 6-1　一棵二叉搜索树

图 6-1 所示为一棵二叉搜索树,树中每个分支结点的值都大于其左子树中所有结点的值,而小于其右子树中所有结点的值。

若对图 6-1 所示的二叉搜索树进行中序遍历,则得到的结点序列为:

25,36,38,47,58,65,77,80,82,92,96

可见此序列是一个按结点值从小到大排列的有序序列。

6.1.2　二叉搜索树的抽象数据类型

一般二叉树的抽象数据类型及其运算也同样适用于二叉搜索树,但由于二叉搜索树的特殊性,对它专门增加或修改了一些常用运算,包括搜索(查找)、插入和删除元素的运算。假定用标识符 SBT 表示一棵二叉搜索树,用它指向一棵二叉搜索树的树根结点,树中结点的类型仍然采用第 5 章对一般二叉树定义的结点类型 struct BTreeNode,二叉搜索树的抽象存储类型假定用 SBinanyTree 表示,通过下面的类型重定义语句,可以把二叉搜索树的抽象存储类型 SBinaryTree 具体定义为 struct BTreeNode 类型,即链式存储二叉搜索树的结点类型。

```
typedef struct BTreeNode SBinaryTree;      //定义二叉搜索树为此结点类型
```

下面给出对二叉搜索树进行的几种专门运算的函数声明。

```
//①从二叉搜索树中查找与 item 相匹配的结点,若查找成功则返回结点值域的地址,否则返回空
TreeElemType* findSBTree(SBinaryTree* SBT,TreeElemType item);
//②向二叉搜索树中插入一个元素 item,使得插入后仍是一棵二叉搜索树,返回树根指针
SBinaryTree* insertSBTree(SBinaryTree* SBT,TreeElemType item);
//③利用数组中的 n 个元素建立一棵二叉搜索树的算法
```

```
SBinaryTree* createSBTree(TreeElemType a[],int n);
//④从二叉搜索树中删除与 item 相匹配的结点,若删除成功则返回树根指针,否则返回空
SBinaryTree* deleteSBTree(SBinaryTree* SBT,TreeElemType item);
```

6.1.3 二叉搜索树的运算

1. 查找运算

根据二叉搜索树的定义,若要在二叉搜索树中查找其值等于给定值 item 的元素,其查找过程为:若二叉搜索树为空,则表明查找失败,应返回空,否则,若 item 等于当前树根结点的值,则表明查找成功,应返回当前树根结点值域的地址,若 item 小于当前树根结点的值,则继续在其左子树中查找,若 item 大于当前树根结点的值,则继续在其右子树中查找。显然这是一个递归查找过程,每次都缩小其一半的查找空间,此递归算法描述如下:

```
TreeElemType* findSBTree(SBinaryTree* SBT,TreeElemType item)
{   //从 SBT 中查找与 item 相匹配的结点,若存在则返回结点值域地址,否则返回空
    if(SBT==NULL) return NULL;            //查找失败返回 NULL
    else {
        if(item==SBT->data)               //查找成功返回结点值地址
            return &(SBT->data);
        else if(item<SBT->data)           //向左子树继续查找
            return findSBTree(SBT->left,item);
        else                              //向右子树继续查找
            return findSBTree(SBT->right,item);
    }
}
```

由于此递归算法中的递归调用属于末尾递归的调用,即递归调用语句是函数体中最后一条可执行语句,每次递归调用返回后,接着就是函数过程的结尾,它不再执行任何语句又返回到上一层,因此系统自动保存在数据栈中的信息都是没有用处的。所以为了避免无效花费在进出数据栈操作上的时间和使用数据栈的空间,可以编写出对二叉搜索树进行查找的非递归算法如下:

```
TreeElemType* findSBTreeN(SBinaryTree* SBT,TreeElemType item)
{   //对二叉搜索树进行查找的非递归算法
    while(SBT! =NULL){                          //当树非空时进行循环查找
        if(item==SBT->data)                     //比较根结点,若相匹配则返回结点值的地址
            return &(SBT->data);
        else if(item<SBT->data)SBT=SBT->left;  //向左孩子继续查找
        else SBT=SBT->right;                    //向右孩子继续查找
    }
    return NULL;                                //查找失败返回空
}
```

例如,从图 6-1 所示的二叉搜索树中查找值为 47 的元素时,首先用 47 同树根结点 58 进行比较,因 47<58,所以向 58 的左子树继续查找;再用 47 同当前树根结点 36 进行比较,因 47>36,所以向 36 的右子树继续查找;再用 47 同当前树根结点 47 进行比较,因相等,所以返回该结点值的地址,表示查找成功,整个查找过程就此结束。

若从图 6-1 所示二叉搜索树中查找值为 70 的元素时,其查找过程为:首先用 70 同树根结点 58 进行比较,因 70>58,所以向 58 的右子树继续查找;再用 70 同当前树根结点 82 进行比较,因 70<82,所以向 82 的左子树继续查找;再用 70 同当前树根结点 77 进行比较,因 70<77,所以向 77 的左子树继续查找;再用 70 同当前树根结点 65 进行比较,因 70>65,所以再向 65 的右子树继续查找;此时右

子树为空，所以返回空地址，表示查找失败，整个查找过程就此结束。

在一棵二叉搜索树上进行查找的过程中，给定值 item 同树中结点比较的次数最少为 1 次（即树根结点就是待查的结点），最多为树的深度，所以平均查找次数要小于或等于树的深度。若二叉搜索树是一棵理想平衡树或接近理想平衡树，则进行查找的时间复杂度为 $O(\log_2 n)$，若退化为一棵单支树（最极端和最差的情况），则其时间复杂度为 $O(n)$，对于一般情况，其时间复杂度可大致认为是 $O(\log_2 n)$。由此可知，在二叉搜索树上查找比在集合、线性表、普通二叉树上进行查找的时间复杂度 $O(n)$ 要快得多，这正是构造二叉搜索树的优势所在。如对于具有 1 000 个结点的二叉搜索树，其平均查找长度大致为 10 次，即为 $\log_2 1000$ 的值；而若在相同结点数的集合、线性表、普通二叉树上查找，则其平均查找长度大致为 500 次，即结点总数的一半值。二叉搜索树查找的递归算法的空间复杂度，在平均情况下为 $O(\log_2 n)$，在最差情况下为 $O(n)$，非递归算法的空间复杂度为 $O(1)$。

微视频

从二叉搜索中查找元素的过程示例

2. 插入运算

根据二叉搜索树的定义，向二叉搜索树中插入元素 item 的过程为：若二叉搜索树为空，则由 item 元素生成的新结点将作为树根结点插入；否则，若 item 小于树根结点，则将新结点插入到树根结点的左子树上，若 item 大于或等于（若不允许具有相同值的结点存在，则对等于情况应作单独处理）树根结点，则将新结点插入树根结点的右子树上。显然在左子树或右子树上的插入过程如上，是递归进行的，对应的递归算法描述为：

```
SBinaryTree*  insertSBTree(SBinaryTree*  SBT,TreeElemType item)
{    //向二叉搜索树插入一个元素 item,使得插入后仍是一棵二叉搜索树,返回树根指针
    if(SBT==NULL)
    {   //把按照 item 元素生成的新结点作为树根结点返回
        SBinaryTree*  p=malloc(sizeof(SBinaryTree));
        p->data=item;
        p->left=p->right=NULL;
        return p;                                        //返回新插入结点的地址
    }
    else {
        if(item<SBT->data)
            SBT->left=insertSBTree(SBT->left,item);      //向左子树中插入元素
        else SBT->right=insertSBTree(SBT->right,item);   //向右子树中插入元素
        return SBT;                                      //返回树根指针
    }
}
```

对于插入运算，也很容易写出其非递归算法，此时需要首先查找插入位置，然后进行插入。查找插入位置从树根结点开始，若树根指针为空，则新结点就是树根结点；否则，若 item 小于根结点，则沿着根的左指针在左子树上继续查找插入位置，若 item 大于或等于根结点，则沿着根的右指针在右子树上继续查找插入位置，当查找到一个结点（假定由 parent 指针所指向）的左指针或右指针为空时，则这个空的指针位置就是新元素结点的插入位置。

在进行插入时，若原树为空，则将新结点指针作为树根指针返回，否则将新结点赋给 parent 结点的左指针域或右指针域，作为该结点的左孩子或右孩子，然后返回原来的树根指针。

插入运算的非递归算法描述如下：

```
SBinaryTree*  insertSBTreeN(SBinaryTree*  SBT,TreeElemType item)
{    //向二叉搜索树插入一个元素 item 的非递归算法,返回树根指针
    //首先为插入新元素寻找插入位置,定义指针 t 指向当前待比较的结点,初始
```

```
    //指向树根结点,定义指针 parent 指向 t 结点的双亲结点,初始为 NULL
    SBinaryTree * t=SBT,* parent=NULL,*p;
    while(t! =NULL){
        parent=t;
        if(item<t->data)t=t->left;
        else t=t->right;
    }
    //接着建立值为 item,左、右指针域为空的新结点
    p=malloc(sizeof(SBinaryTree));
    p->data=item;
    p->left=p->right=NULL;
    //最后将新结点插入到以 SBT 为树根指针的二叉搜索树中的确定位置上
    if(parent==NULL)return p;           //表明新插入的结点为树根结点
    else if(item<parent->data)parent->left=p;
    else parent->right=p;
    return SBT;
}
```

二叉搜索树的插入算法与查找算法一样,都具有相同的时间复杂度和空间复杂度。

3. 建立一棵二叉搜索树的运算

利用二叉搜索树的插入算法,可以很容易地得到生成一棵具有 n 个结点的二叉搜索树的算法,设生成二叉搜索树的 n 个元素由数组提供,则算法描述为:

```
SBinaryTree* createSBTree(TreeElemType a[],int n)
{   //利用数组中的 n 个元素建立一棵二叉搜索树的算法
    int i;
    SBinaryTree* SBT=NULL;
    for(i=0;i<n;i++)                        //向二叉搜索树中依次插入每个元素
        SBT=insertSBTree(SBT,a[i]);         //或调用 insertSBTreeN(SBT,a[i]);
    return SBT;
}
```

在一般情况下,该算法的时间复杂度为 $O(n\log_2 n)$。

假定待建立二叉搜索树的一组元素值为:

$$\{62,94,35,50,28,55\}$$

按照上述算法,插入每个结点的过程如图 6-2 所示。

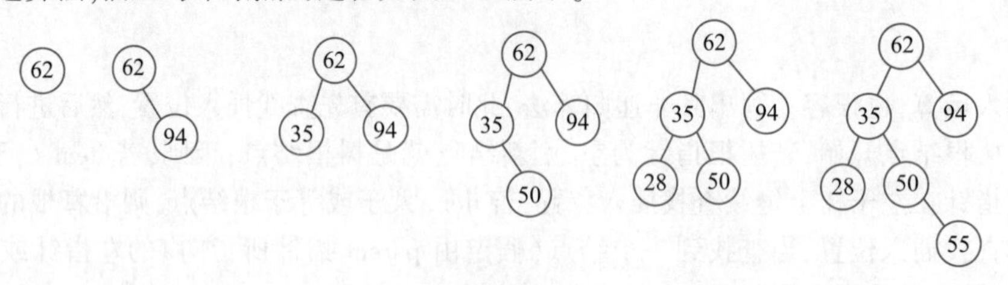

图 6-2 二叉搜索树的生成过程

4. 删除运算

在二叉搜索树中对元素结点的删除比插入要复杂一些,因为待插入的结点都是被链接到树中的叶子结点上,因而不会破坏树的原有结构,也就是说,不会破坏树中原有结点之间的链接关系。从二叉搜索树上删除结点(元素)则不同,它可能删除的是叶子结点,也可能删除的是分支结点,当删除分支结点时,就破坏了原有结点之间的链接关系,需要重新修改指针,使得删除一个结点后仍然为一

棵二叉搜索树,即保持二叉搜索树的定义性质不变。

下面结合图6-3(a)所示二叉搜索树,分三种情况说明删除结点的操作过程。

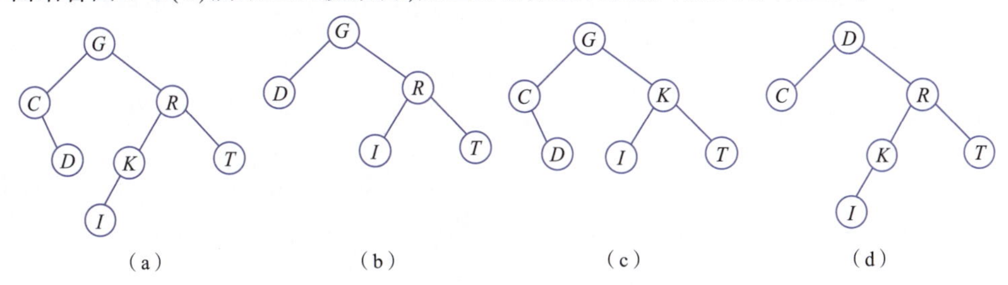

图6-3 从二叉搜索树中删除结点的示意图

(1)删除叶子结点

删除叶子结点的操作很简单,只要将其双亲结点链接到它的指针去掉(即置为空)即可。如删除图6-3(a)所示树中叶子结点 *D* 时,把 *C* 结点的右指针域置空即可;删除叶子结点 *I* 时,把 *K* 结点的左指针域置空即可。

(2)删除单分支结点

删除单分支结点的操作也比较简单,因为该结点只有左子树或右子树一支,也就是说,其后继只有一个:左孩子或右孩子。删除该结点时,只要将后继指针链接到它所在的链接位置即可。如删除图6-3(a)所示树中的单支结点 *C* 时,将 *C* 结点的右指针域的值(即指向 *D* 结点的指针)赋给 *G* 结点的左指针域即可;删除单支结点 *K* 时,将 *K* 结点的左指针域的值(即指向 *I* 结点的指针)赋给 *R* 结点的左指针域即可;删除这两个结点后,得到的二叉搜索树如图6-3(b)所示。

(3)删除双分支结点

删除双分支结点的操作比较复杂,因为待删除的结点有两个后继指针,需要妥善处理。删除这种结点的一种方法是:首先将其右子树链接到它的中序前驱结点(即中序序列中处于它前面的那个结点)的右指针域,此中序前驱结点必然是它的左子树中"最右下"的一个右指针域为空(左指针域可能为空,也可能不为空)的结点。如在图6-3(a)所示树中,双支结点 *G* 的中序前驱结点为 *D*,双支结点 *R* 的中序前驱结点为 *K*。然后将被删除结点的左子树链接到它所在的链接位置。如在图6-3(a)所示树中,删除双支结点 *R* 时,则首先把 *R* 的右子树链接到 *K* 结点的右指针域,然后把 *R* 的左子树链接到 *G* 的右指针域,删除 *R* 结点后得到的二叉搜索树如图6-3(c)所示。这种方法往往容易增加树的深度,使树的结构变坏,所以通常采用下面介绍的第二种删除方法。

删除双分支结点的第二种方法是:首先把被删除结点的中序前驱结点的值赋给该结点的值域,然后再删除它的中序前驱结点,因它的中序前驱结点的右指针为空,所以只要把中序前驱结点的左指针域的值链接到中序前驱结点所在的链接位置即可。如删除图6-3(a)树中双分支结点 *R* 时,则首先将其中序前驱结点 *K* 的值赋给 *R* 结点的值域,然后把 *K* 结点的左指针域的值(在这里是指向 *I* 结点的指针)链接到原 *R* 结点的左指针域,删除 *R* 结点后得到的二叉搜索树仍如图6-3(c)所示。又如,若从图6-3(a)所示树中删除树根结点 *G*,因 *G* 是双分支结点,所以首先把它的中序前驱结点 *D* 的值赋给 *G* 结点的值域,然后把 *D* 结点的左指针域的值(在此为空)链接到 *C* 结点的右指针域,删除 *H* 结点后得到的二叉搜索树如图6-3(d)所示。

(4)删除运算的递归算法描述

从二叉搜索树中删除结点的算法可以是递归的,也可以是非递归的,下面只给出递归算法,读者可以自行编写出相应的非递归算法。

```
SBinaryTree*  deleteSBTree(SBinaryTree*  SBT,TreeElemType item)
{    //从二叉搜索树中删除与 item 相匹配的结点,若删除成功则返回树根指针,否则返回空
```

```
    //定义temp指针,初始指向树根结点,待后面使用
    SBinaryTree* temp=SBT;
    //树为空,未找到待删除元素,表示删除失败,返回空指针
    if(SBT==NULL)return NULL;
    //待删除元素小于树根结点值,继续在左子树中删除
    if(item<SBT->data){
        SBT->left=deleteSBTree(SBT->left,item);return SBT;
    }
    //待删除元素大于树根结点值,继续在右子树中删除
    if(item>SBT->data){
        SBT->right=deleteSBTree(SBT->right,item);return SBT;
    }
    //待删除元素等于树根结点值且左子树为空,将右子树的根指针返回
    if(SBT->left==NULL){
        SBT=SBT->right;free(temp);return SBT;
    }
    //待删除元素等于树根结点值且右子树为空,将左子树的根指针返回
    else if(SBT->right==NULL){
        SBT=SBT->left;free(temp);return SBT;
    }
    //待删除元素等于树根结点值且左、右子树均不为空时的处理情况
    else{
        //中序前驱结点就是左孩子结点时,把左孩子结点值赋给树根结点,然后从左子树中删除根结点
        if(SBT->left->right==NULL){
            SBT->data=SBT->left->data;
            SBT->left=deleteSBTree(SBT->left,SBT->data);
            return SBT;
        }
        //查找出中序前驱结点,即左子树的右下角结点,把该结点值赋给树根结点,
        //然后从以中序前驱结点为根的树上删除根结点
        else{
            SBinaryTree * p1=SBT,* p2=SBT->left;
            while(p2->right! =NULL){p1=p2;p2=p2->right;}
            SBT->data=p2->data;
            p1->right=deleteSBTree(p1->right,p2->data);
            return SBT;
        }
    }
}
```

6.1.4 二叉搜索树运算的应用程序示例

假定用下面程序调试对二叉搜索树进行以上各种运算的算法。

```
#include<stdio.h>
#include<stdlib.h>
typedef int TreeElemType;                       //定义树中结点元素的类型为整型
struct BTreeNode {                              //定义二叉树中结点的类型
    TreeElemType data;                          //保存结点元素的值域
    struct BTreeNode* left;                     //二叉树结点的左指针域
```

```
    struct BTreeNode*  right;                 //二叉树结点的右指针域
};
typedef struct BTreeNode BinaryTree;          //定义二叉树为其结点类型
typedef struct BTreeNode*  ElemType;          //定义队列中元素类型为二叉树结点指针型
struct SequQueue {                            //定义一个顺序存储的队列
    ElemType *queue;
    int front,rear;
    int MaxSize;
};
typedef struct SequQueue Queue;               //定义 Queue 为顺序存储队列的类型
#include"队列在顺序存储结构下运算的算法.c"        //假定此文件保存对队列运算的算法
#include"二叉树在链式存储结构下运算的算法1.c"     //假定此文件中保存结点值类型为整
                                              //型的对二叉树进行各种运算的算法
typedef struct BTreeNode SBinaryTree;         //定义二叉搜索树为此结点类型
                                              //它同定义普通二叉树的类型相同
#include"对二叉搜索树进行运算的4种算法.c"        //对二叉搜索树运算的算法
void main()
{
    int a[10]={62,94,35,50,28,55,47,66,85,13};
    int * k,x=50,y=60,i;
    SBinaryTree * root;
    printf("向二叉搜索树依次插入的元素:");
    for(i=0;i<10;i++)printf("% d ",a[i]);printf("\n");
    root=createSBTree(a,10);                  //根据数组a[10]建立二叉搜索树
    printf("二叉搜索树的二元组表示:\n");
    printBTree(root);                         //输出树的二元组表示
    printf("中序遍历序列:");
    inOrder(root);printf("\n");               //输出树的中序遍历序列
    k=findSBTree(root,x);                     //从二叉搜索树中查找结点
    if(k) printf("从二叉搜索树中查找% d成功! \n",* k);
    else printf("从二叉搜索树中查找% d不成功! \n",x);
    root=insertSBTree(root,y);                //向二叉搜索树插入结点
    if(root! =NULL)printf("向二叉搜索树插入% d结点成功! \n",y);
    else printf("向二叉搜索树插入% d结点不成功! \n",y);
    printf("插入结点60后的二元组表示:\n");
    printBTree(root);                         //输出插入后树的二元组表示
    root=deleteSBTree(root,66);               //从搜索树中删除值为66的结点
    root=deleteSBTree(root,35);               //从搜索树中删除值为35的结点
    root=deleteSBTree(root,62);               //从搜索树中删除值为62的结点
    printf("相继删除66,35,62结点后的二元组表示:\n");
    printBTree(root);                         //输出删除后树的二元组表示
    printf("删除后的中序遍历序列:");
    inOrder(root);printf("\n");               //输出树的中序遍历序列
    x=depthBTree(root);                       //求出并返回二叉树的深度
    printf("二叉搜索树的深度:% d\n",x);
    root=clearBTree(root);                    //清除二叉搜索树,使之变为空树
    if(emptyBTree(root))printf("树已清空! \n");
    printf("程序运行结束。再见! \n");
}
```

此程序运行后,得到的输出结果如下:

```
向二叉搜索树依次插入的元素:62 94 35 50 28 55 47 66 85 13
二叉搜索树的二元组表示:
{<62:35>,<62;94>,<35:28>,<35;50>,<94:66>,<28:13>,<50:47>,<50;55>,<66;85>,}
中序遍历序列:13 28 35 47 50 55 62 66 85 94
从二叉搜索树中查找 50 成功!
向二叉搜索树插入 60 结点成功!
插入结点 60 后的二元组表示:
{<62:35>,<62;94>,<35:28>,<35;50>,<94:66>,<28:13>,<50:47>,<50;55>,<66;85>,<55;60>,}
相继删除 66,35,62 结点后的二元组表示:
{<60:28>,<60;94>,<28:13>,<28;50>,<94:85>,<50:47>,<50;55>,}
删除后的中序遍历序列:13 28 47 50 55 60 85 94
二叉搜索树的深度:4
树已清空!
程序运行结束。再见!
```

二叉搜索树的查找、插入、删除元素的运算都具有相同的时间复杂度,都与具体二叉搜索树的深度成正比,时间复杂度在平均情况下大致为 $O(\log_2 n)$,最差情况为 $O(n)$;它们的空间复杂度,对于递归算法来说,平均情况大致为 $O(\log_2 n)$,最差情况为 $O(n)$,对于非递归算法来说均为 $O(1)$。二叉搜索树的建立运算的算法,其时间复杂度大致为 $O(n\log_2 n)$。

6.2 堆

6.2.1 堆的定义

堆(heap)分为小根堆和大根堆两种,对于一个小根堆,它是具有如下性质的一棵完全二叉树。

①若树根结点存在左孩子,则根结点的值(或某个域的值,即排序码,下同)小于或等于左孩子结点的值。

②若树根结点存在右孩子,则根结点的值小于或等于右孩子结点的值。

③以左、右孩子为根的子树又各是一个小根堆。

大根堆的定义与上述类似,只要把小于或等于改为大于或等于即可。

由堆的定义可知,若一棵完全二叉树是堆,则该树中以每个结点为根的子树也都是一个堆。

图 6-4(a)和(b)分别为一个小根堆和一个大根堆。根据堆的定义可知,堆顶结点即整个完全二叉树的根结点,对于小根堆来说具有最小值,对于大根堆来说具有最大值。图 6-4(a)所示为一个小根堆,堆中的最小值为堆顶结点的值 30,图 6-4(b)所示为一个大根堆,堆中最大值为堆顶结点的值 86。若用堆来表示优先级队列,则堆顶结点具有最高的优先级,每次做删除操作只要删除堆顶结点即可。

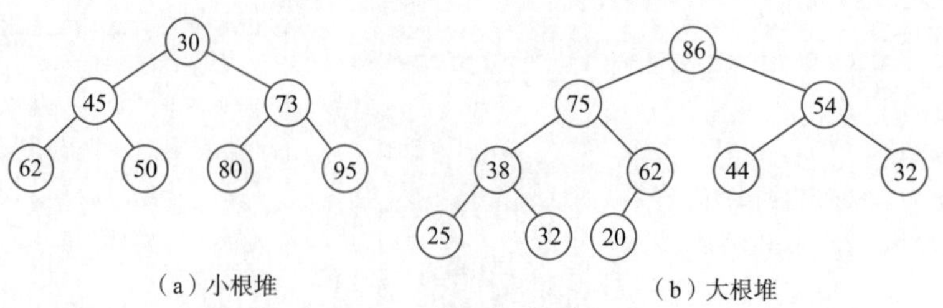

(a)小根堆　　(b)大根堆

图 6-4　小根堆和大根堆

6.2.2　堆的抽象数据类型

堆的抽象数据类型中的数据部分是一个按任何存储结构表示的堆，假定用具有指针类型的标识符 HBT 指向这个堆，堆的抽象存储类型可用标识符 Heap 表示；堆的抽象数据类型中的操作部分通常为：向堆中插入一个元素，从堆中删除堆顶元素，初始化一个堆，清除一个堆，判断一个堆是否为空等。下面给出堆的抽象数据类型的具体定义：

```
ADT HEAP is
    Data:
        由 HBT 指针所指向的一个堆，堆的抽象存储类型用 Heap 表示
    Operations:
        void initHeap(Heap* HBT,int ms);          //初始化一个堆为空
        void clearHeap(Heap* HBT);                //清除堆中所有元素，使之为空
        int emptyHeap (Heap* HBT);                //判断堆是否为空
        void insertHeap(Heap* HBT,TreeElemType item);  //向堆中插入一个元素
        TreeElemType deleteHeap(Heap* HBT);       //从堆中删除堆顶元素并返回
    end HEAP
```

6.2.3　堆的存储结构

堆同一般二叉树一样既可采用顺序存储，也可采用链式存储，但由于堆是一棵完全二叉树，所以适宜采用顺序存储结构，这样既能够充分利用其存储空间，又便于访问每个结点的双亲和孩子。

对堆进行顺序存储时，首先要对堆中的所有结点进行编号，然后再以编号为下标把结点值对应存储到数组元素中。为了利用数组中下标为 0 的元素，让堆中结点的编号从 0 而不是从 1 开始，当然编号次序仍然按照从上到下、同一层从左到右进行，若堆中含有 n 个结点，则编号范围为 $0\sim n-1$。

让堆中的结点从 0 开始编号后，编号为 0 至$\lfloor n/2\rfloor-1$ 的结点为分支结点，编号为$\lfloor n/2\rfloor$ 至 $n-1$ 的结点为叶子结点；当堆中的结点个数 n 为奇数时，则最后一个结点的编号 $n-1$ 为偶数，此时堆中每个分支结点既有左孩子又有右孩子，当 n 为偶数时，则最后一个结点的编号 $n-1$ 为奇数，此时堆中最后一个分支结点只有左孩子没有右孩子，其余每个分支结点既有左孩子又有右孩子；对于每个编号为 i 的分支结点，其左孩子结点的编号为 $2i+1$，右孩子结点的编号为 $2i+2$；除编号为 0 的堆顶结点外，对于其余编号为 i 的结点，其双亲结点的编号为$\lfloor(i-1)/2\rfloor$。

对于图 6-4(a)和(b)所示的堆，对应的顺序存储结构如图 6-5 所示。

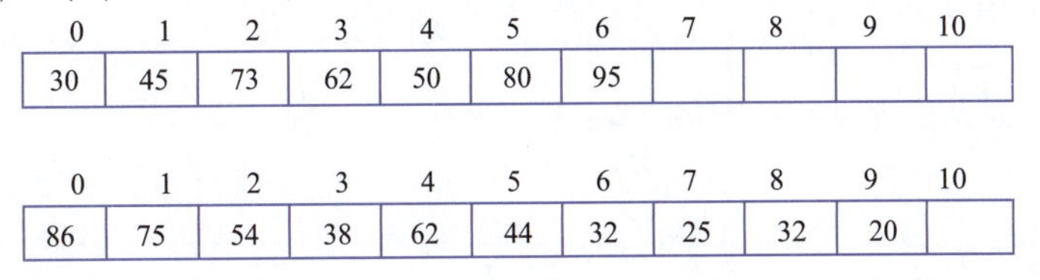

0	1	2	3	4	5	6	7	8	9	10
30	45	73	62	50	80	95				

0	1	2	3	4	5	6	7	8	9	10
86	75	54	38	62	44	32	25	32	20	

图 6-5　图 6-4 堆的顺序存储结构

读者可以根据此存储结构验证上述给出的双亲和左、右孩子结点之间的下标关系。

当一个堆采用顺序存储结构时，需要定义一个元素类型为 TreeElemType、长度为 MaxSize 的一个数组来存储堆中的所有元素，还需要定义一个整型变量，用以存储堆的长度，即堆中当前包含的结点数。假定存储堆元素的数组名用 heap 表示，存储堆长度的变量名用 len 表示，并且把它们连同存储空间大小 MaxSize 一起定义在一个结构类型中，结构类型名用 SequenceHeap 表示，则该类型定义为：

```
struct SequenceHeap {              //定义堆的顺序存储结构类型
    TreeElemType* heap;            //定义指向动态数组空间的指针
    int len;                       //定义保存堆长度的变量
```

```
    int MaxSize;                //用于保存初始化时所给的动态数组空间的大小
};
```

通过下面的类型重定义语句,可以把堆的抽象存储类型 Heap 具体定义为 struct SequenceHeap 类型,即顺序存储堆的结构类型。

```
typedef struct SequenceHeap Heap;
```

6.2.4 堆的运算

下面给出在堆的抽象数据类型中列出的每一种运算的具体算法描述,对于插入和删除算法将以小根堆为例给出,当为大根堆时只是相应条件中的比较操作符不同,其余都相同。

1. 初始化堆

```
void initHeap(Heap* HBT,int ms)
{   //给保存堆进行动态存储空间分配并初始化为空
    //设置 MaxSize 的值
    if(ms<10)HBT->MaxSize=10;
    else HBT->MaxSize=ms;
    //动态分配存储堆的数组空间
    HBT->heap=calloc(HBT->MaxSize,sizeof(TreeElemType));
    if(! HBT->heap){printf("动态存储分配失败! \n");exit(1);}
    //设置 len 域的值为 0,表示空堆
    HBT->len=0;
}
```

2. 清除堆

```
void clearHeap(Heap* HBT)
{   //清除堆中所有元素,使之变为空堆
    if(HBT->heap! =NULL){
        free(HBT->heap);
        HBT->heap=NULL;
        HBT->len=0;
        HBT->MaxSize=0;
    }
}
```

3. 检查一个堆是否为空

```
int emptyHeap (Heap* HBT)
{   //判断堆是否为空,若是空则返回 1,否则返回 0
    return HBT->len==0;
}
```

4. 向堆中插入一个元素

向堆中插入一个元素时,首先将该元素写入堆尾,即堆中最后一个元素的后面位置,亦即下标为 len 的位置上,然后经调整成为一个新堆。由于在原有堆上插入一个新元素后,可能使以该元素的双亲结点为根的子树不为堆,从而使整个完全二叉树不为堆,所以必须进行调整使之仍为一个堆。调整的方法很简单,若新元素小于双亲结点的值,就让它们互换位置;新元素换到双亲位置后,使得以该位置为根的子树成为堆,但新元素可能还小于此位置的双亲结点的值,从而使以上一层的双亲结点为根的子树不为堆,还需要按上述方法继续调整,这样持续传递上去,直到以新位置的双亲结点为根的子树仍为一个堆或者调整到堆顶为止,此时得到的整个完全二叉树又成为一个堆。

例如,对于图 6-4(a)所示的堆,若向其插入一个新元素 70 时,由于它不小于双亲结点的值 62,

所以以 62 为根的子树仍为一个堆,从而使整个完全二叉树仍然是一个堆,此次插入不需要作任何调整。插入新元素 70 后得到的堆如图 6-6(a)所示。

对于图 6-6(a)所示的堆,若向它插入一个新元素 36,由于它小于双亲结点的值 62,所以需要将 36 与 62 对调位置,对调后因新元素 36 仍小于此时的双亲元素 45,所以需要将 36 与 45 对调位置,对调后的元素 36 不小于此时的双亲元素 30,所以调整结束,得到的整个二叉树仍为一个堆,插入 36 后的堆如图 6-6(b)所示。

对于图 6-6(b)所示的堆,若向它插入的一个新元素为 18,由于它小于双亲元素 50,所以需要将 18 与 50 对调位置,对调后因新元素 18 小于其双亲元素 36,所以又需要将 18 与 36 对调位置,再接着向上同堆顶元素 30 对调位置,此时新元素被调整到了堆顶位置,所以调整结束,得到的插入 18 元素后的堆如图 6-6(c)所示。

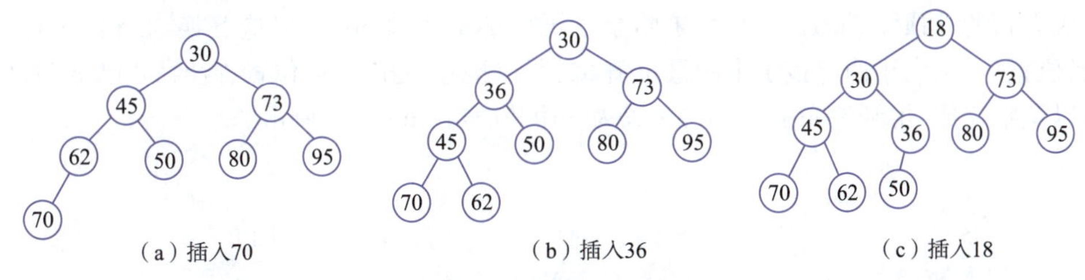

图 6-6　堆的插入过程

向堆中插入一个元素的算法描述为:

```
void insertHeap(Heap* HBT,TreeElemType item)
{    //向已知小根堆中插入一个元素,插入后仍要调整为一个堆
    int i;
    if(HBT->len==HBT->MaxSize){         //若堆满则扩大一倍空间并修改 MaxSize 值
        HBT->heap=realloc(HBT->heap,2*sizeof(TreeElemType)* HBT->MaxSize);
        if(! HBT->heap){printf("动态存储分配失败! \n");exit(1);}
        HBT->MaxSize=2* HBT->MaxSize;
    }
    HBT->heap[HBT->len]=item;           //向堆尾添加新元素,此步可以省略
    HBT->len++;                         //堆长度增 1
    i=HBT->len-1;                       //用 i 初始指向新元素所在的堆尾位置
    while(i! =0){                       //循环寻找新元素的最终位置
        int j=(i-1)/2;                  //j 指向下标为 i 的元素的双亲元素
        if(item>=HBT->heap[j])break;    //若条件成立则比较调整结束退出循环
        HBT->heap[i]=HBT->heap[j];      //双亲元素下移到孩子位置
        i=j;                            //改变调整元素的位置为其双亲位置
    }
    HBT->heap[i]=item;                  //把新元素放置到最终位置
}
```

此算法的运行时间主要取决于 while 循环的执行次数(假定不考虑重分配存储空间所花的时间),它等于新元素向双亲位置逐层上移的次数,此次数最多等于整个树的深度减 1,所以算法的时间复杂度为 $O(\log_2 n)$,其中 n 为堆的大小。

微视频

从堆中插入或删除元素的过程示例

5. 从堆中删除一个元素

从堆中删除元素就是删除堆顶元素并使之返回。堆顶元素被删除后,留下的堆顶位置应由堆尾元素来填补,这样既保持了完全二叉树的顺序存储结构,又不需要移动其他任何元素。把堆尾元素移动到堆顶位置后,它可能不小于左、右孩子结点,可能使整个二叉树不为

堆,所以需要一个调整过程,使之变为含有 $n-1$ 个元素的堆(假定删除前为 n 个元素)。调整过程首先从树根结点开始,若树根结点的值大于两个孩子结点中的最小值,就将它与具有最小值的孩子结点互换位置,使得根结点的值小于两个孩子结点的值;原树根结点被对调到一个孩子位置后,可能使以该位置为根的子树又不为堆,因而又需要使新元素向孩子一层调整,如此调整下去,直到以调整后的位置为根的子树成为一个堆或调整到叶子结点为止。

例如,对于图 6-7(a)所示的堆,若从中删除堆顶元素 30 时,需要把堆尾元素 95 写入堆顶位置,使之成为新的堆顶元素,由于 95 大于两个孩子中的最小值 45,所以应互换 95 和 45 的位置,95 被移到新位置后,又大于两个孩子中的最小值 50,所以接着同 50 互换位置,此时 95 已被调整到叶子结点,所以调整完成,得到的完全二叉树又成为一个堆,如图 6-7(b)所示。

再如,对于图 6-7(b)所示的堆,若从中删除堆顶元素 45 时,需要把堆尾元素 80 写入到堆顶位置,使之成为新的堆顶元素,由于 80 大于两个孩子中的最小值 50,所以应互换 80 和 50 的位置,80 被移到新位置后,又大于两个孩子中的最小值 62,所以接着同 62 互换位置,此时 80 已被调整到叶子结点,所以调整完成,得到的完全二叉树又成为一个堆,如图 6-7(c)所示。

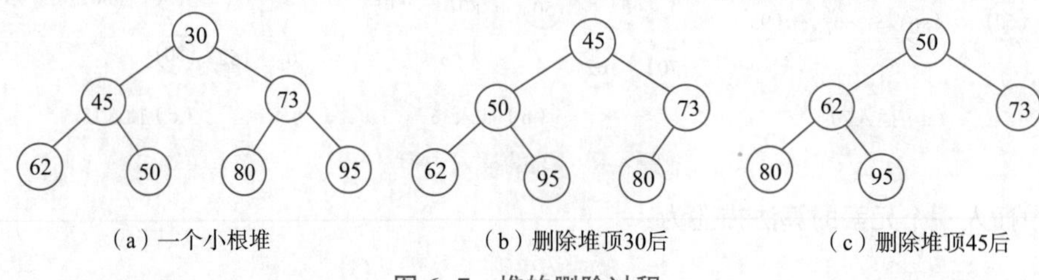

(a)一个小根堆　　(b)删除堆顶30后　　(c)删除堆顶45后

图 6-7　堆的删除过程

从堆中删除元素的算法描述为:

```
TreeElemType deleteHeap(Heap* HBT)
{   //从小根堆中删除堆顶元素并返回,删除后仍要调整为一个堆
    int i,j;
    TreeElemType temp,x;
    if(HBT->len==0){                  //若为空堆,则显示出错误信息并退出运行
        printf("堆空无法删除,退出运行! \n");exit(1);
    }
    temp=HBT->heap[0];                //堆顶元素赋给 temp,以便返回
    HBT->len--;                       //使堆长度减 1
    if(HBT->len==0)return temp;       //若删除操作后变为空堆则返回
    x=HBT->heap[HBT->len];            //将待调整的堆尾元素暂存 x 中
    i=0;                              //用 i 指向待调整元素的位置,初始指向堆顶位置
    j=2*i+1;                          //用 j 指向 i 的左孩子位置,初始指向下标 1 的位置
    while(j<=HBT->len-1){             //循环寻找待调整元素的最终位置
        if(j<HBT->len-1 && HBT->heap[j]>HBT->heap[j+1])j++;
                                      //若右孩子存在并且较小,应使 j 成为右孩子元素的下标
        if(x<=HBT->heap[j])break;     //若条件成立则已调整为堆,应退出此循环
        HBT->heap[i]=HBT->heap[j];    //孩子元素上移到双亲位置
        i=j; j=2*i+1;                 //使 i 和 j 分别指向下一层结点
    }                                 //调整到孩子为空时止
    HBT->heap[i]=x;                   //把待调整元素放到最终位置
    return temp;                      //返回原堆顶元素
}
```

此算法的运行时间主要取决于 while 循环的执行次数,它等于堆顶新元素向孩子位置逐层下移的次

数,此次数最多等于整个树的深度减1,所以堆删除算法的时间复杂度同插入算法相同,均为$O(\log_2 n)$。

在解决实际问题时,若每次只需要取出(即删除)具有最小值的元素,则适合采用堆这种数据结构,因为其插入和删除元素的时间复杂度均为$O(\log_2 n)$。若采用线性表来实现这种功能,其插入和删除元素的时间复杂度均为$O(n)$。

如在计算机操作系统中,管理一个共享资源就需要使用一个堆,把等待使用该资源的所有用户按照优先级号组织起来,优先级最高的用户一定处于堆首位置,系统每次从这个堆中取出(删除)堆顶元素并为之服务,需要使用该资源的新用户被加入等待使用该资源的堆中。

在一个堆中,只在堆尾插入元素,只在堆顶(堆首)删除元素,这同队列的性质完全一样,但它需要在插入或删除元素后进行堆的调整,使之仍保持为一个堆,即始终保持着堆顶元素是优先级最高的元素,所以也把堆称为优先级队列。

6.2.5 堆运算的应用程序示例

下面是使用堆的一个完整程序,请读者自行阅读和分析。

```
#include<stdio.h>
#include<stdlib.h>
typedef int TreeElemType;                  //定义元素类型为整型
struct SequenceHeap {                      //定义堆的顺序存储类型
    TreeElemType* heap;                    //定义指向动态数组空间的指针
    int len;                               //定义保存堆长度的变量
    int MaxSize;                           //用于保存初始化时所给的动态数组空间的大小
};
typedef struct SequenceHeap Heap;          //定义堆的抽象存储类型
#include"堆在顺序存储结构下运算的算法.c"  //假定此文件保存着对堆运算的算法
void main(){
    int i,j;
    TreeElemType a[10]={30,56,40,62,38,55,12,73,24,85};
    Heap h,* H=&h;                         //定义一个堆h和一个指向堆h的指针H
    initHeap(H,1);                         //初始化堆H
    for(i=0;i<10;i++){                     //向堆H中依次插入数组a中的每一个元素
        insertHeap(H,a[i]);
        printf("插入% d后的堆:",a[i]);
        for(j=0;j<=i;j++)printf("% d ",H->heap[j]);
        printf("\n");
    }
    printf("依次从堆中删除元素的输出结果:");
    while(! emptyHeap(H))                  //依次删除堆顶元素并显示出来,直到堆空为止
        printf("% d ",deleteHeap(H));
    printf("\n");
    clearHeap(H);
}
```

该程序的运行结果为:

```
插入30后的堆:30
插入56后的堆:30 56
插入40后的堆:30 56 40
插入62后的堆:30 56 40 62
插入38后的堆:30 38 40 62 56
```

```
插入 55 后的堆:30 38 40 62 56 55
插入 12 后的堆:12 38 30 62 56 55 40
插入 73 后的堆:12 38 30 62 56 55 40 73
插入 24 后的堆:12 24 30 38 56 55 40 73 62
插入 85 后的堆:12 24 30 38 56 55 40 73 62 85
依次从堆中删除元素的输出结果:12 24 30 38 40 55 56 62 73 85
```

可见,从小根堆中依次输出被删除的元素序列是一个从小到大排列的有序序列。相反,从大根堆中依次输出被删除的元素序列将是一个从大到小排列的有序序列。

6.3 哈夫曼树

6.3.1 基本术语

1. 路径和路径长度

在一棵树中若存在着一个结点序列 $k_1, k_2, \cdots, k_j$,使得 k_i是 k_{i+1}的双亲($1 \leqslant i<j$),则称此结点序列是从 k_1到 k_j的路径(path)。因树中每个结点只有一个双亲结点,所以从一个分支结点通向它的任一子孙结点都只有唯一路径。从 k_1到 k_j所经过的分支数称为这两点之间的路径长度(path length),它等于路径上的结点数减 1。如在图 6-3(a)所示的二叉树中,从树根结点 G 到叶子结点 I 的路径为结点序列 G、R、K、I,路径长度为 3。

2. 结点的权和带权路径长度

在许多应用中,常常将树中的结点赋上一个有着某种实际意义的大于 0 的实数,称此实数为该结点的权(weight)。结点的带权路径长度(weighted path length,WPL)规定为从树根结点到该结点之间的路径长度与该结点上权的乘积。如在图 6-8(a)中,叶子结点 c 的带权路径长度为 2×3=6。

3. 树的带权路径长度

树的带权路径长度定义为树中所有叶子结点的带权路径长度之和,通常记为

$$\mathrm{WPL} = \sum_{i=1}^{n} w_i l_i$$

其中,n 表示树中叶子结点的数目,w_i和 l_i分别表示叶子结点 k_i的权值和树根结点到 k_i之间的路径长度。如在图 6-8(b)中,树的带权路径长度为 6×1+8×3+3×3+4×2=47。

4. 哈夫曼树

哈夫曼树(Huffman tree)又称最优二叉树。它是 n 个带权叶子结点构成的所有二叉树中,带权路径长度 WPL 最小的二叉树。因为构造这种树的算法最早是由哈夫曼于 1952 年提出的,所以称为哈夫曼树。

例如,有四个带权叶子结点 a、b、c、d,分别带权为 6、8、3、4,由它们构成的三棵不同的二叉树(当然还可以构成其他许多种)分别如图 6-8(a)~(c)所示。

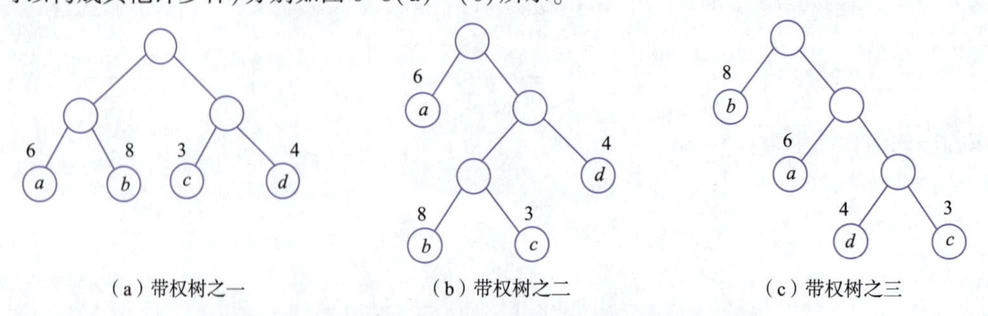

图 6-8 由四个叶子结点构成的三棵不同的带权二叉树

这三棵二叉树的带权路径长度 WPL 分别为：

(a) WPL=6×2+8×2+3×2+4×2=42

(b) WPL=6×1+8×3+3×3+4×2=47

(c) WPL=8×1+6×2+4×3+3×3=41

其中图 6-8(c)树的 WPL 最小，稍后能够证明，此树就是由上述四个结点构成的哈夫曼树。

从图 6-8 可以直观地看出，根据 n 个带权叶子结点所构成的二叉树中，满二叉树或完全二叉树不一定是最优二叉树(哈夫曼树)。权值越大的结点离树根越近(即路径长度越短)的二叉树才是最优二叉树。

6.3.2 构造哈夫曼树

1. 构造哈夫曼树的过程

构造最优二叉树的方法是由哈夫曼提出的，所以称为哈夫曼算法，具体算法步骤叙述如下：

①根据与 n 个权值 $\{w_1, w_2, \cdots, w_n\}$ 对应的 n 个结点构成具有 n 棵二叉树的森林 $F=\{T_1, T_2, \cdots, T_n\}$，其中每棵二叉树 $T_i(1 \leq i \leq n)$ 都只有一个权值为 w_i 的根结点(也是叶子结点)，其左、右子树均为空。

②在森林 F 中选出两棵树根结点的权值最小的树作为一棵新树的左、右子树，且置新树的根结点的权值为其左、右子树上根结点的权值之和。

③从 F 中删除构成新树的那两棵树，同时把新树加入 F 中。

④重复②和③步，直到 F 中只含有一棵树为止，此树便是哈夫曼树。

假定仍采用图 6-8 中的四个带权叶子结点来构造一棵哈夫曼树，按照上述算法，则构造过程如图 6-9 所示，其中图 6-9(d)就是最后生成的哈夫曼树，它的带权路径长度为 41，由此可知，图 6-8(c)是由所给的 4 个带权叶子结点生成的一棵哈夫曼树。

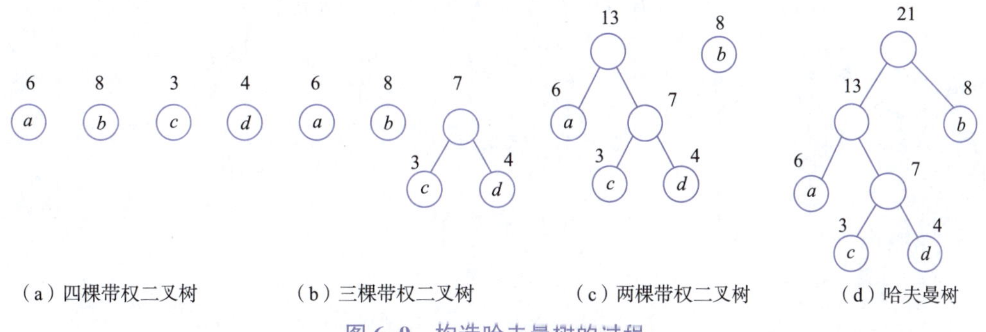

图 6-9　构造哈夫曼树的过程

在构造哈夫曼树的过程中，每次由两棵权值最小的树生成一棵新树时，新树的左子树和右子树可以任意安排，如果这样将会得到具有不同结构的哈夫曼树，但它们都具有相同的带权路径长度。为了使得到的哈夫曼树的结构尽量唯一，有时规定生成的哈夫曼树中每个结点的左子树根结点的权小于或等于右子树根结点的权，下面介绍的哈夫曼算法就是按照这一原则进行的。

2. 构造哈夫曼树的算法描述

哈夫曼树中的结点类型就是普通二叉树中的结点类型，假定哈夫曼树的抽象存储类型用 HuffmanTree 表示，则使用 typedef 语句定义如下：

```
typedef struct BTreeNode HuffmanTree;      //定义哈夫曼树为此结点类型
```

根据上述构造哈夫曼树的过程可以写出相应的用 C 语言描述的算法，具体如下：

```
HuffmanTree*  createHuffmanTree(TreeElemType a[],int n)
{    //根据数组 a 中 n 个权值建立一棵哈夫曼树,返回树根指针
```

```
    int i,j;
    struct BTreeNode * * b,* q;
    //动态分配一个由b指向的包含有n个二叉树结点指针的数组
    b=calloc(n,sizeof(struct BTreeNode* ));
    //初始化b指针数组,使每个指针元素指向a数组中对应元素的结点
    for(i=0;i<n;i++){
        b[i]=malloc(sizeof(struct BTreeNode));
        b[i]->data=a[i];b[i]->left=b[i]->right=NULL;
    }
    //进行n-1次循环建立哈夫曼树
    for(i=1;i<n;i++){
        //用k1表示当前森林中具有最小权值的树根结点的下标
        //用k2表示当前森林中具有次最小权值的树根结点的下标
        int k1=-1,k2;    //初始置k1的值为-1
        //让k1初始指向当前森林中第一棵树,k2初始指向其第二棵树
        for(j=0;j<n;j++){
            if(b[j]! =NULL && k1==-1){k1=j;continue;}
            if(b[j]! =NULL){k2=j;break;}
        }
        //从当前森林中求出最小权值树和次最小权值树
        for(j=k2;j<n;j++){
            if(b[j]! =NULL){
                if(b[j]->data<b[k1]->data){k2=k1;k1=j;}
                else if(b[j]->data<b[k2]->data)k2=j;
            }
        }
        //由最小权值树和次最小权值树建立一棵新树,q指向树根结点
        q=malloc(sizeof(struct BTreeNode));
        q->data=b[k1]->data+b[k2]->data;
        q->left=b[k1];q->right=b[k2];
        //将指向新树的指针赋给b指针数组中k1位置,k2位置置为空
        b[k1]=q;b[k2]=NULL;
    } //end for(int i;…)
    //删除动态建立的数组b
    free(b);
    //返回整个哈夫曼树的树根指针
    return q;
}
```

在这个算法中有多处使用动态分配存储空间,按正常情况需要判断分配是否成功,这里为简便起见而省略了。不过,由于计算机操作系统的功能越来越强大,即使内存无法动态分配到可用的存储空间,系统也会自动到外存寻找空间并进行有效分配,所以当动态存储分配的空间不大时也可不用判断动态分配是否有效,万一分配失败,计算机系统也会自行处理,然后自动退出程序运行。此算法的时间复杂度为 $O(n^2)$,空间复杂度为 $O(n)$。

3. 求哈夫曼树的带权路径长度的算法描述

下面给出求哈夫曼树带权路径长度的算法。

```
TreeElemType WeightPathLength(HuffmanTree* FBT,int len)
{   //根据FBT指针所指向的哈夫曼树求出带权路径长度,len初值为0
  if(FBT==NULL)return 0;  //空树则返回0
```

```
        else {
           //访问到叶子结点时返回该结点的带权路径长度,其中参数 len 保存着当前被访问结点的路径
             长度
           if(FBT->left==NULL && FBT->right==NULL)
               return FBT->data*len;
           //访问到非叶子结点时进行递归调用,返回左、右子树的带权路径长度之和,向下深入一层时其
             路径长度 len 值增 1
           else {
               return WeightPathLength(FBT->left,len+1)+
                      WeightPathLength(FBT->right,len+1);
           }
        }
}
```

6.3.3 哈夫曼编码

哈夫曼树的应用很广,哈夫曼编码就是其中一种,下面给予简要介绍。

在电报通信中,电文是以二进制的 0、1 序列传送的。在发送端需要将电文中的字符序列转换成二进制的 0、1 序列(即编码),在接收端又需要把接收的 0、1 序列转换成对应的字符序列(即译码),以便阅读和使用。

1. 等长编码

最简单的二进制编码方式是等长编码。例如,假定电文中只使用 A、B、C、D、E 这 5 种字符,若进行等长编码,它们分别需要三位二进制字符,可依次编码为 000、001、010、011、100。若用这 5 个字符作为 5 个叶子结点,生成一棵二叉树,让该二叉树中每个分支结点的左、右分支分别用 0 和 1 编码,从树根结点到每个叶子结点的路径上所经分支的 0、1 编码序列应等于该叶子结点的二进制编码,则对应的编码二叉树如图 6-10(a)所示。

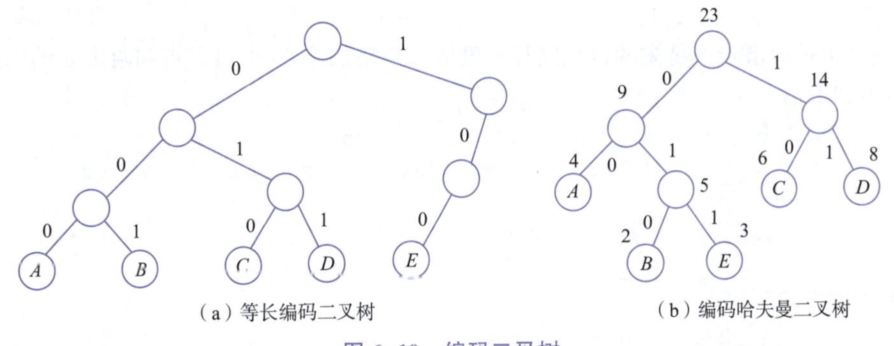

(a) 等长编码二叉树　　(b) 编码哈夫曼二叉树

图 6-10　编码二叉树

由常识可知,电文中每个字符的出现频率(即次数)一般是不同的。假定在一份电文中,这 5 个字符出现的频率(次数)依次为 4、2、6、8、3,则电文被编码后的总长度 L 可由下式计算得到:

$$L=\sum_{i=1}^{n} c_i l_i$$

式中,n 表示电文中使用的字符种数;c_i 和 l_i 分别表示对应字符 k_i 在电文中出现的频率(次数)和编码长度。结合例子,可求出 L 为

$$L=\sum_{i=1}^{5}(c_i\times 3)=3\times(4+2+6+8+3)=69$$

可知,采用等长编码时,传送此电文的编码总长度为 69。

2. 不等长编码

现在讨论如何缩短传送电文的总长度,从而节省传送时间?自然想到,若采用不等长编码,让出现频率高的字符具有较短的编码,让出现频率低的字符具有较长的编码,这样有可能缩短传送电文的总长度。采用不等长编码必须避免译码的二义性或多义性。假设用 0 表示字符 D,用 01 表示字符 C,则当接收到编码串…01…,并译到字符 0 时,是立即译出对应的字符 D,还是接着与下一个字符 1 一起译为对应的字符 C,这就产生了二义性。因此,若对某一字符集进行不等长编码,则要求字符集中任一字符的编码都不能是其他字符编码的前缀,符合此要求的编码称为无前缀编码。显然等长编码是无前缀编码,这从等长编码所对应的编码二叉树也可直观地看出,任一叶子结点都不可能是其他叶子结点的双亲,也就是说,只有当一个结点是另一个结点的双亲时,该结点字符编码才会是另一个结点字符编码的前缀。

为了使每个不等长编码成为无前缀编码,可用该字符集中的每个字符作为叶子结点生成一棵编码二叉树,为了获得传送电文的最短长度,可将每个字符出现的频率作为字符结点的权值赋予该结点,此树的最小带权路径长度就等于传送电文的最短长度。因此,求传送电文的最短长度问题就转化为如何求由字符集中的所有字符作为叶子结点,由字符出现的频率作为其权值而产生的哈夫曼树的问题。

根据上面所讨论的例子,生成的编码哈夫曼树如图 6-10(b)所示。由编码哈夫曼树得到的字符编码称为哈夫曼编码(Huffman code)。在图 6-10(b)中,A、B、C、D、E 这 5 个字符的哈夫曼编码依次为:00、010、10、11、011。电文的最短传送长度为:

$$
\begin{aligned}
L=\text{WPL} &= \sum_{i=1}^{5} w_i l_i \\
&= 4\times2+2\times3+6\times2+8\times2+3\times3 \\
&= 51
\end{aligned}
$$

显然,这比等长编码所得到的传送电文总长度 69 要小得多。

3. 求哈夫曼编码的算法描述

对已经介绍过的求哈夫曼树的带权路径长度的算法略加修改,就可以得到哈夫曼编码的算法描述,具体给出如下:

```
void HuffManCoding(HuffmanTree* FBT,int a[],int len)
{   //根据 FBT 所指向的哈夫曼树输出每个叶子的编码,len 初值为 0
    if(FBT! =NULL){
        //访问到叶子结点时输出其保存在数组 a 中的 0 和 1 序列编码,即它的哈夫曼编码
        if(FBT->left==NULL && FBT->right==NULL){
            int i;
            printf("结点权值为% d 的编码:",FBT->data);
            for(i=0;i<len;i++)printf("% d ",a[i]);
            printf("\n");
        }
    //访问到非叶子结点时分别向左、右子树递归调用,并把分支上的 0、1 编码保存到数组 a 的对应元
      素中,向下深入一层时 len 值要增 1
        else{
            a[len]=0;HuffManCoding(FBT->left,a,len+1);
            a[len]=1;HuffManCoding(FBT->right,a,len+1);
        }
    }
}
```

在此算法中，用整型参数数组 a 保存当前所求结点的哈夫曼编码，即从树根到此结点所经分支上的 0、1 序列编码。

由上面介绍过的生成哈夫曼树的算法可知，从 n 个带权叶子结点起，每次都由两棵子树生成一棵新子树，经过 $n-1$ 次后生成哈夫曼树，所以在具有 n 个结点的哈夫曼树上，存在着 $n-1$ 个双分支结点和 n 个叶子结点，不存在单分支结点。当哈夫曼树为一棵理想平衡树时，它具有最小的深度，其深度值为$\lceil \log_2(n+1) \rceil$；当哈夫曼树的每个双分支结点中至少有一个叶子结点时，树的深度为其最大值 n，从树根到树叶的最多分支的个数为 $n-1$。因此，在求哈夫曼编码的算法中，传送给一维整型数组参数 a 的实参数组长度要大于或等于 $n-1$，通常设定为树中的叶子结点数 n 即可。

4. 求哈夫曼编码的应用程序示例

利用下面的程序能够调试上面关于哈夫曼树的一些算法。

```
#include<stdio.h>
#include<stdlib.h>
#define MN 5                                    //假定准备生成 5 个带权叶子结点的哈夫曼树
typedef int TreeElemType;                       //定义树中结点元素的类型为整型
struct BTreeNode {                              //二叉树中结点类型定义
    TreeElemType data;                          //值域为整数型域
    struct BTreeNode* left;
    struct BTreeNode* right;
};
typedef struct BTreeNode HuffmanTree;           //定义哈夫曼树为此结点类型
#include"哈夫曼树运算的算法.c"                  //此文件保存着对哈夫曼树运算的 3 个算法
void main()
{
    TreeElemType a[MN]={4,2,6,8,3};             //用此数组保存 n 个结点的权值
    HuffmanTree* fbt;
    int i,b[MN]={0};                            //用此数组作为实参传送给函数
    printf("构造哈夫曼树的% d 个叶子结点的权:",MN);
    for(i=0;i<MN;i++)printf("% d ",a[i]);
    printf("\n");
    fbt=createHuffmanTree(a,MN);                //根据数组 a 建立哈夫曼树
    printf("哈夫曼树的带权路径长度:");
    printf("% d\n",WeightPathLength(fbt,0));    //输出哈夫曼树的带权路径长度
    printf("树中每个叶子的哈夫曼编码:\n");
    HuffManCoding(fbt,b,0);                     //输出每个叶子结点的哈夫曼编码
    printf("程序运行结束。再见! \n");
}
```

该程序的运行结果为：

```
构造哈夫曼树的 5 个叶子结点的权:4 2 6 8 3
哈夫曼树的带权路径长度:51
树中每个叶子的哈夫曼编码:
结点权值为 4 的编码:0 0
结点权值为 2 的编码:0 1 0
结点权值为 3 的编码:0 1 1
结点权值为 6 的编码:1 0
结点权值为 8 的编码:1 1
程序运行结束。再见!
```

小　结

1. 二叉搜索树是每个结点值满足相应条件的二叉树，对于树中的每个分支结点，其值要大于左孩子结点的值，同时要小于（允许等于）右孩子结点的值。对二叉搜索树进行中序遍历，得到的结点值序列是一个有序序列。

2. 对二叉搜索树进行查找、插入和删除元素的运算，其时间复杂度均为 $O(\log_2 n)$，因为在运算过程中，从树根开始需要比较的结点数最多为树的高度，一般二叉搜索的高度大致为 $\log_2 n$，n 表示树中的结点数。

3. 堆是每个分支结点值满足相应条件的完全二叉树，对于小根堆，每个分支结点的值都小于或等于其左右孩子结点的值，对于大根堆，每个分支结点的值都大于或等于其左右孩子结点的值。小根堆的树根结点具有所有结点的最小值，大根堆的树根结点具有所有结点的最大值。

4. 一个堆就是一个优先级队列，向堆中插入元素就是插入到堆尾位置，从堆中删除元素就是删除堆首元素，然后用堆尾元素填充。插入和删除元素都要进行相关路径上元素的调整位置的操作，使之仍然是一个堆。对堆进行插入和删除运算的时间复杂度为 $O(\log_2 n)$。

5. 哈夫曼树是一棵带权二叉树，每个结点都有一个权值，当由 n 个带权叶子结点构成的所有二叉树中，具有带权路径长度最小值的一棵二叉树就是哈夫曼树。二叉树的带权路径长度等于所有叶子结点的带权路径长度之和，每个叶子结点的带权路径长度等于其权值与到根结点之间路径长度的乘积。

6. 哈夫曼编码是根据哈夫曼树而得到的对使用频率不同的一组字符所进行的 0 和 1 序列编码。它可以有效地缩短传送电文的总长度，减少传送时间。生成哈夫曼树算法的时间复杂度为 $O(n^2)$，求其带权路径长度算法的时间复杂度为 $O(n)$，求其哈夫曼编码算法的时间复杂度也为 $O(n)$。

思考与练习

一、单选题

1. 从二叉搜索树中查找一个元素时，其时间复杂度大致为（　　）。

A. $O(n)$　　B. $O(1)$　　C. $O(\log_2 n)$　　D. $O(n^2)$

2. 向二叉搜索树中插入一个元素时，其时间复杂度大致为（　　）。

A. $O(1)$　　B. $O(\log_2 n)$　　C. $O(n)$　　D. $O(n\log_2 n)$

3. 根据 n 个元素建立一棵二叉搜索树时，其时间复杂度大致为（　　）。

A. $O(n)$　　B. $O(\log_2 n)$　　C. $O(n^2)$　　D. $O(n\log_2 n)$

4. 从堆中删除一个元素的时间复杂度为（　　）。

A. $O(1)$　　B. $O(n)$　　C. $O(\log_2 n)$　　D. $O(n\log_2 n)$

5. 向堆中插入一个元素的时间复杂度为（　　）。

A. $O(\log_2 n)$　　B. $O(n)$　　C. $O(1)$　　D. $O(n\log_2 n)$

6. 在一棵深度为 h 的具有 n 个元素的二叉搜索树中，搜索一个元素的最大搜索长度（即经比较的结点数）为（　　）。

A. $n/2$　　B. $\log_2 n$　　C. $h/2$　　D. h

7. 在由集合{25,30,16,48,37,53,42,20}按照依次插入结点的方法生成的一棵二叉搜索树后，该树中的单分支结点数为（　　）。

A. 1　　B. 2　　C. 3　　D. 4

8. 在由集合{25,30,16,48}按照依次插入结点的方法生成的一棵二叉搜索树中，在等概率情况下成功搜索一个元素的平均搜索长度为(　　)。

A. 2　　B. 2.5　　C. 3　　D. 4

9. 假定一棵二叉搜索树的广义表为“25(16(,20),30(,48))”，当向此二叉搜索树插入一个元素36后，此二叉搜索树的深度为(　　)。

A. 2　　B. 3　　C. 5　　D. 4

10. 假定一棵二叉搜索树的广义表为“25(16(,20),30(27,48))”，当从中删除元素30后，树根结点25的右孩子元素为(　　)。

A. 16　　B. 20　　C. 27　　D. 48

11. 在由集合{25,30,16,28}按照依次插入结点的方法生成一个小根堆，则该堆中的最后一个元素为(　　)。

A. 25　　B. 30　　C. 16　　D. 28

12. 假定一个小根堆为(16,28,35,30,42)，当删除堆顶元素16后，则堆中最后一个元素为(　　)。

A. 28　　B. 30　　C. 35　　D. 42

13. 假定一个小根堆为(16,28,35,30,42)，当插入一个元素10后，则堆中第3个元素为(　　)。

A. 28　　B. 16　　C. 35　　D. 42

14. 由权值分别为3、8、6、2这四个叶子结点生成一棵哈夫曼树，它的带权路径长度为(　　)。

A. 30　　B. 35　　C. 37　　D. 50

15. 利用n个值作为叶结点的权生成的哈夫曼树中共包含有的结点个数为(　　)。

A. n　　B. $n+1$　　C. $2n$　　D. $2n-1$

16. 利用3,6,8,12这四个值作为叶子结点的权，生成一棵哈夫曼树，该树的深度为(　　)。

A. 2　　B. 3　　C. 4　　D. 5

二、判断题

1. 在一棵非空的二叉搜索树中，以每个分支结点为根的子树都是一棵二叉搜索树。(　　)

2. 对一棵二叉搜索树中进行中序遍历时，得到的结点序列是一个无序序列。(　　)

3. 从一棵二叉搜索树中查找一个元素时，若元素的值小于根结点的值，则继续向左子树查找。(　　)

4. 一棵二叉搜索树是一棵完全二叉树。(　　)

5. 一个堆是一棵完全二叉树。(　　)

6. 在一个堆的顺序存储中，若一个元素的下标为i，则它的左孩子元素的下标为$2i$。(　　)

7. 在一个小根堆中，堆顶结点的值是所有结点中的最大值。(　　)

8. 当向一个小根堆插入一个具有最小值的元素时，该元素需要逐层向上调整，直到被调整到堆顶位置为止。(　　)

9. 当从一个小根堆中删除一个元素时，需要把堆顶元素填补到堆尾位置，然后再按条件进行逐层调整。(　　)

10. 若有两个树T_1和T_2均为小根堆，当以它们作为一棵树T的左、右子树，并用一个比这两棵子树的根都小的值作为整个树T的根结点，则树T也是一个小根堆。(　　)

11. 若有两个树T_1和T_2均为二叉搜索树，并且T_1根结点的值小于T_2根结点的值，当以它们分别作为一棵树T的左、右子树，并用一个比T_1根结点的值大但比T_2根结点的值小的一个值作为整个树T的根结点，则树T一定也是一棵二叉搜索树。(　　)

12. 在哈夫曼编码中，若编码长度只允许小于或等于4，则除了已对两个字符编码为0和10外，

还可以最多对4个字符进行编码。 ( )

13. 在哈夫曼编码中,若编码长度只允许小于或等于3,则最多能够对9个字符进行编码。 ( )

14. 在哈夫曼编码中,若要对10个字符进行编码,则对应的编码二叉树中的双分支结点数为9个。 ( )

15. 在哈夫曼编码中,若要对10个字符进行编码,则对应的编码二叉树中的结点总数为20个。 ( )

16. 哈夫曼编码二叉树一定是一棵完全二叉树。 ( )

17. 在一棵哈夫曼编码二叉树中,权值越大的叶子结点离根结点越近。 ( )

18. 在一棵哈夫曼树中,其带权路径长度等于所有叶子结点的带权路径长度之和。 ( )

三、运算题

1. 已知一组元素为{46,25,78,62,12,37,70,29},画出按元素排列顺序插入生成一棵二叉搜索树,再以广义表形式给出该二叉搜索树。

2. 已知一棵二叉搜索树的广义表为“28(12(9,16),49(34(,40),72))”,若从中依次删除72,12,49,28结点,试用图形画出删除每个结点的过程,并分别写出每删除一个结点后得到的二叉搜索树的广义表。

3. 从空堆开始依次向小根堆中插入集合{38,64,52,15,73,40,48,55,26,12}中的每个元素,请以线性表的表示方法给出每插入一个元素后堆的状态。

4. 已知一个小根堆为(12,15,40,38,26,52,48,64),若需要从堆中依次删除四个元素,试写出每删除一个元素后堆的状态。

5. 有七个带权结点,其权值分别为3,7,8,2,6,10,14,试以它们作为叶子结点构造一棵哈夫曼树,以广义表的形式写出,并计算出带权路径长度WPL。

6. 在一份电文中共使用6种字符,即*a*、*b*、*c*、*d*、*e*、*f*,它们出现的频率依次为4,7,5,12,10,15,试画出对应的编码哈夫曼树,求出每个字符的哈夫曼编码,并求出传送电文的总长度。

四、算法设计题

1. 假定在由SBT所指向的一棵二叉搜索树中,结点值data域中包含有用于排序码域pxm和统计相同排序码结点个数的域count,当向该树插入一个元素item值时,若树中已存在与该元素的排序码相同的结点,则就使该结点的count域增1,否则就由该元素生成一个新结点而插入到树中,并使其count域置为1,试按照这种插入要求编写一个非递归算法,返回插入后的树根指针。假定此算法的声明语句如下:

```
SBinaryTree* insertElement(SBinaryTree* SBT,TreeElemType item);
```

2. 编写一个非递归算法,返回由SBT所指向的一棵二叉搜索树中所有结点的最大值,若树为空则退出运行。假定此算法的声明语句如下:

```
TreeElemType findMaxValue(SBinaryTree* SBT);
```

3. 按照下面函数声明编写出一个递归算法,实现对由SBT所指向的一棵二叉搜索树中所匹配的结点值进行更新,若更新成功则返回1,若更新失败(即没有找到相匹配的结点无法实现更新)则返回0。假定树结点值的类型TreeElemType是一种结构类型,其中包含有pxm关键字域,算法中需要用item所指元素的值去更新树中与之相匹配的结点值,匹配条件是结点值中的关键字必须相等。

```
int updateSBTree(SBinaryTree* SBT,TreeElemType item);
```

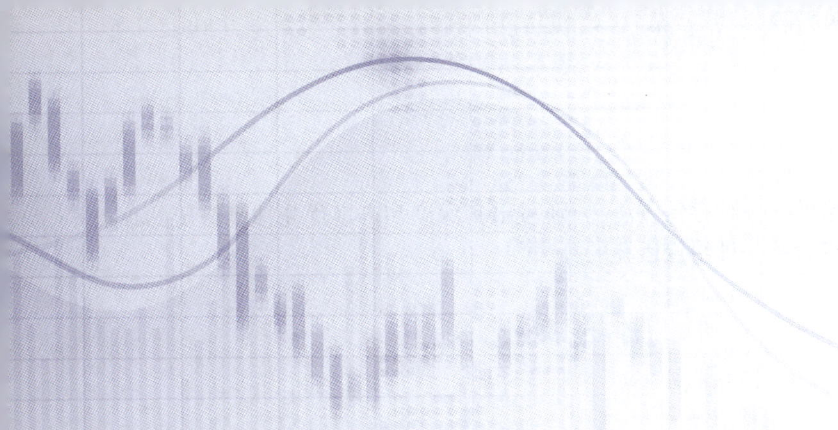

第 7 章 图

图是一种较复杂的数据结构，图中的每个顶点的前驱和后继的个数均不受限，即允许有 0 个、1 个或多个。对图进行存储以及遍历、插入、删除等运算也要比树结构的情况复杂。本章主要介绍图的一般概念、图的各种存储结构、图的各种运算及其算法实现等内容。关于图的应用将在第 8 章专门介绍。

本章知识导图

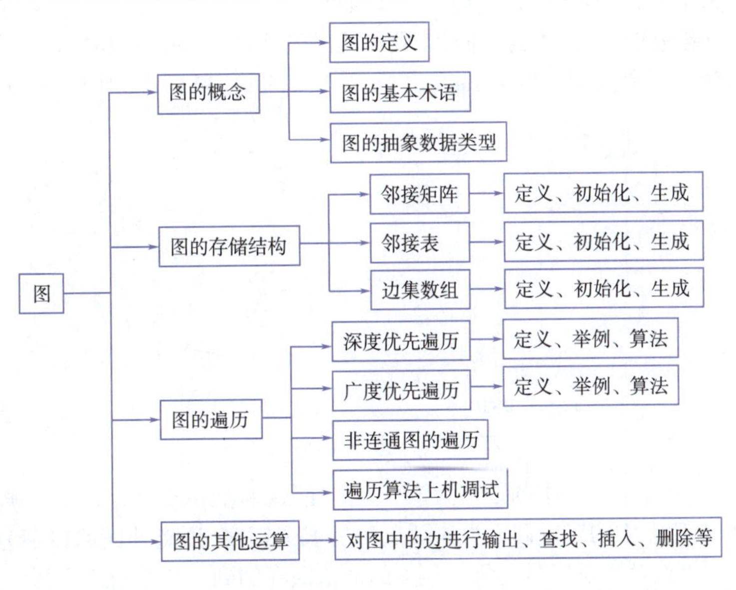

学习目标

◎了解：图的定义、有关概念和术语，图的抽象数据类型，图的三种存储表示。

◎了解：对边集数组表示的图，分别进行深度和广度优先搜索遍历的方法和算法，以及相应的时间复杂度和空间复杂度。除图的遍历之外的其他对图的运算方法和算法。

◎掌握：对邻接矩阵表示的图，分别进行深度和广度优先搜索遍历的方法和算法，以及相应的时间复杂度和空间复杂度。

◎掌握：对邻接表表示的图，分别进行深度和广度优先搜索遍历的方法和算法，以及相应的时间复杂度和空间复杂度。

◎应用：能够根据已知图形的任一种存储方法，分别写出其深度和广度优先搜索遍历的顶点序列，编写出对邻接矩阵表示图进行某一种给定运算的算法。

7.1 图的概念

7.1.1 图的定义

图（graph）是一种复杂的非线性数据结构。图在各个领域都有着广泛的应用。假定一个图用标识符 G 表示，它的二元组定义为：

$$G=(V,E)$$

其中，V 是图中所有顶点的集合，即 $V=\{v_i \mid 0\leqslant i\leqslant n-1, n\geqslant 0, v_i\in \text{VertexType}\}$，VertexType 为顶点值的类型，$n$ 为顶点数，当 $n=0$ 时，则 V 为空集；E 是顶点集 V 上的一个二元关系，即 V 上顶点的序偶或无序对（每个无序对 (x,y) 是两个对称序偶 $<x,y>$ 和 $<y,x>$ 的简写形式）的集合。对于 V 上的每个顶点，在 E 中都允许有任意多个前驱和任意多个后继，即对每个顶点的前驱和后继个数均不加限制。

对于一个图 G，若所属的二元关系 E 是序偶的集合，则每个序偶对应图形中的一条有向边，若二元关系 E 是无序对的集合，则每个无序对对应图形中的一条无向边，所以可把 E 看作边的集合。这样图的二元组定义还可定义为：图由顶点集（vertex set）和边集（edge set）所组成，针对图 G，顶点集和边集可分别记为 $V(G)$ 和 $E(G)$，若顶点集为空，则边集必然为空；若顶点集非空，则边集可以为空，也可以不为空，当为空时，图 G 中的顶点均为孤立顶点。

对于一个图 G，若边集 $E(G)$ 中为有向边，则称此图为有向图（directed graph），若边集 $E(G)$ 中为无向边，则称此图为无向图（undirected graph）。图 7-1 中的 G1 和 G2 分别为一个无向图和有向图。

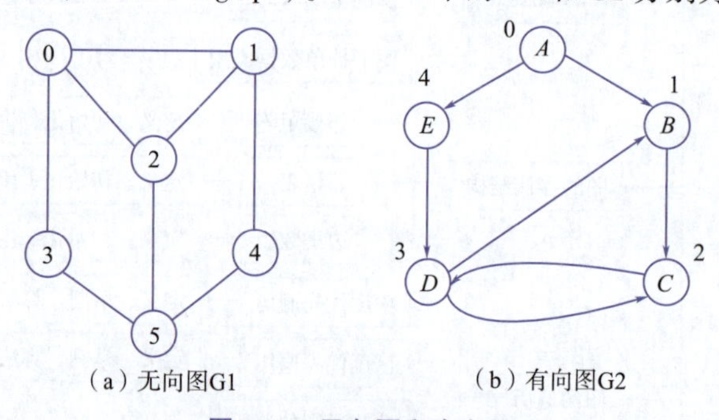

（a）无向图G1　　（b）有向图G2

图 7-1　无向图和有向图

在图 7-1 中，G1 中每个顶点中的数字为该顶点的序号（从数字 0 开始编号），顶点的值没有在图形中给出，G2 中每个顶点中的字母假定为该顶点的值或关键字，顶点外面的数字为该顶点的序号。当存储一个图形时，将按照顶点序号把每个顶点的值依次存储到一个数组或文件中，待需要时取用。G1 和 G2 对应的顶点集和边集（假定用每个顶点的序号 i 代替顶点 v_i 的值）分别如下：

$V(\text{G1})=\{0,1,2,3,4,5\}$

$E(\text{G1})=\{(0,1),(0,2),(0,3),(1,2),(1,4),(2,5),(3,5),(4,5)\}$

$V(\text{G2})=\{0,1,2,3,4\}$

$E(\text{G2})=\{<0,1>,<0,4>,<1,2>,<2,3>,<3,1>,<3,2>,<4,3>\}$

若用 G2 顶点的值表示其顶点集和边集，则如下所示。

$V(\text{G2})=\{A,B,C,D,E\}$

$E(\text{G2})=\{<A,B>,<A,E>,<B,C>,<C,D>,<D,B>,<D,C>,<E,D>\}$

在日常生活中，图的应用到处可见。如各种交通图、线路图、结构图、设计图、流程图等，不胜枚举。

7.1.2　图的基本术语

1. 端点和邻接点

在一个无向图中，若存在一条边(v_i, v_j)，则称v_i和v_j为此边的两个端点（endPoint），并称它们互为邻接点（adjacent），即v_i是v_j的一个邻接点，v_j也是v_i的一个邻接点。如在图7-1所示的G1中，以顶点v_0为端点的3条边是(0,1)、(0,2)和(0,3)，v_0的3个邻接点分别为v_1、v_2和v_3；以顶点v_3为端点的两条边是(3,0)和(3,5)，v_3的两个邻接点分别为v_0和v_5。

在一个有向图中，若存在一条边$<v_i, v_j>$，则称此边是顶点v_i的一条出边（out edge），顶点v_j的一条入边（in edge）；称v_i为此边的起始端点，简称起点或始点，v_j为此边的终止端点，简称终点；称v_i和v_j互为邻接点，并称v_j是v_i的出边邻接点，v_i是v_j的入边邻接点。如在图7-1所示的G2中，顶点C有一条出边$<C,D>$，两条入边$<B,C>$和$<D,C>$，顶点C的一个出边邻接点为D，两个入边邻接点为B和D；对于其他顶点亦可进行类似分析。

2. 顶点的度、入度、出度

无向图中顶点v的度（degree）、入度、出度都相同，定义为以该顶点为一个端点的边的数目，记为$D(v)$。如在图7-1所示的G1中，v_0顶点的度为3，v_3顶点的度为2。有向图中顶点v的度有入度和出度之分，入度（InDegree）是该顶点的入边的数目，记为ID(v)；出度（OutDegree）是该顶点的出边的数目，记为OD(v)；顶点v的度等于它的入度和出度之和，即$D(v)=\mathrm{ID}(v)+\mathrm{OD}(v)$。如图7-1所示的G2中，顶点$A$的入度为0，出度为2，度为2；顶点$C$的入度为2，出度为1，度为3。

若一个图中有n个顶点和e条边，则该图所有顶点的度同所有边数e满足下面关系：

$$e=\frac{1}{2}\sum_{i=0}^{n-1}D(v_i)$$

这很容易理解，因为每条边连接着两个顶点，使这两个顶点的度数分别增1，总和增2，所以全部顶点的度数为所有边数的2倍，或者说，边数为全部顶点的度数之和的一半。

3. 完全图、稠密图、稀疏图

若无向图中任意两个顶点之间都存在着一条边，有向图中任意两个顶点之间都存在着方向相反的两条边，则称这样的图为完全图。显然，若完全图是无向的，则图中包含有$\frac{1}{2}n(n-1)$条边；若完全图是有向的，则图中包含有$n(n-1)$条边。当一个图接近完全图时，则称它为稠密图，相反地，当一个图含有较少的边数时，则称它为稀疏图。图7-2中的G3就是一个含有5个顶点的无向完全图，G4就是一个含有6个顶点的稀疏图。

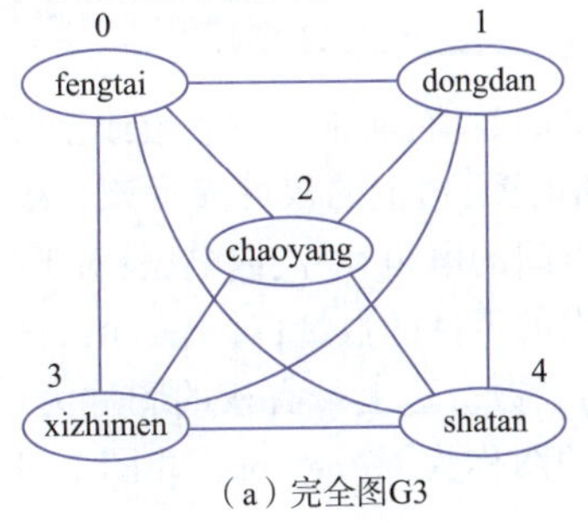

（a）完全图G3　　（b）稀疏图G4

图7-2　完全图和稀疏图

4. 子图

设有两个图 $G=(V,E)$ 和 $G'=(V',E')$，若 V' 是 V 的子集，即 $V'\subseteq V$，E' 是 E 的子集，即 $E'\subseteq E$，并且 E' 中的边所涉及的顶点均属于 V'，则称 G' 是 G 的子图。例如，由图 7-2 所示的 G3 中的全部顶点和同 v_0 相连的所有四条边就构成了 G3 的一个子图，由 G3 中的顶点 v_0、v_1、v_2 和它们之间的所有三条边可构成 G3 的另一个子图。

5. 路径和回路

在一个图 G 中，从顶点 v 到顶点 v' 的一条路径(path)是一个顶点序列 u_1、u_2、…、u_m，其中 $v=u_1$、$v'=u_m$，若此图是无向图，则 $(u_{j-1},u_j)\in E(G)$，$2\leqslant j\leqslant m$；若此图是有向图，则 $<u_{j-1},u_j>\in E(G)$，$2\leqslant j\leqslant m$。顶点之间的路径长度是指此两点之间的路径上经过的边的数目。若一条路径上的所有顶点均不同(但开始和结束顶点可以相同)，则称为简单路径，否则称为复杂路径。若在一条简单路径上，前后两端点相同，则称为简单回路或简单环(cycle)。如在图 7-2 所示的 G4 中，从顶点 c 到顶点 d 的一条路径 c、e、f、d 为简单路径，其路径长度为 3；路径 c、e、f、d、c 为一条简单路径，也是一条简单回路，其路径长度为 4；路径 a、c、e、f、d、c、b 是一条复杂路径，因为顶点 c 在路径内出现两次，其中包含着从顶点 c 到 c 的一条回路。

6. 连通和连通分量

在无向图 G 中，若从顶点 v_i 到顶点 v_j 有路径，则称 v_i 和 v_j 是连通的。若图 G 中任意两个顶点都连通，则称 G 为连通图，否则称为非连通图。无向图 G 的极大连通子图称为 G 的连通分量。一个连通图可能有许多连通分量，只要能够连通所有顶点的子图都是它的连通分量，而在非连通图中，每个连通分量都只能连通其一部分顶点，而不能连通其全部顶点。例如，上面例子中给出的图 G1 和图 G3 都是连通图。图 7-3(a)是一个非连通图，它包含有三个连通分量，分别包含的顶点序列为 $ABCD$、EF 和 G。

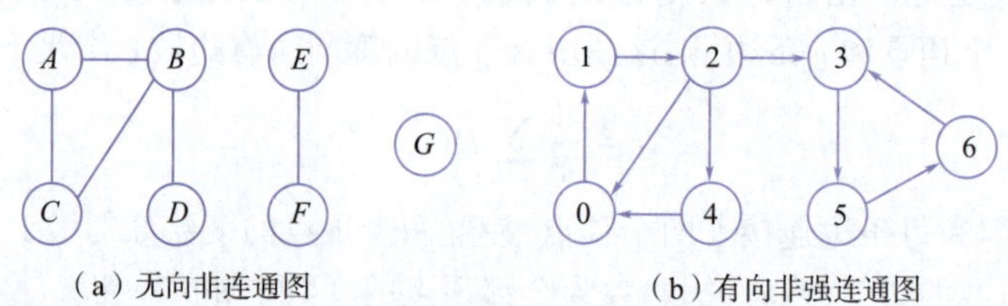

图 7-3　连通分量和强连通分量

7. 强连通图和强连通分量

在有向图 G 中，若从顶点 v_i 到顶点 v_j 有路径，则称从 v_i 到 v_j 是连通的。若有向图 G 中的任意两个顶点 v_i 和 v_j 都连通，即从 v_i 到 v_j 和从 v_j 到 v_i 都存在路径，则称有向图 G 是强连通图。有向图 G 的极大强连通子图称为 G 的强连通分量。一个强连通的有向图至少包含一个强连通分量，一个非强连通的有向图一定包含多个强连通分量。图 7-3(b)所示为一个有向图，它包含有两个强连通分量，分别包含的顶点序列为 0124 和 356。

8. 权和网

在一个图中，每条边可以标记上具有某种含义的数值，通常为正整数或正实数，此数值称为该边的权(weight)。例如，对于一个反映城市交通线路的图，边上的权可表示该条线路的长度或等级；对于一个反映电子线路的图，边上的权可表示两端点间的电阻、电流或电压；对于一个反映零件装配的图，边上的权可表示一个端点需要装配另一个端点的零件的数量；对于一个反映工程进度的图，边上的权可表示从前一子工程到后一子工程所需要的天数。边上带有权的图称为带权图。当利用一个图反映要解决的实际问题的模型时，也常把这样的图称为网(network)。图 7-4 中的 G5 和 G6 就分别是一个无向带权图和有向带权图。

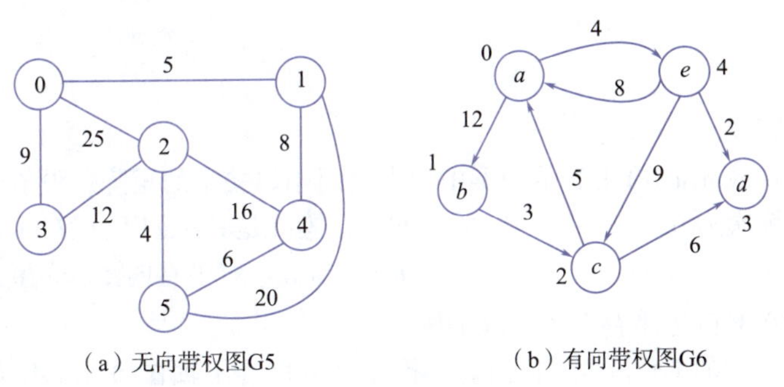

（a）无向带权图G5　（b）有向带权图G6

图 7-4　无向带权图和有向带权图

7.1.3　图的抽象数据类型

图的抽象数据类型的数据部分为一个图，假定使用 Graph 表示其抽象存储类型，它可以代表图的任何实际存储类型；操作部分包括初始化一个图、建立一个图、深度优先搜索遍历一个图、广度优先搜索遍历一个图、返回图中的边数、从图中查找一条边、向图中插入一条边、从图中删除一条边、输出一个图、把图清除为一个空图等常用操作。下面给出图的抽象数据类型的具体定义。

```
DAT GRAPH is
    Data:
        一个指向图的指针 G,假定用标识符 Graph 表示图的抽象存储类型
    Operations
        void initGraph(Graph*  G);  //初始化图 G 为空,并分配动态存储空间
        void createGraph(Graph*  G,int a[EN+1][3],int n,int k);//建立一个图
        void depthSearch(Graph*  G,int i,int visited[]);     //图的深度优先搜索遍历
        void breadthSearch(Graph*  G,int i,int visited[]);  //图的广度优先搜索遍历
        int vertexDegree(Graph*  G,int i);          //返回图中顶点 i 的度数
        int vertexInDegree(Graph*  G,int i);        //返回图中顶点 i 的入度数
        int vertexOutDegree(Graph*  G,int i);       //返回图中顶点 i 的出度数
        int vertexNumber(Graph*  G);                //返回图中的顶点数
        int edgeNumber(Graph*  G);                  //返回图中的边数
        int graphType(Graph*  G);                   //返回图的类型
        void outputGraph(Graph*  G);                //以边集的形式输出一个图
        int findGraph(Graph*  G,int i,int j);
        //从图中查找顶点为 i 和 j 的一条边,查找成功返回 1 否则返回 0
        int insertEdge(Graph*  G,int i,int j,int w,int k);
        //向图中插入顶点为 i 和 j,权值为 w,类型为 k 的一条边,成功返回 1 否则返回 0
        int deleteEdge(Graph*  G,int i,int j);
        //从图中删除顶点为 i 和 j 的一条边,删除成功返回 1 否则返回 0
        void clearGraph(Graph*  G);                 //清除图使之为空,回收动态存储空间
    end GRAPH
```

7.2　图的存储结构

图的存储结构又称图的存储表示或图的表示。它有许多种表示方法，这里仅介绍邻接矩阵、邻接表和边集数组这三种表示方法。

7.2.1 邻接矩阵

1. 邻接矩阵的定义

邻接矩阵(adjacency matrix)是表示图形中顶点之间相邻关系的矩阵。设 $G=(V,E)$ 是具有 n 个顶点的图,顶点序号依次为 $0,1,2,\cdots,n-1$,则 G 的邻接矩阵是具有如下定义的 n 阶方阵。

$$A[i,j]=\begin{cases}1 & \text{对于无向图},(v_i,v_j)\text{或}(v_j,v_i)\in E(G);\text{对于有向图},<v_i,v_j>\in E(G)\\0 & \text{对应边不存在于 }E(G)\text{ 中}\end{cases}$$

例如,对于图 7-1 中的 G1 和 G2,它们的邻接矩阵分别为下面的 $\boldsymbol{A}_1$ 和 $\boldsymbol{A}_2$ 所示。由 $\boldsymbol{A}_1$ 可以看出,无向图的邻接矩阵是按主对角线对称的。

$$\begin{array}{c} \begin{array}{cccccc}0&1&2&3&4&5\end{array} \\ \boldsymbol{A}_1=\begin{pmatrix}0&1&1&1&0&0\\1&0&1&0&1&0\\1&1&0&0&0&1\\1&0&0&0&0&1\\0&1&0&0&0&1\\0&0&1&1&1&0\end{pmatrix}\begin{array}{c}0\\1\\2\\3\\4\\5\end{array}\end{array} \qquad \begin{array}{c} \begin{array}{ccccc}0&1&2&3&4\end{array} \\ \boldsymbol{A}_2=\begin{pmatrix}0&1&0&0&1\\0&0&1&0&0\\0&0&0&1&0\\0&1&1&0&0\\0&0&0&1&0\end{pmatrix}\begin{array}{c}0\\1\\2\\3\\4\end{array}\end{array}$$

若图 G 是一个带权图,则用邻接矩阵表示也很方便,只要把对应元素值 1 换为相应边上的权值,把非对角线上的 0 换为某一个很大的特定实数即可,这个特定实数通常用 ∞ 或 MaxValue 表示,它要大于图 G 中所有边上的权值之和,表示此边不存在。

例如,对于图 7-5 中的带权图 G5 和 G6,它们的邻接矩阵分别为下面的 $\boldsymbol{A}_3$ 和 $\boldsymbol{A}_4$ 所示。

$$\begin{array}{c} \begin{array}{cccccc}0&1&2&3&4&5\end{array} \\ \boldsymbol{A}_3=\begin{pmatrix}0&5&25&9&\infty&\infty\\5&0&\infty&\infty&8&\infty\\25&\infty&0&12&16&4\\9&\infty&12&0&\infty&\infty\\\infty&8&16&\infty&0&6\\\infty&\infty&4&\infty&6&0\end{pmatrix}\begin{array}{c}0\\1\\2\\3\\4\\5\end{array}\end{array} \qquad \begin{array}{c} \begin{array}{ccccc}0&1&2&3&4\end{array} \\ \boldsymbol{A}_4=\begin{pmatrix}0&12&\infty&\infty&4\\\infty&0&3&\infty&\infty\\5&\infty&0&6&\infty\\\infty&\infty&\infty&0&\infty\\8&\infty&9&2&0\end{pmatrix}\begin{array}{c}0\\1\\2\\3\\4\end{array}\end{array}$$

采用邻接矩阵表示图,便于查找图中任一条边或边上的权。如要查找边 (i,j) 或 $<i,j>$,则只要查找邻接矩阵中第 i 行与第 j 列上的元素 $A[i,j]$ 是否为一个有效值(即非零值和非 MaxValue 值)即可;若该元素为一个有效值,则表明此边存在,否则此边不存在。因邻接矩阵中的元素可以随机存取,所以查找一条边的时间复杂度为 $O(1)$。

这种存储表示也便于查找图中任一顶点的度,对于无向图,顶点 v_i 的度就是对应第 i 行或第 i 列上有效元素的个数;对于有向图,顶点 v_i 的出度就是对应第 i 行上有效元素的个数,顶点 v_i 的入度就是对应第 i 列上有效元素的个数。由于求任一顶点的度需访问对应一行或一列中的所有元素,所以其时间复杂度为 $O(n)$,n 表示图中的顶点数,亦即邻接矩阵的阶数。

从图的邻接矩阵中查任一顶点的一个邻接点或所有邻接点同样也很方便。如要查找 v_i 的一个邻接点(对于无向图)或出边邻接点(对于有向图),则只要在第 i 行上查找出一个有效元素,以该元素所在的列号 j 为序号的顶点 v_j 就是所求的一个邻接点或出边邻接点。一般算法要求是依次查找出一个顶点 v_i 的所有邻接点(对于有向图则为出边邻接点或入边邻接点),此时需访问对应第 i 行或第 i 列上的所有元素,所以其时间复杂度为 $O(n)$。

图的邻接矩阵的存储需要占用 $n\times n$ 个整数存储位置(假定有权图的权也是整数),所以其空间复杂度为 $O(n^2)$。这种存储结构用于表示稠密图能够充分利用存储空间,但若用于表示稀疏图,则将使邻接矩阵变为稀疏矩阵,其中有效元素很少,无效元素很多,从而造成存储空间的很大浪费。

图的邻接矩阵表示是对图中边集所采用的一种二维式的顺序存储结构,图中的每条边通过其起点和终点序号作为其行列下标依次存储到邻接矩阵的对应元素中。

图的邻接矩阵表示,除了需要用一个二维数组存储顶点之间相邻关系的邻接矩阵外,还需要存储图中的顶点数 n 和图形的类型 k,假定用 k 等于 0~3 依次表示无向无权图、无向有权图、有向无权图和有向有权图。图的邻接矩阵表示可定义如下:

```
struct adjacentMatrix {
    int k,n;
    int (* matrix)[NN];
};
```

其中用 k 表示图的类型,用 n 表示图中的顶点数,用 matrix 表示图的邻接矩阵,它是指向动态分配的二维数组空间的指针(数组名),用 NN 表示一个事先定义的符号常量,其值要大于或等于图中的顶点数 n,它是待动态分配的二维数组的列数。

图的邻接矩阵表示只是存储了图中顶点之间边的信息,没有存储 n 个顶点的信息,若需要存储它们,还需要使用一个具有 n 个元素的一维数组,其中用下标为 i 的元素存储顶点 v_i 的信息。

为了利用图的邻接矩阵表示进行对图的运算,需要通过下面的类型重定义语句,把图的抽象存储类型 Graph 具体定义为 struct adjacentMatrix 类型,即邻接矩阵存储图的结构类型。

```
typedef struct adjacentMatrix Graph;
    //定义图的抽象存储类型为邻接矩阵类型
```

根据图的邻接矩阵表示,很容易写出图的初始化算法和生成一个图的算法。

2. 邻接矩阵表示图的初始化算法

采用图的邻接矩阵表示初始化图的算法如下:

```
void initGraph(Graph* G)
{    //初始化图 G 为空,并分配动态存储空间
    G->k=-1;                //把图的类型 k 置为-1,使它暂不属于任何类型
    G->n=0;                 //把图中的顶点数 n 置为 0,表示图初始为空
    G->matrix=calloc(NN*NN,sizeof(int));  //动态分配 NN*NN 的数组空间
    if(!G->matrix){printf("动态存储空间用完!\n");exit(1);}
}
```

3. 邻接矩阵表示图的生成算法

在采用图的邻接矩阵表示图的生成算法中,需要使用一个二维数组参数,假定数组名用 a 表示,该二维数组的列数应为 3,行数应大于图中所有边的个数,假定用符号常量 EN 表示图中的边数,则二维数组 a 的行数应大于或等于 EN+1。用此二维数组 a 保存一个图中的所有边,其中用每行的三个元素分别保存边的起点、终点和权值(假定权值也是整型,对于无权图,每条边的权值可设定为 1),保存方法是按照图中顶点序号从小到大的次序,若一条边的开始顶点相同,则结尾顶点也要按照从小到大的次序,依次保存每条边两顶点和边上的权(对于有权图而言),最后保存顶点序号为-1 的边作为结束标记。另外,对于无向图,只需要保存 (i,j) 这一条边,其中 $i<j$,不需要保存另一条边 (j,i),其中 $j>i$。如对于图 7-4(a),它有 9 条边,保存在二维数组 a 中的内容为:

{{0,1,5},{0,2,25},{0,3,9},{1,4,8},{1,5,20},
{2,3,12},{2,4,16},{2,5,4},{4,5,6},{-1,-1,0}}

采用图的邻接矩阵表示图的生成算法如下:

```
void createGraph(Graph* G,int a[][3],int n,int k)
{    //根据二维数组 a 和顶点数 n 以及类型 k 建立一个存储结构为邻接矩阵的图
```

```
    int i,j;
    if(k<0 ||k>3 ||n<1 ||n>NN){printf("参数错误,退出! \n");exit(1);}
    G->k=k;                              //把表示图类型的参数 k 的值赋给 G->k
    G->n=n;                              //把表示图顶点数的参数 n 的值赋给 G->n
    for(i=0;i<n;i++)                     //根据 k 的类型值初始化邻接矩阵数组
        for(j=0;j<n;j++){
            if(i==j)G->matrix[i][j]=0;                        //对角线上的元素值为 0
            else if(k==0 ||k==2)G->matrix[i][j]=0;            //对于无权图
            else G->matrix[i][j]=MaxValue;                    //对于有权图
        }
    i=0;
    while(a[i][0]! =-1){  //扫描数组 a 中的每条边,把它存储到邻接矩阵数组中
        int v1=a[i][0],v2=a[i][1],v3=a[i][2];                 //把顶点及权分别赋给变量
        if(k==0)G->matrix[v1][v2]=G->matrix[v2][v1]=1;       //无向无权图
        else if(k==1)G->matrix[v1][v2]=G->matrix[v2][v1]=v3;//无向有权图
        else if(k==2)G->matrix[v1][v2]=1;                     //有向无权图
        else G->matrix[v1][v2]=v3;                            //有向有权图
        i++;                                                  //准备处理下一条边
    }
}
```

7.2.2 邻接表

1. 邻接表的定义

邻接表(adjacency list)是对图中的每个顶点都建立一个邻接关系的单链表,并把它们的表头指针用向量(一维数组)存储起来的一种图的表示方法。为顶点 v_i 建立的邻接关系的单链表称为 v_i 邻接表。v_i 邻接表中的每个结点用来存储以该顶点为端点或起点的一条边的信息,因而被称为边结点。v_i 邻接表中的结点数,对于无向图来说,等于 v_i 的边数,或邻接点数或度数;对于有向图来说,等于 v_i 的出边数,或出边邻接点数或出度数。每个边结点通常包含三个域:一是邻接点域(adjvex),用以存储顶点 v_i 的一个邻接顶点 v_j 的序号 j;二是权值域(weight),用以存储无向边 (v_i,v_j) 或有向边 $<v_i,v_j>$ 上的权值,对于无权图,此域空闲;三是链域(next),用以链接 v_i 邻接表中的下一个边结点。对于每个顶点 v_i 的邻接表,需要设置一个表头指针,若图 G 中有 n 个顶点,则就有 n 个表头指针。为了便于随机访问任一顶点的邻接表,需要把这 n 个表头指针用一个向量(数组)存储起来,其中下标为 i 的分量存储 v_i 邻接表的表头指针。这样,图 G 就可以由这个表头向量来表示和存取。

图 7-1 中的 G1 和图 7-4 中的 G6 对应的邻接表分别如图 7-5(a)和(b)所示,在图 7-5(a)中,由于对应的是无权图,其边结点中的权值域空闲着,所以未画出。

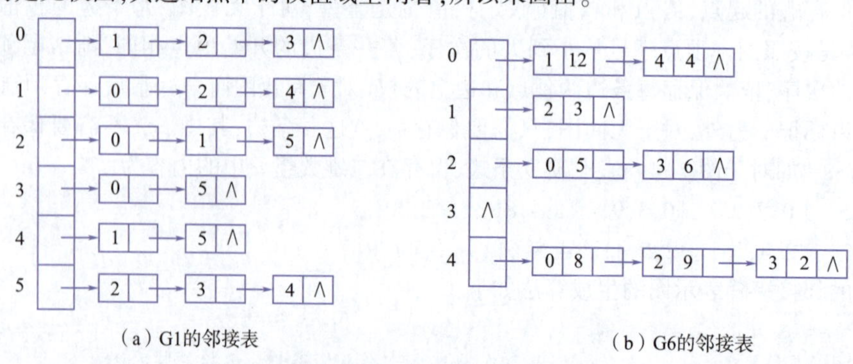

图 7-5 G1 和 G6 的邻接表

图的邻接表不是唯一的，因为在每个顶点的邻接表中，各边结点的链接次序可以任意安排，其具体链接次序与边的输入次序和生成算法有关。

下面给出建立图的邻接表表示的有关类型定义。首先给出边结点类型的定义如下：

```
struct EdgeType {                        //定义邻接表中的边结点类型
    int adjvex;                          //邻接点域
    int weight;                          //权值域，假定为整型
    struct EdgeType*  next;              //指向下一个边结点的链接域
};
```

然后给出图的邻接表类型的定义：

```
struct adjacentList {                    //定义邻接表存储图的结构类型
    int k,n;                             //用 k 和 n 分别保存图的类型和顶点数
    struct EdgeType*  list[NN];          //用表头向量依次存储每个顶点邻接表的表头指针
};
```

为了利用图的邻接表表示对图进行运算，需要通过下面的类型重定义语句，把图的抽象存储类型 Graph 具体定义为 struct adjacentList 类型，即邻接表存储图的结构类型。

```
typedef struct adjacentList Graph;   //定义图的抽象存储类型为邻接表类型
```

对于图的邻接表表示，也很容易写出它的初始化算法和生成一个图的算法。

2. 邻接表表示图的初始化算法

采用图的邻接表表示的初始化图的算法如下：

```
void initGraph(Graph*  G)
{   //初始化邻接表表示的图 G 为空
    int i;
    G->k=-1;                     //把图的类型 k 置为-1，使它暂不属于任何类型
    G->n=0;                      //把图中的顶点数 n 置为 0，表示图初始为空
    for(i=0;i<NN;i++)            //将表头向量中的每个表头指针置为空，NN 为符号常量
        G->list[i]=NULL;         //每个元素用来存储对应顶点的邻接表的表头指针
}
```

3. 邻接表表示图的生成算法

采用图的邻接表表示在计算机中生成一个图的链式存储结构的算法如下：

```
void createGraph(Graph*  G,int a[][3],int n,int k)
{   //根据二维数组 a 和顶点数 n 以及类型 k 建立一个存储结构为邻接表表示的图
    int i;
    if(k<0 ||k>3 ||n<1 ||n>NN){printf("参数错误，退出！ \n");exit(1);}
    G->k=k;                    //把表示图的类型的参数 k 的值赋给 G->k
    G->n=n;                    //把表示图的顶点数的参数 n 的值赋给 G->n
    i=0;
    while(a[i][0]!=-1){  //扫描数组 a 中的每条边，把它存储到邻接表中
        int v1=a[i][0],v2=a[i][1],v3=a[i][2];     //把顶点及权分别赋给变量
        struct EdgeType *p1,*p2;
        p1=malloc(sizeof(struct EdgeType));        //产出一个动态边结点
        p1->adjvex=v2;p1->weight=v3;               //给 p1 边结点的相关域赋值
        p1->next=G->list[v1];G->list[v1]=p1;       //在 v1 邻接表的表头插入
        if(k==0 ||k==1){                           //对于无向图还需插入另一个边结点
            p2=malloc(sizeof(struct EdgeType));    //产出第二个动态边结点
            p2->adjvex=v1;p2->weight=v3;           //给 p2 边结点的相关域赋值
            p2->next=G->list[v2];G->list[v2]=p2;   //在 v2 邻接表的表头插入
        }
```

```
        i++;                                    //为扫描下一条边做准备
    }
}
```

4. 逆邻接表和十字邻接表

在图的邻接表中便于查找一个顶点的边(出边)或邻接点(出边邻接点),这只要首先从表头向量中取出对应的表头指针,然后从表头指针出发进行查找即可。由于每个顶点单链表的平均长度为 e/n(对于有向图)或 $2e/n$(对于无向图),其中 e 和 n 分别表示图中的边数和顶点数,所以此查找运算的时间复杂度为 $O(e/n)$。但要从有向图的邻接表中查找一个顶点的入边或入边邻接点,那就不方便了,它需要扫描所有顶点邻接表中的边结点,因此其时间复杂度为 $O(n+e)$。对于那些需要经常查找有向图中顶点入边或入边邻接点的运算,可以为此专门建立一个逆邻接表(contrary adjacency list),该表中每个顶点的单链表不是存储该顶点的所有出边的信息,而是存储所有入边的信息,邻接点域存储的是入边邻接点的序号。图 7-6(a)就是为图 7-4 中的 G6 所建立的逆邻接表,从此表中很容易求出每个顶点的入边、入边上的权、入边邻接点和入度。

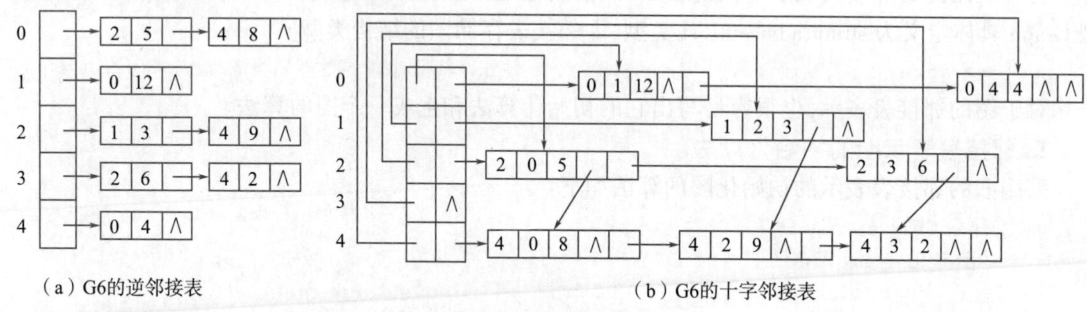

(a) G6的逆邻接表
(b) G6的十字邻接表

图 7-6 G6 的逆邻接表

在有向图的邻接表中,求顶点的出边信息较方便,在逆邻接表中,求顶点的入边信息较方便,若把它们合起来构成一个十字邻接表(orthogonal adjacency list),则求顶点的出边信息和入边信息都将很方便。图 7-6(b)就是为图 7-4(b)中的 G6 所建立的十字邻接表。

在十字邻接表中,每个边结点对应图中的一条有向边,它包含五个域:边的起点域和终点域,边上的权域,入边链域和出边链域,其中入边链域用于指向同一个顶点的下一条入边结点,通过它把入边链接起来,出边链域用于指向同一个顶点的下一条出边结点,通过它把出边链接起来。表头向量中的每个分量包括两个域:入边表的表头指针域和出边表的表头指针域。

在图的邻接表、逆邻接表或十字邻接表表示中,表头向量需要占用 n 个或 $2n$ 个指针存储空间,所有边结点需要占用 $2e$(对于无向图)或 e(对于有向图)个边结点空间,所以其空间复杂度为 $O(n+e)$。这种存储结构用于表示稀疏图比较节省存储空间,因为只需要很少的边结点,若用于表示稠密图,则将占用较多的存储空间,同时也将增加在每个顶点邻接表中查找结点的时间。

图的邻接表表示和图的邻接矩阵表示,虽然方法不同,但也存在着对应关系。邻接表中每个顶点 v_i 的单链表对应邻接矩阵中的第 i 行,整个邻接表可看作邻接矩阵的带行指针向量的链式存储;整个逆邻接表可看作邻接矩阵的带列指针向量的链式存储;整个十字邻接表可看作邻接矩阵的十字链式存储。图的邻接表表示就是对图中边集所采用的一种链式存储结构,即把图中所有边通过每个顶点邻接表依次链接起来。

7.2.3 边集数组

1. 边集数组的定义

边集数组(edgeset array)是利用一维数组存储图中所有边的一种图的表示方法。该数组中所含元素的个数要大于或等于图中的边数，每个元素用来存储一条边的起点和终点（对于无向图，可选定边的任一端点为起点或终点）以及权值（对于无权图，其权值设定为1），各边在数组中的次序可任意安排，也可根据具体要求而定，通常是按照顶点序号从小到大的次序安排。边集数组只是存储图中所有边的信息，若需要存储顶点信息，同样需要一个具有 n 个元素的一维数组。图7-1中的G2和图7-4中的G5所对应的边集数组分别如图7-7（a）和（b）所示，其中对G2的边集数组省略了权值域。

	0	1	2	3	4	5	6
起点	0	0	1	2	3	3	4
终点	1	4	2	3	1	2	3

（a）图G2的边集数组

	0	1	2	3	4	5	6	7	8
起点	0	0	0	1	1	2	2	2	4
终点	1	2	3	4	5	3	4	5	5
权值	5	25	9	8	20	12	16	4	6

（b）图G5的边集数组

图7-7　G2和G5的边集数组

边集数组中的元素类型和边集数组类型定义如下：

```
struct EdgeElement {                     //定义边集数组中元素的类型
    int fromvex;                         //边的起点域
    int endvex;                          //边的终点域
    int weight;                          //边的权值域,对于无权图可置权值为1
};
struct EdgeArray {                       //定义图的边集数组类型
    int k,n;                             //用k和n分别保存图的类型和顶点数
    struct EdgeElement array[EN];        //用边集数组依次保存图中每条边
};
typedef struct EdgeArray Graph;          //定义图的抽象存储类型为边集数组类型
```

2. 边集数组表示图的初始化算法

初始化一个图为边集数组类型的算法如下：

```
void initGraph(Graph* G)
{   //利用边集数组存储一个图,初始化图G为空
    int i;
    G->k=-1;                             //把图的类型k置为-1,使它暂不属于任何类型
    G->n=0;                              //把图中的顶点数n置为0,表示图初始为空
    for(i=0;i<EN;i++)                    //对边集数组中每个元素的起点域都置为-1表示空边
        G->array[i].fromvex=-1;
}
```

3. 边集数组表示图的生成算法

建立一个图为边集数组表示的算法如下：

```
void createGraph(Graph* G,int a[][3],int n,int k)
{   //根据二维数组a和顶点数n以及类型k建立一个存储结构为边集数组表示的图
    int i=0;
    if(k<0 ||k>3 ||n<1 ||n>NN){printf("参数错误,退出! \n");exit(1);}
    G->k=k;                              //把表示图的类型的参数k的值赋给G->k
    G->n=n;                              //把表示图的顶点数的参数n的值赋给G->n
    while(a[i][0]! =-1){                 //扫描数组a中的每条边,把它存储到边集数组中
        int v1=a[i][0],v2=a[i][1],v3=a[i][2];//把顶点及权分别赋给变量
        G->array[i].fromvex=v1;          //把边的起点赋给边集的起点域
        G->array[i].endvex=v2;           //把边的终点赋给边集的终点域
```

```
        if(G->k==1 ||G->k==3)           //把边的权值赋给边集的权值域
           G->array[i].weight=v3;
        else G->array[i].weight=1;       //对于无权图,边的权值假定为1
        i++; //为扫描和处理下一条边作准备
    }
}
```

在边集数组中查找一条边或一个顶点的度都需要扫描整个数组,所以其时间复杂度为 $O(e)$,其中 e 表示图中的边数。边集数组适合那些对边依次进行处理的运算,不适合对顶点的运算和对任一条边的运算。边集数组表示的空间复杂度为 $O(e)$。从空间复杂度上讲,边集数组也适合表示稀疏图。图的边集数组表示是对图中边集所采用的又一种一维式的顺序存储结构,即按照边集数组中下标从小到大的顺序依次存储图中的每条边。

图的邻接矩阵、邻接表和边集数组表示各有利弊,具体应用时,要根据图的稠密和稀疏程度以及算法的需要进行合理选择。

7.3 图的遍历

图的遍历就是从图中称为初始点的一个指定的顶点出发,按照一定的搜索方法对图中的所有顶点各做一次访问的过程。图的遍历比树的遍历要复杂,因为从树根到达树中的每个结点只有一条路径,而从图的初始点到达图中的每个顶点可能存在多条路径。当顺着图中的一条路径访问过某一顶点后,可能还会顺着另一条路径回到该顶点。为了避免重复访问图中的同一个顶点,必须记住每个顶点是否被访问过,为此可设置一个辅助数组 visited[n],它的每个元素的初值均为逻辑值假(用整数0代替),表明未被访问过,一旦访问了顶点 v_i,就把对应元素 visited[i]置为逻辑值真(用整数1代替),表明 v_i已被访问过。

根据搜索方法的不同,图的遍历有两种:一种称为深度优先搜索遍历;另一种称为广度优先搜索遍历。

7.3.1 深度优先搜索遍历

1. 深度优先搜索遍历的定义

深度优先搜索(depth-first search)遍历类似于对树的先根遍历,它是一个递归过程,具体方法为:首先访问一个顶点 v_i(一开始为初始点),并将其标记为已访问过,然后从 v_i的任一个未被访问过的邻接点(对于有向图是指出边邻接点)出发进行深度优先搜索遍历,当 v_i的所有邻接点均被访问过时,则退回到上一个顶点 v_k,从 v_k的另一个未被访问过的邻接点出发进行深度优先搜索遍历,直至退回到初始点并且没有未被访问过的邻接点为止。

2. 深度优先搜索遍历的过程举例

下面结合图7-8所示的无向图G7分析以 v_0作为初始点的深度优先搜索遍历的过程。

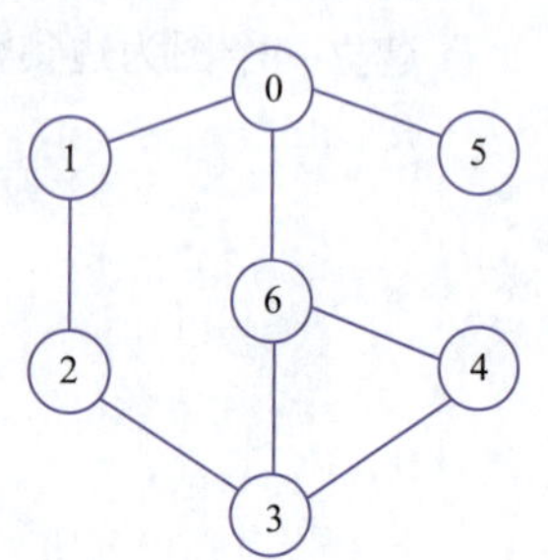

图7-8 无向图G7

①访问顶点 v_0,并将 visited[0]置为逻辑值真(用整数1代替),表明 v_0已被访问过,接着从 v_0的一个未被访问过的邻接点 v_1(v_0的三个邻接点 v_1、v_5和 v_6都未被访问过,假定取 v_1访问)出发进行深度优先搜索遍历。

②访问顶点 v_1,并将 visited[1]置为逻辑值真,表明 v_1已被访问过,接着从 v_1的一个未被访问过的邻接点 v_2(v_1的两个邻接点中只有 v_2未被访问过,v_0已被访问过)出发进行深度优先搜索遍历。

③访问顶点 v_2，并将 visited[2]置为真，表明 v_2 已被访问过，接着从 v_2 的一个未被访问过的邻接点 v_3（v_2 的两个邻接点为 v_1 和 v_3，只剩 v_3 未被访问过）出发进行深度优先搜索遍历。

④访问顶点 v_3，并将 visited[3]置为真，表明 v_3 已被访问过，接着从 v_3 的一个未被访问过的邻接点 v_4（v_3 的三个邻接点为 v_2、v_4 和 v_6，v_2 已被访问过，剩 v_4 和 v_6 未被访问过，假定取 v_4 访问）出发进行深度优先搜索遍历。

⑤访问顶点 v_4，并将 visited[4]置为真，表明 v_4 已被访问过，接着从 v_4 的一个未被访问过的邻接点 v_6（只剩此邻接点未被访问过）出发进行深度优先搜索遍历。

⑥访问顶点 v_6，并将 visited[6]置为真，表明 v_6 已被访问过，接着因 v_6 的所有邻接点（即 v_0、v_4 和 v_3）都被访问过，所以按原路退回到上一个顶点 v_4，同理，由 v_4 退回到 v_3，由 v_3 退回到 v_2，由 v_2 退回到 v_1，由 v_1 退回到 v_0，再从 v_0 的一个未被访问过的邻接点 v_5（只此一个）出发进行深度优先搜索遍历。

⑦访问顶点 v_5，并将 visited[5]置为真，表明 v_5 已被访问过，接着因 v_5 的所有邻接点（它仅有一个邻接点 v_0）都被访问过，所以退回到上一个顶点 v_0，又因 v_0 的所有邻接点都已被访问过，并且 v_0 为初始点，所以再退回，实际上就结束了对 G7 的深度优先搜索遍历的过程，返回到调用此算法的函数中去。

从以上对无向图 G7 进行深度优先搜索遍历的过程分析可知，从初始点 v_0 出发，访问 G7 中各顶点的次序为：v_0，v_1，v_2，v_3，v_4，v_6，v_5。

3. 深度优先搜索遍历的算法描述

图的深度优先搜索遍历的过程是递归的，采用的图的存储方法不同，其对应的函数体也不同，但函数头（函数声明）都是相同的，因为表示参数的图所使用的是其抽象存储类型 Graph，在参数表中还要提供一维整型数组参数 int visited[ ]，作为标记每个顶点是否被访问过的标记数组使用，该数组对应的实参数组中每个元素值应为 0，在参数表中还要提供一个整型参数，假定用 i 表示，用它作为深度优先搜索遍历的初始点。下面分别给出以不同存储结构表示图的深度优先搜索遍历的算法描述。

（1）对采用邻接矩阵表示的图进行深度优先搜索遍历的递归算法

```
void depthSearch(Graph* G,int i,int visited[])
{   //从序号为 i 的初始点出发深度优先搜索由邻接矩阵 G 所表示的图
    int j;
    printf("% d ",i);                  //假定访问序号 i 顶点以输出序号代之
    visited[i]=1;                      //标记序号为 i 的顶点已被访问过
    for(j=0;j<G->n;j++)                //依次搜索序号为 i 顶点的每个邻接点
        if(visited[j]==0)              //若序号为 i 的一个邻接点 j 未被访问过
            if(G->matrix[i][j]! =0 && G->matrix[i][j]! =MaxValue)
                depthSearch(G,j,visited);//从有效邻接点 j 出发递归调用
}
```

（2）对采用邻接表表示的图进行深度优先搜索遍历的递归算法

```
void depthSearch(Graph* G,int i,int visited[])
{   //从初始点 vi 出发深度优先搜索由邻接表 G 所表示的图
    struct EdgeType* p;
    printf("% d ",i);                 //假定访问序号 i 顶点以输出序号代之
    visited[i]=1;                     //标记序号为 i 的顶点已被访问过
    p=G->list[i];                     //取序号为 i 的邻接表的表头指针
    while (p! =NULL){                 //依次搜索序号为 i 的每个邻接点
        int j=p->adjvex;              //j 为一个邻接点序号
        if(visited[j]==0)             //若序号 j 未被访问过，则从 j 出发递归调用
```

```
        depthSearch(G,j,visited);
      p=p->next;                //使 p 指向序号为 i 邻接表的下一个边结点
    }
}
```

（3）对采用边集数组表示的图进行深度优先搜索遍历的递归算法

```
void depthSearch(Graph* G,int i,int visited[])
{   //从初始点 vi 出发深度优先搜索由边集数组 G 所表示的图
    int j=0,v1,v2;                  //变量 j 作为扫描边集数组使用的下标,初值为 0
    printf("%d ",i);                //假定访问顶点以输出该顶点的序号代之
    visited[i]=1;                   //标记序号为 i 的顶点已被访问过
    v1=G->array[j].fromvex;         //取边集数组中一条边的起点序号赋给 v1
    while (v1!=-1){                 //依次搜索以 i 为起点序号的边
      if(v1==i){                    //找到一条以 i 为起点序号的边
        v2=G->array[j].endvex;      //取这条边的终点序号赋给 v2
        if(visited[v2]==0)          //若 v2 未被访问过,则从 v2 出发递归调用
          depthSearch(G,v2,visited);
      }
      else {
        v2=G->array[j].endvex;      //取边集数组中一条边的终点序号赋给 v2
        if(G->k==0 || G->k==1)      //对于无向图还要以 v2 为起点进行处理
          if(v2==i && visited[v1]==0)
          //找到一条以 i 为序号的边,并且另一端点 v1 未被访问过
          depthSearch(G,v1,visited);  //从 v1 出发递归调用
      }
      v1=G->array[++j].fromvex;     //取下一条边的起点序号赋给 v1
    }
}
```

微视频

图的深度优先搜索遍历的过程示例

图 7-8 的 G7 所对应的邻接矩阵、邻接表和边集数组分别如图 7-9(a)、(b)、(c)所示，读者结合它们分析上面的三个算法，看从顶点 v_1 出发得到的深度优先搜索遍历的顶点序列是否分别为以下序列。

序列 1:1,0,5,6,3,2,4

序列 2:1,2,3,6,4,0,5

系列 3:1,0,5,6,3,2,4

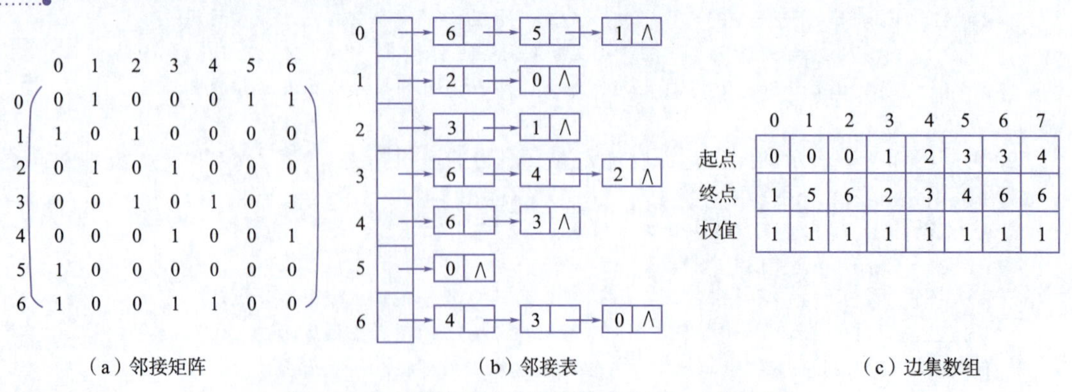

	0	1	2	3	4	5	6	7
起点	0	0	0	1	2	3	3	4
终点	1	5	6	2	3	4	6	6
权值	1	1	1	1	1	1	1	1

（a）邻接矩阵　　（b）邻接表　　（c）边集数组

图 7-9　G7 所对应的邻接矩阵、邻接表、边集数组

4. 算法性能分析

当图中每个顶点的序号确定后,图的邻接矩阵表示是唯一的,所以从某一顶点出发进行深度优先搜索遍历时访问各顶点的次序也是唯一的;但图的邻接表表示不是唯一的,它与边的输入次序和链接次序有关,所以对于同一个图的不同邻接表,从某一顶点出发进行深度优先搜索遍历时访问各顶点的次序也可能不同;对于边集数组,若规定保存边的次序是按照每条边的起点序号从小到大、起点序号相同时再按照终点序号从小到大的次序进行的,则从某一顶点出发进行深度优先搜索遍历时访问各顶点的次序也是唯一的。另外,对于同一个邻接矩阵、邻接表或边集数组,如果指定的出发点不同,则将得到不同的遍历序列。

从以上三个算法可以看出,对邻接矩阵表示的图进行深度优先搜索遍历时,需要扫描邻接矩阵中的每一个元素,所以其时间复杂度为 $O(n^2)$;对邻接表表示的图进行深度优先搜索遍历时,需要扫描邻接表中的表头向量和每个边结点,所以其时间复杂度为 $O(n+e)$;对于边集数组表示的图进行深度优先搜索遍历时,需要访问 n 个顶点,每访问一个顶点都要扫描边集数组中的所有元素,所以其时间复杂度为 $O(n \cdot e)$,从而可知,它通常是图的三种存储表示中,执行深度优先搜索最慢的算法。三种算法的空间复杂度均为 $O(n)$。

7.3.2 广度优先搜索遍历

1. 广度优先搜索遍历的定义

广度优先搜索(breadth-first search)遍历类似于对树的按层遍历,首先要访问初始点 v_i,并将其标记为已访问过,接着访问 v_i 的所有未被访问过的邻接点,其访问次序可以任意,假定依次为 v_{i1},v_{i2},…,v_{it},并均标记为已访问过,然后再按照 v_{i1},v_{i2},…,v_{it} 的次序,访问每个顶点的所有未被访问过的邻接点(次序任意),并均标记为已访问过,依此类推,直到图中所有和初始点 v_i 有路径相通的顶点都被访问过为止。

2. 广度优先搜索遍历的过程举例

下面结合图 7-10 所示的有向图 G8 分析从 v_0 出发进行广度优先搜索遍历的过程。

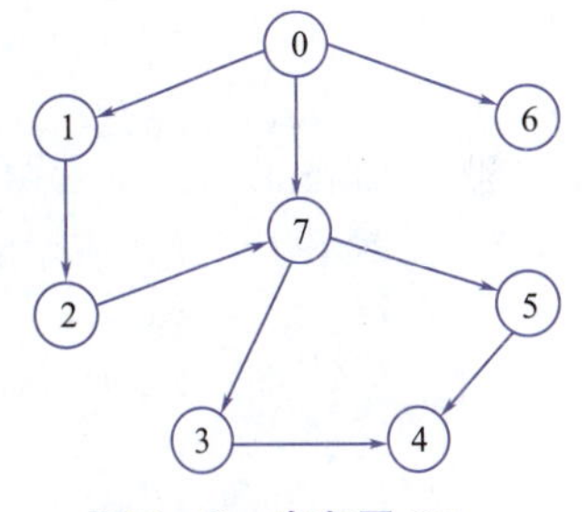

图 7-10 有向图 G8

①访问初始点 v_0,并将其标记为已访问过。

②访问 v_0 的所有未被访问过的邻接点 v_1、v_6 和 v_7,并将它们标记为已访问过。

③访问顶点 v_1 的所有未被访问过的邻接点 v_2,并将它标记为已访问过。

④访问顶点 v_6 的所有未被访问过的邻接点,v_6 没有出边邻接点,所以此步不访问任何结点。

⑤访问顶点 v_7 的所有未被访问过的邻接点 v_3 和 v_5,并将它们标记为已访问过。

⑥ 访问顶点 v_2 的所有未被访问过的邻接点,因 v_2 的出边邻接点 v_7(只此一个)已被访问过,所以此步不访问任何顶点。

⑦ 访问顶点 v_3 的所有未被访问过的邻接点 v_4,并将其标记为已访问过。

⑧ 访问顶点 v_5 的所有未被访问过的邻接点,因 v_5 的仅一个出边邻接点 v_4 已被访问过,所以此步不访问任何顶点。

⑨ 访问 v_4 的所有未被访问的邻接点,因它没有出边邻接点,并且它是最后一个被访问过的顶点,所以整个遍历过程到此结束。

从以上对有向图 G8 进行广度优先搜索遍历的过程分析可知,从初始点 v_0 出发,得到的访问各顶点的次序为:v_0,v_1,v_6,v_7,v_2,v_3,v_5,v_4。

3. 广度优先搜索遍历的算法描述

在广度优先搜索遍历中，先被访问的顶点，其邻接点亦先被访问，所以在算法的实现中需要使用一个队列，用来依次记住被访问过的顶点。算法开始时，将初始点 v_i 访问后插入队列中，以后每从队列中删除一个元素，就依次访问它的每个未被访问过的邻接点，并令其进队，这样，当队列为空时，表明所有与初始点有路径相通的顶点都已访问完毕，算法到此结束。

下面分别以邻接矩阵、邻接表、边集数组作为图的存储结构给出相应的广度优先搜索遍历的算法。

（1）对采用邻接矩阵表示的图进行广度优先搜索遍历的算法

```
void breadthSearch (Graph* G,int i,int visited[])
{   //从序号为 i 的初始点出发广度优先搜索由邻接矩阵 G 表示的图
    Queue r,* Q=&r;                              //定义一个整型队列 Q,保存已访问过的顶点序号
    initQueue(Q);                                //初始化 Q 队列为空
    printf("% d ",i);                            //访问序号为 i 的初始点,以打印序号代之
    visited[i]=1;                                //标记序号为 i 的初始点已访问过
    enQueue(Q,i);                                //将已访问过的初始点序号 i 入队
    while(! emptyQueue(Q)){                      //当队列非空时进行循环处理
        int j,k;
        k=outQueue(Q);                           //删除队首元素,第一次执行时 k 的值为 i
        for(j=0;j<G->n;j++){                     //依次搜索序号为 k 的每个有效邻接点序号
            int yn=G->matrix[k][j]! =0 && G->matrix[k][j]! =MaxValue;
            if(yn==1 && visited[j]==0){          //j 是一个未被访问的有效邻接点
                printf("% d ",j);                //访问 k 的一个未被访问过的邻接点 j
                visited[j]=1;                    //标记序号为 j 的顶点已访问过
                enQueue(Q,j);                    //将已访问过的顶点序号 j 入队
            }  // end if
        }  //end for
    }  //end while
}  //end breadthSearch
```

（2）对采用邻接表表示的图进行广度优先搜索遍历的算法

```
void breadthSearch(Graph* G,int i,int visited[])
{   //从序号为 i 的初始点出发广度优先搜索由邻接表 G 所表示的图
    Queue r,* Q=&r;                          //定义一个整型队列 Q,保存已访问过的顶点序号
    initQueue(Q);                            //初始化 Q 队列为空
    printf("% d ",i);                        //访问序号为 i 的初始点,以打印序号代之
    visited[i]=1;                            //标记序号为 i 的初始点已访问过
    enQueue(Q,i);                            //将已访问过的初始点序号 i 入队
    while(! emptyQueue(Q)){                  //当队列非空时进行循环处理
        struct EdgeType* p;
        int k=outQueue(Q);                   //删除队首元素,第一次执行时 k 的值为 i
        p=G->list[k];                        //取顶点序号为 k 的邻接表的表头指针
        while(p! =NULL){                     //依次搜索 k 的每一个邻接点
            int j=p->adjvex;                 //序号为 j 的顶点是序号 k 的一个邻接点
            if(visited[j]==0){               //若序号 j 没有被访问过则进行访问处理
                printf("% d ",j);            //访问 k 的一个未被访问过的邻接点 j
                visited[j]=1;                //标记序号为 j 的顶点已访问过
                enQueue(Q,j);                //将已访问过的顶点序号 j 入队
            }
```

```
            p=p->next;                  //使 p 指向序号 k 的邻接表中下一个边结点
        }  //end  内 while
    }  //end  外 while
} // end breadthSearch
```

(3)对采用边集数组表示的图进行广度优先搜索遍历的算法

```
void breadthSearch(Graph*  G,int i,int visited[])
{    //从序号为 i 的初始点出发广度优先搜索由边集数组 G 所表示的图
    Queue r,* Q=&r;                        //定义一个整型队列 Q,保存已访问过的顶点序号
    initQueue(Q);                          //初始化 Q 队列为空
    printf("% d ",i);                      //访问序号为 i 的初始点,以打印序号代之
    visited[i]=1;                          //标记序号为 i 的初始点已访问过
    enQueue(Q,i);                          //将已访问过的初始点序号 i 入队
    while(! emptyQueue(Q)){                //当队列非空时进行循环处理
        int h=outQueue(Q);                 //删除队首元素,第一次执行时 h 的值为 i
        int j=0,v1,v2;                     //变量 j 作为扫描边集数组使用的下标,初值为 0
        v1=G->array[j].fromvex;            //取边集数组中一条边的起点序号赋给 v1
        while (v1! =-1){                   //依次扫描边集数组中的每条边
            if(v1==h){                     //找到一条以 h 为起点序号的边
                v2=G->array[j].endvex;     //取边集数组中一条边的终点序号给 v2
                if(visited[v2]==0){        //若 v2 未被访问过,则访问和处理它
                    printf("% d ",v2);     //访问 h 的一个未被访问过的邻接点 v2
                    visited[v2]=1;         //标记序号为 v2 的顶点已访问过
                    enQueue(Q,v2);         //将已访问过的顶点序号 v2 入队
                }
            }
            else {
                v2=G->array[j].endvex;     //取边集数组中一条边的终点序号给 v2
                if(G->k==0 || G->k==1)     //对于无向图还要以 v2 为起点进行处理
                    if(v2==h && visited[v1]==0){//找到一条以 h 为序号的边,并且另一端
                                                //点 v1 未被访问过
                        printf("% d ",v1); //访问 h 的未被访问过的邻接点 v1
                        visited[v1]=1;     //标记序号为 v1 的顶点已访问过
                        enQueue(Q,v1);     //将已访问过的顶点序号 v1 入队
                    }
            }
            v1=G->array[++j].fromvex;      //取下一条边的起点序号赋给 v1
        }  //end  内 while
    }  //end  外 while
} // end breadthSearch
```

读者结合图 7-9 的(a)、(b)、(c)分析上面的三个算法,看从顶点 v_1 出发得到的广度优先搜索遍历的顶点序列是否分别为以下序列。

序列 1:1,0,2,5,6,3,4

序列 2:1,2,0,3,6,5,4

序列 3:1,0,2,5,6,3,4

微视频

图的广度优先搜索遍历的过程示例

4. 算法性能分析

与图的深度优先搜索遍历一样,对于图的广度优先搜索遍历,若采用邻接矩阵表示,其时间复杂度为 $O(n^2)$,若采用邻接表表示,其时间复杂度为 $O(n+e)$,若采用边集数组表示,

其时间复杂度为 $O(n \cdot e)$，三者的空间复杂度均为 $O(n)$。

由图的某个顶点出发进行广度优先搜索遍历时，访问各顶点的次序，对于邻接矩阵来说是唯一的，对于邻接表来说，可能因邻接表的不同而不同，对于边集数组来说，也可能因边的排列次序不同而不同，这些情况与图的深度优先搜索遍历时的情况是完全一样的。

7.3.3 非连通图的遍历

上面讨论的图的深度优先搜索遍历算法和图的广度优先搜索遍历算法，对于无向图来说，若无向图是连通图，则能够访问到图中的所有顶点，若无向图是非连通图，则只能访问到初始点所在连通分量中的所有顶点，其他连通分量中的顶点是不可能访问到的。为了访问到非连通图中的所有顶点，需要从其他每个连通分量中选定初始点，分别进行搜索遍历。对于有向图来说，若从初始点到图中的每个顶点都有路径，则能够访问到图中的所有顶点，否则也不能够访问到所有顶点，为此也需要从未被访问的顶点中再选一些顶点作为初始点，进行搜索遍历，直到图中的所有顶点都被访问过为止。

为了能够访问到图中的所有顶点，方法很简单，只要以图中未被访问到的每个顶点作为初始点调用上面的任何一个算法即可。即在某个函数中执行下面的 for 语句。

```
for(i=0;i<n;i++)
    if(visited[i]==0)
        breadthSearch(G,i,visited);  //或者调用 depthSearch(G,i,visited);
```

若一个无向图是连通的，或从一个有向图的顶点 v_0 到其余每个顶点都是有路径的，则此循环语句只执行一次调用就结束遍历过程，否则要执行多次调用才能结束遍历过程。对无向图来说，每次调用将遍历一个连通分量，有多少次调用过程，就说明该图有多少个相互独立的连通分量。

7.3.4 图的遍历算法的上机调试

若要上机调试算法，必须把图与对应的存储结构联系起来，假定我们需要调试在各种不同存储结构下，对图的初始化、图的建立、图的深度优先和广度优先搜索遍历的算法。因为图的存储结构不同，其对应的算法也不同，但它们的调用格式都是相同的，所以其主函数可以采用同一个，在主函数中只涉及图的抽象存储类型 Graph，不涉及所对应的具体存储类型。

1. 采用邻接矩阵表示图的算法调试

假定在上机编辑和运行 C 语言程序的当前目录下已经建立了“图在邻接矩阵存储下运算的算法 .c”程序文件，其中包含初始化一个用邻接矩阵表示的图、建立一个用邻接矩阵表示的图、深度优先搜索遍历用邻接矩阵表示的图、广度优先搜索遍历用邻接矩阵表示的图等算法，则用于调试上述算法的整个程序假定如下：

```
#include<stdio.h>
#include<stdlib.h>
#define NN 10                    //假定图中的顶点数最多为 10
#define EN 20                    //假定图中的边数最多为 20
const int MaxValue=1000;         //假定把代表无穷大的值设定为 1000
//顺序存储队列的定义和引用
typedef int ElemType;            //定义队列中元素类型为整数类型
struct SequenceQueue {           //定义一个顺序存储的队列
    ElemType * queue;            //指向存储队列的数组空间
    int front,rear;              //定义队首指针和队尾指针
    int MaxSize;                 //定义 queue 数组空间的大小
};
```

```
typedef struct SequenceQueue Queue;           //定义 Queue 为顺序存储队列的类型
#include"队列在顺序存储结构下运算的算法.c"     //假定此文件保存着对队列运算的算法
//邻接矩阵表示图的定义和引用
struct adjMatrix {                            //图的邻接矩阵类型
    int k,n;                                  //存储图的类型和顶点数
    int (* matrix)[NN];                       //存储图的二维整型的邻接矩阵数组
};
typedef struct adjMatrix Graph;               //定义图的抽象存储类型为邻接矩阵类型
#include"图在邻接矩阵存储下运算的算法.c"       //此文件中保存着对图运算的算法
//主函数的定义
void main()
{
    int i,visited[NN]={0};     //定义记录顶点是否被访问过的辅助数组并初始化
    int a1[EN+1][3]={{0,1,5},{0,2,25},{0,3,9},{1,4,8},{1,5,20},
        {2,3,12},{2,4,16},{2,5,4},{4,5,6},{-1}};  //图 7-4 G5 的边集
    int a2[EN+1][3]={{0,1},{0,6},{0,7},{1,2},{2,7},{3,4},
        {5,4},{7,3},{7,5},{-1}};              //图 7-10 G8 的边集
    Graph g1,g2,* tg1=&g1,* tg2=&g2;
    initGraph(tg1);
    initGraph(tg2);
    createGraph(tg1,a1,6,1);                  //根据图 7-4 G5 建立邻接矩阵表示的图 tg1
    createGraph(tg2,a2,8,2);                  //根据图 7-10 G8 建立邻接矩阵表示的图 tg2
    for(i=0;i<NN;i++)visited[i]=0;
    printf("对图 7-4 G5 从顶点 0 出发进行深度遍历得到的顶点序列:");
    depthSearch(tg1,0,visited);
    printf("\n");
    for(i=0;i<NN;i++)visited[i]=0;
    printf("对图 7-4 G5 从顶点 0 出发进行广度遍历得到的顶点序列:");
    breadthSearch(tg1,0,visited);
    printf("\n");
    for(i=0;i<NN;i++)visited[i]=0;
    printf("对图 7-10 G8 从顶点 0 出发进行深度遍历得到的顶点序列:");
    depthSearch(tg2,0,visited);
    printf("\n");
    for(i=0;i<NN;i++)visited[i]=0;
    printf("对图 7-10 G8 从顶点 0 出发进行广度遍历得到的顶点序列:");
    breadthSearch(tg2,0,visited);
    printf("\n");
}
```

此程序的运行结果如下：

```
对图 7-4 G5 从顶点 0 出发进行深度遍历得到的顶点序列:0 1 4 2 3 5
对图 7-4 G5 从顶点 0 出发进行广度遍历得到的顶点序列:0 1 2 3 4 5
对图 7-10 G8 从顶点 0 出发进行深度遍历得到的顶点序列:0 1 2 7 3 4 5 6
对图 7-10 G8 从顶点 0 出发进行广度遍历得到的顶点序列:0 1 6 7 2 3 5 4
```

2. 采用邻接表表示图的算法调试

用来进行调试的整个程序假定如下：

```
#include<stdio.h>
#include<stdlib.h>
```

```
#define NN 10                    //假定图中的顶点数最多为 10
#define EN 20                    //假定图中的边数最多为 20
const int MaxValue=1000;         //假定把代表无穷大的值设定为 1000
//顺序存储队列的定义和引用
typedef int ElemType;            //定义队列中元素类型为二叉树结点指针型
struct SequenceQueue {           //定义一个顺序存储的队列
    ElemType * queue;            //指向存储队列的数组空间
    int front,rear;              //定义队首指针和队尾指针
    int MaxSize;                 //定义 queue 数组空间的大小
};
typedef struct SequenceQueue Queue;               //定义 Queue 为顺序存储队列的类型
#include"队列在顺序存储结构下运算的算法.c"      //假定此文件保存着对队列运算的算法
//邻接表表示图的定义和引用
struct EdgeType {                                 //定义邻接表中的边结点类型
    int adjvex;                                   //邻接点域
    int weight;                                   //权值域,假定为整型
    struct EdgeType* next;                        //指向下一个边结点的链接域
};
struct adjList {                                  //定义邻接表存储图的结构类型
    int k,n;                                      //用 k 和 n 分别保存图的类型和顶点数
    struct EdgeType* list[NN];                    //用表头向量依次存储每个顶点邻接表的表头指针
};
typedef struct adjList Graph;                     //定义图的抽象存储类型为邻接表类型
#include"图在邻接表存储下运算的算法.c"          //此文件中保存着对图运算的算法
//主函数的定义
void main(){ }  //主函数体的内容与上面程序完全相同,在此不重复给出
```

此程序的运行结果如下:

```
对图 7-4 G5 从顶点 0 出发进行深度遍历得到的顶点序列:0 3 2 5 4 1
对图 7-4 G5 从顶点 0 出发进行广度遍历得到的顶点序列:0 3 2 1 5 4
对图 7-10 G8 从顶点 0 出发进行深度遍历得到的顶点序列:0 7 5 4 3 6 1 2
对图 7-10 G8 从顶点 0 出发进行广度遍历得到的顶点序列:0 7 6 1 5 3 2 4
```

3. 采用边集数组表示图的算法调试

用来进行调试的整个程序假定如下:

```
#include<stdio.h>
#include<stdlib.h>
#define NN 10                                     //假定图中的顶点数最多为 10
#define EN 20                                     //假定图中的边数最多为 20
const int MaxValue=1000;                          //假定把代表无穷大的值设定为 1000
//顺序存储队列的定义和引用
typedef int ElemType;                             //定义队列中元素类型为二叉树结点指针型
struct SequenceQueue {                            //定义一个顺序存储的队列
    ElemType *queue;                              //指向存储队列的数组空间
    int front,rear;                               //定义队首指针和队尾指针
    int MaxSize;                                  //定义 queue 数组空间的大小
};
typedef struct SequenceQueue Queue;               //定义 Queue 为顺序存储队列的类型
#include"队列在顺序存储结构下运算的算法.c"      //假定此文件保存着对队列运算的算法
//边集数组表示图的定义和引用
```

```
struct EdgeElement {                          //定义边集数组中元素的类型
    int fromvex;                              //边的起点域
    int endvex;                               //边的终点域
    int weight;                               //边的权值域,对于无权图可省略不用
};
struct EdgeArray {                            //定义图的边集数组类型
    int k,n;                                  //用 k 和 n 分别保存图的类型和顶点数
    struct EdgeElement array[EN];             //用边集数组依次保存图中每条边
};
typedef struct EdgeArray Graph;               //定义图的抽象存储类型为边集数组类型
#include"图在边集数组存储下运算的算法.c"      //此文件中保存着对图运算的算法
//主函数的定义
void main(){ } //主函数体的内容与上面两个程序完全相同,在此不重复给出
```

此程序的运行结果如下,此运行结果与图的邻接矩阵表示的图所得到的运行结果完全相同。

```
对图 7-4 G5 从顶点 0 出发进行深度遍历得到的顶点序列:0 1 4 2 3 5
对图 7-4 G5 从顶点 0 出发进行广度遍历得到的顶点序列:0 1 2 3 4 5
对图 7-10 G8 从顶点 0 出发进行深度遍历得到的顶点序列:0 1 2 7 3 4 5 6
对图 7-10 G8 从顶点 0 出发进行广度遍历得到的顶点序列:0 1 6 7 2 3 5 4
```

7.4　图的其他运算

对图除了前面已经介绍过的初始化图、建立图、遍历图等运算外,还有输出图,从图中查找、插入、删除边等运算,下面一一进行介绍。

1. 输出一个图

因为图在内存中是按照一定的存储结构存储的,所以图的存储结构不同,其对应的输出运算的算法也不同。还有,按照什么样的格式输出图也直接影响算法的不同。假定这里以边的集合格式给出图中的每条边,并且同时输出图的类型和顶点数。

(1)对邻接矩阵表示的图进行输出

若对邻接矩阵表示的图进行输出,则算法描述如下:

```
void outputGraph(Graph* G)
{   //以边集的形式输出一个用邻接矩阵表示的图
    int i,j;
    printf("图的类型:%d\n",G->k);
    printf("图的顶点数:%d\n",G->n);
    printf("图的边集:\n{");
    for(i=0;i<G->n;i++)
        for(j=0;j<G->n;j++)                   //通过此二重循环扫描矩阵中的每个元素
            if(i!=j && G->matrix[i][j]!=0 && G->matrix[i][j]!=MaxValue){
                if(G->k==0 && i<j)            //输出无向无权边
                    printf("(%d,%d),",i,j);
                else if(G->k==1 && i<j)       //输出无向有权边
                    printf("(%d,%d)%d,",i,j,G->matrix[i][j]);
                else if(G->k==2)              //输出有向无权边
                    printf("<%d,%d>,",i,j);
                else if(G->k==3)              //输出有向有权边
                    printf("<%d,%d>%d,",i,j,G->matrix[i][j]);
```

```
        } //end if
        printf("}\n");
} //end outputGraph
```

(2)对邻接表表示的图进行输出

若对邻接表表示的图进行输出,则算法描述如下:

```
void outputGraph(Graph* G)
{   //以边集的形式输出一个用邻接表表示的图
    int i,j;
    printf("图的类型:%d\n",G->k);
    printf("图的顶点数:%d\n",G->n);
    printf("图的边集:\n{");
    for(i=0;i<G->n;i++){                    //扫描每个顶点的邻接表
        struct EdgeType* p=G->list[i];
        while(p!=NULL){                     //扫描一个顶点的每个边结点
            j=p->adjvex;
            if(G->k==0 && i<j)        //输出无向无权边
                printf("(%d,%d),",i,j);
            else if(G->k==1 && i<j) //输出无向有权边
                printf("(%d,%d)%d,",i,j,p->weight);
            else if(G->k==2)          //输出有向无权边
                printf("<%d,%d>,",i,j);
            else if(G->k==3)          //输出有向有权边
                printf("<%d,%d>%d,",i,j,p->weight);
            p=p->next;
        }
    }
    printf("}\n");
}
```

(3)对边集数组表示的图进行输出

若对边集数组表示的图进行输出,则算法描述如下:

```
void outputGraph(Graph* G)
{   //以边集的形式输出一个存储结构为边集数组的图
    int i=0;
    printf("图的类型:%d\n",G->k);
    printf("图的顶点数:%d\n",G->n);
    printf("图的边集:\n{");
    while(G->array[i].fromvex!=-1){
        int v1=G->array[i].fromvex;
        int v2=G->array[i].endvex;
        int v3=G->array[i].weight;
        if(G->k==0)                 //输出无向无权边
            printf("(%d,%d),",v1,v2);
        else if(G->k==1)            //输出无向有权边
            printf("(%d,%d)%d,",v1,v2,v3);
        else if(G->k==2)            //输出有向无权边
            printf("<%d,%d>,",v1,v2);
        else if(G->k==3)            //输出有向有权边
            printf("<%d,%d>%d,",v1,v2,v3);
```

```
        i++;                        //以便处理和输出下一条边
    }
    printf("}\n");
}
```

2. 从图中查找一条边

当从图中按照给定边的起点和终点序号查找一条边时,若此边存在则返回1,表明查找成功,若此边不存在或者所给的参数不合法时,则返回0表明查找失败。

若对邻接矩阵表示的图进行查找一条边,则算法描述如下:

```
int findGraph(Graph* G,int i,int j)
{    //从邻接矩阵图中查找顶点为i和j的一条边,查找成功返回1,否则返回0
    if(i<0 ||i>=G->n ||j<0 ||j>=G->n ||i==j)return 0;
    if(G->matrix[i][j]==0 ||G->matrix[i][j]==MaxValue)return 0;
    else return 1;
}
```

若对邻接表表示的图查找一条边,则算法描述如下:

```
int findGraph(Graph* G,int i,int j)
{    //从邻接表的图中查找顶点为i和j的一条边,查找成功返回1,否则返回0
    struct EdgeType* p=G->list[i];
    if(i<0 ||i>=G->n ||j<0 ||j>=G->n ||i==j)return 0;
    whilc(p! -NULL){
        if(p->adjvex==j)return 1;
        else p=p->next;
    }
    return 0;
}
```

若对边集数组表示的图查找一条边,则算法描述如下:

```
int findGraph(Graph* G,int i,int j)
{    //从边集数组图中查找顶点为i和j的一条边,查找成功返回1否则返回0
    int p=0,v1,v2;
    if(i<0 ||i>=G->n ||j<0 ||j>=G->n ||i==j)return 0;
    v1=G->array[p].fromvex;
    while(v1! =-1){
        v2=G->array[p].endvex;
        if(G->k==0 ||G->k==1){
            if((v1==i && v2==j)||(v1==j && v2==i))return 1;
        }
        else if(v1==i && v2==j)return 1;
        v1=G->array[++p].fromvex;
    }
    return 0;
}
```

3. 向图中插入一条边

向图中插入一条边,除了在函数参数表中给出图的参数外,还要给出待插入边的起点、终点、权值、类型等参数,当向图中有效地插入了一条边后,应返回1表明插入成功,若待插入的边在图中已存在,或者所给的待插边的参数值不合法时,则不能向图中进行有效插入,应返回0表明插入失败。

若对邻接矩阵表示的图插入一条边,则算法描述如下:

```
int insertEdge(Graph* G,int i,int j,int w,int k)
{   //向邻接矩阵图中插入顶点为 i 和 j,权值为 w,类型为 k 的一条边,成功返回 1,否则返回 0
    if(i<0 ||i>=G->n ||j<0 ||j>=G->n || i==j)return 0;      //参数值不合法
    if(w<1 ||w>=MaxValue || k!=G->k)return 0;                //参数值不合法
    if((k==0 || k==2)&& w! =1)return 0;                      //参数值不合法
    if(G->matrix[i][j]! =0 && G->matrix[i][j]! = MaxValue)return 0;//边存在
    if(k==0)G->matrix[i][j]=G->matrix[j][i]=1;
    else if(k==1)G->matrix[i][j]=G->matrix[j][i]=w;
    else if(k==2)G->matrix[i][j]=1;
    else G->matrix[i][j]=w;
    return 1;                                                //进行有效插入后返回 1
}
```

若对邻接表表示的图插入一条边,则算法描述如下:

```
int insertEdge(Graph* G,int i,int j,int w,int k)
{   //向邻接表的图中插入顶点为 i 和 j,权值为 w,类型为 k 的一条边,成功返回 1,否则返回 0
    struct EdgeType *p,*q1,*q2;
    if(i<0 ||i>=G->n ||j<0 ||j>=G->n || i==j)return 0;  //参数值不合法
    if(w<1 ||w>=MaxValue || k! =G->k)return 0;   //参数值不合法
    if((k==0 || k==2)&& w! =1)return 0;          //参数值不合法
    p=G->list[i];
    while(p! =NULL){
        if(p->adjvex==j)return 0;                //边存在返回 0
        else p=p->next;
    }
    q1=malloc(sizeof(struct EdgeType));          //产出一个动态边结点
    q1->adjvex=j;q1->weight=w;                   //给 q1 边结点的相关域赋值
    q1->next=G->list[i];G->list[i]=q1;           //把新边插入到相应邻接表的表头
    if(k==2 || k==3)return 1;                    //对于有向图则插入后返回 1
    else {      //对于无向图,还要在相应的顶点邻接表中插入一个边结点
        q2=malloc(sizeof(struct EdgeType));      //产出一个动态边结点
        q2->adjvex=i;q2->weight=w;               //给 q2 边结点的相关域赋值
        q2->next=G->list[j];G->list[j]=q2;       //把新边插入到相应邻接表的表头
        return 1;                                //插入成功返回 1
    }
}
```

若对边集数组表示的图插入一条边,则算法描述如下:

```
int insertEdge(Graph* G,int i,int j,int w,int k)
{   //向边集数组图中插入顶点为 i 和 j,权值为 w,类型为 k 的一条边,成功返回 1,否则返回 0
    int c=0,v1,v2;
    if(i<0 ||i>=G->n ||j<0 ||j>=G->n || i==j)return 0;//参数值不合法
    if(w<1 ||w>=MaxValue || k! =G->k)return 0;         //参数值不合法
    if((k==0 || k==2)&& w! =1)return 0;                //参数值不合法
    v1=G->array[c].fromvex;
    while(v1! =-1){
        v2=G->array[c].endvex;
        if(v1==i && v2==j)return 0;                    //边已存在
        else if(k==0 || k==1){
            if(v1==j && v2==i)return 0;                //边已存在
```

```
        }
        v1=G->array[++c].fromvex;
    }
    if(c>=EN-1)return 0;                                //数组存储空间已满,无法插入
    G->array[c].fromvex=i;
    G->array[c].endvex=j;
    G->array[c].weight=w;
    return 1;
}
```

4. 从图中删除一条边

从图中删除一条给定的边,当此边存在时,删除后返回 1 表示删除操作成功,当此边不存在,或者所给边的参数非法时,则返回 0 表示删除操作失败。

若从邻接矩阵表示的图中删除一条边,则算法描述如下:

```
int deleteEdge(Graph* G,int i,int j)
{   //向邻接矩阵图中删除顶点为 i 和 j 的一条边,删除成功返回 1,否则返回 0
    if(i<0 ||i>=G->n ||j<0 ||j>=G->n ||i==j)return 0;  //参数值不合法
    if(G->matrix[i][j]==0 ||G->matrix[i][j]==MaxValue)return 0;//边不存在
    if(G->k==0){                //对应无向无权图,删除边后返回 1
        G->matrix[i][j]=G->matrix[j][i]=0;return 1;
    }
    else if(G->k==1){           //对应无向有权图,删除边后返回 1
        G->matrix[i][j]=G->matrix[j][i]=MaxValue;return 1;
    }
    else if(G->k==2){           //对应有向无权图,删除边后返回 1
        G->matrix[i][j]=0;return 1;
    }
    else if(G->k==3){           //对应有向有权图,删除边后返回 1
        G->matrix[i][j]=MaxValue;return 1;
    }
    else return 0;
}
```

若从邻接表表示的图中删除一条边,则算法描述如下:

```
int deleteEdge(Graph* G,int i,int j)
{   //向邻接表的图中删除顶点为 i 和 j 的一条边,删除成功返回 1,否则返回 0
    struct EdgeType  * p,* q;
    if(i<0 ||i>=G->n ||j<0 ||j>=G->n ||i==j)return 0;  //参数值不合法
    p=G->list[i];q=NULL;                //给 p 和 q 赋初值
    while(p! =NULL){                    //扫描序号为 i 的邻接表
        if(p->adjvex==j)break;          //若找到相应边则退出循环
        else {q=p;p=p->next;}           //q 是 p 的前驱结点
    }
    if(p==NULL)return 0;                //边不存在无法删除,返回 0
    if(q==NULL){G->list[i]=p->next;free(p);}    //删除表头边结点
    else {q->next=p->next;free(p);}            //删除非表头边结点
    if(G->k==0 ||G->k==1){              //对于无向图,还需要删除对应边结点
        p=G->list[j];q=NULL;            //给 p 和 q 赋初值
        while(p! =NULL){                //扫描序号为 j 的邻接表
            if(p->adjvex==i)break;      //找到相应边则退出循环
```

```
            else {q=p;p=p->next;}       //q是p的前驱结点
        }
        if(p==NULL){printf("原邻接表有误,退出运行! \n");exit(1);}
        if(q==NULL){G->list[j]=p->next;free(p);}   //删除表头边结点
        else {q->next=p->next;free(p);}             //删除非表头边结点
    }
    return 1;                                       //删除成功返回1
}
```

若从边集数组表示的图中删除一条边,则算法描述如下:

```
int deleteEdge(Graph* G,int i,int j)
{  //向边集数组图中删除顶点为i和j的一条边,删除成功返回1,否则返回0
    int c=0,v1,v2;
    if(i<0 ||i>=G->n ||j<0 ||j>=G->n ||i==j)return 0;  //参数值不合法
    v1=G->array[c].fromvex;
    while(v1! =-1){
        v2=G->array[c].endvex;
        if(v1==i && v2==j)break;
        if((v1==j && v2==i)&&(G->k==0 ||G->k==1))break;
        v1=G->array[++c].fromvex;
    }
    if(v1==-1)return 0;                     //边不存在无法删除,返回0
    while(G->array[c].fromvex! =-1){    //因删除下标为c的元素而依次前移后续元素
        G->array[c]=G->array[c+1];c++;
    }
    return 1;                               //删除成功,返回1
}
```

5. 清除一个图为空并回收其动态存储空间

清除一个图就是把图置为空,把在使用图过程中分配的动态存储空间回收掉。

若清除邻接矩阵表示的图,则算法描述如下:

```
void clearGraph(Graph* G)
{   //清除邻接矩阵图,使之为空,回收动态存储空间
    G->k=-1;
    G->n=0;
    free(G->matrix);
    G->matrix=NULL;
}
```

若清除邻接表表示的图,则算法描述如下:

```
void clearGraph(Graph* G)
{   //清除邻接表的图,使之为空,回收动态存储空间
    int i;
    struct EdgeType * p,* q;
    G->k=-1;
    for(i=0;i<G->n;i++){
        p=G->list[i];
        while(p! =NULL){
            q=p->next;free(p);p=q;
        }
        G->list[i]=NULL;
```

```
    }
    G->n=0;
}
```

若清除边集数组表示的图,则算法描述如下:

```
void clearGraph(Graph* G)
{   //清除边集数组图,使之为空
    int i=0,v;
    G->k=-1;
    G->n=0;
    v=G->array[i].fromvex;
    while(v! =-1){
        G->array[i].fromvex=-1;
        v=G->array[++i].fromvex;
    }
}
```

6. 求出并返回图中任一个顶点的度

对于邻接矩阵表示的图,则算法描述如下:

```
int vertexDegree(Graph* G,int i)
{   //返回邻接矩阵图中顶点i的度数
    int j,c=0;
    if(i<0 ||i>=G->n)return -1;          //返回-1表明参数不合法
    for(j=0;j<G->n;j++)                   //求出顶点i的出度
        if(G->matrix[i][j]! =0 && G->matrix[i][j]! =MaxValue)c++;
    if(G->k==2 ||G->k==3)                 //对于有向图还要求出其入度
        for(j=0;j<G->n;j++)
            if(G->matrix[j][i]! =0 && G->matrix[j][i]!=MaxValue)c++;
    return c;                             //返回顶点i的度
}
```

对于邻接表表示的图,则算法描述如下:

```
int vertexDegree(Graph* G,int i)
{   //返回邻接表的图中顶点i的度数
    int j,c=0;
    struct EdgeType * p;
    if(i<0 ||i>=G->n)return -1;             //返回-1表明参数不合法
    p=G->list[i];
    while(p! =NULL){c++;p=p->next;}         //求出顶点i的出度
    if(G->k==2 ||G->k==3)                   //对于有向图还要求出其入度
        for(j=0;j<G->n;j++){                //求顶点入度需扫描整个邻接表
            p=G->list[j];
            while(p! =NULL){
                if(p->adjvex==i)c++;
                p=p->next;
            }
        }
    return c;                               //返回顶点i的度
}
```

对于边集数组表示的图,则算法描述如下:

```
int vertexDegree(Graph* G,int i)
```

```
{    //返回边集数组图中顶点 i 的度数
    int j=0,c=0,v1,v2;
    if(i<0 ||i>=G->n)return -1;          //返回-1 表明参数不合法
    v1=G->array[j].fromvex;
    while(v1! =-1){                      //扫描整个边集数组
        v2=G->array[j].endvex;
        if(v1==i)c++;                    //顶点 i 的出度增 1
        if(v2==i)c++;                    //顶点 i 的入度增 1
        v1=G->array[++j].fromvex;
    } //注意:在图的边集数组表示中,任何无向或有向边都只出现一次
    return c;                            //返回顶点 i 的度
}
```

掌握了上面求图中一个顶点度的算法,就不难写成求任一顶点的入度或出度的算法,在此就不赘述了。

7. 求出并返回图中的边数

对于邻接矩阵表示的图,则算法描述如下:

```
int edgeNumber(Graph* G)
{    //返回邻接矩阵图中的边数
    int i,j,c=0,d;
    for(i=0;i<G->n;i++)
        for(j=0;j<G->n;j++){
            d=G->matrix[i][j]! =0 && G->matrix[i][j]! =MaxValue;
            if(d==1)c++;
        }
    if(G->k==0 ||G->k==1)return c/2;else return c;//返回图中的边数
}
```

对于邻接表表示的图,则算法描述如下:

```
int edgeNumber(Graph* G)
{    //返回邻接表图中的边数
    int i,c=0;
    struct EdgeType * p;
    for(i=0;i<G->n;i++){
        p=G->list[i];
        while(p! =NULL){c++;p=p->next;}
    }
    if(G->k==0 ||G->k==1)return c/2;else return c;//返回图中的边数
}
```

对于边集数组表示的图,则算法描述如下:

```
int edgeNumber(Graph* G)
{    //返回边集数组图中的边数
    int c=0,v;
    v=G->array[c].fromvex;
    while(v! =-1){c++;v=G->array[c].fromvex;}
    return c;              //返回图中的边数
}
```

返回图的类型和图中的顶点数的算法更简单,只要返回图的任一种存储结构中 k 域的值和 n 域的值即可,在此就不赘述了。

8. 上机调试对图的各种运算的算法

(1)利用邻接矩阵作为图的存储结构进行调试的程序

```
#include<stdio.h>
#include<stdlib.h>
#define NN 10                                  //假定图中的顶点数最多为10
#define EN 20                                  //假定图中的边数最多为20
const int MaxValue=1000;                       //假定把代表无穷大的值设定为1000
//顺序存储队列的定义和引用
typedef int ElemType;                          //定义队列中元素类型为整数类型
struct SequenceQueue {                         //定义一个顺序存储的队列
    ElemType * queue;                          //指向存储队列的数组空间
    int front,rear;                            //定义队首指针和队尾指针
    int MaxSize;                               //定义 queue 数组空间的大小
};
typedef struct SequenceQueue Queue;            //定义 Queue 为顺序存储队列的类型
#include"队列在顺序存储结构下运算的算法.c"     //假定此文件保存着对队列运算的算法
//邻接矩阵表示图的定义和引用
struct adjMatrix {                             //图的邻接矩阵类型
    int k,n;                                   //存储图的类型和顶点数
    int (* matrix)[NN];                        //存储图的二维整型的邻接矩阵数组
};
typedef struct adjMatrix Graph;                //定义图的抽象存储类型为邻接矩阵类型
#include"图在邻接矩阵存储下运算的算法.c"       //保存对邻接矩阵图进行各种运算的算法
//主函数的定义
void main()
{
    int a1[EN+1][3]={{0,1,12},{0,4,4},{1,2,3},{2,0,5},
        {2,3,6},{4,0,8},{4,2,9},{4,3,2},{-1}};      //图 7-4 G6 的边集
    int a2[EN+1][3]={{0,1},{0,5},{0,6},{1,2},{2,3},
        {3,4},{3,6},{4,6},{-1}};                    //图 7-8 G7 的边集
    Graph g1,g2,*tg1=&g1,*tg2=&g2;
    initGraph(tg1);
    initGraph(tg2);
    createGraph(tg1,a1,5,3);        //根据图 7-4 G6 的边集建立图的存储结构
    createGraph(tg2,a2,7,0);        //根据图 7-8 G7 的边集建立图的存储结构
    printf("图 7-4 G6 的边集输出:\n");
    outputGraph(tg1);
    insertEdge(tg1,4,1,7,3);
    deleteEdge(tg1,2,3);
    printf("在图 7-4 G6 中各插入边<4,1>7 和删除边<2,3>后的边集输出:\n");
    outputGraph(tg1);
    printf("图 7-4 G6 中的边数为 % d\n",edgeNumber(tg1));
    printf("图 7-4 G6 中的顶点 0 的度数为 % d\n",vertexDegree(tg1,0));
    if(findGraph(tg1,1,2))printf("在图 7-4 G6 中查找边<1,2>成功! \n");
    if(! findGraph(tg1,3,2))printf("在图 7-4 G6 中查找边<3,2>不成功! \n");
    printf("图 7-8 G7 的边集输出:\n");
    outputGraph(tg2);
    insertEdge(tg2,6,5,1,0);
    deleteEdge(tg2,3,6);deleteEdge(tg2,3,4);
```

```
    printf("在图 7-8 G7 中插入边(6,5)1 和删除边(3,6)和(3,4)后的边集输出:\n");
    outputGraph(tg2);
    clearGraph(tg1);clearGraph(tg2);
}
```

程序运行后的输出结果如下:

```
图 7-4 G6 的边集输出:
图的类型:3
图的顶点数:5
图的边集:
{<0,1>12,<0,4>4,<1,2>3,<2,0>5,<2,3>6,<4,0>8,<4,2>9,<4,3>2,}
在图 7-4 G6 中各插入边<4,1>7 和删除边<2,3>后的边集输出:
图的类型:3
图的顶点数:5
图的边集:
{<0,1>12,<0,4>4,<1,2>3,<2,0>5,<4,0>8,<4,1>7,<4,2>9,<4,3>2,}
图 7-4 G6 中的边数为 8
图 7-4 G6 中的顶点 0 的度数为 4
在图 7-4 G6 中查找边<1,2>成功!
在图 7-4 G6 中查找边<3,2>不成功!
图 7-8 G7 的边集输出:
图的类型:0
图的顶点数:7
图的边集:
{(0,1),(0,5),(0,6),(1,2),(2,3),(3,4),(3,6),(4,6),}
在图 7-8 G7 中插入边(6,5)1 和删除边(3,6)和(3,4)后的边集输出:
图的类型:0
图的顶点数:7
图的边集:
{(0,1),(0,5),(0,6),(1,2),(2,3),(4,6),(5,6),}
```

读者结合有关算法,自行分析每行输出结果的正确性。

(2)利用邻接表作为图的存储结构进行调试的程序

假定还是利用上面的对邻接矩阵表示的图进行上机调试的程序,只是把中间段的“邻接矩阵表示图的定义和引用”部分更换为下面的“邻接表表示图的定义和引用”即可,其他部分完全不动。

```
//邻接表表示图的定义和引用
struct EdgeType {                          //定义邻接表中的边结点类型
    int adjvex;                            //邻接点域
    int weight;                            //权值域,假定为整型
    struct EdgeType* next;                 //指向下一个边结点的链接域
};
struct adjList {                           //定义邻接表存储图的结构类型
    int k,n;                               //用 k 和 n 分别保存图的类型和顶点数
    struct EdgeType* list[NN];             //用表头向量依次存储每个顶点邻接表的表头指针
};
typedef struct adjList Graph;              //定义图的抽象存储类型为邻接表类型
#include"图在邻接表存储下运算的算法.c"     //保存对邻接表的图进行各种运算的算法
```

此程序的运行结果如下:

```
图 7-4 G6 的边集输出:
```

```
图的类型:3
图的顶点数:5
图的边集:
{<0,4>4,<0,1>12,<1,2>3,<2,3>6,<2,0>5,<4,3>2,<4,2>9,<4,0>8,}
在图 7-4 G6 中各插入边<4,1>7 和删除边<2,3>后的边集输出:
图的类型:3
图的顶点数:5
图的边集:
{<0,4>4,<0,1>12,<1,2>3,<2,0>5,<4,1>7,<4,3>2,<4,2>9,<4,0>8,}
图 7-4 G6 中的边数为 8
图 7-4 G6 中的顶点 0 的度数为 4
在图 7-4 G6 中查找边<1,2>成功!
在图 7-4 G6 中查找边<3,2>不成功!
图 7-8 G7 的边集输出:
图的类型:0
图的顶点数:7
图的边集:
{(0,6),(0,5),(0,1),(1,2),(2,3),(3,6),(3,4),(4,6),}
在图 7-8 G7 中插入边(6,5)1 和删除边(3,6)和(3,4)后的边集输出:
图的类型:0
图的顶点数:7
图的边集:
{(0,6),(0,5),(0,1),(1,2),(2,3),(4,6),(5,6),}
```

从以上两个程序的输出结果可以看出,除了输出边集中边的次序不同外,其余都完全相同,与图的存储结构无关。若在建立图的邻接表时,依次向每个顶点邻接表的表尾而不是表头插入边结点,当再向图中插入边时,若按照终点序号升序插入边结点,则将会得到完全相同的输出结果。

(3)利用边集数组作为图的存储结构进行调试的程序

假定还是利用上面对邻接矩阵和邻接表表示的图进行上机调试的程序,只是把中间段的“邻接矩阵表示图的定义和引用”或“邻接表表示图的定义和引用”部分更换为下面的“边集数组表示图的定义和引用”即可,其他部分完全不动。

```
//边集数组表示图的定义和引用
struct EdgeElement {                          //定义边集数组中元素的类型
    int fromvex;                              //边的起点域
    int endvex;                               //边的终点域
    int weight;                               //边的权值域,对于无权图可置权值为 1
};
struct EdgeArray {                            //定义图的边集数组类型
    int k,n;                                  //用 k 和 n 分别保存图的类型和顶点数
    struct EdgeElement array[EN];             //用边集数组依次保存图中每条边
};
typedef struct EdgeArray Graph;               //定义图的抽象存储类型为边集数组类型
#include"图在边集数组存储下运算的算法.c"      //保存对边集数组图进行各种运算的算法
```

此程序的运行结果和在邻接矩阵存储下进行运算的运行结果基本相同,只有第 10 行和最后一行的边集输出上有细微差别。读者自行分析其输出结果的正确性。

```
图 7-4 G6 的边集输出:
图的类型:3
图的顶点数:5
```

```
图的边集:
{<0,1>12,<0,4>4,<1,2>3,<2,0>5,<2,3>6,<4,0>8,<4,2>9,<4,3>2,}
在图 7-4 G6 中各插入边<4,1>7 和删除边<2,3>后的边集输出:
图的类型:3
图的顶点数:5
图的边集:
{<0,1>12,<0,4>4,<1,2>3,<2,0>5,<4,0>8,<4,2>9,<4,3>2,<4,1>7,}
图 7-4 G6 中的边数为 8
图 7-4 G6 中的顶点 0 的度数为 4
在图 7-4 G6 中查找边<1,2>成功!
在图 7-4 G6 中查找边<3,2>不成功!
图 7-8 G7 的边集输出:
图的类型:0
图的顶点数:7
图的边集:
{(0,1),(0,5),(0,6),(1,2),(2,3),(3,4),(3,6),(4,6),}
在图 7-8 G7 中插入边(6,5)1 和删除边(3,6)和(3,4)后的边集输出:
图的类型:0
图的顶点数:7
图的边集:
{(0,1),(0,5),(0,6),(1,2),(2,3),(4,6),(6,5),}
```

小　结

1. 图结构中每个顶点可以有任意多个前驱和任意多个后继。对应无向图,每个顶点的邻接点既是它的前驱顶点,又是它的后继顶点。对于有向图,每个顶点的入边邻接点是它的前驱顶点,出边邻接点是它的后继顶点。

2. 无向图中每个顶点的度、入度和出度均等于它的邻接点数;有向图中每个顶点的度、入度和出度分别等于它的邻接点数、入边数和出边数。图中两顶点间的路径长度等于其路径上所经过的边(出边)的数目。

3. 对图的存储包括存储其顶点信息和边的信息(顶点之间的关系)这两个方面,为了运算方便,通常把它们分开存储。对于图中的所有顶点信息适合采用能够直接存取的一维数组存储,对于图中所有边的信息,主要有邻接矩阵、邻接表和边集数组三种存储方法,邻接矩阵是存储边的二维式顺序存储结构,邻接表是存储边的链式存储结构,边集数组是存储边的一维式顺序存储结构。

4. 对于一个具有 n 个顶点和 e 条边的图,它的邻接矩阵是一个 $n \times n$ 的方阵,无向图中的每条边对应矩阵中的两个对称元素,有向图中的每条边对应矩阵中的一个元素。图的邻接矩阵中的主对角线上的元素为 0。无向图的邻接矩阵是对称矩阵。

5. 图的邻接表是对图中每个顶点建立边结点单链表,并把它们的表头指针用一维数组保存起来的一种存储表示。图的边集数组是把图中的每条边作为元素保存到一维数组中的一种存储表示。使用边集数组的优点是节省存储空间,缺点是增加对图的运算时间。

6. 对图的遍历包括深度优先搜索遍历和广度优先搜索遍历两种,对于用邻接矩阵表示的图来说,从初始点出发对顶点的访问次序是唯一的,而对于用链接表和边集数组表示的图来说,其访问次序不是唯一的,与链接表的每个顶点单链表中边结点的链接次序和边集数组中边元素的排列次序有关。

思考与练习

一、单选题

1. 设无向图的顶点个数为 n，则该图中所含边数的最大值为(   )。

   A. $n-1$ B. $n(n-1)/2$ C. $n(n+1)/2$ D. $n(n-1)$

2. 设有向图的顶点个数为 n，则该图中所含边数的最大值为(   )。

   A. $n-1$ B. $n(n-1)/2$ C. $n(n+1)/2$ D. $n(n-1)$

3. 在具有 n 个顶点的连通图中，至少应包含的边数为(   )。

   A. $n-1$ B. n C. $n+1$ D. 1

4. 在一个图中，所有顶点的度数之和等于所有边数的 (   )。

   A. 3 倍 B. 2 倍 C. 1 倍 D. 一半

5. 若采用邻接矩阵存储具有 n 个顶点的一个无向图，则该邻接矩阵是一个(   )。

   A. 上三角矩阵 B. 稀疏矩阵 C. 对角矩阵 D. 对称矩阵

6. 设一个无向图具有 n 个顶点和 e 条边，若采用邻接表作为其存储结构，则邻接表中边结点的总数为(   )。

   A. n B. e C. $2e$ D. $3e$

7. 设一个无向图具有 n 个顶点和 e 条边，若采用边集数组作为其存储结构，则边集数组中边结点的总数为(   )。

   A. n B. e C. $2e$ D. $3e$

8. 在一个有向图中，一个顶点的度为该顶点的(   )。

   A. 入度 B. 出度 C. 入度与出度之和 D. 入度与出度之差

9. 在一个具有 n 个顶点的强连通图中，包含的有向边的个数至少为(   )。

   A. n B. $n-1$ C. $n+1$ D. $n(n-1)$

10. 对应一个具有 n 个顶点的有向无环图最多可包含的边数为(   )。

    A. $n-1$ B. n C. $n(n-1)/2$ D. $n(n-1)$

11. 一个具有 n 个顶点和 n 条边的无向图一定是一个(   )。

    A. 连通图 B. 不连通图 C. 无环图 D. 有环图

12. 为了实现图的广度优先搜索遍历，其广度优先搜索遍历算法需要使用的一个辅助数据结构为(   )。

    A. 栈 B. 队列 C. 二叉树 D. 树

13. 为了实现图的深度优先搜索遍历，在非递归的深度优先搜索遍历算法中，必须使用的一种辅助数据结构为(   )。

    A. 栈 B. 队列 C. 二叉树 D. 树

二、判断题

1. 在一个图中，所有顶点的度数之和等于所有边数的 2 倍。(   )
2. 在一个具有 n 个顶点的无向完全图中，包含有 $n(n-1)$ 条边。(   )
3. 在一个具有 n 个顶点的有向完全图中，包含有 $n(n-1)$ 条边。(   )
4. 对于一个具有 n 个顶点和 e 条边的图，若采用邻接矩阵表示，则矩阵大小为 $n \cdot e$。(   )
5. 对于一个具有 n 个顶点和 e 条边的有向图，在其对应的邻接表中，所含边结点的个数为 $2 \cdot e$。(   )

6. 对于一个具有 n 个顶点和 e 条边的无向图,在其对应的边集数组中,所含边结点的个数为 e。 (　　)

7. 在有向图的邻接表中,每个顶点邻接表依次链接着该顶点的所有出边结点。 (　　)

8. 在有向图的逆邻接表中,每个顶点邻接表依次链接着该顶点的所有入边结点。 (　　)

9. 对于一个具有 n 个顶点和 e 条边的无向图,当采用邻接矩阵表示时,求任一顶点度数的时间复杂度为 $O(n)$。 (　　)

10. 对于一个具有 n 个顶点和 e 条边的无向图,当采用邻接表表示时,求任一顶点度数的时间复杂度为 $O(n+e)$。 (　　)

11. 对于一个具有 n 个顶点和 e 条边的无向图,当采用边集数组表示时,求任一顶点度数的时间复杂度为 $O(n+e)$。 (　　)

12. 假定一个图具有 n 个顶点和 e 条边,则采用邻接矩阵、邻接表和边集数组表示时,其相应的空间复杂度分别为 $O(n^2)$、$O(n+e)$ 和 $O(e)$。 (　　)

13. 对用邻接矩阵表示的具有 n 个顶点和 e 条边的图进行任一种遍历时,其时间复杂度为 $O(n)$。 (　　)

14. 对用邻接表表示的具有 n 个顶点和 e 条边的图进行任一种遍历时,其时间复杂度为 $O(n \cdot e)$。 (　　)

15. 对用边集数组表示的具有 n 个顶点和 e 条边的图进行任一种遍历时,其时间复杂度为 $O(n \cdot e)$。 (　　)

三、运算题

1. 对于图 7-11(a)所示的有向图 G9,求出:

(1)图的二元组表示;

(2)图中每个顶点的入度、出度和度;

(3)图中从顶点 a 到其余每个顶点的最短路径长度(所经过的边最少)和最长路径长度(所经过的边最多)。

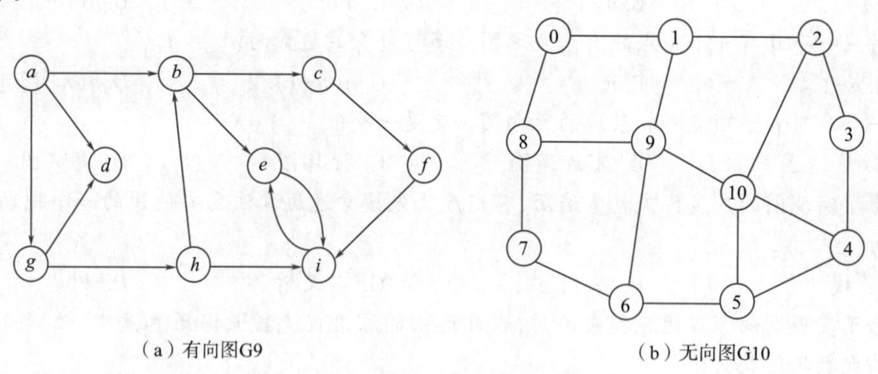

图 7-11　有向图 G9 和无向图 G10

2. 对于图 7-11(b)所示的无向图 G10,给出:

(1)每个图的邻接矩阵;

(2)每个图的邻接表;

(3)每个图的边集数组。

3. 对于图 7-11(b)所示的无向图 G10,按下列条件试分别写出从顶点 0 出发按深度优先搜索遍历得到的顶点序列和按广度优先搜索遍历得到的顶点序列。

(1)假定它们均采用邻接矩阵表示;

(2)假定它们均采用邻接表表示,并且假定每个顶点邻接表中的结点是按顶点序号从大到小的次序链接的。

四、算法设计题

1. 根据下面函数声明编写算法,对邻接矩阵表示的图 G,求出并返回序号为 num 的顶点的入度。

```
int enterDegree(Graph*  G,int num);//求出并返回图中顶点 num 的入度
```

2. 根据下面函数声明编写算法,对边集数组表示的图 G,求出并返回序号为 num 的顶点的入度。

```
int enterDegree(Graph*  G,int num);//求出并返回图中顶点 num 的入度
```

3. 根据下面函数声明编写算法,对一个用邻接矩阵表示的图 G,求出并返回图中所有顶点出度的最大值。

```
int maxOutDegree(Graph*  G);//求出并返回图中所有顶点出度的最大值
```

4. 根据下面函数声明,对于邻接矩阵表示的图 G,编写出使用栈进行深度优先遍历的非递归算法。

```
void depthSearchN(Graph*  G,int i,int visited[]);
//从序号为 i 的初始点出发深度优先搜索由邻接矩阵 G 表示图的非递归算法
```

第 8 章 图的应用

图在工程技术和日常生活中有着广泛应用，往往都涉及求连通图的最小生成树，求带权图中各顶点间的最短路径，求有向图中各顶点之间的拓扑序列，以及求图中从源点到汇点之间的关键路径等问题。 本章就这些问题进行深入探讨，分别给出相应经典的运算方法和算法实现。

本章知识导图

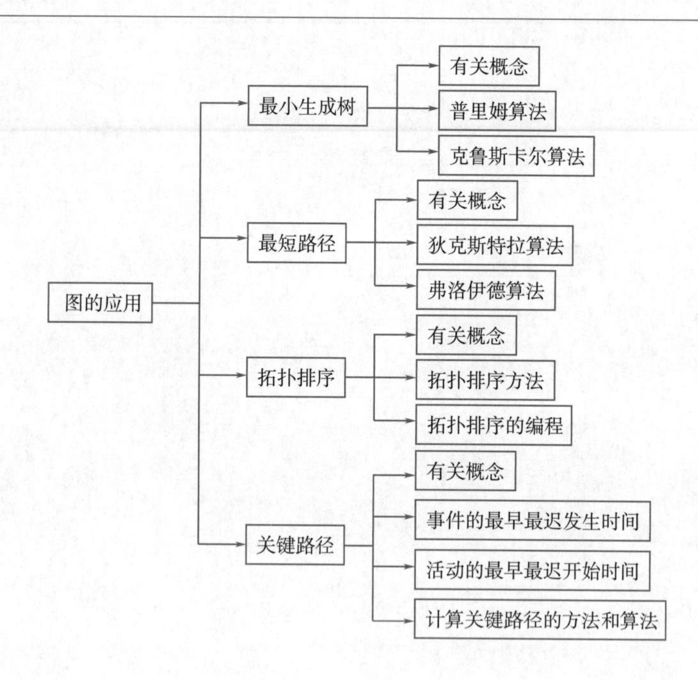

学习目标

◎了解:图的生成树、最小生成树、最短路径、最短路径长度、拓扑排序、关键路径、关键活动等有关概念。

◎掌握:求一个连通图的最小生成树的两种不同方法,求一个图的最短路径的两种不同方法,求一个 AOV 网的拓扑序列的方法,求一个 AOE 网的关键路径的方法。

◎应用:能够根据已知图形,求出其最小生成树及权值,求出任意两顶点间的最短路径和路径长度,求出其拓扑排序的顶点序列,求出其关键路径、路径长度和所有关键活动。

8.1 图的生成树和最小生成树

8.1.1 生成树和最小生成树的概念

在一个连通图 G 中,如果取它的全部顶点和一部分边构成一个子图 G',即:

$$V(G')=V(G) \text{ 和 } E(G') \subseteq E(G)$$

此时若边集 $E(G')$ 中的边既将图中的所有顶点连通又不形成回路,则称子图 G' 是原图 G 的一棵生成树(spanning tree)。

下面简单说明一下既连通图 G 中的全部 n 个顶点又没有回路的子图 G'(即生成树)必含有 $n-1$ 条边,并且只有 $n-1$ 条边。要构造子图 G',首先从图 G 中任取一个顶点加入 G' 中,此时 G' 中只有一个顶点,假定具有一个顶点的图是连通的,以后每向子图 G' 中加入一个顶点时,都要加入以该顶点为一个端点,以子图 G' 中的一个顶点为另一个端点的一条边,这样在 G' 中既连通了该顶点又不会产生回路,进行 $n-1$ 次后,就向 G' 中加入了 $n-1$ 个顶点和 $n-1$ 条边,使得 G' 中的 n 个顶点既连通又不产生回路。

在图 G 的一棵作为子图的生成树 G' 中,若再增加一条边,就会出现一条回路。这是因为此边的两个端点已连通,再加入此边后,这两个端点间有两条路径,因此就形成了一条回路,子图 G' 也就不再是生成树了。同样,若从生成树 G' 中删去一条边,就使得 G' 变为非连通图。这是因为此边的两个端点是靠此边唯一连通的,删除此边后,必定使这两个端点分属于两个连通分量中,使 G' 变成了具有两个连通分量的非连通图。

同一个图可以有不同的生成树,只要能连通全部顶点而又不产生回路的任何子图都是它的生成树。例如对于图 8-1(a)来说,图 8-1(b)、(c)、(d)都是它的生成树。在每棵生成树中都包含有全部 8 个顶点和其中的 7 条边,即 $n-1$ 条边(n 表示图中的顶点数 8),它们的差别只是边的选取不同。

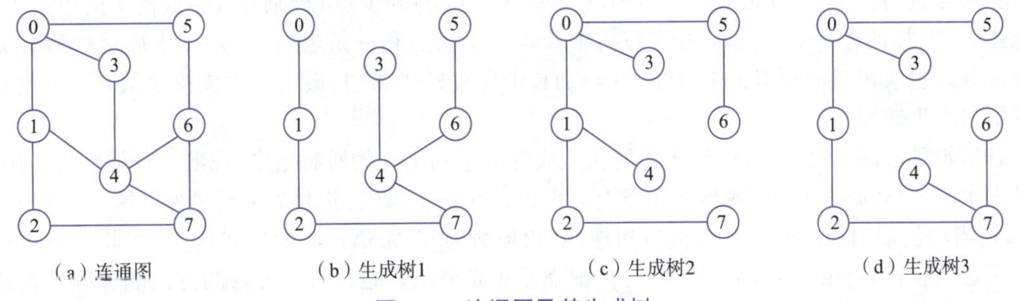

图 8-1 连通图及其生成树

在这三棵生成树中,图 8-1(b)的生成树是从原图中顶点 v_0 出发利用深度优先搜索遍历得到的,称为深度优先生成树;图 8-1(c)的生成树是从顶点 v_0 出发利用广度优先搜索遍历得到的,称为广度优先生成树;8-1 图(d)的生成树是任意一棵生成树。当然连通图 8-1(a)的生成树远不止这几种,只要能连通所有顶点而又不产生回路的任何子图都是它的生成树。由于连通图的生成树使用最少的边而连通了图中的所有顶点,所以它又是能够连通图中所有顶点的极小连通子图。

对于一个连通网(即通常指无向连通图中的带权图,假定每条边上的权均为大于零的实数)来说,生成树不同,每棵树的权(即树中所有边上的权值总和)也可能不同。图 8-2(a)就是一个连通网,图 8-2(b)、(c)、(d)是其三棵不同生成树,每棵树的权都不同,它们分别为 80,86 和 53。具有权值最小的生成树称为图的最小生成树(minimun spanning tree)。通过后面将要介绍的构造最小生成树的算法可知,图 8-2(d)就是图 8-2(a)的最小生成树。

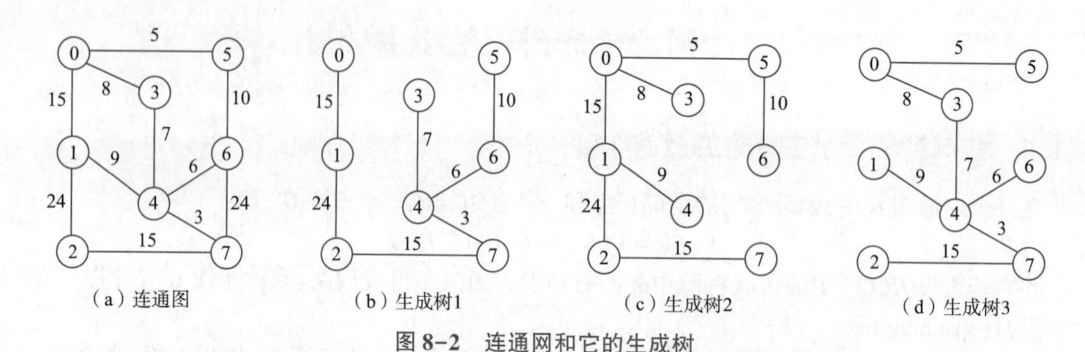

图 8-2　连通网和它的生成树

求图的最小生成树很有实际意义，例如，若一个连通网表示城市之间的通信系统，网上的顶点代表城市，网上的边代表城市之间架设通信线路的造价，各城市之间的距离不同，地理条件不同，其造价也不同，即边上的权不同，现在要求既要连通所有城市，又要使总造价最低，这就是一个求图的最小生成树的问题。

求图的最小生成树的算法主要有两个：一是普里姆（Prim）算法；另一是克鲁斯卡尔（Kruskal）算法。下面分别进行讨论。

8.1.2　普里姆算法

1. 普里姆算法的定义

假设 $G=(V,E)$ 是一个具有 n 个顶点的连通网，$T=(U,\mathrm{TE})$ 是 G 的最小生成树，其中 U 是 T 的顶点集，TE 是 T 的边集，U 和 TE 的初值均为空集。算法开始时，首先从连通网的顶点集 V 中任取一个顶点（假定取 v_0），将它并入生成树的顶点集 U 中，此时 $U=\{v_0\}$，然后只要 U 是 V 的真子集（即 $U\subset V$），就从那些其一个端点已在生成树 T 中，另一个端点仍在 T 外的所有边中，找一条最短（即权值最小）边，假定为 (i,j)，其中 $v_i\in U, v_j\in(V-U)$，并把该边 (i,j) 和顶点 j 分别并入生成树 T 的边集 TE 和顶点集 U 中，如此进行下去，每次往生成树中并入一个顶点和一条边，直到 $n-1$ 次后就把所有 n 个顶点都并入生成树 T 的顶点集中，此时 $U=V$，TE 中含有 $n-1$ 条边，最后的生成树 T 就是对连通网 G 所求的最小生成树。

普里姆算法的关键之处是：每次如何从生成树 T 中到 T 外的所有边中，找出一条最短边。例如，在第 k 次 $(1\leqslant k\leqslant n-1)$ 前，生成树 T 中已有 k 个顶点和 $k-1$ 条边，此时 T 中到 T 外的所有边数为 $k*(n-k)$，当然包括两顶点间没有直接边相连，其权值为常量 MaxValue 的边在内，从如此多的边中查找最短边，其时间复杂度为 $O(k\cdot(n-k))$，显然是很费时的。是否有一种好的方法能够降低查找最短边的时间复杂度呢？回答是肯定的，它能够使查找最短边的时间复杂度降低到 $O(n-k)$。此方法是：假定在进行第 k 次前已经保留着从 T 中到 T 外每一顶点（共 $n-k$ 个顶点）的各一条最短边，进行第 k 次时，首先从这 $n-k$ 条最短边中，找出一条最最短的边，它就是从 T 中到 T 外的所有边中的最短边，假设为 (i,j)，此步需进行 $n-k$ 次比较；然后把边 (i,j) 和顶点 j 分别并入生成树 T 中的边集 TE 和顶点集 U 中，此时 T 外只有 $n-(k+1)$ 个顶点，对于其中的每个顶点 t，若 (j,t) 边上的权值小于已保留的从原 T 中到顶点 t 的最短边的权值，则用 (j,t) 修改之，使从 T 中到 T 外顶点 t 的最短边为 (j,t)，否则原有最短边保持不变，这样，就把第 k 次后从 T 中到 T 外每一顶点 t 的各一条最短边都保留下来了，为进行第 $k+1$ 次运算做好了准备，此步需进行 $n-k-1$ 次比较。所以，利用此方法求第 k 次的最短边先后共需比较 $2(n-k)-1$ 次，即时间复杂度为 $O(n-k)$。

2. 普里姆算法的执行过程示例

例如，对于图 8-2(a)，它的邻接矩阵如图 8-3 所示，假定从 v_0 出发利用普里姆算法构造最小生

成树 T,在其过程中,每次(第0次为初始状态)向 T 中并入一个顶点和一条边后,生成树中的顶点集 U、边集TE(每条边的后面为该边的权)以及从 T 中到 T 外每个顶点的各一条最短边所构成的集合(假定用LW表示)的状态依次如下:

	0	1	2	3	4	5	6	7
0	0	15	∞	8	∞	5	∞	∞
1	15	0	24	∞	9	∞	∞	∞
2	∞	24	0	∞	∞	∞	∞	15
3	8	∞	∞	0	7	∞	∞	∞
4	∞	9	∞	7	0	∞	6	3
5	5	∞	∞	∞	∞	0	10	∞
6	∞	∞	∞	∞	6	10	0	24
7	∞	∞	15	∞	3	∞	24	0

图8-3　图8-2(a)的邻接矩阵

第0次　$U=\{0\}$

TE={ }

LW={(0,1)15,(0,2)∞,(0,3)8,(0,4)∞,(0,5)5,(0,6)∞,(0,7)∞}

第1次　$U=\{0,5\}$

TE={(0,5)5}

LW={(0,1)15,(0,2)∞,(0,3)8,(0,4)∞,(5,6)10,(0,7)∞}

第2次　$U=\{0,5,3\}$

TE={(0,5)5,(0,3)8}

LW={(0,1)15,(0,2)∞,(3,4)7,(5,6)10,(0,7)∞}

第3次　$U=\{0,5,3,4\}$

TE={(0,5)5,(0,3)8,(3,4)7}

LW={(4,1)9,(0,2)∞,(4,6)6,(4,7)3}

第4次　$U=\{0,5,3,4,7\}$

TE={(0,5)5,(0,3)8,(3,4)7,(4,7)3}

LW={(4,1)9,(7,2)15,(4,6)6}

第5次　$U=\{0,5,3,4,7,6\}$

TE={(0,5)5,(0,3)8,(3,4)7,(4,7)3,(4,6)6}

LW={(4,1)9,(7,2)15}

第6次　$U=\{0,5,3,4,7,6,1\}$

TE={(0,5)5,(0,3)8,(3,4)7,(4,7)3,(4,6)6,(4,1)9}

LW={(7,2)15}

第7次　$U=\{0,5,3,4,7,6,1,2\}$

TE={(0,5)5,(0,3)8,(3,4)7,(4,7)3,(4,6)6,(4,1)9,(7,2)15}

LW={}

由最后得到的顶点集 U 和边集TE所构成的生成树就是图8-2(a)的最小生成树,其图形表示就是图8-2(d),所以图8-2(d)是图8-2(a)的最小生成树。

通过以上分析可知,在构造最小生成树的过程中,在进行第 k 次($1\leqslant k\leqslant n-1$)前,边集TE中的边数为 $k-1$ 条,从 T 中到 T 外每一顶点的最短边集LW中的边数为 $n-k$ 条,TE和LW中的边数总和始终为 $n-1$ 条。为了保存这 $n-1$ 条边,设用具有 n 行×3列的二维整型数组参数 a 来存储,利用二维

数组 a 中前 $k-1$ 行元素（即 $a[0]\sim a[k-2]$）保存 TE 中的边，后 $n-k$ 行元素（即 $a[k-1]\sim a[n-2]$）保存 LW 中的边。在进行第 k 次时，首先从下标为 $k-1$ 到 $n-2$ 的元素（即 LW 中的边）中查找出权值最小的边，假定为 $a[m]$；接着把边 $a[k-1]$ 与 $a[m]$ 对调，确保在第 k 次后 a 中前 k 行元素保存着 TE 中的边，后 $n-k-1$ 行元素保存着 LW 中的边；然后再修改 LW 中的有关边，使得从 T 中到 T 外每一顶点的各一条最短边被保存下来。这样经过 $n-1$ 次运算后，a 中就按序保存着最小生成树中的全部 $n-1$ 条边。

3. 普里姆算法的函数定义

根据分析，编写出利用普里姆算法产生图的最小生成树的算法描述如下：

```
void Prim(Graph* G,int a[][3])         //利用普里姆算法求出用邻接矩阵表示图的最小生成树
{   //此最小生成树保存于二维边集数组 a 中
    int i,j,k,min,t,m,w,n=G->n;
    for(i=0;i<n-1;i++){                //给 a 赋初值,对应第 0 次的 LW 值
        a[i][0]=0;
        a[i][1]=i+1;
        a[i][2]=G->matrix[0][i+1];
    }
    for(k=1;k<n;k++){                  //循环 n-1 次,每次求出 TE 中的第 k 条边
        min=MaxValue;m=k-1;
        for(j=k-1;j<G->n-1;j++)        //从 LW 中查找出最短边 a[m]
            if(a[j][2]<min){
                min=a[j][2];m=j;
            }
        for(j=0;j<3;j++){              //a[m]行和 a[k-1]行的内容对调
            int x;
            x=a[k-1][0];a[k-1][0]=a[m][0];a[m][0]=x;
            x=a[k-1][1];a[k-1][1]=a[m][1];a[m][1]=x;
            x=a[k-1][2];a[k-1][2]=a[m][2];a[m][2]=x;
        }
        j=a[k-1][1];                   //把新并入 T 中的顶点序号赋给 j
        for(i=k;i<n-1;i++){            //修改 LW 中的有关边
            t=a[i][1];                 //T 外的一个顶点序号赋给 t
            w=G->matrix[j][t];         //边(j,t)的权值赋给 w
            if(w<a[i][2]){             //若 w 小于原保存到 t 的最小值边则修改
                a[i][2]=w;a[i][0]=j;   //保存作为最小值的(j,t)边
            }
        } //内 for end
    } //外 for end
}
```

若利用图 8-3 所示的邻接矩阵调用此算法，则得到的边集数组 a 中的内容为：

a	0	1	2	3	4	5	6 //行号
0	0	0	3	4	4	4	7
1	5	3	4	7	6	1	2
2	5	8	7	3	6	9	15
//列号							

4. 普里姆算法的应用程序示例

可以用下面的程序上机调试普里姆算法。

```
#include<stdio.h>
#include<stdlib.h>
#define NN 10                    //假定图中的顶点数最多为10
#define EN 20                    //假定图中的边数最多为20
const int MaxValue=1000;         //假定把代表无穷大的值设定为1000
//顺序存储队列的定义和引用
typedef int ElemType;            //定义队列中元素类型为整数类型
struct SequenceQueue {           //定义一个顺序存储的队列
    ElemType *queue;             //指向存储队列的数组空间
    int front,rear;              //定义队首指针和队尾指针
    int MaxSize;                 //定义queue数组空间的大小
};
typedef struct SequenceQueue Queue;            //定义Queue为顺序存储队列的类型
#include"队列在顺序存储结构下运算的算法.c"     //此文件保存着对队列运算的算法
//邻接矩阵表示图的定义和引用
struct adjMatrix {                             //图的邻接矩阵类型
    int k,n;                                   //存储图的类型和顶点数
    int (* matrix)[NN];                        //存储图的二维整型的邻接矩阵数组
};
typedef struct adjMatrix Graph;                //定义图的抽象存储类型为邻接矩阵类型
#include"图在邻接矩阵存储下运算的算法.c"       //此文件中保存着对图运算的算法
void Prim(Graph* G,int a[][3])
{"请加上函数体内容"}                           //利用普里姆算法求出图G的最小生成树
//主函数的定义
void main()
{
    int i;
    int c[NN][3]={{0}};
    int a1[EN+1][3]={{0,1,15},{0,3,8},{0,5,5},{1,2,24},{1,4,9},{2,7,15},
        {3,4,7},{4,6,6},{4,7,3},{5,6,10},{6,7,24},{-1}};//图8-2(a)的边集
    Graph g1,*tg1=&g1;
    initGraph(tg1);
    createGraph(tg1,a1,8,1);                   //根据图8-2(a)的边集建立图的存储结构
    printf("图8-2(a)的边集输出:\n");
    outputGraph(tg1);
    Prim(tg1,c);                               //调用普里姆算法求最小生成树
    printf("利用普里姆算法求出的图8-2(a)的最小生成树:\n");
    for(i=0;i<tg1->n-2;i++)          //依次输出最小生成树中的每条边
        printf("(%d,%d)%d,",c[i][0],c[i][1],c[i][2]);
    printf("(%d,%d)%d\n",c[tg1->n-2][0],c[tg1->n-2][1],c[tg1->n-2][2]);
    clearGraph(tg1);
}
```

微视频 利用普里姆算法求图的最小生成树的过程示例

此程序的运行结果如下：

```
图8-2(a)的边集输出:
图的类型:1
图的顶点数:8
图的边集:
{(0,1)15,(0,3)8,(0,5)5,(1,2)24,(1,4)9,(2,7)15,(3,4)7,
(4,6)6,(4,7)3,(5,6)10,(6,7)24,}
```

```
利用普里姆算法求出的图 8-2(a)的最小生成树:
(0,5)5,(0,3)8,(3,4)7,(4,7)3,(4,6)6,(4,1)9,(7,2)15
```

8.1.3 克鲁斯卡尔算法

1. 克鲁斯卡尔算法的定义和执行过程

假设 $G=(V,E)$ 是一个具有 n 个顶点的连通网, $T=(U,\mathrm{TE})$ 是 G 的最小生成树,在这里 U 的初值等于 V,即包含有 G 中的全部顶点,TE 的初值为空。此算法的基本思路是:对图 G 中的边按权值从小到大的顺序依次选取,若当前选取的边使生成树 T 不形成回路,则把它并入 TE 中,保留作为 T 的一条边,若选取的边使生成树 T 形成回路,则将其舍弃,如此进行下去,直到 TE 中包含有 $n-1$ 条边为止,此时的 T 即为连通网 G 的最小生成树。

现以图 8-4(a)为例说明此算法的具体执行过程。设此图是用边集数组作为其存储结构的,且数组中各边是按权值从小到大的顺序排列的,若没有按此顺序排列,则可通过调用排序算法,使之有序,如图 8-4(d)所示,这样按权值从小到大选取各边就转换成按边集数组中下标次序选取各边。当选取前 6 条边时,均不产生回路,应保留作为生成树 T 的边,如图 8-4(b)所示;选取第 7 条边(5,6)时,将与已保留的边形成回路,应舍去;接着继续舍去下一条(0,1)边,因为它也与已保留的边形成回路;再接着保留下一条(2,7)边,此时所保留的边数已够 7 条(即 $n-1$ 条),它们必定将全部 8 个顶点连通起来,而且没有产生回路,如图 8-4(c)所示,它就是图 8-4(a)的最小生成树。

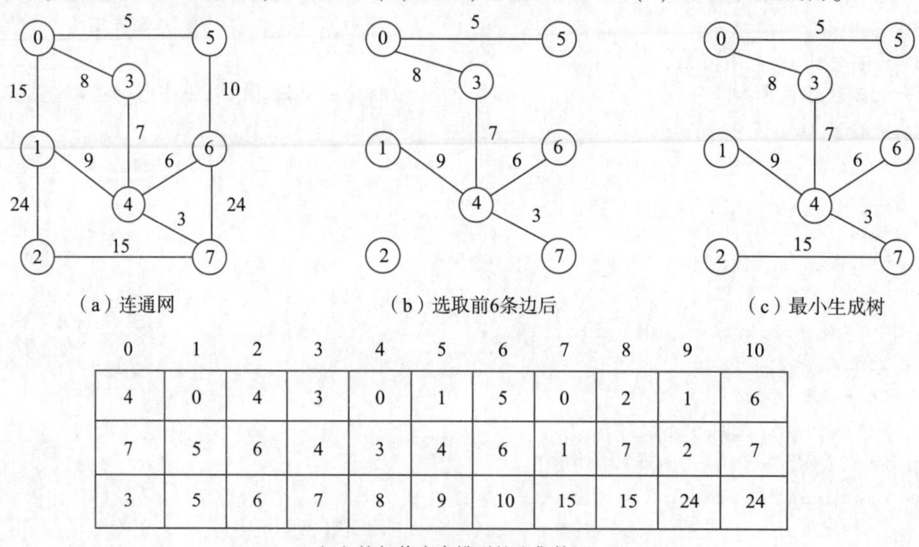

(a) 连通网　　(b) 选取前6条边后　　(c) 最小生成树

0	1	2	3	4	5	6	7	8	9	10
4	0	4	3	0	1	5	0	2	1	6
7	5	6	4	3	4	6	1	7	2	7
3	5	6	7	8	9	10	15	15	24	24

(d) 按权值有序排列的边集数组

图 8-4 克鲁斯卡尔算法求最小生成树的示意图

实现克鲁斯卡尔算法的关键之处是:如何判断欲加入 T 中的一条边是否与生成树中已保留的边形成回路。这可将各顶点划分为不同集合的方法来解决,每个集合中的顶点表示一个无回路的连通分量。算法开始时,由于生成树 T 的顶点集等于图 G 的顶点集,边集为空,所以 n 个顶点分属于 n 个不同集合,每个集合中只有一个顶点,表明各顶点之间互不连通。例如对于图 8-4(a),其 8 个集合为:

$$\{0\},\{1\},\{2\},\{3\},\{4\},\{5\},\{6\},\{7\}$$

当从边集数组中按次序选取一条边时,若它的两个端点分属于不同的集合,则表明此边连通了两个不同的连通分量,因每个连通分量无回路,所以连通后得到的连通分量仍不会产生回路,此边应保留作为生成树的一条边,同时把两端点分别所在的两个集合合并成一个,即成为一个连通分量;当选取的一条边的两个端点同属于一个集合时，此边应放弃，因同一个集合中的顶点是连通无回路的，若再加入一条边则必然产生回路。在上述例子中，当选取前3条边(4,7)，(0,5)，(4,6)时，均不会产生回路，经合并后，顶点的集合则变化如下：

{0,5}，{1}，{2}，{3}，{4,6,7}，{}，{}，{}

当再接着依次选取3条边(3,4)，(0,3)，(1,4)时，也均不会产生回路，经合并后，顶点的集合又变化如下：

{}，{0,1,3,4,5,6,7}，{2}，{}，{}，{}，{}，{}

下一条边(5,6)的两端点同属于一个集合，故舍去，再下一条边(0,1)的两端点也同属于一个集合，也应舍去，再向下面的一条边(2,7)的两端点属于不同的集合，应保留，同时把两个集合{0,1,3,4,5,6,7}和{2}合并成一个{0,1,2,3,4,5,6,7}，至此进行了 $n-1$ 次集合的合并，保留了 $n-1$ 条生成树的边。

2. 克鲁斯卡尔算法的函数定义

为了用C语言编写出利用克鲁斯卡尔算法求图的最小生成树的具体算法，设参数G是具有边集数组类型的一个图，并假定每条边是按照权值从小到大的顺序存放的；再设a[][3]是一个3列整型二维数组参数，用该数组存储依次所求得的生成树中的每一条边；另外，还要在算法内定义一个具有整数类型的二维数组，假定用 s 表示，它的每一行元素用来保存相应连通子图所在的顶点集合，若该行中的列下标为 t 的元素为1，则表明顶点 t 属于这个集合。

根据以上分析，编写出利用克鲁斯卡尔算法求图的最小生成树的具体代码如下：

```
void Kruskal(Graph * G,int a[][3])
{    //对边集数组表示的图G求最小生成树,树中每条边依次存于二维数组a中
    int i,j,k,d,m1,m2;
    int s[NN][NN]={{0}};             //定义一个保存集合的整型二维数组s
    for(i=0;i<G->n;i++)              //初始化s集合,使每一个顶点分属于对应集合
        s[i][i]=1;
    k=1;                             //k表示待获取的最小生成树中的边数,初值为1
    d=0;                             //d表示G中待扫描边元素的下标位置,初值为0
    while(k<G->n){                   //进行n-1次循环,得到最小生成树中的n-1条边
        m1=-1;m2=-1;                 //用来记录一条边的两个顶点所在集合的序号
        for(i=0;i<G->n;i++)
        {    //求出边G->array[d]的两个顶点所在集合的序号m1和m2
            if(s[i][G->array[d].fromvex]==1)m1=i;
            if(s[i][G->array[d].endvex]==1)m2=i;
            if(m1! =-1 && m2! =-1)break;
        }    //两顶点所在集合的序号都求出后退出此循环
        if(m1! =m2){                 //若两集合序号不等,则向生成树中加入一条边
            a[k-1][0]=G->array[d].fromvex;
            a[k-1][1]=G->array[d].endvex;
            a[k-1][2]=G->array[d].weight;
            k++;
            for(j=0;j<G->n;j++){     //合并两个集合,并将另一个置为空集
                s[m1][j]=s[m1][j] || s[m2][j];
                s[m2][j]=0;
            }
        }
        d++;                         //d后移一个位置,以便扫描G中的下一条边
    }
}
```

例如,若利用图 8-5(d)所示的边集数组调用此算法,则最后得到的 a 数组为:

a	0	1	2	3	4	5	6 //行号
起点 0	4	0	4	3	0	1	2
终点 1	7	5	6	4	3	4	7
权值 2	3	5	6	7	8	9	15

3. 克鲁斯卡尔算法的应用程序示例

可以采用下面程序上机调试鲁斯卡尔算法。

```
#include<stdio.h>
#include<stdlib.h>
#define NN 10                    //假定图中的顶点数最多为10
#define EN 20                    //假定图中的边数最多为20
const int MaxValue=1000;         //假定把代表无穷大的值设定为1000
//顺序存储队列的定义和引用
typedef int ElemType;            //定义队列中元素类型为整数类型
struct SequenceQueue {           //定义一个顺序存储的队列
    ElemType *queue;             //指向存储队列的数组空间
    int front,rear;              //定义队首指针和队尾指针
    int MaxSize;                 //定义 queue 数组空间的大小
};
typedef struct SequenceQueue Queue;         //定义 Queue 为顺序存储队列的类型
#include"队列在顺序存储结构下运算的算法.c" //此文件保存着对队列运算的算法
//边集数组表示图的定义和引用
struct Edge Element {                       //定义边集数组中元素的类型
    int fromvex;                            //边的起点域
    int endvex;                             //边的终点域
    int weight;                             //边的权值域,对于无权图可置权值为1
};
struct EdgeArray {                          //定义图的边集数组类型
    int k,n;                                //用k和n分别保存图的类型和顶点数
    struct EdgeElement array[EN];           //用边集数组依次保存图中每条边
};
typedef struct EdgeArray Graph;             //定义图的抽象存储类型为边集数组类型
#include"图在边集数组存储下运算的算法.c"   //对边集数组图进行各种运算的算法
void Kruskal(Graph * G,int a[][3])          //鲁斯卡尔算法
{"添上函数体内容"}                          //对边集数组表示的图G求最小生成树
//主函数的定义
void main()
{
    int i;
    int c[NN][3]={{0}};
    int a1[EN+1][3]={{4,7,3},{0,5,5},{4,6,6},{3,4,7},{0,3,8},{1,4,9},{5,6,10},{0,
                     1,15},{2,7,15},{1,2,24},{6,7,24},{-1}};//图8-4(a)的边集
    Graph g1,* tg1=&g1;
    initGraph(tg1);
    createGraph(tg1,a1,8,1);                //根据图8-4(a)的边集建立图的存储结构
    printf("图8-4(a)的边集输出:\n");
    outputGraph(tg1);
    Kruskal(tg1,c);                         //调用克鲁斯卡尔算法求最小生成树
```

```
    printf("利用克鲁斯卡尔算法求出的图 8-4(a)的最小生成树:\n");
    for(i=0;i<tg1->n-2;i++)                //依次输出最小生成树中的每条边
        printf("(% d,% d)% d,",c[i][0],c[i][1],c[i][2]);
    printf("(% d,% d)% d\n ",c[tg1->n-2][0],c[tg1->n-2][1],c[tg1->n-2][2]);
    clearGraph(tg1);
}
```

程序运行结果如下:

```
图 8-4(a)的边集输出:
图的类型:1
图的顶点数:8
图的边集:
{(4,7)3,(0,5)5,(4,6)6,(3,4)7,(0,3)8,(1,4)9,(5,6)10,//另加一个换行
     (0,1)15,(2,7)15,(1,2)24,(6,7)24,}
利用克鲁斯卡尔算法求出的图 8-4(a)的最小生成树:
(4,7)3,(0,5)5,(4,6)6,(3,4)7,(0,3)8,(1,4)9,(2,7)15
```

以上两个算法的时间复杂度均为 $O(n^2)$,普里姆算法的空间复杂度为 $O(1)$,克鲁斯卡尔算法的空间复杂度为 $O(n^2)$。

当一个连通网中不存在权值相同的边时,无论采用什么方法得到的最小生成树都是唯一的,但若存在着相同权值的边则得到的最小生成树可能不唯一,当然最小生成树的权是相同的。

8.2　最短路径

8.2.1　最短路径的概念

由图的概念可知,在一个图中,若从一顶点到另一顶点存在着一条路径(这里只讨论无回路的简单路径),则称该路径长度为其路径上所经过的边的数目,它也等于该路径上的顶点数减 1。由于从一顶点到另一顶点可能存在着多条路径,每条路径上所经过的边数可能不同,即路径长度不同,把路径长度最短(即经过的边数最少)的那条路径称为最短路径,其路径长度称为最短路径长度或最短距离。

上面所述的图的最短路径问题只是对无权图而言的,若图是带权图,则把从一个顶点 i 到图中其余任一个顶点 j 的一条路径上所经过边的权值之和定义为该路径的带权路径长度,从 v_i 到 v_j 可能不止一条路径,把带权路径长度最短(即其值最小)的那条路径称为最短路径,其权值称为最短路径长度或最短距离。

例如,在图 8-5 中,从 v_0 到 v_5 共有三条路径:<0,5>,<0,1,2,5>和<0,1,2,3,5},其带权路径长度分别为 30、18 和 32,可知最短路径为<0,1,2,5>,最短距离为 18。

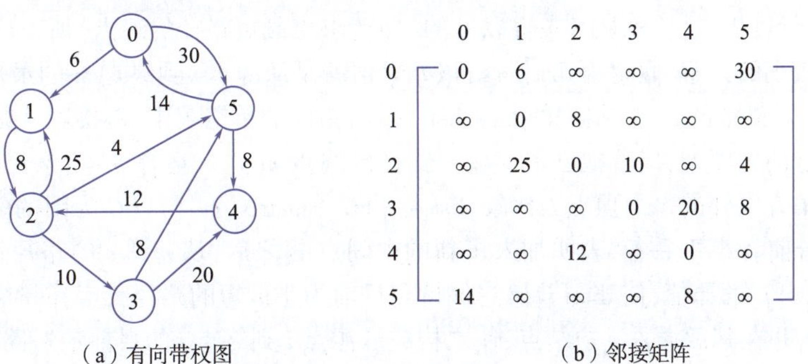

	0	1	2	3	4	5
0	0	6	∞	∞	∞	30
1	∞	0	8	∞	∞	∞
2	∞	25	0	10	∞	4
3	∞	∞	∞	0	20	8
4	∞	∞	12	∞	0	∞
5	14	∞	∞	∞	8	∞

(b)邻接矩阵

图 8-5　有向带权图和对应的邻接矩阵

实际上,这两类最短路径问题可合并为一类,这只要把无权图上的每条边标上数值为 1 的权就归属于有权图了,所以在以后的讨论中,若不特别指明,均认为是求带权图的最短路径问题。

求图的最短路径问题用途很广。例如,若用一个图表示城市之间的运输网,图的顶点代表城市,图上的边表示两端点对应城市之间存在着运输线,边上的权表示该运输线上的运输时间或单位质量的运费,考虑到两城市间的海拔高度不同,流水方向不同等因素,将造成来回运输时间或运费的不同,所以这种图通常是一个有向图。如何能够使从一城市到另一城市的运输时间最短或者运费最省呢?这就是一个求两城市间的最短路径问题。

求图的最短路径问题包括两个方面:一是求图中一顶点到其余各顶点的最短路径,二是求图中每对顶点之间的最短路径。下面分别进行讨论。

8.2.2 从图中一顶点到其余各顶点的最短路径

1. 狄克斯特拉算法的定义

对于一个具有 n 个顶点和 e 条边的图 G,从某一顶点 v_i(称为源点)到其余任一顶点 v_j(称为终点)的最短路径,可能是它们之间的边(i,j)或<i,j>,也可能是经过 k 个($1 \leqslant k \leqslant n-2$,最多经过除源点和终点之外的所有顶点)中间顶点和 $k+1$ 条边所形成的路径。例如在图 8-5 中,从 v_0 到 v_1 的最短路径就是它们之间的有向边<0,1>,其长度为 6;从 v_0 到 v_5 的最短路径经过两个中间点 v_1 和 v_2 以及三条有向边<0,1>、<1,2>和<2,5>,其长度为 18。

那么,如何求出从源点 i 到图中其余每一个顶点的最短路径呢?狄克斯特拉(Dijkstra)于 1959 年提出了解决此问题的一种算法,具体做法是按照从源点到其余每一顶点的最短路径长度的升序依次求出从源点到各顶点的最短路径及长度,每次求出从源点 i 到一个终点 m 的最短路径及长度后,都要以该顶点 m 作为新考虑的中间点,用 v_i 到 v_m 的最短路径和最短路径长度对 v_i 到其他尚未求出最短路径的那些终点的当前最短路径及长度作必要的修改,使之成为当前新的最短路径和最短路径长度,当进行 $n-2$ 次(因最多考虑 $n-2$ 个中间点)后算法结束。

狄克斯特拉算法需要设置一个集合,假定用 S 表示,其作用是保存已求得最短路径的终点序号,它的初值中只有一个元素,即源点 i,以后每求出一个从源点 i 到终点 m 的最短路径,就将该顶点 m 并入 S 集合中,以便作为新考虑的中间点;还需要设置一个具有权值类型的一维数组 dist[n],该数组中的第 j 个元素 dist[j]用来保存从源点 i 到终点 j 的目前最短路径长度,它的初值为(i,j)或<i,j>边上的权值,若 v_i 到 v_j 没有边,则权值为 MaxValue,以后每考虑一个新的中间点时,dist[j]的值可能变小;另外,再设置一个与 dist 数组相对应的、类型为图的邻接表类型 struct adjList * 的指针对象 path,该对象中的 list[j]指向一个单链表,该单链表中保存着从源点 i 到终点 j 的目前最短路径,即所经历的边结点的连接序列,当 v_i 到 v_j 存在着一条边时,则 list[j]初始单链表中只有顶点序号为 j 的边结点,否则 list[j]的初值为空。

此算法的执行过程是:首先从 S 集合以外的(即待求出最短路径的终点)所对应的 dist 数组元素中,查找出其值最小的元素,假定为 dist[m],该元素值就是从源点 i 到终点 m 的最短路径长度(证明从略),对应 path 对象中的 list 数组中的元素 list[m]所指向的单链表中,链接着从源点 i 到终点 m 的最短路径,即经过的边序列;接着把已求得最短路径的终点 m 并入集合 S 中;然后以 v_m 作为新考虑的中间点,对 S 集合以外的每个顶点 j,比较 dist[m]+G->matrix[m][j](G 为图的邻接矩阵类型)与 dist[j]的大小,若前者小于后者,表明加入了新的中间点 v_m 之后,从 v_i 到 v_j 的路径长度比原来变短,应该用它替换 dist[j]的原值,使 dist[j]始终保持到目前为止最短的路径长度,同时把 list[m]单链表复制到 list[j]上,并在其后插入 v_j 边结点,使之构成从源点 i 到终点 j 的目前最短路径。重复 $n-2$ 次上述运算过程,即可在 dist 数组中得到从源点 i 到其余每个顶点的最短路径长度,在 past 对象的 list

数组中得到相应的最短路径。

为了简便起见，可采用一维数组 $s[n]$ 保存已求得最短路径的终点的集合 S，具体做法是：若顶点 j 在集合 S 中，则令数组元素 $s[j]$ 的值为 1，否则为 0。这样，当判断一个顶点 j 是否在集合 S 以外时，只要判断对应的数组元素 $s[j]$ 是否为 0 即可。

2. 狄克斯特拉算法的应用举例

例如，对于图 8-5 来说，若求从源点 v_0 到其余各顶点的最短路径，则开始时三个一维数组 s、dist 和 path 中的 list 的值为：

	0	1	2	3	4	5
s	1	0	0	0	0	0
dist	0	6	∞	∞	∞	30
list		v_0，v_1				v_0，v_5

下面开始进行第一次运算，求出从源点 v_0 到第一个终点的最短路径。首先从 s 元素为 0 的对应 dist 元素中，查找出值最小的元素，求得 dist[1] 的值 6 最小，所以第一个终点为 v_1，最短距离为 dist[1]=6，最短路径为 list[1]=<0,1>，接着把 $s[1]$ 置为 1，表示 v_1 已加入 S 集合中，然后以 v_1 为新考虑的中间点，对 s 数组中元素为 0 的每个顶点 j（此时为 $2\leqslant j\leqslant 5$）的目前最短路径长度 dist[j] 和目前最短路径 list[j] 进行必要的修改，因 dist[1]+G->matrix[1][2]=6+8=14，小于 dist[2]=∞，所以将 14 赋给 dist[2]，将 list[1] 再链接上 v_2 边结点作为 list[2] 的最短路径，由于 v_1 到其余各顶点没有出边，其对应的权值为无穷大，所以原来 v_0 到其余各顶点的路径和长度都无须修改，即维持原值不变。至此，第一次运算结束，三个一维数组的当前状态为：

	0	1	2	3	4	5
s	1	1	0	0	0	0
dist	0	6	14	∞	∞	30
list		v_0，v_1	v_0，v_1，v_2			v_0，v_5

下面开始进行第二次运算，求出从源点 v_0 到第二个终点的最短路径。首先从 s 数组中元素为 0 的对应 dist 元素中，查找出值最小的元素，求得 dist[2] 的值最小，所以第二个终点为 v_2，最短距离为 dist[2]=14，最短路径为 list[2]=<0,1,2>，接着把 $s[2]$ 置为 1，然后以 v_2 作为新考虑的中间点，对 s 中元素为 0 的每个顶点 j（此时 j=3,4,5）的 dist[j] 和 list[j] 进行必要的修改，因 dist[2]+G->matrix[2][3]=14+10=24，小于 dist[3]=∞，所以将 24 赋给 dist[3]，将 list[2] 再链接上 v_3 边结点作为 list[3] 的最短路径，同理，因 dist[2]+G->matrix[2][5]=14+4=18，小于 dist[5]=30，所以将 18 赋给 dist[5]，将 list[2] 再链接上 v_5 边结点作为 list[5] 的最短路径。至此，第二次运算结束，三个一维数组的当前状态为：

	0	1	2	3	4	5
s	1	1	1	0	0	0
dist	0	6	14	24	∞	18
list		v_0，v_1	v_0，v_1，v_2	v_0，v_1，v_2，v_3		v_0，v_1，v_2，v_5

下面开始进行第三次运算，求出从源点 v_0 到第三个终点的最短路径。首先从 s 中元素为 0 的对应 dist 元素中，查找出值最小的元素为 dist[5]，所以求得第三个终点为 v_5，最短距离为 dist[5]=18，最短路径为 list[5]=<0,1,2,5>，接着把 $s[5]$ 置为 1，然后以 v_5 作为新考虑的中间点，对 s 中元素为 0 的每个顶点 j（此时 j=3,4）的 dist[j] 和 list[j] 进行必要的修改，因 dist[5]+G->matrix[5][3]=18+∞=∞，当然大于 dist[3]=24，所以无须修改，原值不变；因 dist[5]+G->matrix[5][4]=18+8=26，小于 dist[4]=∞，所以将 26 赋给 dist[4]，将 list[5] 再链接上 v_4 边结点作为 list[4] 的最短路径。至

此,第三次运算结束,三个一维数组的当前状态为:

	0	1	2	3	4	5
s	1	1	1	0	0	1
dist	0	6	14	24	26	18
list		<0, 1>	<0, 1, 2>	<0, 1, 2, 3>	<0, 1, 2, 5, 4>	<0, 1, 2, 5>

下面开始进行第四次运算,求出从源点 v_0 到第四个终点的最短路径。首先从 s 中元素为 0 的对应 dist 元素中,查找出值最小的元素为 dist[3],所以求得第四个终点为 v_3,最短距离为 dist[3]=24,最短路径为 list[3]=<0,1,2,3>,接着把 s[3]置为 1,然后以 v_3 作为新考虑的中间点,对 s 中元素为 0 的每个顶点 j(此时只有顶点 4)的 dist[j]和 list[j]进行必要的修改,因 dist[3]+G->matrix[3][4]=24+20=44,大于 dist[4]=26,所以无须修改。至此,第四次运算结束,三个一维数组的当前状态为:

	0	1	2	3	4	5
s	1	1	1	1	0	1
dist	0	6	14	24	26	18
list		<0, 1>	<0, 1, 2>	<0, 1, 2, 3>	<0, 1, 2, 5, 4>	<0, 1, 2, 5>

由于图中共有六个顶点,只需运算四次,即 n-2 次,虽然此时还有一个顶点未加入 S 集合中,但它的最短路径及最短距离已经最后确定,所以整个运算结束。最后在 dist 中得到从源点 v_0 到每个顶点的最短路径长度,在 path 对象的 list 数组中得到相应顶点的最短路径。

3. 狄克斯特拉算法的函数定义

根据以上分析和举例,不难给出狄克斯特拉算法的函数定义编码:

```
void Dijkstra(Graph * G,int dist[],struct adjList * path,int i)
{   //利用狄克斯特拉算法求出邻接矩阵表示的图 G 中从顶点 i 到其余每个顶点的最短距离和最短路
    //径,它们分别被存于 dist 和*path 中
    int j,k,w,m,n=G->n;                //定义有关变量,并用 n 保存图中的顶点数
    int s[NN]={0};                     //定义作为集合使用的一维整型数组 s
    if(i<0 ||i>=n){printf("源点参数不合法,退出运行! \n");exit(1);}
    s[i]=1;                            //将源点 i 并入集合内
    path->k=G->k;path->n=G->n;         //给参数 path 中的 k 和 n 赋值
    for(j=0;j<n;j++){                  //分别给 dist 和 path 中的 list 数组赋初值
        dist[j]=G->matrix[i][j];
        if(dist[j]>0 && dist[j]<MaxValue){
            struct EdgeType *p=malloc(sizeof(struct EdgeType));
            p->adjvex=j;p->weight=G->matrix[i][j];p->next=NULL;
            path->list[j]=p;
        }
        else path->list[j]=NULL;
    }
    for(k=1;k<=n-2;k++)
    {   //共进行 n-2 次循环,每次求出从源点 i 到终点 m 的最短路径及长度
        w=MaxValue;m=i;
        for(j=0;j<n;j++)               //求出第 k 个终点 m
            if(s[j]==0 &&dist[j]<w){
                w=dist[j];m=j;
            }
        //若条件成立,则把顶点 m 并入集合 S 中,否则退出循环,因为剩余的顶点,其最短路径长度均
        //为 MaxValue,无须计算下去
```

```
        if(m! =i)s[m]=1;else break;
        //对 s 元素为 0 的对应 dist 和 list 中的元素进行必要修改
        for(j=0;j<n;j++)
            if(s[j]==0 &&dist[m]+G->matrix[m][j]<dist[j]){
                dist[j]=dist[m]+G->matrix[m][j];
                modifyPath(path,m,j,G->matrix[m][j]);
                //调用此函数根据到顶点 m 的最短路径和 j 构成到 j 的目前最短路径
            }
        }
    }
```

modifyPath( )函数的定义如下：

```
    void modifyPath(struct adjList *path,int m,int j,int w)
    {   //由到顶点 m 的最短路径和顶点 j 及权 w 构成到顶点 j 的目前最短路径
        struct EdgeType *p,*q,*s;
        p=path->list[j];              //把到顶点 j 的最短路径的表头指针赋给 p
        while(p! =NULL){              //把顶点 j 的当前最短路径清除掉
            q=p->next;free(p);p=q;
        }
        path->list[j]=NULL;           //置此表头指针为空
    p=path->list[m];                  //把到顶点 m 的最短路径的表头指针赋给 p
    while(p! =NULL){                  //把到顶点 m 的最短路径复制到顶点 j 的最短路径上
        q=malloc(sizeof(struct EdgeType));
        q->adjvex=p->adjvex;q->weight=p->weight;
        if(path->list[j]==NULL)path->list[j]=q;
        else s->next=q;
        s=q;
        p=p->next;
    }
    //把顶点 j 的边结点插入顶点 j 单链表的最后，形成新的目前最短路径
    q=malloc(sizeof(struct EdgeType));
    q->adjvex=j;q->weight=w;q->next=NULL;
    s->next=q;
}
```

4. 狄克斯特拉算法的应用程序示例

微视频

利用狄克斯特拉算法求图的最短路径的过程示例

假定用以下程序调试上面介绍的狄克斯特拉算法：

```
#include<stdio.h>
#include<stdlib.h>
#define NN 10                       //假定图中的顶点数最多为 10
#define EN 20                       //假定图中的边数最多为 20
const int MaxValue=1000;            //假定把代表无穷大的值设定为 1000
//顺序存储队列的定义和引用
typedef int ElemType;               //定义队列中元素类型为整数类型
struct SequenceQueue {              //定义一个顺序存储的队列
    ElemType * queue;               //指向存储队列的数组空间
    int front,rear;                 //定义队首指针和队尾指针
    int MaxSize;                    //定义 queue 数组空间的大小
};
typedef struct SequenceQueue Queue;          //定义 Queue 为顺序存储队列的类型
```

```
#include"队列在顺序存储结构下运算的算法.c" //假定此文件保存着对队列运算的算法
//邻接矩阵表示图的定义和引用
struct adjMatrix {                     //图的邻接矩阵类型
    int k,n;                           //存储图的类型和顶点数
    int (*matrix)[NN];                 //存储图的二维整型的邻接矩阵数组
};
typedef struct adjMatrix Graph;  //定义图的抽象存储类型为邻接矩阵类型
#include"图在邻接矩阵存储下运算的算法.c"  //此文件中保存着对图运算的算法
//邻接表表示图的定义和引用
struct EdgeType {                      //定义邻接表中的边结点类型
    int adjvex;                        //邻接点域
    int weight;                        //权值域,假定为整型
    struct EdgeType* next;             //指向下一个边结点的链接域
};
struct adjList {                       //定义邻接表存储图的结构类型
    int k,n;                           //用 k 和 n 分别保存图的类型和顶点数
    struct EdgeType* list[NN];  //用表头向量存储每个顶点邻接表的表头指针
};
void modifyPath(struct adjList *path,int m,int j,int w); //函数声明
void Dijkstra(Graph *G,int dist[],struct adjList * path,int i)
{添上函数体内容}    //利用狄克斯特拉算法求出图 G 中的最短距离和最短路径
void modifyPath(struct adjList *path,int m,int j,int w)
{添上函数体内容}    //根据从源点到 m 的最短路径修改到 j 的目前最短路径
//主函数的定义
void main()
{
    int i;
    int n=6,k=3;                       //按照图 8-5(a)把图的顶点数和类型给 n 和 k 赋值
    int ii=0;                          //假定求图 8-5(a)的最短路径的源点为顶点 0
    int d[NN]={0};                     //定义一维整型数组 n 用来保存最短距离
    struct adjList pa,*tpa=&pa; //定义 pa 用来保存最短路径
    int a1[EN+1][3]={{0,1,6},{0,5,30},{1,2,8},{2,1,25},{2,3,10},{2,5,4},{3,4,20},
                    {3,5,8},{4,2,12},{5,0,14},{5,4,8},{-1}};//图 8-5(a)的边集
    Graph g1,*tg1=&g1;                 //定义 g1 准备用来保存图 8-5(a)的存储结构
    initGraph(tg1);                    //初始化 tg1 所指的图 g1
    createGraph(tg1,a1,n,k);           //根据图 8-5(a)的边集建立图的存储结构
    printf("图 8-5(a)的边集输出:\n");
    outputGraph(tg1);                  //输出图 8-5(a)的边集
    Dijkstra(tg1,d,tpa,ii);            //利用狄克斯特拉算法求图的最短距离和路径
    printf("求出图 8-5(a)的从 0 到其他顶点的最短距离和路径:\n");
    for(i=0;i<n;i++){                  //输出从源点到每个顶点的最短距离和路径
        struct EdgeType * p=pa.list[i];
        printf("% d:",i);              //输出顶点序号
        printf("% -5d",d[i]);          //按左对齐输出顶点 i 的最短距离
        if(p! =NULL)printf("<% d,",ii);  //输出求图的最短路径的源点
        while(p! =NULL){               //输出每个顶点的最短路径
            printf("% d>% d,",p->adjvex,p->weight);
            if(p->next! =NULL)printf("<% d,",p->adjvex);
            p=p->next;
```

```
        }
        printf("\n");
    }
    clearGraph(tg1);
}
```

程序运行结果如下：

```
图 8-5(a)的边集输出:
图的类型:3
图的顶点数:6
图的边集:
{<0,1>6,<0,5>30,<1,2>8,<2,1>25,<2,3>10,<2,5>4,<3,4>20,
<3,5>8,<4,2>12,<5,0>14,<5,4>8,}
求出图 8-5(a)的从 0 到其他顶点的最短距离和路径:
0:0
1:6   <0,1>6,
2:14  <0,1>6,<1,2>8,
3:24  <0,1>6,<1,2>8,<2,3>10,
4:26  <0,1>6,<1,2>8,<2,5>4,<5,4>8,
5:18  <0,1>6,<1,2>8,<2,5>4,
```

8.2.3 图中每对顶点之间的最短路径

1. 弗洛伊德算法的定义

求图中每对顶点之间的最短路径是指把图中任意两个顶点 v_i 和 v_j(若 $i==j$ 则认为路径长度为0)之间的最短路径都计算出来。若图中有 n 个顶点，则共需要计算 $n(n-1)$ 条最短路径。解决此问题有两种方法：一是分别以图中的每个顶点为源点共调用 n 次狄克斯特拉算法，因狄克斯特拉算法的时间复杂度为 $O(n^2)$，所以此方法的时间复杂度为 $O(n^3)$；二是采用下面介绍的弗洛伊德(Floyed)算法，此算法的时间复杂度仍为 $O(n^3)$，但运算过程比较简单。

弗洛伊德算法是从图的邻接矩阵开始，按照顶点 $v_0,v_1,\cdots,v_{n-1}$ 的次序，分别以每个顶点 $v_k(0\leqslant k\leqslant n-1)$ 作为新考虑的中间点，在第 $k-1$ 次运算得到的 $A^{(k-1)}$($A^{(-1)}$ 为图的邻接矩阵 G)的基础上，求出每对顶点 v_i 到 v_j 的目前最短路径长度 $A^{(k)}[i][j]$，计算公式为：

$$A^{(k)}[i][j]=\min(A^{(k-1)}[i][j],A^{(k-1)}[i][k]+A^{(k-1)}[k][j])$$
$$(0\leqslant i\leqslant n-1,0\leqslant j\leqslant n-1)$$

其中 min( ) 函数表示取其参数表中的较小值，参数表中的前项表示在第 $k-1$ 次运算后得到的从 v_i 到 v_j 的目前最短路径长度，后项表示考虑以 v_k 作为新的中间点所得到的从 v_i 到 v_j 的路径长度。若后项小于前项，则表明以 v_k 作为中间点(已经以 $v_0,v_1,\cdots,v_{k-1}$ 做过中间点)使得从 v_i 到 v_j 的路径长度变短，所以应将其值赋给 $A^{(k)}[i][j]$，否则把 $A^{(k-1)}[i][j]$ 的值赋给 $A^{(k)}[i][j]$。总之，使 $A^{(k)}[i][j]$ 保存着第 k 次运算后得到的从 v_i 到 v_j 的目前最短路径长度。当 k 从0取到 $n-1$ 后，矩阵 $A^{(n-1)}$ 就是最后得到的结果，其中每个元素 $A^{(n-1)}[i][j]$ 就是从顶点 v_i 到 v_j 的最短路径长度。

对于上面的计算公式，当 $i=j$ 时变为：

$$A^{(k)}[i][i]=\min(A^{(k-1)}[i][i],A^{(k-1)}[i][k]+A^{(k-1)}[k][i])\quad(0\leqslant i\leqslant n-1)$$

若 $k=0$，则参数表中的前项 $A^{(-1)}[i][i]=GA[i][i]=0$，后项 $A^{(-1)}[i][0]+A^{(-1)}[0][i]$ 必定大于或等于0，所以 $A^{(0)}$ 中的对角线元素同 $A^{(-1)}$ 中的对角线元素一样，均为0。同理，当 $k=1,2,\cdots,n-1$ 时，$A^{(k)}$ 中的对角线元素也均为0。

对于上面的计算公式，当 $i=k$ 或 $j=k$ 时分别变为：

$$A^{(k)}[k][j]=\min(A^{(k-1)}[k][j],A^{(k-1)}[k][k]+A^{(k-1)}[k][j]) \quad (0\leqslant j\leqslant n-1)$$
$$A^{(k)}[i][k]=\min(A^{(k-1)}[i][k],A^{(k-1)}[i][k]+A^{(k-1)}[k][k]) \quad (0\leqslant i\leqslant n-1)$$

每个参数表中的后一项都由它的前一项加上 $A^{(k-1)}[k][k]$组成,因为 $A^{(k-1)}[k][k]=0$,所以 $A^{(k)}[k][j]$和 $A^{(k)}[i][k]$分别取上一次的运算结果 $A^{(k-1)}[k][j]$和 $A^{(k-1)}[i][k]$的值,也就是说,矩阵 $A^{(k)}$中的第 k 行和第 k 列上的元素均取上一次运算的结果。

2. 弗洛伊德算法的应用示例

下面以求图 8-6(a)中每对顶点之间的最短路径长度为例说明弗洛伊德算法的运算过程。

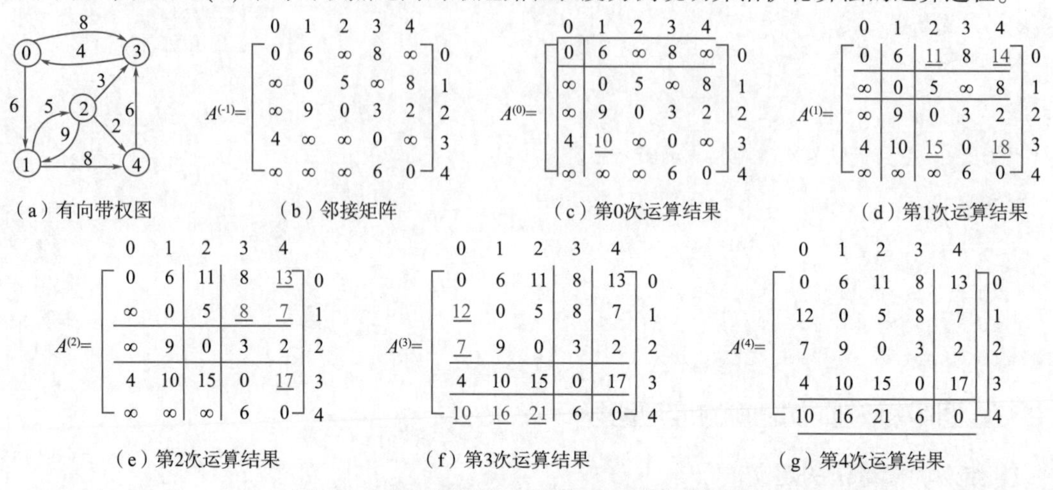

图 8-6 弗洛伊德算法求最短路径的运算过程

①令 k 取 0,即以 v_0作为新考虑的中间点,对图 8-6(b)所示 $A^{(-1)}$ 中的每对顶点之间的路径长度进行必要的修改后得到第 0 次运算结果 $A^{(0)}$,如图 8-6(c)所示。在 $A^{(0)}$ 中,第 0 行和第 0 列用线条围起来表示 $i=k$ 和 $j=k$ 的情况,它们同对角线上的元素一样为 $A^{(-1)}$ 中的对应值,对于其余 12 个元素,若 v_i通过新中间点 v_0然后到 v_j的路径长度 $A^{(-1)}[i][0]+A^{(-1)}[0][j]$小于原来的路径长度 $A^{(-1)}[i][j]$,则用前者修改之,否则仍保持原值。因 v_3到 v_1的路径长度 $A^{(-1)}[3][1]=\infty$,通过新中间点 v_0后变短,即为 $A^{(-1)}[3][0]+A^{(-1)}[0][1]=4+6=10$,所以被修改为 10,对应的路径为<3,0,1>;对于所有其他 11 对顶点的路径长度,因加入 v_0作为新中间点后仍不变短,所以保持原值不变。

②令 $k=1$,即以 v_1作为新考虑的中间点,对 $A^{(0)}$ 中每对顶点之间的路径长度进行必要的修改后得到第 1 次运算结果 $A^{(1)}$,如图 8-6(d)所示。此时第 1 行和第 1 列同对角线的元素一样,取上一次的值,对于其他 12 个元素,若 v_i通过新中间点 v_1然后到 v_j的路径长度 $A^{(0)}[i][1]+A^{(0)}[1][j]$小于原来的路径长度 $A^{(0)}[i][j]$,则用前者修改之,否则仍保持原值。因 v_0到 v_2的路径长度 $A^{(0)}[0][2]=\infty$,通过新中间点 v_1后变短,即为 $A^{(0)}[0][1]+A^{(0)}[1][2]=6+5=11$,所以被修改为 11,对应的路径为<0,1,2>;v_0到 v_4的路径长度 $A^{(0)}[0][4]=\infty$,通过新中间点 v_1后变短,即为 $A^{(0)}[0][1]+A^{(0)}[1][4]=6+8=14$,所以也被修改为 14,对应的路径为<0,1,4>;同理,v_3到 v_2的路径长度、v_3到 v_4的路径长度,通过运算后都比原来的值变短,分别为 15 和 18,应做相应的修改;对于所有其他元素,因加入 v_1作为新中间点后仍不变短,所以保持原值不变。

③令 $k=2$,即以 v_2作为新考虑的中间点,对 $A^{(1)}$ 中每对顶点的路径长度进行必要的修改,得到第 2 次运算的结果,如图 8-6(e)所示。因 v_0到 v_4的路径长度 $A^{(1)}[0][4]=14$,通过新中间点 v_2后变短,即为 $A^{(1)}[0][2]+A^{(0)}[2][4]=11+2=13$,所以被修改为 13,对应的路径为<0,2,4>;同理,对 $A^{(1)}[1][3]$、$A^{(1)}[1][4]$和 $A^{(1)}[3][4]$元素进行修改,使之分别变为 8、7 和 17,其他元素的值不变。

④令 $k=3$,即以 v_3作为新考虑的中间点,对 $A^{(2)}$ 中每对顶点的路径长度进行必要的修改,得到第

3次运算的结果,如图8-6(f)所示。此次需对 $A^{(2)}[1][0]$、$A^{(2)}[2][0]$、$A^{(2)}[4][0]$、$A^{(2)}[4][1]$和 $A^{(2)}[4][2]$等5个元素进行修改,使之分别变为12、7、10、16和21,其他元素的值不变。请读者自行分析。

⑤令 $k=4$,即以 v_4作为新考虑的中间点,这也是最后一个要考虑的中间点,在 $A^{(3)}$的基础上进行运算,得到的运算结果 $A^{(4)}$如图8-8(g)所示,这一次不改变任何元素的值,读者可自行分析。$A^{(4)}$就是最后得到的整个运算的结果,$A^{(4)}$中的每个元素 $A^{(4)}[i][j]$的值就是图8-6(a)中顶点 v_i到 v_j的最短路径长度。当然相应的最短路径也可以通过另设一个矩阵记录下来。

3. 弗洛伊德算法的函数定义

通过以上分析可知,在每次运算中,对 $i=k$ 或 $j=k$ 或 $i=j$ 的那些元素无须进行计算,因为它们不会被修改,对于其余元素,只有满足 $A^{(k-1)}[i][k]+A^{(k-1)}[k][j]<A^{(k-1)}[i][j]$的元素才会被修改,即把小于号左边的两个元素之和赋给 $A^{(k)}[i][j]$,在这两个元素中,一个是列号等于 k,一个是行号等于 k,所以它们在进行第 k 次运算的整个过程中,其值都不会改变,即为上一次运算的结果,故每一次运算都可以在原数组上"就地"进行,即用新修改的值替换原值即可,不需要使用两个数组交替进行。

设具有 n 个顶点的一个带权图的邻接矩阵类型的指针对象用 G 表示,求每对顶点之间最短路径长度的整型二维数组用 A 表示,A 的初值等于 G 中的邻接矩阵。弗洛伊德算法需要在 A 上进行 n 次运算,每次以 $v_k(0\leq k\leq n-1)$作为一个新考虑的中间点,求出每对顶点之间的当前最短路径长度,最后一次运算后,A 中的每个元素 $A[i][j]$就是图 G 中从顶点 v_i到顶点 v_j的最短路径长度。利用C语言编写出弗洛伊德算法如下所示,假定在该算法中不需要记录每对顶点之间的最短路径,只需要利用二维整型数组记录每对顶点之间的最短距离。

```
void Floyed(Graph * G,int A[][NN])
{    //利用弗洛伊德算法求出图 G 中每对顶点之间的最短距离,结果存于 A 中
    int i,j,k,n=G->n;
    for(i=0;i<n;i++)            //给二维数组 A 赋初值,它等于图 G 中的邻接矩阵
        for(j=0;j<n;j++)
            A[i][j]=G->matrix[i][j];
    for(k=0;k<n;k++)            //依次以每个顶点作为中间点,逐步优化数组 A
        for(i=0;i<n;i++)
            for(j=0;j<n;j++){
                if(i==k ||j==k ||i==j)continue;
                if(A[i][k]+A[k][j]<A[i][j])
                    A[i][j]=A[i][k]+A[k][j];
            }
}
```

4. 弗洛伊德算法的应用程序示例

可以用下面的程序调试弗洛伊德算法。

```
#include<stdio.h>
#include<stdlib.h>
#define NN 10                          //假定图中的顶点数最多为 10
#define EN 20                          //假定图中的边数最多为 20
const int MaxValue=1000;               //假定把代表无穷大的值设定为 1000
//顺序存储队列的定义和引用
typedef int ElemType;                  //定义队列中元素类型为整数类型
struct SequenceQueue {                 //定义一个顺序存储的队列
    ElemType * queue;                  //指向存储队列的数组空间
    int front,rear;                    //定义队首指针和队尾指针
```

```
    int MaxSize;                        //定义 queue 数组空间的大小
};
typedef struct SequenceQueue Queue;//定义 Queue 为顺序存储队列的类型
#include"队列在顺序存储结构下运算的算法.c"//此文件保存着对队列运算的算法
//邻接矩阵表示图的定义和引用
struct adjMatrix {                      //图的邻接矩阵类型
    int k,n;                            //存储图的类型和顶点数
    int (* matrix)[NN];                 //存储图的二维整型的邻接矩阵数组
};
typedef struct adjMatrix Graph;         //定义图的抽象存储类型为邻接矩阵类型
#include"图在邻接矩阵存储下运算的算法.c"//此文件中保存着对图运算的算法
void Floyed(Graph * G,int A[][NN])
{添上函数体内容}                        //利用弗洛伊德算法求出图 G 中每对顶点之间的最短距离
//主函数的定义
void main()
{
    int i,j;
    int n=5,k=3;                        //按照图 8-6(a)把图的顶点数和图的类型赋给 n 和 k
    int a[NN][NN]={{0}};                //定义二维整型数组 a 用来保存顶点之间的最短距离
    int a1[EN+1][3]={{0,1,6},{0,3,8},{1,2,5},{1,4,8},{2,1,9},
            {2,3,3},{2,4,2},{3,0,4},{4,3,6},{-1}};  //图 8-6(a)的边集
    Graph g1,* tg1=&g1;                 //定义 g1 准备用来保存图 8-6(a)的存储结构
    initGraph(tg1);                     //初始化 tg1 所指的图 g1
    createGraph(tg1,a1,n,k);            //根据图 8-6(a)的边集建立图的存储结构
    printf("图 8-6(a)的边集输出:\n");
    outputGraph(tg1);                   //输出图 8-6(a)的边集
    Floyed(tg1,a);                      //利用弗洛伊德算法求出图 8-6(a)的最短距离
    printf("利用弗洛伊德算法求出图 8-6(a)中每对顶点之间的最短距离:\n");
    for(i=0;i<n;i++){                   //输出图中每个顶点之间的最短距离
        for(j=0;j<n;j++)
            printf("% 3d",a[i][j]);
        printf("\n");
    }
    clearGraph(tg1);
}
```

此程序运行结果如下:

```
图 8-6(a)的边集输出:
图的类型:3
图的顶点数:5
图的边集:
{<0,1>6,<0,3>8,<1,2>5,<1,4>8,<2,1>9,<2,3>3,<2,4>2,<3,0>4,<4,3>6,}
利用弗洛伊德算法求出图 8-6(a)中每对顶点之间的最短距离:
  0   6  11   8  13
 12   0   5   8   7
  7   9   0   3   2
  4  10  15   0  17
 10  16  21   6   0
```

8.3　拓扑排序

8.3.1　拓扑排序的概念

对于一个较大的工程,往往被划分成许多子工程,把这些子工程称为活动(activity)。在整个工程中,有些子工程(活动)必须在其他有关子工程完成之后才能开始,也就是说,一个子工程的开始是以它的所有前序子工程的结束为先决条件的,但有些子工程没有先决条件,可以安排在任何时间开始。为了形象地反映出整个工程中各个子工程(活动)之间的先后关系,可用一个有向图来表示,图中的顶点代表活动(子工程),图中的有向边代表活动的先后关系,即有向边的起点活动是终点活动的前序活动,只有当起点活动完成之后,其终点活动才能进行。通常,把这种顶点表示活动、边表示活动间先后关系的有向图又称顶点活动网(Activity On Vertex network),简称AOV网。

例如,假定一个计算机专业的学生必须完成图8-7所列出的全部课程。在这里,课程代表活动,学习一门课程就表示进行一项活动,学习每门课程的先决条件是学完它的全部先修课程。如学习《数据结构》课程就必须安排在学完它的两门先修课程《C语言基础》和《离散数学》之后。学习《高等数学》课程则可以随时安排,因为它是基础课程,没有先修课。若用AOV网来表示这种课程安排的先后关系,则如图8-8所示。图中的每个顶点代表一门课程,每条有向边代表起点对应的课程是终点对应课程的先修课。从图中可以清楚地看出各课程之间的先修和后续的关系。如课程C5的先修课为C2和C3,后续课程为C7;C6的先修课为C3和C4,后续课程为C7和C8。

课程代号	课程名称	先修课程
C1	高等数学	无
C2	计算机系统原理	无
C3	C语言基础	无
C4	离散数学	C1
C5	计算机网络	C2，C3
C6	数据结构	C3，C4
C7	操作系统	C4，C5，C6
C8	数据库基础与应用	C6，C7
C9	面向对象程序设计	C3
C10	软件工程	C8，C9
C11	项目开发实训	C9，C10

图8-7　课程表

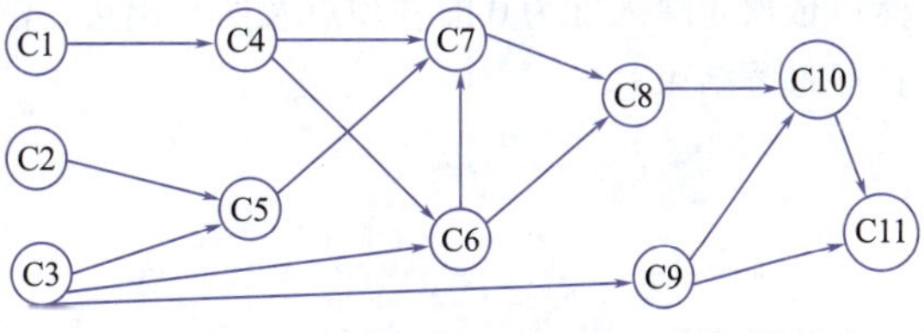

图8-8　AOV网

一个AOV网应该是一个有向无环图,即不应该带有回路,因为若带有回路,则回路上的所有活动都无法进行。图8-9所示为一个具有三个顶点的带回路的有向图,由$<A,B>$边可得B活动必须在A活动之后,由$<B,C>$边可得C活动必须在B活动之后,所以推出C活动必然在A活动之后,但由$<C,A>$边可得C活动必须在A活动之前,从而出现矛盾,使每一项活动都无法进行。这种情况若在程序中出现,则称为死锁或死循环,在建立AOV网时必须要避免。

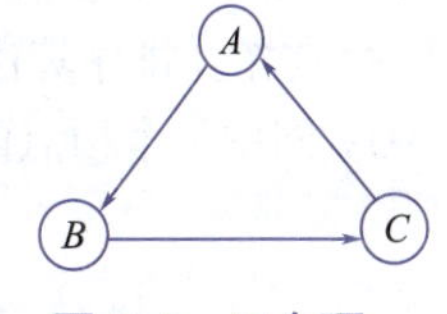

图8-9　三个顶点的回路

在AOV网中,若不存在回路,则所有活动可排列成一个线性序列,使得每个活动的所有前驱活动都排在该活动的前面,把此序列称为拓扑序列(topological order),由AOV网构造拓扑序列的过程称为拓扑排序(topological sort)。AOV网的拓扑序列不是唯一的,满足上述定义的任一线性序列都

称为其拓扑序列。例如,下面的三个序列都是图 8-8 的拓扑序列,当然还可以写出许多种。例如:

①C1,C4,C2,C3,C5,C6,C7,C8,C9,C10,C11

②C1,C2,C3,C4,C5,C6,C9,C7,C8,C10,C11

③C3,C2,C1,C5,C4,C6,C7,C9,C8,C10,C11

由 AOV 网构造出拓扑序列的实际意义是:如果按照拓扑序列中的顶点次序,在开始每一项活动时,能够保证它的所有前驱活动都已完成,从而使整个工程能够顺序进行。

由 AOV 网构造拓扑序列的拓扑排序算法主要是循环执行以下两步,直到不存在入度为 0 的顶点为止。

①选择一个入度为 0 的顶点并输出。

②从网中删除此顶点及所有出边。

循环结束后,若输出的顶点数小于网中的顶点数,则输出“有回路”信息,否则输出的顶点序列就是一种拓扑序列。

下面以图 8-10(a)为例说明拓扑排序算法的执行过程。

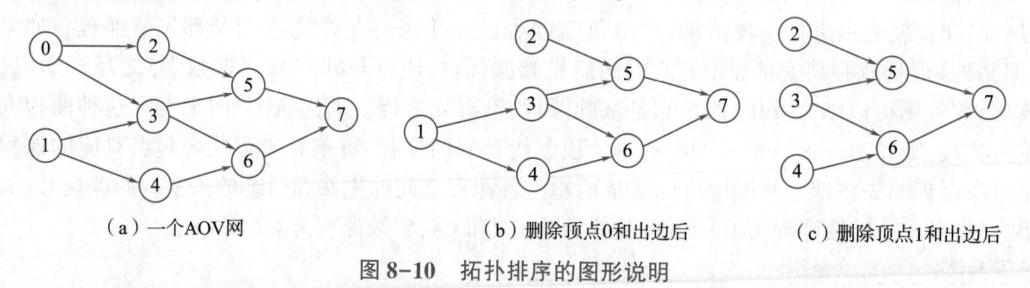

(a)一个AOV网　(b)删除顶点0和出边后　(c)删除顶点1和出边后

图 8-10　拓扑排序的图形说明

①在图 8-10(a)中 v_0 和 v_1 的入度都为 0,不妨选择 v_0 并输出,接着删去顶点 v_0 及所有出边<0,2>和<0,3>,得到的结果如图 8-10(b)所示。

②在图 8-10(b)中 v_1 和 v_2 的入度都为 0,不妨选择 v_1 并输出,接着删去 v_1 和它的两条出边<1,3>和<1,4>,得到的结果如图 8-10(c)所示。

③在图 8-10(c)中,v_2、v_3 和 v_4 的入度都为 0,不妨选择 v_2 并输出,接着删去 v_2 及一条出边<2,4>。然后依次删除入度为 0 的各顶点及所有出边,操作都很简单,直到删除最后一个顶点 v_7 后,整个拓扑排序过程结束。

8.3.2　拓扑排序算法

1. 拓扑排序算法的定义和执行过程

为了利用 C 语言在计算机上实现 AOV 网的拓扑排序,AOV 网采用邻接表表示较方便。假定对图 8-10(a)所建立的邻接表,各顶点的邻接单链表是按照出边邻接点的序号从小到大链接的。

在拓扑排序算法中,需要设置一个包含 n 个元素的一维整型数组,假定用 d 表示,用它来保存 AOV 网中每个顶点的入度值。如对于图 8-10(a),得到数组 d 的初始值为

	0	1	2	3	4	5	6	7
数组$d[n]$:	0	0	1	2	1	2	2	2

在进行拓扑排序中,为了把所有入度为 0 的顶点都保存起来,而且又便于插入、删除以及节省存储,最好的方法是把它们链接成一个栈。另外,在保存入度的数组 d 中,当一个顶点 v_i 的入度为 0 时,下标为 i 的元素 $d[i]$ 的值为 0,该元素也就空闲下来了,正好可利用它作为链栈中的一个结点使用,用来保存下一个入度为 0 的顶点的序号,这样就可以把所有入度为 0 的顶点通过数组 d 中的对

应元素作为指针静态地链接成一个栈。对于被删除入边而新产生的入度为0的顶点就压入此栈，输出一个入度为0的顶点就是删除栈顶元素。在这个链栈中，栈顶指针top指向一个入度为0的顶点，其值是数组d中一个入度为0的元素的下标，该元素的值为数组d中下一个入度为0的元素的下标，依此类推，最后一个入度为0元素值为-1，表示为栈底。

例如，根据图8-10的AOV网和上面的数组d，所建立的入度为0的初始栈的过程为：

①开始置链栈为空，即给链栈指针top赋初值为-1：

```
top=-1;
```

②将入度为0的元素$d[0]$进栈，即：

```
d[0]=top;top=0;
```

此时top指向$d[0]$元素，表示顶点v_0的入度为0，而$d[0]$的值为-1，表明为栈底。

③接着将入度为0的元素$d[1]$进栈，即：

```
d[1]=top;top=1;
```

此时top指向$d[1]$元素，表示顶点v_1的入度为0，而$d[1]$的值为0，表明下一个入度为0的元素为$d[0]$，即对应下一个入度为0的顶点为v_0，$d[0]$的值为-1，所以此栈当前有两个元素$d[1]$和$d[0]$。

④因$d[2]$至$d[7]$的值均不为0，即对应的v_2到v_7的入度均不为0，所以它们均不进初始栈，至此，初始栈建立完毕，得到的数组d为：

	0	1↓top	2	3	4	5	6	7
数组$d[n]$:	-1	0	1	2	1	2	2	2

由此可知，数组d具有两方面功能：一是存储所有顶点的入度，二是链接入度为0的顶点形成链栈。

将入度为0的顶点利用上述链栈链接起来后，拓扑算法中循环执行的第(1)步"选择一个入度为0的顶点并输出"，可通过输出栈顶指针top所代表的顶点序号来实现；第(2)步"从AOV网中删除刚输出的顶点(假定为v_j，其中j等于top的值)及所有出边"，可通过首先做退栈处理，使top指向下一个入度为0的元素，然后遍历图的邻接表中v_j的邻接点表，分别把所有邻接点在数组d中对应元素值(入度)减1，若减1后的入度为0则令该元素进栈等操作来实现。此外，该循环的终止条件"直到不存在入度为0的顶点为止"，可通过判断栈空实现。

对于图8-10(a)，当删除由top值所代表的顶点v_1及两条出边<0,3>和<0,4>后，顶点v_4进入入度为0的链栈，数组d变为：

	0	1	2	3	4↓top	5	6	7
数组$d[n]$:	-1	0	1	1	0	2	2	2

接着当删除top值所代表的顶点v_4及一条出边<4,6>后，数组d变为：

	0↓top	1	2	3	4	5	6	7
数组$d[n]$:	-1	0	1	1	0	2	1	2

再接着当删除top值所代表的顶点v_0及两条出边<0,2>和<0,3>后，顶点v_2和v_3相继进栈，数组d变为：

	0	1	2	3↓top	4	5	6	7
数组$d[n]$:	-1	0	-1	2	0	2	1	2

再接下去，当删除top值所代表的顶点v_3及两条出边<3,5>和<3,6>后，顶点v_6进栈，数组d变为：

	0	1	2	3	4	5	6 ↓top	7
数组 $d[n]$:	-1	0	-1	2	0	1	2	2

同理,将依次删除入度为0的结点及出边,直到删除最后一个入度为0的顶点 v_7 后,链栈为空时止。根据以上算法执行过程,得到的拓扑序列为:1,4,0,3,6,2,5,7。

2. 拓扑排序算法的函数定义

根据以上分析,给出拓扑排序算法的程序代码为:

```
void Toposort(Graph *G)
{   //对用邻接表表示的有向图 G 进行拓扑排序
    int i,j,k,top,m=0;              //m 用来统计拓扑序列中输出的顶点数
    int n=G->n;                     //将图的顶点数赋给 n
    struct EdgeType *p;
    int d[NN]={0};                  //定义存储图中每个顶点入度的一维整型数组 d
    for(i=0;i<n;i++){               //利用数组 d 中的对应元素保存每个顶点的入度
        p=G->list[i];
        while(p! =NULL){
            j=p->adjvex;d[j]++;p=p->next;
        }
    }
    top=-1;                         //初始化链接入度为 0 的链栈,置 top 为-1
    for(i=0;i<n;i++)                //建立初始入度为 0 的链栈
        if(d[i]==0){d[i]=top;top=i;}
    while(top! =-1){                //每循环一次删除一个顶点及所有出边
        j=top;                      //j 的值是一个入度为 0 的顶点序号
        top=d[top];                 //退栈,即删除栈顶元素
        printf("% d ",j);           //输出一个入度为 0 的顶点序号
        m++;                        //输出的顶点个数加 1
        p=G->list[j];               //p 指向顶点 j 邻接表的第一个边结点
        while(p! =NULL){
            k=p->adjvex;            //顶点 k 是顶点 j 的一个出边邻接点
            d[k]--;                 //顶点 k 的入度减 1,表示删除了 k 的一条入边
            if(d[k]==0){            //把入度为 0 的元素进栈
                d[k]=top;  top=k;
            }
            p=p->next;              //p 指向顶点 j 邻接表的下一个边结点
        }
    }
    if(m<n) //当输出的顶点数小于图中的顶点数时,输出有回路信息
        printf("AOV 网中存在有回路! \n");
}
```

拓扑排序实际上是对邻接表表示的图 G 进行遍历的过程,依次访问入度为0顶点的邻接表,若AOV图没有回路,则需要扫描邻接表中的所有边结点。也就是说,在统计所有顶点的入度和输出拓扑序列时都需要遍历邻接表中的表头向量和所有边结点,所以此算法的时间复杂度为 $O(n+e)$。

3. 拓扑排序算法的应用程序示例

利用下面程序可以调试上面的拓扑排序算法。

```
#include<stdio.h>
#include<stdlib.h>
```

```
#define NN 10                                   //假定图中的顶点数最多为 10
#define EN 20                                   //假定图中的边数最多为 20
const int MaxValue=1000;                        //假定把代表无穷大的值设定为 1000
//顺序存储队列的定义和引用
typedef int ElemType;                           //定义队列中元素类型为整数类型
struct SequenceQueue {                          //定义一个顺序存储的队列
    ElemType *queue;                            //指向存储队列的数组空间
    int front,rear;                             //定义队首指针和队尾指针
    int MaxSize;                                //定义 queue 数组空间的大小
};
typedef struct SequenceQueue Queue;             //定义 Queue 为顺序存储队列的类型
#include"队列在顺序存储结构下运算的算法.c"      //此文件保存着对队列运算的算法
//邻接表表示图的定义和引用
struct EdgeType {                               //定义邻接表中的边结点类型
    int adjvex;                                 //邻接点域
    int weight;                                 //权值域,假定为整型
    struct EdgeType*  next;                     //指向下一个边结点的链接域
};
struct adjList {                                //定义邻接表存储图的结构类型
    int k,n;                                    //用 k 和 n 分别保存图的类型和顶点数
    struct EdgeType*  list[NN];                 //用表头向量存储每个顶点邻接表的表头指针
};
typedef struct adjList Graph;                   //定义图的抽象存储类型为邻接表类型
#include"图在邻接表存储下运算的算法.c"          //此文件中保存着对图运算的算法
void Toposort(Graph * G)
{添上函数体内容}                                //对用邻接表表示的有向图 G 进行拓扑排序
//主函数的定义
void main()
{
    int n=8,k=2;                          //按照图 8-10(a)把图的顶点数和图的类型给 n 和 k 赋值
    int a1[EN+1][3]={{0,3,1},{0,2,1},{1,4,1},{1,3,1},{2,5,1},{3,6,1},
            {3,5,1},{4,6,1},{5,7,1},{6,7,1},{-1}};  //图 8-12(a)的边集
    Graph g1,* tg1=&g1;                         //定义 g1 准备用来保存图 8-10(a)的存储结构
    initGraph(tg1);                             //初始化 tg1 所指的图 g1
    createGraph(tg1,a1,n,k);                    //根据图 8-12(a)的边集建立图的存储结构
    printf("图 8-10(a)的边集输出:\n");
    outputGraph(tg1);                           //输出图 8-10(a)的边集
    printf("图 8-10(a)的拓扑序列:\n");
    Toposort(tg1);                              //利用拓扑排序算法求出图 8-10(a)的拓扑序列
    clearGraph(tg1);
}
```

此程序的运行结果如下：

```
图 8-10(a)的边集输出:
图的类型:2
图的顶点数:8
图的边集:
{<0,2>,<0,3>,<1,3>,<1,4>,<2,5>,<3,5>,<3,6>,<4,6>,<5,7>,<6,7>,}
图 8-10(a)的拓扑序列:
1 4 0 3 6 2 5 7
```

8.4 关键路径

1. AOE 网的有关概念

与上节 AOV 网相对应的是 AOE 网(Activity On Edge network),即边表示活动的网络。它与 AOV 网比较,更具有实用价值,通常用它表示一个工程的计划或进度。

AOE 网是一个有向带权图,图中的边表示活动(子工程),边上的权表示该活动的持续时间(duration time),即完成该活动所需要的时间;图中的顶点表示事件,每个事件是活动之间的转接点,即表示它的所有入边活动到此完成,所有出边活动从此开始。AOE 网中有两个特殊的顶点(事件),一个称为源点,它表示整个工程的开始,亦即最早活动的起点,显然它只有出边,没有入边;另一个称为汇点,它表示整个工程的结束,亦即最后活动的终点,显然它只有入边,没有出边。除这两个顶点外,其余顶点都既有入边,也有出边,是入边活动和出边活动的转接点。在一个 AOE 网中,若包含有 n 个事件,通常令源点为第 0 个事件(假定从 0 开始编号),汇点为第 $n-1$ 个事件,其余事件的编号(即顶点序号)分别从 1 至 $n-2$。

图 8-11 所示为一个 AOE 网,该网中包含有 14 项活动和 10 个事件。例如,边<0,1>表示活动 a_1,持续时间(即权值)为 6,假定以天为单位,即 a_1需要 6 天完成,它以 v_0事件为起点,以 v_1事件为终点;边<4,6>和<4,7>分别表示活动 a_8和 a_9,它们的持续时间分别为 5 天和 9 天,它们均以 v_4事件为起点,但分别以 v_6和 v_7事件为终点。该网中的源点和汇点分别为第 0 个事件 v_0和最后一个事件 v_9,它们分别表示整个工程的开始和结束。

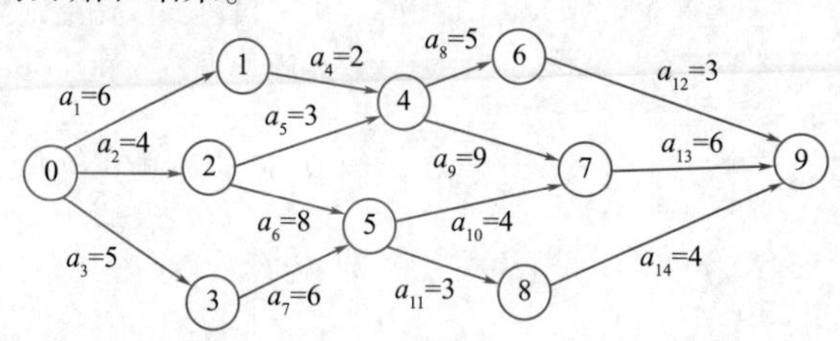

图 8-11 一个 AOE 网

对于一个 AOE 网,待研究和解决的问题是:

①整个工程至少需要多长时间完成?

②哪些活动是影响工程进度的关键活动?

2. 事件的最早发生时间

在 AOE 网中,一个顶点事件的发生或出现必须在它的所有入边活动(又称前驱活动)都完成之后,也就是说,只要有一个入边活动没有完成,该事件就不可能发生。显然,一个事件的最早发生时间是它的所有入边活动,或者说最后一个入边活动刚完成的时间。同样,一个活动的开始必须在它的起点事件发生之后,也就是说,一个顶点事件没有发生时,它的所有出边活动(又称后继活动)都不可能开始。显然一个活动的最早开始时间是它的起点事件的最早发生时间。

若用 ve[j]表示顶点 v_j事件的最早发生时间,用 $e[i]$表示 v_j一条出边活动 a_i的最早开始时间,则有 $e[i]$=ve[j]。对于 AOE 网中的源点事件来说,因为它没有入边,所以随时都可以发生,整个工程的开始时间就是它的发生时间,亦即最早发生时间,通常把此时间定义为 0,即 ve[0]=0,从此开始推出其他事件的最早发生时间。例如,在图 8-11 所示的 AOE 网中,v_4事件的发生必须在 a_4和 a_5活动都完成之后,而 a_4和 a_5活动的开始又必须分别在 v_1和 v_2事件的发生之后,v_1和 v_2事件的发生又必须分别在 a_1和 a_2活动的完成之后,因 a_1和 a_2的活动都起于源点,其最早开始时间均为 0,所以 a_1和 a_2的完成时间分别为 6 和 4,这也分别是 v_1和 v_2的最早发生时间,以及 a_4和 a_5的最早开始时间,故 a_4

和 a_5 的完成时间分别为 8 和 7，由此可知 v_4 事件的最早发生时间为 8，即所有入边活动中最后一个完成的时间。

从以上分析可知，一个事件的发生有待于它的所有入边活动的全部完成，而每个入边活动的开始和完成又有待于前驱事件的发生，而每个前驱事件的发生又有待于它们的所有入边活动的完成，……总之，一个事件发生在从源点到该顶点的所有路径上的活动都完成之后，显然，其最早发生时间应等于从源点到该顶点的所有路径上的最长路径长度。这里所说的路径长度是指带权路径长度，即等于路径上所有活动的持续时间之和。如从源点 v_0 到顶点 v_4 共有两条路径，长度分别为 8 和 7，所以 v_4 的最早发生时间为 8。从源点 v_0 到汇点 v_9 有多条路径，通过分析可知，其最长路径长度为 23，所以汇点 v_9 的最早发生时间为 23。汇点事件的发生，表明整个工程中的所有活动都已完成，所以完成图 8-11 所对应的工程至少需要 23 天。

现在接着讨论如何从源点 v_0 的最早发生时间 0 出发，求出其余各事件的最早发生时间。求一个事件 v_k 的最早发生时间（即从源点 v_0 到 v_k 的最长路径长度）的常用方法是：由它的每个前驱事件 v_j 的最早发生时间（即从源点 v_0 到 v_j 的最长路径长度）分别加上相应入边 $<j,k>$ 上的权，其值最大者就是 v_k 的最早发生时间。由此可知，必须按照拓扑序列中的顶点次序（即拓扑有序）求出各个事件的最早发生时间，这样才能保证在求一个事件的最早发生时间时，它的所有前驱事件的最早发生时间都已求出。

设 ve[k] 表示 v_k 事件的最早发生时间，ve[j] 表示 v_k 的一个前驱事件 v_j 的最早发生时间，dut($<j,k>$) 表示边 $<j,k>$ 上的权，p 表示 v_k 顶点的所有入边的集合，则 AOE 网中每个事件 $v_k(0 \leqslant k \leqslant n-1)$ 的最早发生时间可由下式，按照拓扑有序计算出来。

$$ve[k] = \max\{ve[j]+dut(<j,k>)\} \qquad (1 \leqslant k \leqslant n-1, <j,k> \in p, ve[0]=0)$$

按照此公式和拓扑有序计算出图 8-11 所示的 AOE 网中每个事件的最早发生时间为：

```
ve[0]=0
ve[1]=ve[0]+dut(<0,1>6)=0+6=6
ve[2]=ve[0]+dut(<0,2>4)=0+4=4
ve[3]=ve[0]+dut(<0,3>5)=0+5=5
ve[4]=max{ve[1]+dut(<1,4>2),ve[2]+dut(<2,4>3)}=max{6+2,4+3}=8
ve[5]=max{ve[2]+dut(<2,5>8),ve[3]+dut(<3,5>6)}=max{4+8,5+6}=12
ve[6]=ve[4]+dut(<4,6>5)=8+5=13
ve[7]=max{ve[4]+dut(<4,7>9),ve[5]+dut(<5,7>4)}=max{8+9,12+4}=17
ve[8]=ve[5]+dut(<5,8>3)=12+3=15
ve[9]=max{ve[6]+dut(<6,9>3),ve[7]+dut(<7,9>6),ve[8]+dut(<8,9>4)}
=max{13+3,17+6,15+4}=23
```

最后得到的 ve(9) 就是汇点的最早发生时间，从而可知整个工程至少需要 23 天完成。

3. 事件的最迟发生时间

在不影响整个工程按时完成的前提下，一些事件可以不在最早发生时间发生，而允许向后推迟一些时间发生，把最晚必须发生的时间称为该事件的最迟发生时间。同样，在不影响整个工程按时完成的前提下，一些活动可以不在最早开始时间开始，而允许向后推迟一些时间开始，把最晚必须开始的时间称为该活动的最迟开始时间。AOE 网中的任一个事件若在最迟发生时间仍没有发生或任一项活动在最迟开始时间仍没有开始，则必将影响整个工程按时完成，使工期拖延。若用 vl[k] 表示顶点 v_k 事件的最迟发生时间，用 $l[i]$ 表示 v_k 的一条入边 $<j,k>$ 上活动 a_i 的最迟开始时间，用 dut($<j,k>$) 表示 a_i 的持续时间，则有

$$l[i] = vl[k] - dut(<j,k>)$$

因边 $<j,k>$ 上的活动 a_i 的最迟完成时间也就是它的终点事件 v_k 的最迟发生时间，所以 a_i 的最迟

开始时间应等于 v_k 的最迟发生时间减去 a_i 的持续时间，或者说，要比 v_k 的最迟发生时间提前 a_i 所需要的时间开始。

为了保证整个工程按时完成，所以把汇点的最迟发生时间定义为它的最早发生时间，即 vl[n-1] = ve[n-1]。其他每个事件的最迟发生时间应等于汇点的最迟发生时间减去从该事件的顶点到汇点的最长路径长度，或者说，每个事件的最迟发生时间比汇点的最迟发生时间所提前的时间应等于从该事件的顶点到汇点的最长路径上所有活动的持续时间之和。求一个事件 v_j 的最迟发生时间的常用方法是：由它的每个后继事件 v_k 的最迟发生时间分别减去顶点 v_j 相应出边 $<j,k>$ 上的权，其值最小者就是 v_j 的最迟发生时间。由此可知，必须按照逆拓扑有序求出各个事件的最迟发生时间，这样才能保证在求一个事件的最迟发生时间时，它的所有后继事件的最迟发生时间都已求出。

设 vl[j] 表示待求的 v_j 事件的最迟发生时间，vl[k] 表示 v_j 的一个后继事件 v_k 的最迟发生时间，dut($<j,k>$) 表示边 $<j,k>$ 上的权，s 表示 v_j 顶点的所有出边的集合，则 AOE 网中每个事件 $v_j(0 \leqslant j \leqslant n-1)$ 的最迟发生时间由下式按照逆拓扑有序计算出来。

$$\mathrm{vl}[j]=\begin{cases}\mathrm{ve}[n-1] & (j=n-1)\\ \min\{\mathrm{vl}[k]-\mathrm{dut}(<j,k>)\} & (0 \leqslant j \leqslant n-2, <j,k> \in s)\end{cases}$$

按照此公式和逆拓扑有序计算出图 8-11 所示的 AOE 网中每个事件的最迟发生时间为：

```
vl[9]=ve[9]=23
vl[8]=vl[9]-dut(<8,9>4)=23-4=19
vl[7]=vl[9]-dut(<7,9>6)=23-6=17
vl[6]=vl[9]-dut(<6,9>3)=23-3=20
vl[5]=min{vl[7]-dut(<5,7>4),vl[8]-dut(<5,8>3)}=min{17-4,19-3}=13
vl[4]=min{vl[6]-dut(<4,6>5),vl[7]-dut(<4,7>9)}=min{20-5,17-9}=8
vl[3]=vl[5]-dut(<3,5>6)=13-6=7
vl[2]= min{vl[4]-dut(<2,4>3),vl[5]-dut(<2,5>8)}=min{8-3,13-8}=5
vl[1]=vl[4]-dut(<1,4>2)=8-2=6
vl[0]=min{vl[1]-dut(<0,1>6),vl[2]-dut(<0,2>4),vl[3]-dut(<0,3>5)}
     =min{6-6,5-4,7-5}=min{0,1,2}=0
```

4. 计算关键路径的方法

AOE 网中每个事件的最早发生时间和最迟发生时间计算出来后，可根据它们计算出每个活动的最早开始时间和最迟开始时间。设事件 v_j 的最早发生时间为 ve[j]，它的一个后继事件 v_k 的最迟发生时间为 vl[k]，则边 $<j,k>$ 上的活动 a_i 的最早开始时间 $e[i]$ 和最迟开始时间 $l[i]$ 的计算公式重新列出如下：

$$\begin{cases}e[i]=\mathrm{ve}[j]\\ l[i]=\mathrm{vl}[k]-\mathrm{dut}(<j,k>)\end{cases}$$

根据此计算公式可计算出 AOE 网中每一个活动 a_i 的最早开始时间 $e[i]$，最迟开始时间 $l[i]$ 和开始时间余量 $l[i]-e[i]$。图 8-12 列出了图 8-11 中每一活动的这三个时间。

a_1	a_1	a_2	a_3	a_4	a_5	a_6	a_7	a_8	a_9	a_{10}	a_{11}	a_{12}	a_{13}	a_{14}
$e[i]$	0	0	0	6	4	4	5	8	8	12	12	13	17	15
$l[i]$	0	1	2	6	5	5	7	15	8	13	16	20	17	19
$l[i]-e[i]$	0	1	2	0	1	1	2	7	0	1	4	7	0	4

图 8-12　计算出的图 8-11 中每个活动的三个时间

在图 8-12 中，有些活动的开始时间余量不为 0，表明这些活动不在最早开始时间开始，至多向后拖延相应的开始时间余量所规定的时间开始也不会延误整个工程的进展。如对于活动 a_6，它最早可以从整个工程开工后的第 4 天开始，至多向后拖延一天，即从第 5 天开始。有些活动的开始时间余量为0,表明这些活动只能在最早开始时间开始,并且必须在持续时间内按时完成,否则将拖延整个工期。把开始时间余量为0的活动称为关键活动,由关键活动所形成的从源点到汇点的每条路径称为关键路径。由图8-11中的关键活动构成一条关键路径为<0,1,4,7,9>,如图8-13所示。

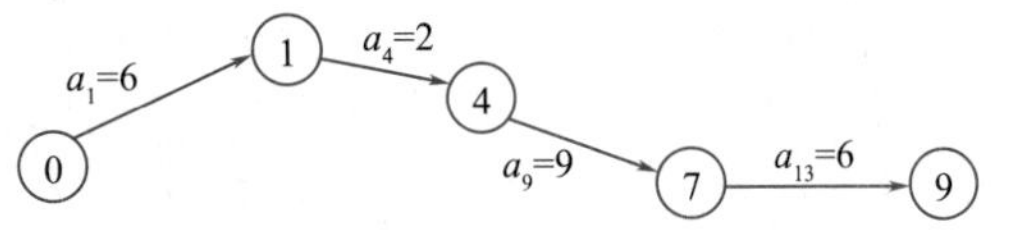

图8-13　图8-11的关键路径

关键路径实际上就是从源点到汇点具有最长路径长度的那些路径,即最长路径。这很容易理解,因为整个工程的工期就是按照最长路径长度计算出来的,即等于该路径上所有活动的持续时间之和。当然一条路径上的活动只能串行进行,若最长路径上的任一活动不在最早开始时间开始,或不在规定的持续时间内完成,都必然会延误整个工期,所以每一项活动的开始时间余量为0,故它们都是关键活动。

求出一个AOE网的关键路径后,可通过加快关键活动(即缩短其持续时间)实现缩短整个工程的工期。但并不是加快任何一个关键活动都可以缩短其整个工程的工期,只有加快那些包括在所有关键路径上的关键活动才能达到这个目的。例如,加快图8-13中关键活动a_{13}的速度,使之由6天完成变为2~5天完成,能够使整个工程的工期由23天缩短为19~22天。另一方面,关键路径是可以变化的,提高某些关键活动的速度可能使原来的非关键路径变为新的关键路径,因而关键活动的速度提高是有限度的。例如,图8-11中关键活动a_{13}由6天改为2天后,路径<0,2,5,8,9>也变成了其关键路径,其路径长度为19,此时,再提高a_{13}的速度也不能使整个工程的工期提前。

5. 计算关键路径的算法描述

下面根据用邻接表表示的AOE网G求出其关键路径的算法描述。

```
void criticalPath(Graph *G)
{   //求出用邻接表表示的AOE网中的关键路径
    int i,j,k,n=G->n;
    struct EdgeType *p;
    //动态分配具有n个元素的三个一维整型数组v,ve和vl
    int* v=calloc(n,sizeof(int));          //保存拓扑排序的顶点序列
    int* ve=calloc(n,sizeof(int));         //保存每个事件的最早发生时间
    int* vl=calloc(n,sizeof(int));         //保存每个事件的最迟发生时间
    //调用拓扑排序算法,使排序结果存于数组v中
    Toposort(G,v);//需对上一节介绍的此算法做必要的修改,即在参数表中增加int v[]一项,把
                  //输出语句更换为"v[m]=j;"即可
    //将每个事件的最早发生时间置初值为0
    for(i=0;i<n;i++)ve[i]=0;
    //求出每个事件的最早发生时间
    for(i=0;i<n;i++){
        j=v[i];
        p=G->list[j];
        while(p! =NULL){
            k=p->adjvex;
            if(ve[k]<ve[j]+p->weight)ve[k]=ve[j]+p->weight;
            p=p->next;
        }
    }
    //把每个事件的最迟发生时间都置为ve[n-1],以作为它们的初值
    for(i=0;i<n;i++)vl[i]=ve[n-1];
```

```
    //求出每个事件的最迟发生时间
    for(i=n-1;i>=0;i--){
        j=v[i];
        p=G->list[j];
        while(p! =NULL){
            k=p->adjvex;
            if(vl[j]>vl[k]-p->weight)vl[j]=vl[k]-p->weight;
            p=p->next;
        }
    }
    //输出 AOE 网中每个活动的最早开始时间、最迟开始时间及开始时间余量
    for(i=0;i<n;i++){                              //遍历整个邻接表,访问所有活动
        p=G->list[i];                              //把顶点 i 邻接表的表头指针赋给 p
        while(p! =NULL){                           //遍历顶点 i 邻接表中的所有边结点
            j=p->adjvex;                           //顶点 j 是顶点 i 的一个后继事件
            printf("<% d,% d>:",i,j);              //输出<i,j>表示该边上的活动 k
            printf("% -4d",ve[i]);                 //输出活动 k 的最早开始时间
            printf("% -4d",vl[j]-p->weight);       //输出活动 k 的最迟开始时间
            printf("% -4d\n",vl[j]-p->weight-ve[i]);  //输出活动 k 的时间余量
            p=p->next;
        }
    }
    free(v);free(ve);free(vl);                     //释放动态存储分配空间
}
```

求关键路径算法的时间复杂度同拓扑排序算法一样,也为 $O(n+e)$,n 和 e 分别表示图的顶点数和边数。

6. 计算关键路径和活动的应用程序示例

可以利用下面程序调试图的拓扑排序算法和关键路径算法。

```
#include<stdio.h>
#include<stdlib.h>
#define NN 12                              //假定图中的顶点数最多为 12
#define EN 20                              //假定图中的边数最多为 20
const int MaxValue=1000;                   //假定把代表无穷大的值设定为 1000
//顺序存储队列的定义和引用
typedef int ElemType;                      //定义队列中元素类型为整数类型
struct SequenceQueue {                     //定义一个顺序存储的队列
    ElemType * queue;                      //指向存储队列的数组空间
    int front,rear;                        //定义队首指针和队尾指针
    int MaxSize;                           //定义 queue 数组空间的大小
};
typedef struct SequenceQueue Queue;        //定义 Queue 为顺序存储队列的类型
#include"队列在顺序存储结构下运算的算法.c"  //此文件保存着对队列运算的算法
//邻接表表示图的定义和引用
struct EdgeType {                          //定义邻接表中的边结点类型
    int adjvex;                            //邻接点域
    int weight;                            //权值域,假定为整型
    struct EdgeType*  next;                //指向下一个边结点的链接域
};
struct adjList {                           //定义邻接表存储图的结构类型
```

```
    int k,n;                              //用 k 和 n 分别保存图的类型和顶点数
    struct EdgeType*  list[NN];           //用表头向量存储每个顶点邻接表的表头指针
};
typedef struct adjList Graph;             //定义图的抽象存储类型为邻接表类型
#include"图在邻接表存储下运算的算法.c"    //此文件中保存着对图运算的算法
void Toposort(Graph *G,int v[])
{添上函数体内容}                          //对用邻接表表示的有向图 G 进行拓扑排序
void criticalPath(Graph *G)
{添上函数体内容}                          //求出用邻接表表示的 AOE 网中的关键路径
//主函数的定义
void main()
{
    int n=10,k=3;                         //按照图 8-11 把图的顶点数和图的类型给 n 和 k 赋值
    int a1[EN+1][3]={{0,3,5},{0,2,4},{0,1,6},{1,4,2},{2,5,8},{2,4,3},{3,5,6},
        {4,7,9},{4,6,5},{5,8,3},{5,7,4},{6,9,3},{7,9,6},{8,9,4},{-1}};
                                          //图 8-11 的边集
    Graph g1,*tg1=&g1;                    //定义 g1 准备用来保存图 8-11 的存储结构
    initGraph(tg1);                       //初始化 tg1 所指的图 g1
    createGraph(tg1,a1,n,k);              //根据图 8-11 的边集建立图的存储结构
    printf("图 8-11 的边集输出:\n");
    outputGraph(tg1);                     //输出图 8-11 的边集
    printf("图 8-11 中每项活动时间的最早、最迟、余量:\n");
    criticalPath(tg1);                    //调用求关键路径算法求出每项活动的相关数据
    clearGraph(tg1);
}
```

此程序的运行结果如下:

```
图 8-11 的边集输出:
图的类型:3
图的顶点数:10
图的边集:
{<0,1>6,<0,2>4,<0,3>5,<1,4>2,<2,4>3,<2,5>8,<3,5>6,<4,6>5,<4,7>9,
<5,7>4,<5,8>3,<6,9>3,<7,9>6,<8,9>4,}
图 8-11 中每项活动时间的最早、最迟、余量:
<0,1>:0  0  0
<0,2>:0  1  1
<0,3>:0  2  2
<1,4>:6  6  0
<2,4>:4  5  1
<2,5>:4  5  1
<3,5>:5  7  2
<4,6>:8  15  7
<4,7>:8  8  0
<5,7>:12  13  1
<5,8>:12  16  4
<6,9>:13  20  7
<7,9>:17  17  0
<8,9>:15  19  4
```

从以上输出结果可以得出图 8-11 的一个 AOE 网中的关键路径、关键活动,以及每项活动的最早开始时间、最迟开始时间和开始时间余量,其运行结果和本节分析结果完全相同。

小　结

1. 一个连通图的生成树,含有 n 个顶点和 $n-1$ 条边,它既连通了图中的所有顶点,又没有形成任何回路。图的最小生成树是所有生成树中所含边权值之和最小的那棵生成树。

2. 求一个连通图的最小生成树有两种不同方法,一种称为普里姆算法,另一种称为克鲁斯卡尔算法。它们得到的最小生成树中边的次序可能不同,但最小生成树的权值是一样的。

3. 求一个带权图的最短路径,包括求一顶点到其余每个顶点的最短路径和最短路径长度,以及求一个图中每对顶点之间的最短路径和最短路径长度,这两个方面。前者采用的是狄克斯特拉算法,后者采用的是弗洛伊德算法。

4. 拓扑排序是对一个 AOV 网中的各顶点进行的排序,AOV 网是各顶点表示相应活动、有向边表示顶点活动先后次序的有向无环图。按照拓扑排序得到的拓扑顶点序列,能够确保在进行任一项活动时,其所有前驱活动都已经完成,从而能够使该项活动顺利进行。

5. 图的关键路径是对一个 AOE 网所进行的运算,AOE 网是一个顶点表示事件、边表示活动的有向带权图,并且此图只有一个开始顶点(源点)和一个结束顶点(汇点)。通过计算出一个 AOE 网的关键路径的算法,能够得出哪些活动是关键活动,哪些是非关键活动,以及每项活动的最早开始时间和最迟开始时间。

思考与练习

一、单择题

1. 若要把 n 个顶点连接为一个连通图,则至少需要的边数为(　　)。

A. n　　B. $n+1$　　C. $n-1$　　D. $2n$

2. 根据 n 个顶点的连通图生成的一棵最小生成树中,具有的边数为(　　)。

A. n　　B. $n-1$　　C. $n+1$　　D. $2\times n$

3. 在一个带权连通图中,权值最小的边一定属于它的(　　)。

A. 最小生成树　　B. 任何生成树　　C. 广度优先生成树　　D. 深度优先生成树

4. 已知一个图的边集为{(0,1)3,(0,2)5,(0,3)6,(1,4)10,(2,3)2,(2,4)9,(3,4)8},则该图的最小生成树的权为(　　)。

A. 43　　B. 16　　C. 18　　D. 23

5. 已知一个图的边集为{(0,1)3,(0,2)5,(0,3)6,(1,4)10,(2,3)2,(2,4)9,(3,4)8},则该图的最小生成树的边集为(　　)。

A. {(0,1)3,(0,2)5,(0,3)6,(3,4)8}　　B. {(0,1)3,(0,2)5,(0,3)6,(2,3)2}

C. {(2,3)2,(0,2)5,(3,4)8,(0,3)6}　　D. {(2,3)2,(0,2)5,(3,4)8,(0,1)3}

6. 已知一个图的边集为{(0,1)3,(0,2)4,(0,3)8,(1,4)10,(2,3)2,(2,4)12,(3,4)5},则从顶点 0 到顶点 4 的最短带权路径长度为(　　)。

A. 10　　B. 11　　C. 13　　D. 16

7. 已知一个图的边集为{(0,1)3,(0,2)4,(0,3)8,(1,4)10,(2,3)2,(2,4)12,(3,4)5},在利用普里姆算法从顶点 0 出发求其最小生成树的过程中,得到的第三条边为(　　)。

A. (0,1)3　　B. (0,2)4　　C. (2,3)2　　D. (3,4)5

8. 利用克鲁斯卡尔算法求出一个图的最小生成树时,第一个被选择出来的边,其权值是整个图中边的(　　)。

A. 最大值　　B. 任意值　　C. 最小值　　D. 平均值

9. 已知一个图的边集为{(0,1)3,(0,2)4,(0,3)8,(1,4)10,(2,3)2,(2,4)12,(3,4)5},在利用克鲁斯卡尔算法求其最小生成树的过程中,得到的第三条边为(　　)。

A. (0,1)3　　B. (0,2)4　　C. (2,3)2　　D. (3,4)5

10. 已知一个图的边集为{(0,1)3,(0,2)6,(0,3)15,(1,4)10,(2,3)8,(2,4)5,(3,4)4},则利用狄克斯特拉算法求出从源点0到其余各顶点的最短路径的过程中,到顶点3的最短路径被求出的次序是第(　　)。

A. 1个　　B. 2个　　C. 3个　　D. 4个

11. 对于一个具有6个顶点的带权图,利用狄克斯特拉算法求出一个顶点到其余各顶点的最短路径长度时,需要扫描保存各顶点当前最短路径长度的数组dist的次数为(　　)。

A. 4　　B. 5　　C. 6　　D. 7

12. 对于一个具有6个顶点的带权图,利用弗洛伊德算法求解每对顶点之间的最短路径长度时,需要进行矩阵运算的次数为(　　)。

A. 4　　B. 5　　C. 6　　D. 7

13. 已知一个图的边集为{<a,b>,<a,c>,<a,d>,<b,d>,<b,e>,<d,e>},则由此图产生的一种可能的拓扑序列为(　　)。

A. a,b,c,d,e　　B. a,c,d,e,b　　C. a,c,b,e,d　　D. a,c,d,b,e

14. 设一个有向图具有 n 个顶点和 e 条边,若采用邻接表作为其存储结构,在进行拓扑排序时,其时间复杂度为(　　)。

A. $O(n\log_2 e)$　　B. $O(n+e)$　　C. $O(n)$　　D. $O(n^2)$

15. 在求出一个图的关键路径时,必须首先求出每个顶点事件的最早发生时间,所求顶点之间的先后次序是(　　)。

A. 任意次序　　B. 拓扑有序　　C. 拓扑逆序　　D. 顶点序号次序

16. 在求出一个图的关键路径时,需要事先求出每个顶点事件的最迟发生时间,所求顶点之间的先后次序是(　　)。

A. 任意次序　　B. 拓扑有序　　C. 拓扑逆序　　D. 顶点序号次序

二、判断题

1. 对于一个具有 n 个顶点和 e 条边的连通图,其生成树中的顶点数和边数分别为 n 和 $n-1$。(　　)

2. 若一个连通图中每个边上的权值均不同,则得到的最小生成树是唯一的。(　　)

3. 求一个连通网的最小生成树的权有两种方法,它们求出边次序的方法是相同的。(　　)

4. 求一个连通网的最小生成树的权有两种方法,它们所求出边的次序可能不同,但最小生成树的权值是相同的。(　　)

5. 利用普里姆算法从顶点0开始求一个连通网的最小生成树时,所求得的第1条边的端点不一定包含有顶点0。(　　)

6. 对于具有 n 个顶点和 e 条边的图,求最短路径的狄克斯特拉算法和弗洛伊德算法的时间复杂度分别为 $O(n^2)$ 和 $O(n^3)$。(　　)

7. 对一个AOV网进行拓扑排序时,将得到唯一次序的顶点序列。(　　)

8. 假定一个图的边集为{<a,c>,<a,e>,<c,f>,<d,c>,<d,f>,<e,d>},对该图进行拓扑排序得到的顶点序列中的最后一个顶点为 d。(　　)

9. 假定用一维数组 $d[n]$ 存储一个 AOV 网中用于拓扑排序的顶点入度，则值为 0 的元素被链接成为一个栈。 (　　)

10. 在拓扑排序中，保存顶点入度为 0 的链接栈中，包含的每个数组元素的当前值一定为 0。 (　　)

11. 求 AOE 网中的关键路径时，必须求出每条边上活动的开始时间余量，当此值为 0 时，表明此活动是关键活动。 (　　)

12. 在求 AOE 网的关键路径的算法中，需要调用拓扑排序算法。 (　　)

13. 在求图的拓扑序列和关键路径的算法中，图的存储结构都是邻接矩阵。 (　　)

三、运算题

1. 对于图 8-14(a)：

(1) 从顶点 v_0 出发，根据普里姆算法求出最小生成树，按照所得到的各边次序写出边集。

(2) 根据克鲁斯卡尔算法求出最小生成树，按照所得到的各边次序写出边集。

(3) 写出最小生成树的权值。

2. 对于图 8-14(b)，试给出一种拓扑序列，若在它的邻接表存储结构中，每个顶点邻接表中的边结点都是按照终点序号从大到小链接的，则按此给出唯一拓扑序列。

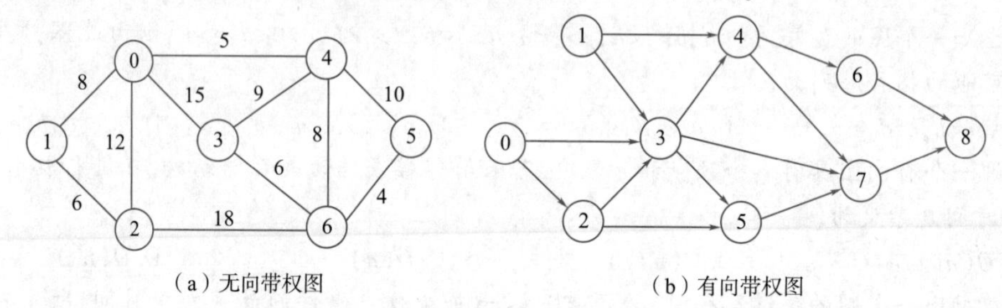

图 8-14　无向带权图和有向无权图

3. 对于图 8-14(a)，利用狄克斯特拉算法求出从顶点 0 到其余各顶点的最短路径长度。

4. 对于图 8-14(a)，利用弗洛伊德算法求出每对顶点之间的最短路径长度，即从邻接矩阵开始进行 n 次（n 表示图中的顶点数）运算后得到的结果矩阵。

5. 对于图 8-15 所示的 AOE 网：

(1) 求出每个顶点事件的最早发生时间和最迟发生时间。

(2) 求出每项活动的最早开始时间、最迟开始时间以及开始时间余量。

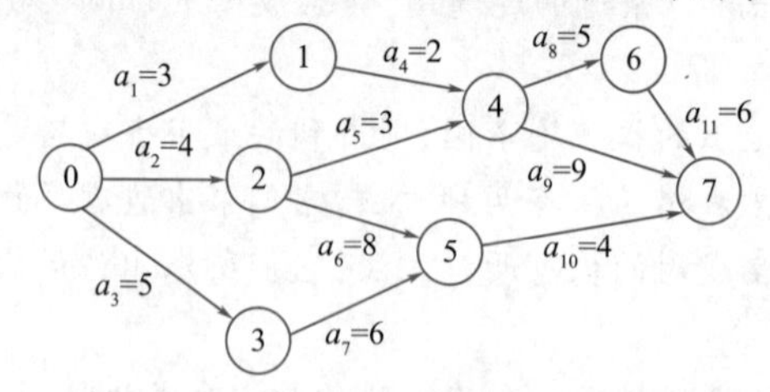

图 8-15　求关键路径的 AOE 网

四、算法设计题

1. 根据下面的函数声明，对 7.3.1 节中的以邻接矩阵表示图的 depthSearch 算法做适当修改，得到输出图的深度优先搜索生成树中各条边的算法。

```
void depthSearchTree(Graph* G,int i,int visited[])
//从顶点 i 出发深度优先搜索由邻接矩阵 G 所表示的图，输出其生成树中的各条边
```

2. 修改本章中的 Kruskal 算法为 otherKruskal 算法，在此算法内部使用具有 struct adjList 类型的

一个邻接表 s 代替二维整型数组 s，用每个顶点邻接表表示一个集合，每个边结点的 adjvex 域的值为集合中的一个元素(即所在连通分量中的一个顶点序号)。

```
void otherKruskal(Graph * G,int a[][3]);
{    //对边集数组表示的图 G 求最小生成树,树中每条边依次存于二维数组 a 中  }
```

3. 编写一个程序调用上面的 otherKruskal 算法，求出图 8-4(a)的最小生成树。

第9章 查找

数据查找是数据处理领域一种最常用的运算，为了提高查找速度，节省查找时间，人们经过长期不懈的研究和探索，历史上产生出许多有效的进行查找运算的方法(算法)。本章介绍的顺序查找、二分查找、索引查找、散列查找、B 树查找等，都是有着广泛应用的数据组织和查找方法，都具有各自不同的应用范围和特色。尤其是当今世界正处于信息化时代，数据规模越来越大，对查找信息的响应时间要求越来越短，用以满足人们日常工作和生活的迫切需要。

本章知识导图

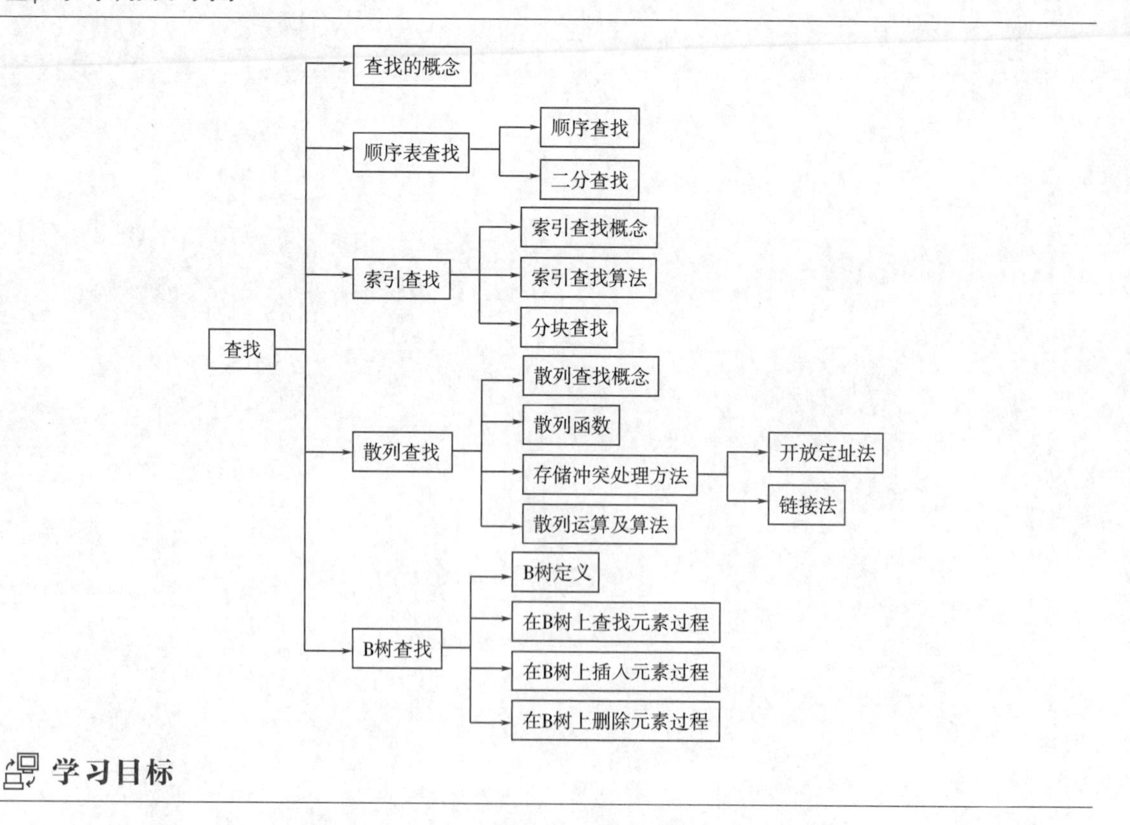

学习目标

◎了解:查找的定义、有关概念和术语,各种查找方法的适应范围和特点。

◎掌握:顺序查找、二分查找、索引查找、散列查找、B 树查找等各种查找方法和查找过程,以及相应的时间复杂度,除B树查找之外的各种查找的算法描述。

◎应用:能够根据已知数据表和所采用的查找方法,进行数据组织和存储,得到相应的查找表,以及进行数据查找的路径和查找长度。

9.1 查找的概念

查找(search)又称查询或检索。它同人们的日常工作和生活有着密切联系。如从字典中查找单词,从工资表中查找工资,从电话号码簿中查找电话,从图书馆中查找图书,从地图上查找路线和地址等。可以说,人们每天都离不开查找。查找手段分为人工和计算机两种,对于少量信息,人工在书面上或电子簿上查找是可行的,但对于大量信息来说,人工查找是困难的,甚至是无法办到的,现代信息社会只有依靠计算机和网络才能做到不受时间、地域和空间的限制,快速、及时和准确地查找到所需要的信息。

利用计算机查找首先需要把原始数据整理成一张一张的数据表,它可以具有集合、线性、树、图等任何所需要的逻辑结构,并且数据表和数据表之间也可以具有1对1(线性)、1对多(树)和多对多(图)等对应联系,由此形成一个数据库;接着把每个数据表按照一定的存储结构存入计算机中,变为计算机可处理的“表”,如顺序表、链表、散列表、索引表等;然后再通过使用有关的查找算法在相应的数据库存储系统上查找出必需的信息。集合和线性表的存储结构除了在第2和第3章已经讨论过的顺序和链式两种存储结构外,还有索引存储结构和散列存储结构,这将在本章中详细讨论。本章还要讨论一种特殊的树存储结构——B树,人们通常将其用作外存数据文件和数据库的索引存储结构。

在计算机上对数据表进行查找,就是根据所给条件查找出满足条件的第一条记录(元素)或全部记录。若没有找到满足条件的任何记录,则返回特定值,表明查找失败;若查找到满足条件的第一条记录,则表明查找成功,通常要求返回该记录的存储位置或记录值本身,以便对该记录做进一步处理;若需要查找到满足条件的所有记录,则可看作在多个区间内依次查找到满足条件第一条记录的过程,即首先在整个区间内查找到满足条件的第一条记录,接着在剩余区间内查找到满足条件的第一条记录(对整个区间而言,它是满足条件的第二条记录),依此类推,直到剩余区间为空时止。所以,查找问题就归结为在指定区间(即表的一部分或全部)内查找满足所给条件的第一条记录的过程,若查找成功,则返回记录的值或存储位置,否则表明查找失败,返回一个特定值。当然,查找运算只是整个数据处理过程中的一个环节,它的前面环节是如何把数据组织成进行快速查找所需要的各种数据表,它的后面环节是如何对查找结果进行应用和处理,这可根据实际需要,对查找成功的记录进行浏览、计算、输出、修改、删除等,当查找失败时,输出错误信息或插入新记录等。

用于在表上查找记录的条件,情况比较复杂,它由具体应用而定,但其中最具有代表性的条件是:在关键字段(项)上查找关键字等于给定值K所在的记录。由于表中每个记录的关键字都不同,所以这种条件只可能查找到唯一的记录。在本章的讨论中,将以这种条件为依据给出各种查找的方法和算法,当然读者也不难根据实际需要给出使用其他条件的查找算法。

由于查找对象的数据表的结构不同,其查找方法一般也不同。但无论采用哪种方法,其查找过程都是用给定值K同表中关键项上的关键字按照一定的访问元素的次序进行比较的过程,比较出关键字等于给定值K的记录,此过程所需要的比较记录次数(个数)的多少就是相应算法的时间复杂度,它是衡量一个查找算法优劣的主要指标。

对于一个查找算法的时间复杂度,即可以采用数量级的形式表示,也可以采用平均查找长度(Average Search Length,ASL),即在查找成功情况下的平均比较次数来表示。平均查找长度的计算公式为

$$ASL=\sum_{i=1}^{n}p_ic_i$$

式中,n 为查找表的长度,即表中所含元素的个数,p_i 为查找第 i 个元素的概率,若不特别指明,均认为查找每个元素的概率相同,即 $p_1=p_2=\cdots=p_n$,它们的概率之和为 1,则查找每个元素的平均概率为 $\frac{1}{n}$,c_i 是查找第 i 个元素时同给定值 K 所需比较的次数。若查找每个元素的概率相同,即为 $\frac{1}{n}$ 时,则平均查找长度的计算公式可简化为

$$ASL=\frac{1}{n}\sum_{i=1}^{n}c_i$$

例如,在具有 n 个元素的顺序或链式存储的数据表上,从表头开始顺序查找其关键字域的值等于给定值 K 的元素时,$c_i=i$,即查找第 i 个元素所需比较的记录次数等于所在元素的位置编号,所以其平均查找长度为

$$ASL=\sum_{i=1}^{n}p_ic_i=\frac{1}{n}\sum_{i=1}^{n}i=\frac{n+1}{2}$$

这种在顺序和单链式存储的表上,从表头开始进行顺序查找元素的时间复杂度为 $O(n)$。

9.2 顺序表查找

顺序表(sequence list)是指对任一种数据结构利用数组进行顺序存储各元素而形成的数据表。假定在本章讨论中,顺序存储的数据表采用的一维数组用标识符 A 表示,其元素类型用标识符 ElemType 表示,它含有关键字 key 域和其他一些数据域,key 域的类型假定用标识符 KeyType 表示,并假定一维数组 A 的大小用符号常量 MaxSize 表示,该数组中顺序存储元素的实际个数用 n 表示,n 应小于或等于 MaxSize,各元素的存储位置依次为 $0,1,2,\cdots,n-1$。当然,元素类型 ElemType 也可以是任何简单类型,此时该元素类型本身就是关键字 key 域,在这种情况下,元素的关键字域 $A[i]$.key 同给定关键字 K 的比较就变成了元素的整体值 $A[i]$ 同 K 的比较。

在顺序表上进行查找主要有两种方法:顺序查找方法和二分查找方法。

9.2.1 顺序查找

顺序查找(sequence search)又称线性查找,它是一种最简单和最基本的查找方法。它从顺序表的一端开始,依次将每个元素的关键字同给定值 K 进行比较,若某个元素的关键字等于给定值 K,则表明查找成功,返回该元素所在的下标,若直到所有元素都比较完毕,仍找不到关键字为 K 的元素,则表明查找失败,返回特定值,此特定值常用下标值范围之外的-1 表示。

顺序查找算法非常简单,具体描述为:

```
int sequenceSearch(ElemType A[],int n,KeyType K)//从 A[0]至 A[n-1]的 n 个元素中顺序
{                                    //查找出关键字为 K 的元素,若查找成功则返回下标值,否则返回-1
    int i;
    if(n<1 ||n>MaxSize){printf("参数值不合适! 退出运行! \n");exit(1);}
    for(i=0;i<n;i++)                 //从表头元素 A[0]起顺序向后查找,查找成功则退出循环
        if(A[i].key==K)break;
    if(i<n)return i;                 //查找成功则返回该元素的下标 i 的值
    else return -1;                  //查找失败返回-1
}
```

对该算法做一下简单改进:在表的尾端设置一个“岗哨”,即在查找之前把给定值 K 赋给数组 A

中第 n 个位置的关键字域,这样每循环一次只需要进行元素比较,不需要比较数组下标是否越界,当比较到下标 n 位置时,由于 $A[n]$. key = = K 必然成立,将自然退出循环。当然,在使用此方法的数组中最多只能保存 MaxSize-1 个元素,要预留出最后一个空闲位置。进行顺序查找的改进后的算法描述如下:

```
int sequenceSearchMark(ElemType A[],int n,KeyType K)//从 A[0]至 A[n-1]的 n 个元素中
{   //顺序查找出关键字为 K 的元素,若查找成功则返回下标值,否则返回-1
    int i=0;
    if(n<1 ||n>=MaxSize){printf("参数值不合适! 退出运行! \n");exit(1);}
    A[n].key=K;                        //设置岗哨
    while(A[i].key! =K)i++;            //从表头元素 A[0]起顺序向后查找
    if(i<n)return i;                   //查找成功则返回该元素的下标 i 的值
    else return -1;                    //查找失败返回-1
}
```

由于改进后的算法省略了对下标越界的检查,所以必定能够提高算法的实际执行速度。

顺序查找的缺点是速度较慢,查找成功最多需比较 n 次,平均查找长度为 $(n+1)/2$ 次,约为表长度的一半,查找失败也需比较 $n+1$ 次,所以顺序查找的时间复杂度为 $O(n)$。

顺序查找的优点是既适用于顺序表,也适用于单链表,同时对表中元素的排列次序无任何要求,这将给插入新元素带来方便,因为不需要为新元素寻找插入位置和移动原有任何元素,只要把它加入到表尾(对于顺序表)或表头(对于单链表)即可。

为了尽量提高顺序查找的速度,还可考虑的方法是:在已知各元素查找概率不等的情况下,可将各元素按查找概率从大到小排列,从而降低查找的平均比较次数(即平均查找长度);再一种可考虑的方法是:在事先未知各元素查找概率的情况下,在每次查找到一个元素时,将它与前驱元素对调位置,这样,过一段时间后,查找频度高(即概率大)的元素就会被逐渐前移,最后形成元素的前后位置大致按照查找概率从大到小排列,从而达到减少平均查找长度的目的。

9.2.2 二分查找

1. 二分查找方法

二分查找(binary search)又称折半查找、对分查找。作为二分查找对象的数据表必须是顺序存储的有序表,通常假定有序表是按关键字从小到大有序,即若关键字为数值,则按数值有序,若关键字为字符数据,则按对应的 ASCII 码有序,若关键字为汉字,则按汉字拼音字母有序,总之将按照计算机系统内保存的信息交换统一采用的国际通用字符编码(Unicode)有序。二分查找的过程是:首先取出整个有序表 $A[0]$ ~ $A[n-1]$ 的中点位置元素 $A[\mathrm{mid}]$(其中 $\mathrm{mid}=(n-1+0)/2$)的关键字同给定值 K 比较,若相等,则查找成功,返回该元素的下标 mid,否则,若 $K<A[\mathrm{mid}]$. key,则说明待查元素若存在(即关键字等于 K 的元素)只可能落在左子表 $A[0]$ ~ $A[\mathrm{mid}-1]$ 中,接着只要在左子表中继续进行二分查找即可,若 $K>A[\mathrm{mid}]$. key,则说明待查元素若存在只可能落在右子表 $A[\mathrm{mid}+1]$ ~ $A[n-1]$ 中,接着只要在右子表中继续进行二分查找即可;这样,经过一次关键字的比较,就缩小了其一半的查找空间,如此进行下去,直至找到关键字为 K 的元素,或者当前查找区间为空(即表明查找失败)时止。

2. 二分查找算法

二分查找的过程是递归的,其递归的算法描述为:

```
int binarySearch(ElemType A[],int low,int high,KeyType K)
{    //在 A[low]~A[high]区间内递归二分查找关键字为 K 的元素,low 和 high 的初始值应分别为
     //开始查找区间的上下限 0 和 n-1
     if(low<=high){
```

```
        int mid=(low+high)/2;         //求出待查区间内中点元素的下标
        if(K==A[mid].key)             //查找成功返回元素的下标值
            return mid;
        else if(K<A[mid].key)         //在左子表上继续查找
            return binarySearch(A,low,mid-1,K);
        else                          //在右子表上继续查找
            return binarySearch(A,mid+1,high,K);
    }
    else return -1;                   //查找区间为空,查找失败返回-1
}
```

二分查找的递归算法也属于末尾递归的调用,很容易把它改写成非递归算法,其算法描述为:

```
int binarySearchN(ElemType A[],int n,KeyType K)
{   //在A[0]~A[n-1]区间内非递归二分查找关键字为K的元素
    int low=0,high=n-1;               //给表示待查区间下限和上限的变量赋初值
    while(low<=high){
        int mid=(low+high)/2;         //求出待查区间内中点元素的下标
        if(K==A[mid].key)             //查找成功返回元素的下标值
            return mid;
        else if(K<A[mid].key)
            high=mid-1;               //修改区间上限,使之在左子表上继续查找
        else low=mid+1;               //修改区间下限,使之在右子表上继续查找
    }
    return -1;                        //查找区间为空,返回-1表示查找失败
}
```

3. 二分查找过程举例

例如,假定有序表 A 中 12 个元素(即 $n=12$)的关键字序列为:

12,23,26,37,46,54,60,68,75,82,90,95

当给定值 K 分别为 26、82 和 40 时,进行二分查找的过程分别如图 9-1(a)、(b)和(c)所示。图中用中括号表示当前查找区间,用"↑"标出当前 mid 位置,因 low 和 high 的位置分别为"["之后和"]"之前的第一个元素位置,故没有用箭头标出它们。

```
 0    1    2    3    4    5    6    7    8    9    10   11
[12   23   26   37   46   54   60   68   75   82   90   95]
                          ↑ mid=5
[12   23   26   37   46]  54   60   68   75   82   90   95
           ↑ mid=2
```

(a)查找K=26的过程(二次比较后查找成功)

```
[12   23   26   37   46   54   60   68   75   82   90   95]
                          ↑ mid=5
 12   23   26   37   46   54  [60   68   75   82   90   95]
                                         ↑ mid=8
 12   23   26   37   46   54   60   68   75  [82   90   95]
                                                   ↑ mid=10
 12   23   26   37   46   54   60   68   75  [82]  90   95
                                              ↑ mid=9
```

(b)查找K=82的过程(四次比较后查找成功)

图 9-1 在顺序存储的有序表上进行二分查找的过程示例

[12 23 26 37 46 54 60 68 75 82 90 95]

↑mid=5

[12 23 26 37 46] 54 60 68 75 82 90 95

↑mid=2

12 23 26 [37 46] 54 60 68 75 82 90 95

↑mid=3

12 23 26 37 [46] 54 60 68 75 82 90 95

↑mid=4

12 23 26 37] [46 54 60 68 75 82 90 95

high=3↑ ↑low=4

（c）查找K=40的过程（四次比较后查找失败）

图 9-1 在顺序存储的有序表上进行二分查找的过程示例(续)

4. 二分查找判定树

二分查找过程可用一棵二叉树描述,树中的每个根结点对应当前查找区间的中点元素 $A[\text{mid}]$,它的左子树和右子树分别对应该区间的左子表和右子表,通常把此二叉树称为二分查找的判定树。由于二分查找是在有序表上进行的,所以其对应的判定树必然是一棵搜索二叉树(排序二叉树)。图 9-2 所示为一棵描述图 9-1 查找过程的判定树,树中每个结点的值为对应元素的关键字,结点上面的数字为对应元素的下标,附加的带箭头虚线表示查找一个元素的路径,其中给出了图 9-1(a)、(b)和(c)中查找关键字为 26、82 和 40 元素的路径。从此图可以清楚地看出,在有序表上二分查找一个关键字等于 K 的元素时,对应着判定树中从树根结点到待查结点的一条路径,同关键字进行比较的次数就等于该路径上的结点数,或者说等于待查结点的层数。

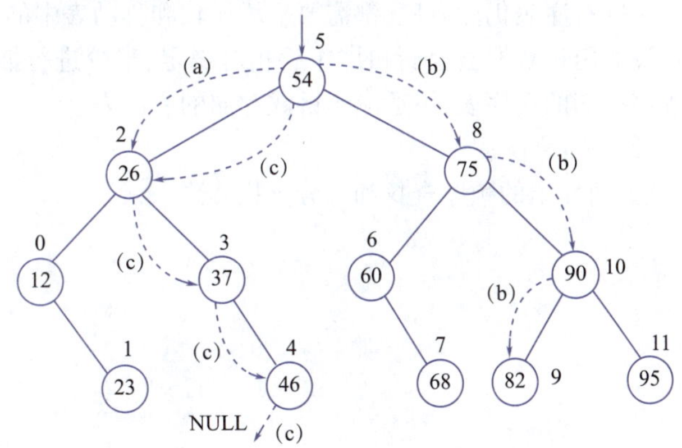

图 9-2 二分查找的判定树及查找路径

进行二分查找的判定树不仅是一棵排序二叉树,而且是一棵理想平衡树,因为它除最后一层外,其余所有层的结点数都是满的,所以判定树的深度 h 和结点数 n 之间的关系为:

$$h=\lfloor \log_2 n \rfloor+1 \quad \text{或} \ h=\lceil \log_2(n+1) \rceil$$

这就告诉我们,二分查找成功时,同元素关键字进行比较的次数最多为 h,在等概率的情况下平均比较次数略低于 h,约为 $h-1$(证明从略),所以二分查找算法的时间复杂度为 $O(\log_2 n)$。显然它比顺序查找的速度要快得多。例如,假定一个有序表含有 1 000 个元素,若采用二分查找则至多比较 10 次,若采用顺序查找,则最多需要比较 1 000 次,平均也得比较约 500 次。

5. 二分查找性能分析

二分查找的平均查找长度为 $\frac{1}{n}\sum_{i=1}^{n} c_i$,其中 $\sum_{i=1}^{n} c_i$ 为查找所有元素所需的比较次数之和。因为

在一棵具有 n 个结点的二分查找判定树中，深度为 $h=\lceil \log_2(n+1) \rceil$，前 $h-1$ 层都是满的，所以在前 $h-1$ 层中查找所有元素的比较次数之和为 $\sum_{i=1}^{h-1}(2^{i-1}*i)$，在第 h 层（即最后一层）中查找所有元素的比较次数之和为 $(n-\sum_{i=1}^{h-1}2^{i-1})*h=(n+1-2^{h-1})*h$，因此，可得进行二分查找的平均查找长度为：

$$\mathrm{ASL}=\frac{1}{n}\left[\sum_{i=1}^{h-1}(2^{i-1}*i)+h(n+1-2^{h-1})\right]$$

例如，若一个有序表的长度 $n=20$，则可计算出判定树的深度 $h=5$，由此可得平均查找长度为：

$$\frac{1}{20}\left[\sum_{i=1}^{4}(2^{i-1}*i)+5(20+1-2^4)\right]$$

$$=\frac{1}{20}[1+2*2+4*3+8*4+5*5]$$

$$=3.7 \qquad (\text{注：约等于 } h-1=5-1=4)$$

在二分查找中，查找失败也对应着判定树中的一条路径，它是从树根结点到相应结点的空子树。当待查区间为空，即区间上界小于区间下界时，比较过程就达到了这个空子树。例如，对于图 9-1(c)的查找过程，其查找路径是从判定树的根结点到关键字为 46 的结点的左空子树，因为待查的关键字为 40 的结点若存在，则只可能落在关键字为 46 的结点的左子树上，此时左子树为空（对应待查区间为空），所以查找失败。由此可知，二分查找失败时，同关键字进行比较的次数也不会超过树的深度，所以不管二分查找成功与失败，其时间复杂度均为 $O(\log_2 n)$。

二分查找的优点是比较次数少，查找速度快，但在查找之前要为建立有序表付出代价，同时对有序表的插入和删除，为了保持有序表仍然有序，都需要平均比较和移动表中的一半元素，是很浪费时间的操作。所以，二分查找适用于数据被存储和排序后相对稳定，很少进行插入和删除的情况。另外，二分查找只适应于顺序存储的有序表，不适应于链式存储的有序表。

6. 顺序查找和二分查找的算法调试

可以用下面程序调试上面介绍的顺序查找和二分查找算法。

```
#include<stdio.h>
#include<stdlib.h>
#define MaxSize 20
typedef int KeyType;            //定义关键字的类型为整型
struct searchType {             //定义待查数据的类型为此结构类型
    KeyType key;                //关键字域
    int other;                  //其他域
};
typedef struct searchType ElemType;  //定义元素类型 ElemType 为待查数据类型
#include"在数组上查找的各种算法.c"     //假定此文件中保存着顺序和二分查找算法
void main()
{
    ElemType a[MaxSize]={{15,25},{38,32},{20,50},{46,35},{82,51},{68,65},
        {52,77},{48,89}};
    ElemType b[MaxSize]={{12,25},{23,32},{26,50},{37,35},{46,53},{54,51},
        {60,45},{68,45},{75,50},{82,66},{90,75},{95,75}};
    int m1,m2,m3,m4,m5;
    int n1=8,n2=12;
    KeyType kk=68;
    m1=sequenceSearch(a,n1,kk);
```

```
    m2=sequenceSearchMark(a,n1,kk);
    m3=binarySearch(b,0,n2-1,kk);
    m4=binarySearchN(b,n2,kk);
    m5=binarySearch(b,0,n2-1,30);
    if(m1!=-1)printf("在a上顺序查找%d的结果:          a[%d]={%d,%d}\n",
       kk,m1,a[m1].key,a[m1].other);
    if(m2!=-1)printf("在a上设置岗哨顺序查找%d的结果: a[%d]={%d,%d}\n",
       kk,m2,a[m2].key,a[m2].other);
    if(m3!=-1)printf("在b上递归二分查找%d的结果:      b[%d]={%d,%d}\n",
       kk,m3,b[m3].key,b[m3].other);
    if(m4!=-1)printf("在b上非递归二分查找%d的结果:    b[%d]={%d,%d}\n",
       kk,m4,b[m4].key,b[m4].other);
    if(m5==-1)printf("在b上递归二分查找30的结果:      元素没有找到!\n");
}
```

此程序运行结果如下:

```
在a上顺序查找68的结果:            a[5]={68,65}
在a上设置岗哨顺序查找68的结果:    a[5]={68,65}
在b上递归二分查找68的结果:        b[7]={68,45}
在b上非递归二分查找68的结果:      b[7]={68,45}
在b上递归二分查找30的结果:        元素没有找到!
```

二分查找过程示例

9.3 索引查找

9.3.1 索引的概念

1. 索引查找定义

索引查找(index search)又称分级查找。它在日常生活中有着广泛应用。例如,在汉语字典中查找汉字时,若知道读音,则先在音节表中查找到对应正文中的页码,然后在正文同音字中查找出待查的汉字;若知道字形,则先在部首表中根据字的部首查找到对应检字表中的页码,然后在检字表中根据字的笔画数查找到对应正文中的页码,最后在此页码中查找出待查的汉字。在这里,整个字典就是索引查找的对象,字典的正文是字典的主要部分,称为主表,检字表、部首表和音节表都是为方便查找主表而建立的索引,称为索引表。检字表是以主表作为查找对象,即通过检字表查找主表,而部首表又是以检字表作为查找对象,即通过部首表查找检字表,所以称检字表为一级索引,即对主表的索引,称部首表为二级索引,即对一级索引(这里是检字表)的索引。若用计算机进行索引查找,则同上面人工查找字典的过程类似,只不过对应的表(包括主表和各级索引表)被存储到计算机的存储系统中罢了。

在计算机中为索引查找而建立的主表和各级索引表,其主表只有一个,索引表的级数和数量不受限制,可根据具体需要确定。但在下面的讨论中,为了使读者便于理解,只考虑包含一级索引的情况。当然,对于包含多级索引的情况,也可进行类似分析。需要特别指出:索引存储结构和其查找方法是一种很常用和有效的数据存储和检索方法,在信息和数据处理领域具有广泛应用。

在计算机中,索引查找是在数据的索引存储结构的基础上进行的。索引存储的基本思想是:首先把实际应用中需要计算机存储和处理的相关数据(称为主表)按照一定的函数关系或条件划分成若干个逻辑上的子表,为每个子表分别建立一个索引项,由所有这些索引项构成主表的一个索引表,然后,可采用顺序或链式的方式存储索引表和每个子表。索引表中的每个索引项通常包含三个域:

一是索引值域(index),用来存储标识对应子表的索引值,它相当于记录的关键字,在索引表中由此索引值唯一标识一个索引项,亦即唯一标识一个对应的子表;二是子表的开始位置域(start),用来存储对应子表中第一个元素的存储位置,从此位置出发可以依次访问到子表中的所有元素;三是子表长度域(length),用来存储对应子表的元素个数,若每个子表长度为1,则可省略此域。索引项的类型可定义为:

```
struct IndexItemType {              //索引项的结构类型定义
    IndexKeyType index;             //IndexKeyType 为事先定义的索引值类型
    int start;                      //子表中第一个元素所在的下标位置
    int length;                     //子表的长度域
};
```

假定使用元素类型为 struct IndexItemType 的一维数组来顺序存储索引表,该数组长度(假定为事先定义的符号常量 ItemMaxSize)要大于或等于索引表中的索引项数。

若所有子表(合称为主表)被顺序存储或静态链式存储在同一个数组中,则该数组中元素类型为 ElemType,数组长度为事先定义好的符号常量 MaxSize,它要大于或等于主表中所有元素的个数。

2. 索引查找举例

例如,一个学校的教师登记简表见表 9-1,此表可看作按记录前后位置顺序排列的线性表,若以每个记录的职工号作为关键字,则此线性表(假定用 LA 表示)可简记为:

LA=(XX001,XX002,XX003,XX004,DZ001,DZ002,DZ003,JX001,JX002,SW001,SW002,SW003)

表 9-1 教师登记简表

职工号	姓名	部门	职称	工资	出生日期
XX001	王大明	信息	教授	8 680.00	68/05/13
XX002	吴进	信息	讲师	6 940.00	89/07/25
XX003	邢怀学	信息	讲师	6 060.00	86/12/08
XX004	朱小五	信息	副教授	7 250.00	74/06/09
DZ001	赵利	电子	助教	5 780.00	94/05/24
DZ002	刘平	电子	讲师	6 980.00	85/05/30
DZ003	张卫	电子	副教授	7 500.00	72/02/24
JX001	安晓军	机械	讲师	6 950.00	88/11/17
JX002	赵京华	机械	讲师	6 840.00	90/04/28
SW001	孙亮	生物	教授	8 820.00	69/06/03
SW002	陆新	生物	副教授	7 280.00	82/02/19
SW003	王方	生物	助教	5 840.00	88/06/20

若按照部门数据项的值(或关键字中的前两位字符)对线性表 LA 进行划分,使得具有相同值的元素在同一个子表中,则得到的四个子表分别为:

```
XX=(XX001,XX002,XX003,XX004)
DZ=(DZ001,DZ002,DZ003)
JX=(JX001,JX002)
SW=(SW001,SW002,SW003)
```

若使用具有 ElemType 元素类型的一维数组 a 顺序存储这四个子表(即整个主表,在每个子表的后面可以预留一些空闲位置,待插入新元素之用,假定在这里均预留两个空闲位置),同时使用具有 struct IndexItemType 元素类型的一维数组 b1 顺序存储这种划分所得到的索引表,则 b1 中的内容见表 9-2。

表 9-2　索引表 b1

	index	start	length
0	XX	0	4
1	DZ	6	3
2	JX	11	2
3	SW	15	3

对于上面的线性表 LA,若按照职称数据项的值进行划分,使得具有相同职称的记录在同一个子表中,则得到的四个子表分别为:

```
JSH=(XX001,SW001)
FJS=(XX004,DZ003,SW002)
JIA=(XX002,XX003,DZ002,JX001,JX002)
ZHU=(DZ001,SW003)
```

若在上一次划分使用的主表 *a* 的基础上链式存储这一次划分所得到的子表,则首先需要在主表 *a* 的元素类型 ElemType 中增加一个指针域(next),然后利用该指针域把这一次每个子表中的元素分别链接起来,链接后得到的每个链接子表如图 9-3 所示,其中每个指针上的数值为该指针的具体值,即所指向结点(元素)的下标位置。

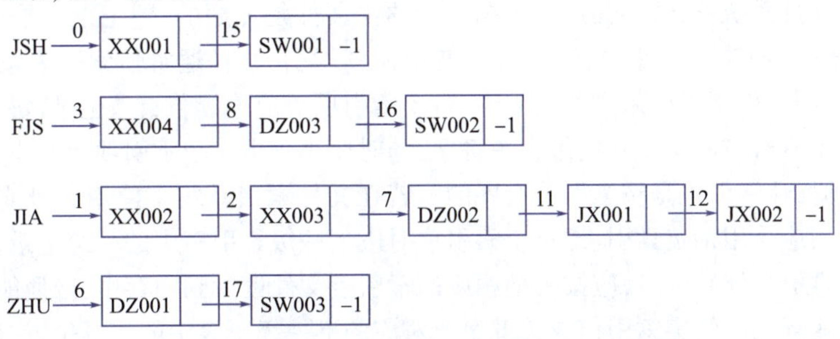

图 9-3　四个子表的链式存储结构示意图

设用具有 struct IndexItemType 元素类型的一维数组 b2 顺序存储这次划分所得到的索引表(每个子表已在主表 a 中链式存储),则 b2 中的内容见表 9-3。

表 9-3　索引表 b2

	index	start	length
0	教授	0	2
1	副教授	3	3
2	讲师	1	5
3	助教	6	2

3. 稀疏索引和稠密索引

对于上面的线性表 LA,若按照记录的关键字进行划分,则每个子表中只有一条记录,也就是说,每条记录对应索引表中的一个索引项,此时每个索引项中的索引值就是对应记录的关键字,每个子表的开始位置就是对应记录的存储位置,因每个子表的长度均为 1,所以完全可以省略子表的长度域。按照此种方法划分得到的索引表见表 9-4。

表 9-4 索引表 b3

索引值	开始位置
XX001	0
XX002	1
XX003	2
XX004	3
DZ001	6
DZ002	7
DZ003	8
JX001	11
JX002	12
SW001	15
SW002	16
SW003	17

在索引存储中,若索引表中的每个索引项对应下一级主表或索引表中的多条记录,则称为稀疏索引;若每个索引项唯一对应一条记录,则称为稠密索引。表 9-3 的索引表 b2 就是一个稀疏索引表,表 9-4 的索引表 b3 就是一个稠密索引表。

在一个索引文件系统中,若存储原始数据记录的主文件是无序的,即记录不是按照关键字有序排列的,则一级索引(即对主文件的索引)必须使用稠密索引,并且通常使索引表按关键字有序;若主文件是有序的,则一级索引应采用稀疏索引,每个索引项对应连续若干条记录,每个索引项中的索引值要大于或等于所对应一组记录的最大关键字,同时要小于下一个索引项所对应一组记录的最小关键字,显然这种稀疏索引也是按索引值有序的。若在文件索引系统中使用二级或二级以上索引,则相应的索引表均应采用稀疏索引,即每个索引项对应下一级索引表中的一组记录。

在访问一个索引文件系统时,应按级把相应的索引表文件读入到内存中,以便能够利用顺序、二分等查找方法快速查找出给定索引值或关键字所对应的下一级子表中的记录位置,最后从主文件中取出整个记录。

9.3.2 索引查找算法

索引查找是在索引表和主表上进行的查找。索引查找的过程是:首先根据给定的索引值 K1,在索引表上查找出索引值等于 K1 的索引项,以确定对应子表在主表中的开始位置和长度,然后根据给定的关键字 K2,在对应的子表中查找出关键字等于 K2 的元素(结点)。对索引表或子表进行查找时,若表是顺序存储的有序表,则既可进行顺序查找,也可进行二分查找,否则只能进行顺序查找。

设数组 A 是具有 ElemType 元素类型的一个主表,数组 B 是具有 struct IndexItemType 元素类型的在主表 A 上建立的一个索引表,m 为索引表长度,即索引项的当前个数,K1 和 K2 分别为给定待查找的索引值和关键字,当然它们的类型应分别为索引表中索引值域的类型和主表中关键字域的类型,并假定每个子表采用顺序存储,则索引查找算法的描述为:

```
int indexSearch(ElemType A[],struct IndexItemType B[],
                int m,IndexKeyType K1,KeyType K2)
{   //利用主表 A 和大小为 m 的索引表 B 索引查找索引值为 K1,关键字为 K2 的记录,返回该记录在主
    //表中的下标位置,若查找失败则返回-1
```

```
    int i,j;
    //在索引表中顺序查找索引值等于 K1 的索引项
    for(i=0;i<m;i++)
        if(K1==B[i].index)break;//若 IndexKeyType 被定义为字符串类型,
            //则条件应改为 strcmp(K1,B[i].index)==0
    //若 i 等于 m,则表明查找失败,返回-1
    if(i==m)return -1;
    //在已经查找到的子表中顺序查找关键字为 K2 的记录
    j=B[i].start;
    while(j<B[i].start+B[i].length)
        if(K2==A[j].key)break;//若 KeyType 被定义为字符串类型,
            //则条件应改为 strcmp(K2,A[j].key)==0
        else j++;
    //若查找成功则返回元素的下标位置,否则返回-1
    if(j<B[i].start+B[i].length)return j;
    else return -1;
}
```

若每个子表在主表 A 中采用的是链式存储,则只要把上面算法中的 while 循环和其后的 if 语句进行如下修改即可。

```
while(j! =-1)    //next 域的值为-1 时,表示空指针
    if(K2==A[j].key)break;
    else j=A[j].next;
return j;
```

若索引表 B 为稠密索引,则算法更为简单,只要在参数表中给出索引表参数 B,索引表长度参数 m 和具有关键字类型的参数 K 即可,而在算法中只需要查找索引表 B,并当查找成功时返回 $B[i]$.start 的值,失败时返回-1 即可。

索引查找的比较次数等于算法中查找索引表的比较次数和查找相应子表的比较次数之和。假定索引表的长度为 m,相应子表的长度为 s,则索引查找的平均查找长度为:

$$\mathrm{ASL}=\frac{1+m}{2}+\frac{1+s}{2}=1+\frac{m+s}{2}$$

因为所有子表的长度之和等于主表的长度 n,所以若假定每个子表具有相同的长度,即 s 等于 n/m,则平均查找长度为 $1+\frac{m+n/m}{2}$。由数学知识可知,当 $m=n/m$(即 $m=\sqrt{n}$,此时子表长度 s 也等于 $\sqrt{n}$)时,平均查找长度最小,即为 $1+\sqrt{n}$。可见,索引查找的速度快于顺序查找,但低于二分查找。在主表被等分为 $\sqrt{n}$ 个子表的条件下,其时间复杂度为 $O(\sqrt{n})$。

例如,当 $n=1\,000$ 时,若采用顺序查找则平均查找长度约为 500 次,若采用二分查找约为 9 次,若采用索引查找,则约为 32 次。

虽然二分查找最快,但进行二分查找的表必须是顺序存储的有序表,为建立有序表需要花费时间,而对于顺序查找和索引查找则无此要求。

在索引存储中,不仅便于查找单个元素,而且更便于查找一个子表中的全部元素。当需要对一个子表中的全部元素依次处理时,只要从索引表中查找出该子表的开始位置,接着依次取出该子表中的每一个元素并处理即可。

若在主表中的每个子表后都预留有足够的空闲位置,则索引存储也便于进行插入和删除运算,因为其运算过程只涉及索引表和相应的子表,只需要对相应子表中的元素进行比较和移动,与其他

任何子表无关,不像一般顺序存储的有序表那样,其插入和删除元素的操作,需平均涉及整个表中约一半元素的位置移动,即牵一发而动全身。

在数据表的索引存储结构上进行插入和删除运算的算法,也同查找算法类似,其过程为:首先根据待插入或删除元素的某个域(假定子表就是按照此域的值划分的)的值查找索引表,确定出对应的子表,然后再根据待插入或删除元素的关键字,在该子表中做插入或删除元素的操作,由于每个子表不是顺序存储,就是链式存储,所以对它们做插入或删除操作都很简单。

可以利用下面程序调试上面的索引查找算法。

```
#include<stdio.h>
#include<stdlib.h>
#define MaxSize 30                           //定义主表数组的长度
#define ItemMaxSize 10                       //定义索引表数组的长度
typedef int KeyType;                         //定义关键字的类型 KeyType 为整型
typedef int IndexKeyType;                    //定义索引值类型 IndexKeyType 为整型
struct searchType {                          //定义待查数据的类型为此结构类型
    KeyType key;                             //关键字域
    int other;                               //其他域
};
typedef struct searchType ElemType;          //定义元素类型 ElemType 为待查数据类型
struct IndexItemType {                       //索引项的结构类型
    IndexKeyType index;                      //IndexKeyType 为事先定义的索引值类型
    int start;                               //子表中第一个元素所在的下标位置
    int length;                              //子表的长度域
};
int indexSearch(ElemType A[],struct IndexItemType B[],
    int m,IndexKeyType K1,KeyType K2)        //利用主表 A 和大小为 m 的索引表 B 索引查找索引值
                                             //为 K1,关键字为 K2 的记录
{添上函数体}
void main()
{
    ElemType a[MaxSize]={{12,25},{23,32},{26,50},{30,35},{37,35},
        {54,51},{60,45},{66,77},{72,77},{82,89},{88,66},{96,75}};
    struct IndexItemType b[ItemMaxSize]={{30,0,4},{60,4,3},{85,7,3},
        {100,10,2}};                         //定义和初始化索引表
    int m=4,d1,d2,d3;
    d1=indexSearch(a,b,m,30,12);             //索引查找索引值为 30 关键字为 12 的记录
    d2=indexSearch(a,b,m,60,54);             //索引查找索引值为 60 关键字为 54 的记录
    d3=indexSearch(a,b,m,100,90);            //索引查找索引值为 100 关键字为 90 的记录
    if(d1! =-1)printf("查 12:a[% d]={% d,% d} \n",d1,a[d1].key,a[d1].other);
    if(d2! =-1)printf("查 54:a[% d]={% d,% d} \n",d2,a[d2].key,a[d2].other);
    if(d3==-1)printf("查 90:元素没有找到! \n");
}
```

此程序的运行结果如下:

```
查 12:a[0]={12,25}
查 54:a[5]={54,51}
查 90:元素没有找到!
```

9.3.3 分块查找

分块查找(block search)也属于索引查找。它要求主表中每个子表(子表又称块)之间是递增

(或递减)有序的,即前块中的最大关键字必须小于后块中的最小关键字,或者说后块中的最小关键字必须大于前块中的最大关键字,但每个块中元素的排列次序可以是任意的;它还要求索引表中每个索引项的索引值域用来存储对应块中的最大关键字。由分块查找对主表和索引表的要求可知:①索引表是按索引值递增(或递减)有序的,即索引表是一个有序表;②主表中的关键字域和索引表中的索引值域具有相同的数据类型,即为关键字所属的类型。

图 9-4 所示为一个分块查找的示例,主表被划分为三块,每块都占有 6 个记录位置,第一块中含有 4 个记录,第二块中含有 3 个记录,第三块中含有 5 个记录。第一块中的最大关键字为 36,它小于第二块中的最小关键字 40,第二块中的最大关键字为 58,它小于第三块中的最小关键字 70,所以,主表中块与块之间是递增有序的,每个块内是无序的(当然也允许有序)。从图中的索引表可以看出:每个索引项中的索引值域保存着对应块中的最大关键字,索引表是按照索引值递增有序的。

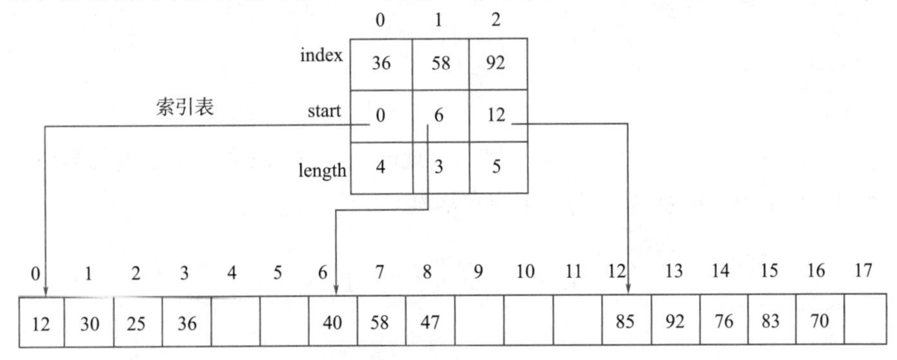

图 9-4 用于分块查找的主表和索引表的示例

当进行分块查找时,应根据所给的关键字首先查找索引表,从中查找出刚好大于或等于所给关键字的那个索引项,从而找到待查块,然后再查找该块,从中找到待查的记录(若存在的话)。由于索引表是有序的,所以在索引表上既可以采用顺序查找,也可以采用二分查找,而每个块中的记录排列是任意的,所以在块内只能采用顺序查找,当然若每个块内的记录也组织成有序,同样也可以进行二分查找。

如根据图 9-4 查找关键字为 40 的记录时,假定采用顺序的方法查找索引表,首先用 40 同第一项索引值 36 比较,因 40>36,则接着同第二项索引值 58 比较,因 40<=58,所以查找索引表结束,转而顺序查找主表中从下标 6 开始的块,因关键字为 40 的记录位于该块的第 1 个位置,所以经过一次比较后查找成功。

分块查找的算法同上面已经给出的索引查找算法类似,其算法描述为:

```
int blockSearch(ElemType A[],struct IndexItemType B[],int m,KeyType K)
{    //利用主表 A 和大小为 m 的索引表 B 分块查找关键字为 K 的记录,返回该记录在主表中的下标位置,
     //若查找失败则返回-1
    int i,j;
    //在索引表中顺序查找关键字为 K 所对应的索引项
    for(i=0;i<m;i++)
        if(K<=B[i].index)break;
    //若 i 等于 m,则表明查找失败,返回-1
        if(i==m)return -1;
    //在已经查找到的子表中顺序查找关键字为 K 的记录
    j=B[i].start;
    while(j<B[i].start+B[i].length)
        if(K==A[j].key)break;
```

```
        else j++;
    //若查找成功则返回元素的下标位置,否则返回-1
    if(j<B[i].start+B[i].length)return j;
    else return -1;
}
```

若在索引表上不是顺序查找,而是二分查找相应的索引项,则需要把算法中的 for 循环语句更换为如下程序段:

```
int low=0,high=m-1;
while(low<=high){
    int mid=(low+high)/2;
    if(K==B[mid].index){i=mid;break;}
    else if(K<B[mid].index)high=mid-1;
    else low=mid+1;
}
if(low>high)i=low;
```

在这里当二分查找失败时,应把 low 的值赋给 i,此时 $b[i]$.index 是刚大于 K 的索引值。当然若 low 的值为 m,$A[m]$是不存在的,这时则表示为查找失败。

9.4 散列查找

9.4.1 散列的概念

散列(hash)同顺序、链式和索引一样,是存储数据的又一种方法。散列存储的基本思路是:以数据集中每个元素的关键字 K 为自变量,通过一种函数 $h(K)$ 计算出函数值,把这个值解释为一块连续存储空间(即数组空间)的数据单元地址(即下标),将该元素存储到这个数据单元中。散列存储中使用的函数 $h(K)$,称为散列函数或哈希函数,它实现关键字到存储地址的映射(又称转换),$h(K)$ 的值称为散列地址或哈希地址;使用的数组空间是数据集进行散列存储的地址空间,所以称为散列表(hash table)或哈希表。

在散列表上进行查找时,首先根据给定的关键字 K,用与散列存储时使用的同一散列函数 $h(K)$ 计算出散列地址,然后按此地址从散列表中取出对应的元素值。

例9-1 假定一个数据集合为:

$$S=\{19,23,65,40,46,77,34,55\}$$

其中每个整数可以是元素本身,也可以仅是元素的关键字,使之代表整个元素。为了散列存储该集合,假定选取的散列函数为:

$$h(K)=K\%m$$

即用元素的关键字 K 整除以散列表的长度 m,取余数(即为 0 至 $m-1$ 范围内的一个整数)作为存储该元素的散列地址,这里假定 K 和 m 均为正整数,并且 m 要大于或等于待散列的数据集合的长度 n。在此例中,$n=8$,所以假定取 $m=13$,则得到的每个元素的散列地址为:

$h(19)=19\ \%\ 13=6$ $h(46)=46\ \%\ 13=7$

$h(23)=23\ \%\ 13=10$ $h(77)=77\ \%\ 13=12$

$h(65)=65\ \%\ 13=0$ $h(34)=34\ \%\ 13=8$

$h(40)=40\ \%\ 13=1$ $h(55)=55\ \%\ 13=3$

若根据散列地址(即数组下标)把元素存储到散列表 $H[m]$ 中,则存储状态为:

	0	1	2	3	4	5	6	7	8	9	10	11	12
H	65	40		55			19	46	34		23		77

从散列表中查找元素同插入元素一样简单,如从 H 中查找关键字为65 的元素时,只要利用上面的函数 $h(K)$ 计算出 $K=65$ 时的散列地址为0,则从下标为 0 的数据单元中取出该元素即可。

上例中讨论的散列表恰好是一种理想的情况,即插入时根据元素的关键字求出的散列地址,其对应的数据存储单元都是空闲的,也就是说,每个元素都能够直接存储到它的散列地址所对应的位置上,不会出现该数据单元已被其他元素占用的情况。而在实际应用中,这种理想情况是很少见的,通常可能出现一个待插入元素的散列地址单元已被占用,使得该元素无法直接存入到此单元中,把这种现象称为散列存储的冲突(collision)。

在散列存储中,冲突是很难避免的,除非关键字的变化区间小于或等于散列地址的变化区间,而这种情况当关键字取值不连续时又是非常浪费存储空间的,一般情况是关键字的取值区间远大于散列地址的变化区间。如在上例中,关键字为两位正整数,其取值区间为 0~99,而散列地址的取值区间为 0~12,远比关键字的取值区间小。这样,当不同的关键字通过同一散列函数计算散列地址时,就可能出现具有相同散列地址的情况,若该地址中已经存入了一个元素,则具有相同散列地址的其他元素就无法直接存入进去,从而引起冲突,通常把这种具有不同关键字而具有相同散列地址的元素称为"同义词"元素,由同义词元素引起的冲突称为同义词冲突。

如在向上例的散列表 H 中插入一个关键字为 38 的新元素时,该元素的散列地址为 12,就同已存入的关键字为 77 的元素发生冲突,致使关键字为 38 的新元素无法存入到下标为 12 的数据单元中。因此,如何尽量避免冲突,以及冲突发生后如何解决冲突(即为发生冲突的待插入元素找到一个空闲单元使之存储起来)就成为进行散列存储的两大关键问题。

在散列存储中,虽然冲突很难避免,但发生冲突的可能性却有大有小,这主要与三个因素有关。一是与装填因子 α 有关,所谓装填因子是指散列表中已存入的元素数 n 与散列表空间大小 m 的比值,即 $\alpha=n/m$,当 α 越小时,冲突的可能性就越小,α 越大(最大取 1)时,冲突的可能性就越大;这很容易理解,因为 α 越小,散列表中空闲单元的比例就越大,所以待插入元素同已存元素发生冲突的可能性就越小,反之,α 越大,散列表中空闲单元的比例就越小,所以待插入元素同已存元素冲突的可能性就越大;另一方面,α 越小,存储空间的利用率也就越低,反之,存储空间的利用率就越高。为了既兼顾减少冲突的发生,又兼顾提高存储空间的利用率这两个方面,权衡利弊,通常使最终的 α(即待散列存储的元素总个数 n 同散列表的长度 m 之比)控制在 0.6~0.9 范围内为宜。二是与所采用的散列函数有关,若散列函数选择得当,就能够使散列地址尽可能均匀地(即等概率地)分布在散列空间上,从而减少冲突的发生,否则,若散列函数选择不当,就可能使散列地址集中于某些区域,从而加大冲突的发生。三是与解决冲突的方法有关,方法选择的好坏也将减少或增加发生冲突的可能性。后面将陆续讨论影响冲突发生的这三个因素。

在散列存储中,每个散列地址对应的存储空间称为一个桶(tub),一个桶可以为一个数据单元,对应存储一个元素,也可以为若干个数据单元,对应存储若干个元素。当一个桶包含多个数据单元时,只有当其所有数据单元全被占满后才会发生冲突。本书讨论的是每个桶只有一个数据单元的情况,它是散列存储中的最简单情况。当散列存储方法用于外存文件组织时,通常把外存中的一个存取页面(大致为 1~4 KB 字节大小的存储空间)作为一个存储桶来使用。

9.4.2 散列函数

构造散列函数的目标是使散列地址尽可能均匀地分布在散列空间上,同时使计算尽可能简单,以节省计算时间。根据关键字的结构和分布不同,可构造出与之相适应的各不相同的散列函数,这里只介绍较常用的几种,其中又以介绍除留余数法为主。在下面的讨论中,假定关键字均为整型数,若不是则要设法把它转换为整型数后再进行运算。

1. 直接定址法

直接定址法是以关键字 K 本身或关键字加上某个数值常量 C 作为散列地址的方法。对应的散列函数 $h(K)$ 为

$$h(K)=K+C$$

若 C 为 0,则散列地址就是关键字本身。

这种方法计算最简单,并且没有冲突发生,若有冲突发生,则表明是关键字错误,因为关键字应该是唯一的,不应该出现重复现象。它适应于关键字的分布基本连续的情况,若关键字分布不连续,空号较多,将造成存储空间的极大浪费。

2. 除留余数法

除留余数法是用关键字 K 除以散列表长度 m 所得余数作为散列地址的方法。对应的散列函数 $h(K)$ 为

$$h(K)=k\% m$$

这种方法在上面的例子中已经使用过。除留余数法计算较简单,适用范围广,是一种最常使用的方法。这种方法的关键是选好 m,使得每个关键字通过该函数转换后映射到散列空间上任一地址的概率都相等,从而尽可能减少发生冲突的可能性。例如,取 m 为奇数,比取 m 为偶数要好,因为当 m 为偶数时,它总是把关键字为偶数的元素散列到偶数单元中,把关键字为奇数的元素散列到奇数单元中,即把一个元素只散列到一半存储空间中;当 m 为奇数时就不会出现这种问题,它能够把一个元素散列到整个存储空间中。结合处理冲突时对 m 的要求,最好取散列表的长度 m 为一个素数(即除 1 和本身之外,不能被任何数整除的数)。当然,要确保 m 的值大于或等于待散列的数据表的长度 n。根据装填因子 α 最好在 0.6~0.9 之间的要求,所以 m 应取 $1.1n$~$1.7n$ 之间的一个素数为好。例如,若 $n=100$,则 m 最好取 113、127、139、143 等素数。

另外,当关键字 K 为一个字符串时,需要把它设法转换为一个整数,然后再用这个整数整除以 m 得到余数,即散列地址。下面的 Hash(K,m) 函数就能够求出关键字 K 为字符串时的散列地址。在这里,把字符串 K 转换为整数的过程是将关键字中的每个字符的 ASCII 码(即该字符的整数值)累加到无符号整型量 h 上,并在每次累加之前把 h 的值左移 3 个二进制位,即扩大 8 倍。

```
int Hash(char* K,int m)
{   //把字符串 K 转换为 0~m-1 之间的一个值作为对应记录的散列地址
    int i;
    unsigned int h=0;              //给累加变量 h 赋初值 0
    while(K[i])){                  //采用一种方法计算 K 所对应的整数
        h<<=3;                     //h 的值左移 3 位
        h+=K[i];                   //把 K[i]字符的整数值累加到 h 上
    }
    return h% m;                   //返回这个整数整除以 m 的余数
}
```

例如,假定一个记录的关键字 K 为“FJS”,则调用上述函数时最后计算得到的 h 值为

$$h=70*2^6+74*2^3+83=5155$$

若 m 为 127,则返回的散列地址为 75。

3. 数字分析法

数字分析法是取关键字中某些取值较分散的数字位作为散列地址的方法。它适合于所有关键字已知,并对关键字中每一位的取值分布情况作出了分析。例如,有一组关键字为(92317602,

92326875,92739628,92343634,92706816,92774638,92381262,92394220),通过分析可知,每个关键字从左到右的第1,2,3位和第6位取值较集中,不宜作散列地址,剩余的第4,5,7和8位取值较分散,可根据实际需要取其中的若干位作为散列地址。若取最后两位作为散列地址,则散列地址的集合为{2,75,28,34,16,38,62,20}。

4. 平方取中法

平方取中法是取关键字平方值的中间几位作为散列地址的方法,具体取多少位视实际要求而定。一个数的平方值的中间几位和这个数的每一位都有关。从而可知,由平方取中法得到的散列地址同关键字的每一位都有关,使得散列地址具有较好的分散性。平方取中法适应于关键字中的每一位取值都不够分散或者较分散的位数小于散列地址所需要位数的情况。

5. 折叠法

折叠法是首先将关键字分割成位数相同的几段(最后一段的位数可少一些),段的位数取决于散列地址的位数,由实际需要而定,然后将它们的叠加和(每次叠加都舍去最高位进位)作为散列地址的方法。例如一个关键字 K=42583625,散列地址为3位,则将此关键字从左到右每三位一段进行划分,得到的三段为425、836和25,叠加和为425+836+25=286,此值就是存储关键字为42583625元素的散列地址。折叠法适应于关键字的位数较多,而所需的散列地址的位数又较少,同时关键字中每一位的取值又较集中的情况。

以上构造散列函数的方法还可以组合使用,如折叠法可以和除留余数法组合使用,先折叠再整除取余数作为散列函数的地址。

9.4.3 处理冲突的方法

1. 开放定址法

在散列存储中,处理冲突的方法有两种,一是开放定址法,二是链接法。开放定址法就是从发生冲突的那个单元开始,按照一定的次序,从散列表中查找出一个空闲的数据单元,把发生冲突的待插入元素存入到该单元中的一种处理冲突的方法。在开放定址法中,散列表中的空闲单元(假定下标为 d)不仅向散列地址为 d 的元素开放,即允许它使用,而且向发生冲突的其他元素开放,因它们的散列地址不为 d,所以称为非同义词元素。在使用开放定址法处理冲突的散列表中,下标为 d 的单元究竟存储的是散列地址为 d 一个元素,还是其他元素,就看谁先占用它。

在使用开放定址法处理冲突的散列表中,查找一个元素的过程是:首先根据给定的关键字 K,利用与插入时使用的同一散列函数 $h(K)$ 计算出散列地址(假定为下标 d),然后,用 K 同 d 下标单元的关键字进行比较,若相等则查找成功,否则按照插入时处理冲突的相同路径,依次用 K 同此路径上的每个下标单元中的关键字进行比较,直到查找成功或查找到一个空单元(表明查找失败)为止。

在开放定址法中,从发生冲突的散列地址为 d 的单元起进行查找下一个插入位置有多种方法,每一种都对应着一定的查找次序或称查找路径,都产生一个确定的探查序列(即待比较元素的下标序列)。在查找插入位置的多种方法中,主要有线性探查法、平方探查法和双散列函数探查法等。

(1)线性探查法

线性探查法是开放定址法中处理冲突的一种最简单的探查方法,它从发生冲突的 d 单元起,依次探查其后继单元(当达到下标为 m-1 的表尾单元时,下一个探查的单元是下标为0的表首单元,即把散列表看作首尾相接的循环表),直至碰到一个空闲单元或探查完所有单元为止。这种方法的探查序列为 $d,d+1,d+2,\cdots$,或表示为 $(d+i)\%m\ (0\leqslant i\leqslant m-1)$。若使用递推公式表示,则为

$$\begin{cases} d_0=h(K) \\ d_i=(d_{i-1}+1)\%\ m\ (1\leqslant i\leqslant m-1) \end{cases}$$

当然,这里的 i 在最坏情况下才能取值到 $m-1$,一般只需取前几个值就能够找到一个空闲单元。找到一个空闲单元后,把发生冲突的待插入元素存入该单元即可。

例9-2 向例 9-1 中构造的 H 散列表中再插入关键字分别为 16 和 38 的两个元素,若发生冲突则使用线性探查法处理。

先看插入关键字为 16 元素的情况。关键字为 16 的散列地址为 $h(16)=16\ \%\ 13=3$,因 $H[3]$ 已被 55 元素所占用,接着探查下一个即下标为 4 的单元,因该单元空闲,所以关键字为 16 的元素被存储到下标为 4 的单元中,此时对应的散列表 H 为:

	0	1	2	3	4	5	6	7	8	9	10	11	12
H	65	40		55	16		19	46	34		23		77

再看插入关键字为 38 元素的情况。关键字为 38 的散列地址为 $h(38)=38\ \%\ 13=12$,因 $H[12]$ 已被 77 元素所占用,接着探查下一个即下标为 0 的表首单元,因 $H[0]$ 仍不为空,再接着探查下标为 1 的单元,这样当探查到下标为 2 的单元时,才查找到一个空闲单元,所以把关键字为 38 的元素存入该单元中,此时对应的散列表 H 为:

	0	1	2	3	4	5	6	7	8	9	10	11	12
H	65	40	38	55	16		19	46	34		23		77

利用线性探查法处理冲突容易造成元素的"堆积"(又称"聚集")现象,这是因为当连续 s 个单元被占用后,再散列到这些单元上的元素和直接散列到后面一个空闲单元上的元素都要占用这个空闲单元,致使该空闲单元很容易被占用,从而造成更大的堆积,将大大地增加查找下一个空闲单元的路径长度。如在例 9-2 最后得到的散列表中,下标为 5 的空闲单元均可被散列地址为 0~5 以及 12 的元素所占用,从而造成 12 及 0~8 单元更大的堆积现象,若此时再插入散列地址为 12 的元素,则需要经过 11 次比较后才能查找到空闲单元,此为下标 9 的单元,同样,当查找该元素时,也必须经过 11 次比较才能成功。

在线性探查中,造成堆积现象的根本原因是探查序列过分集中在发生冲突的单元的后面,没有在整个散列空间上分散开。下面介绍的双散列函数探查法和平方探查法可以在一定程度上克服堆积现象的发生。

(2)平方探查法

平方探查法的探查序列为 $d,d+1^2,d+2^2,\cdots$,或表示为 $(d+i^2)\%m\ (0\leqslant i\leqslant m-1)$。若使用递推公式表示,则为

$$\begin{cases} d_0=h(K) \\ d_i=(d_{i-1}+2i-1)\%\ m \quad (1\leqslant i\leqslant m-1) \end{cases}$$ //因为 $i^2-(i-1)^2$ 之差为 $2i-1$

平方探查法是一种较好地处理冲突的方法,它能够较好地避免堆积现象。它的缺点是不能探查到散列表上的所有单元,但至少能探查到一半单元(证明从略)。例如,当 $d_0=5,m=13$ 时,则至少能探查到下标依次为 5,6,9,1,8,4,2 的单元。不过在实际应用中,能探查到一半单元也就可以了,若探查到一半单元仍找不到一个空闲单元,表明此散列表太满,应该重新建立。

(3)双散列函数探查法

这种方法使用两个散列函数 h_1 和 h_2,其中 $h1$ 和前面的 $h(K)$ 一样,以关键字为自变量,产生一个 0 至 $m-1$ 之间的数作为散列地址;h_2 也以关键字为自变量,产生一个 1 至 $m-1$ 之间的、并和 m 互素的数(即 m 不能被该数整除)作为探查序列的地址增量(即步长)。双散列函数的探查序列为

$$\begin{cases} d_0=h_1(K) \\ d_i=(d_{i-1}+h_2(K))\%\ m \quad (1\leqslant i\leqslant m-1) \end{cases}$$

由以上可知,对于线性探查法,探查序列的步长值是固定值 1;对于平方探查法,探查序列的步

长值是探查次数 i 的两倍减 1；对于双散列函数探查法，其探查序列的步长值是同一关键字的另一散列函数的值。

2. 链接法

链接法就是把发生冲突的同义词元素(结点)用单链表链接起来的方法。在这种方法中，散列表中的每个单元(即下标位置)不是存储相应的元素，而是存储相应单链表的表头指针，单链表中的每个结点可以由动态分配结点产生，也可以采用数组中的元素结点，同时由于每个元素被存储在相应的单链表中，在单链表中可以任意插入和删除结点，所以在链接法解决冲突的散列存储中，填充因子α既可以小于或等于 1，也可以大于 1。

当向采用链接法解决冲突的散列表中插入一个关键字为 K 的元素时，首先根据关键字 K 计算出散列地址 d，接着把由该元素生成的动态结点插入到下标为 d 的单链表的表头(可插入到单链表中的任何位置，但插入表头最方便)。查找过程也与插入类似，首先计算出散列地址 d，然后从下标为 d 的单链表中顺序查找关键字为 K 的元素，若查找成功则返回该元素的存储地址，若查找失败则返回空指针。

例9-3　假定一个数据表 B 为：

B=(19,23,65,40,49,77,34,55,16,38,85,42,)

为了进行散列存储，假定采用的散列函数为

$$h(K)=K\%13$$

当发生冲突时，假定采用链接法处理，则得到的散列表如图 9-5 所示。

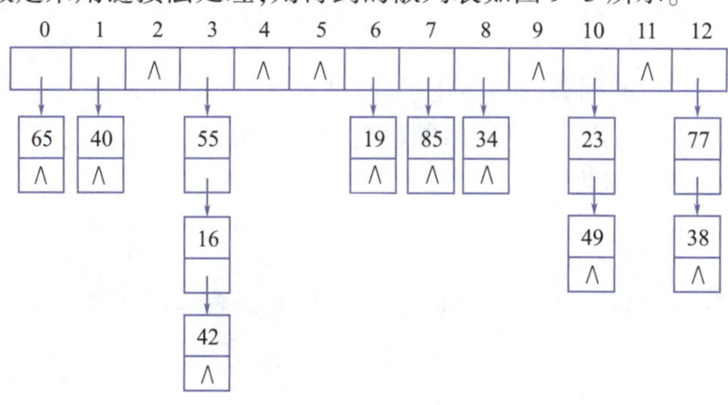

图 9-5　采用链表法处理冲突的散列表图例

用链接法处理冲突，虽然比开放定址法多占用一些存储空间用作链接指针，但它可以减少在插入和查找过程中同关键字平均比较的次数(即平均查找长度)。这是因为，在链接法中，在其查找的路径上，待比较的结点都是同义词结点，而在开放定址法中，待比较的结点不仅包含有同义词结点，而且包含有非同义词结点，往往非同义词结点比同义词结点还要多。

对于一个具体的散列表来说，要求出在插入或查找过程中的平均查找长度很容易，在随机插入或查找每个元素概率相等的情况下，它等于所有元素的查找长度(即比较次数)之和除以所有元素的个数。如在例 9-3 用链接法解决冲突的散列表中，查找成功时平均查找长度为：

$$ASL=(8\times1+3\times2+1\times3)/12=17/12$$

若将例 9-3 中的数据表 B 采用线性探查法处理冲突进行散列存储，则得到的散列表为：

0	1	2	3	4	5	6	7	8	9	10	11	12
65	40	38	55	16	42	19	85	34		23	49	77

查找成功时的平均查找长度为：

$$ASL=(8\times1+2\times2+1\times3+1\times4)/12=19/12$$

其中19,23,65,40,77,34,55,85等八个元素无存储冲突,49和16这两个元素各有一次存储冲突,即各自的查找长度为2,42和38的查找长度分别为3和4。

在通常情况下,开放定址法处理冲突的平均查找长度要高于链接法处理冲突的平均查找长度,但它们都比以前所有查找方法的平均查找长度的值要小。这里虽然是对具体的散列表进行的分析,但其分析结果具有普遍意义。

9.4.4 散列表的运算

1. 散列表类型定义

在数据的散列存储中,处理冲突的方法不同,其散列表的类型定义也不同,假定使用HashMaxSize符号常量表示待定义的散列表数组空间的长度,它要大于或等于实际使用的散列表的长度m,下面分别给出采用开放定址法和链接法的散列表的数组定义。

假定采用开放定址法,其散列表所使用的数组定义为:

```
ElemType <数组名>[HashMaxSize];
```

若采用链接法,其散列表所使用的数组定义为:

```
struct SingleNode* <数组名>[HashMaxSize];
```

其中struct SingleNode是单链表中结点的类型,在第2章中已经定义过,如下所示:

```
struct SingleNode {
    ElemType data;
    struct SingleNode* next;
};
```

对散列表的运算主要有:散列表的初始化、清空散列表、向散列表插入元素、从散列表中查找元素、从散列表中删除元素等,下面给出它的抽象数据类型。

散列表的抽象数据类型定义如下:

```
ADT HASH is
    Data:
        一个存储散列表的数组H[],其元素类型假定用标识符Hash抽象表示
    Operation:
        void initHash(Hash H[]);                            //初始化散列表为空表
        void clearHash(Hash H[]);                           //清空散列表
        int insertHash(Hash H[],int m,ElemType item);       //向散列表插入元素
        ElemType* findHash(Hash H[],int m,ElemType item);   //从散列表中查找元素
        int deleteHash(Hash H[],int m,ElemType item);       //从散列表中删除元素
        void outputHash(Hash H[]);                          //输出散列表中所有元素
end HASH
```

若在元素类型为ElemType的散列表上利用开放定址法处理冲突进行散列表运算,则抽象元素类型Hash可定义如下:

```
typedef ElemType Hash;
```

若在元素类型为struct SingleNode *的散列表上利用链接法处理冲突进行散列表运算,则抽象元素类型Hash可定义如下:

```
typedef struct SingleNode* Hash;
```

2. 在元素类型为ElemType的散列表上进行运算

(1)初始化散列表

```
void initHash(Hash H[])
{   //把散列表H中每一单元的关键字key域都置为空标志
```

```
    int i;
    for(i=0;i<HashMaxSize;i++)
        H[i].key=NullTag;
}
```

其中 NullTag 常量表示空记录标志,当关键字类型为字符串时它为特定字串,如空串"\0",当为数值型时它为一个非关键字的特定数值,如-1。另外,对于字符串类型应采用字符串函数进行比较或赋值。

(2)清空一个散列表

```
void clearHash(Hash H[])
{   //把散列表 H 中每一单元的关键字 key 域都置为空标志
    int i;
    for(i=0;i<HashMaxSize;i++)
        H[i].key=NullTag;
}
```

若散列表存储空间采用动态分配,则在初始化散列表的函数中包含着动态存储空间分配的操作,在清空散列表的函数中包含着释放动态存储空间分配的操作。

(3)向散列表插入一个元素

```
int insertHash(Hash H[],int m,ElemType item)
{   //向长度为 m 的散列表 H 中插入一个元素 item
    int d=hashFunc(item.key,m);          //可选用任一种散列函数计算散列地址
    int temp=d;                          //用 temp 变量暂存散列地址 d
    while (H[d].key! =NullTag && H[d].key! =DeleteTag)   //继续向后查找不是空元素同
    {           //时也不是被删除元素留下的位置,DeleteTag 为已删元素的标记
        d=(d+1)% m;                      //假定采用线性探查法处理冲突
        if(d==temp)return 0;             //查找所有位置后返回 0 表示无法插入
    }
    H[d]=item;                           //将新元素插入到下标为 d 的位置
    return 1;                            //返回 1 表示插入成功
}
```

(4)从散列表中查找一个元素

```
ElemType*  findHash(Hash H[],int m,ElemType item)
{   //从长度为 m 的散列表 H 中查找元素,返回该元素的地址
    int d=hashFunc(item.key,m);          //计算散列地址
    int temp=d;                          //保存初始散列地址到 temp
    while (H[d].key! =NullTag){          //当散列地址中的关键字域不为空则循环
      if(H[d].key==item.key)return &H[d];
      else d=(d+1)% m;                   //查找成功返回 &H[d],否则继续向后查找
      if(d==temp)return NULL;            //查找失败返回空
    }
    return NULL;                         //查找到空单元,表明查找元素失败返回 NULL
}
```

(5)从散列表中删除一个元素

```
int deleteHash(Hash H[],int m,ElemType item)
{   //从长度为 m 的散列表 H 中删除元素,若删除成功返回 1,否则返回 0
    int d=hashFunc(item.key,m);          //计算散列地址
    int temp=d;                          //保存散列地址的初始值
    while (H[d].key! =NullTag){          //不为空记录则循环
```

```
        if(H[d].key==item.key){
            H[d].key=DeleteTag;          //设置删除标记
            return 1;                    //删除成功返回1
        }
        else d=(d+1)%m;                  //继续向后查找被删除的元素
        if(d==temp)return 0;             //循环一周后返回0表示删除失败
    }
    return 0;                            //没有找到被删除元素,删除失败返回0
}
```

算法中的 DeleteTag 为一个事先定义的符号常量,用它作为一个删除标记,表明该记录已被删除,它与记录的关键字具有相同的数据类型,应为关键字取值范围以外的一个特定值。若不是这样,而是把被删除元素所占用的单元置为空记录,则就割断了以后查找元素的路径,致使该路径上的后面元素无法被查找到,显然是错误的。另外,该位置同空记录位置一样,能够为以后插入元素时使用。

(6)输出散列表中的所有元素

```
void outputHash(Hash H[])
{   //输出采用线性探查法处理冲突的散列表中的所有元素
    int i;
    printf("(");
    for(i=0;i<HashMaxSize;i++)     //依次输出散列表中的每个元素
        if(H[i].key!=NullTag && H[i].key!=DeleteTag)
            printf("(%d,%d)",H[i].key,H[i].other);
    printf(")\n");
}
```

可以利用下面程序调试上面介绍的对利用线性探查法解决冲突的散列表进行运算的每个算法。

```
#include<stdio.h>
#include<stdlib.h>
#define HashMaxSize 20                    //定义散列表的最大长度
typedef int KeyType;                      //定义关键字的类型KeyType为整型
struct searchType {                       //定义待查数据的类型为此结构类型
    KeyType key;                          //关键字域
    int other;                            //其他域
};
typedef struct searchType ElemType;       //定义元素类型ElemType
typedef ElemType Hash;                    //定义散列表中元素类型
const int NullTag=-1,DeleteTag=-2;        //分别定义空元素和被删元素的关键字
int hashFunc(KeyType key,int mm)          //采用除留余数法的散列函数
{
    return key%mm;
}
#include"在线性探查法的散列表上运算的算法.c"  //假定它保存着相应运算的算法
void main()
{
    int m=13;                             //设散列表长度为13
    ElemType a[12]={{19,25},{23,32},{65,50},{40,35},{49,51},{77,45},
            {34,77},{55,89},{16,66},{38,75},{85,24},{42,17}};
                                          //数组a中保存12个待散列存储的集合元素
    Hash hlist[HashMaxSize];              //定义用于散列存储的数组
    int i,j,n=12;
```

```
    ElemType x,*xp,y={37,20},z={15,30};
    initHash(hlist);                        //初始化散列表
    for(i=0;i<n;i++){                       //向散列表散列存储数组 a 中的所有元素
        j=insertHash(hlist,m,a[i]);
        if(j==0)printf("a[%d]元素%d没有被插入到散列表中! \n",i,a[i]);
    }
    printf("查找并输出散列表中的所有元素:\n");
    for(i=0;i<n;i++){                       //从散列表中查找数组 a 中的每个元素并输出
        x=a[i];
        xp=findHash(hlist,m,x);
        if(xp!=NULL)printf("(%d,%d)",xp->key,xp->other);
    }
    printf("\n");                           //从散列表中删除 a 数组中的相应元素
    for(i=0;i<12;i+=5){
        j=deleteHash(hlist,m,a[i]);
        if(j==0)printf("a[%d]元素%d没有被删除! \n",i,a[i]);
        else printf("a[%d]元素(%d,%d)已经被删除! \n",i,a[i].key,a[i].other);
    }
    printf("进行删除操作后输出散列表中的所有元素:\n");
    outputHash(hlist);
    insertHash(hlist,m,y);
    insertHash(hlist,m,z);
    printf("依次插入{37,20}和{15,30}元素后输出散列表中的所有元素:\n");
    outputHash(hlist);
    clearHash(hlist);
}
```

此程序的运行结果为:

```
查找并输出散列表中的所有元素:
(19,25)(23,32)(65,50)(40,35)(49,51)(77,45)(34,77)(55,89)
(16,66)(38,75)(85,24)(42,17)
a[0]元素(19,25)已经被删除!
a[5]元素(77,45)已经被删除!
a[10]元素(85,24)已经被删除!
进行删除操作后输出散列表中的所有元素:
((65,50)(40,35)(38,75)(55,89)(16,66)(42,17)(34,77)(23,32)(49,51))
依次插入{37,20}和{15,30}元素后输出散列表中的所有元素:
((65,50)(40,35)(38,75)(55,89)(16,66)(42,17)(15,30)
 (34,77)(23,32)(49,51)(37,20))
```

3. 在类型为 struct SingleNode * 的散列表上进行运算

(1)初始化散列表

```
void initHash(Hash H[])
{   //把散列表 H 中每一元素均置为空指针
    int i;
    for(i=0;i<HashMaxSize;i++)H[i]=NULL;
}
```

(2)清空一个散列表

```
void clearHash(Hash H[])
{   //清除 H 散列表,即回收每个单链表中的所有结点
```

```
    int i;
    struct SingleNode* p;
    for(i=0;i<HashMaxSize;i++){
    p=H[i];
    while(p! =NULL){
        H[i]=p->next;free(p);p=H[i];
    }
  }
}
```

(3)向散列表插入一个元素

```
int insertHash(Hash H[],int m,ElemType item)
{   //向长度为m的链接法处理冲突的散列表H中插入一个元素item
    int d=hashFunc(item.key,m);          //得到新元素的散列地址
    struct SingleNode* p=malloc(sizeof(struct SingleNode));//分配结点
    if(p==NULL)return 0;                 //动态空间用完,返回0表明插入失败
    p->data=item;                        //为新结点赋值
    p->next=H[d];H[d]=p;                 //把新结点插入到下标d单链表的表头
    return 1;                            //返回1表示插入成功
}
```

(4)从散列表中查找一个元素

```
ElemType* findHash(Hash H[],int m,ElemType item)
{   //从长度为m的链接法处理冲突的散列表H中查找元素
    int d=hashFunc(item.key,m);        //得到待查元素的散列地址
    Hash p=H[d];                       //得到对应单链表的表头指针
    while(p! =NULL){                   //顺序查找元素,查找成功返回元素地址
        if(p->data.key==item.key)return &(p->data);
        else p=p->next;
    }
    return NULL;                       //查找失败返回NULL
}
```

(5)从散列表中删除一个元素

```
int deleteHash(Hash H[],int m,ElemType item)
{   //从长度为m的链接法处理冲突的散列表H中删除元素
    int d=hashFunc(item.key,m);          //求出待删除元素的散列地址
    Hash p=H[d],q;                       //p指向对应单链表的表头指针
    if(p==NULL)return 0;                 //若单链表为空,返回0表示删除失败
    if(p->data.key==item.key){           //删除表头结点,返回1表示删除成功
        H[d]=p->next;free(p);return 1;
    }
    q=p->next;                           //q指向d单链表的第二个结点
    while(q! =NULL){                     //从第二个结点起查找被删除的元素
        if(q->data.key==item.key){
            p->next=q->next;free(q);return 1;
        }
        else {p=q;q=q->next;}
    }
    return 0;                            //返回0表示删除失败
}
```

(6)输出散列表中的所有元素

```
void outputHash(Hash H[])
{    //输出采用链接法处理冲突的散列表中的所有元素
    int i;
    printf("(");
    for(i=0;i<HashMaxSize;i++){      //依次访问散列表中的每个单链表
        Hash p=H[i];
        while(p! =NULL){
            printf("(% d,% d)",p->data.key,p->data.other);
            p=p->next;
        }
    }
    printf(")\n");
}
```

可以利用下面程序调试上面介绍的对利用链接法解决冲突的散列表进行运算的每个算法。

```
#include<stdio.h>
#include<stdlib.h>
#define HashMaxSize 20                        //定义散列表的最大长度
typedef int KeyType;                          //定义关键字的类型 KeyType 为整型
struct searchType {                           //定义待查数据的类型为此结构类型
    KeyType key;                              //关键字域
    int other;                                //其他域
};
typedef struct searchType ElemType;           //定义元素类型 ElemType
struct SingleNode {                           //链接法处理冲突的散列表中结点类型
    ElemType data;
    struct SingleNode*  next;
};
typedef struct SingleNode*  Hash;             //定义散列表中元素类型
const int NullTag=-1,DeleteTag=-2;            //分别定义空元素和被删元素的关键字
int hashFunc(KeyType key,int mm)              //采用除留余数法的散列函数
{
    return key% mm;
}
#include"在链接法的散列表上运算的算法.c"      //假定它保存着相应运算的算法
void main()
{}  //此主函数与上面使用开放定址法处理冲突所用主函数完全相同,请读者补上
```

此程序的运行结果如下,它与在开放定址法处理冲突的散列表上得到的运行结果相同,只是在输出散列表时,其元素排列次序有所不同,请读者自行分析其正确性。

```
查找并输出散列表中的所有元素:
(19,25)(23,32)(65,50)(40,35)(49,51)(77,45)(34,77)(55,89)
(16,66)(38,75)(85,24)(42,17)
a[0]元素(19,25)已经被删除!
a[5]元素(77,45)已经被删除!
a[10]元素(85,24)已经被删除!
进行删除操作后输出散列表中的所有元素:
(65,50)(40,35)(42,17)(16,66)(55,89)(34,77)(49,51)(23,32)(38,75)
依次插入{37,20}和{15,30}元素后输出散列表中的所有元素:
```

```
(65,50)(40,35)(15,30)(42,17)(16,66)(55,89)(34,77)(49,51)
(23,32)(37,20)(38,75)
```

4. 散列表的平均查找长度

在散列表的插入、删除和查找算法中，平均查找长度与表的大小 m 无关，只与所选取的散列函数、α 的值和处理冲突的方法有关。若假定所选取的散列函数能够使任一关键字等概率地映射到散列空间的任一地址上，则理论上已经证明，当采用线性探查法处理冲突时，平均查找长度为 $\frac{1}{2}(1+\frac{1}{1-\alpha})$；当采用链接法处理冲突时，平均查找长度为 $1+\frac{\alpha}{2}$；当采用开放定址法中的平方探查法、双散列函数探查法处理冲突时，平均查找长度为 $-\frac{1}{\alpha}\ln(1-\alpha)$。

表 9-5 列出了当 α 取不同值时，各种处理冲突的方法在理论上所对应的平均查找长度，实际应用中比理论值要大些。

表 9-5 各种处理冲突的方法所对应的平均查找长度

α	线性	链接	其他
0. 1	1. 06	1. 05	1. 05
0. 25	1. 17	1. 13	1. 15
0. 5	1. 50	1. 25	1. 39
0. 75	2. 50	1. 38	1. 85
0. 90	5. 50	1. 45	2. 56
0. 95	10. 50	1. 50	3. 15

由表 9-5 可知，在散列存储中，对于采用开放定址法处理冲突时，若 α 取值小于 0. 8，(对于采用链接法处理冲突的情况，α 取值不大于 3)，其插入、删除和查找元素的速度相当快，它优于前面介绍过的任一种方法，特别是当数据量很大时更是如此。散列存储的缺点如下：

① 根据关键字计算散列地址需要花费一定的计算时间，若关键字不是整数，则首先要把它转换为整数，为此也要花费一定的转换时间。

② 占用的存储空间较多，因为若采用开放定址法解决冲突的散列表总是取 α 值小于 1，若采用链接法处理冲突的散列表，同线性表的链式存储相比多占用一个具有 m 个位置的指针数组空间，并且在每个存储结点上还增加了链接指针的存储空间。

③ 在散列表中只能按关键字查找元素，而不容易按非关键字查找元素。

④ 数据中元素之间的原有逻辑关系无法在散列表中体现出来，所以它适合存储其数据逻辑结构为集合的数据。

9.5 B 树查找

9.5.1 B 树定义

B 树包括 B^- 树和 B^+ 树两种，通常是指 B^- 树，本书只讨论 B^- 树，B^+ 树与之类似，将不作讨论。B 树是由 R. Bayer 和 E. mccreight 于 1970 年提出的，它是一种特殊的多元树(多支树或多叉树)，它在外存文件系统中常用作动态索引结构。B 树或者是一棵空树，或者是一棵具有如下结点结构的树。

n	par	P_0	K_1	P_1	K_2	P_2	…	K_n	P_n	…	K_m	P_m

B 树中每个结点的大小都相同，其中 m 称为 B 树的阶，其值要大于或等于 3。par 为指向父亲结点的指针域，由它可以找到父亲结点。$K_1,K_2,\cdots,K_n$ 为 n 个按从小到大顺序排列的关键字，n 是变化的，对于非树根结点，n 值的变化范围规定为 $\lceil m/2\rceil-1\leqslant n\leqslant m-1$，对于树根结点，$n$ 值的变化范围规定为 $1\leqslant n\leqslant m-1$。$P_0,P_1,P_2,\cdots,P_n$ 为 $n+1$ 个指针，用于分别指向该结点的 $n+1$ 棵子树，其中 P_0 所指向子树中的所有关键字均小于 K_1，P_n 所指向子树中的所有关键字均大于 K_n，$P_i(1\leqslant i\leqslant n-1)$ 所指向子树中的所有关键字均大于 K_i 且小于 K_{i+1}。由 n 的取值范围可知，对于树根结点，它最少有两棵子树，最多有 m 棵子树，对于非树根结点，它最少有 $\lceil m/2\rceil$ 棵子树，最多有 m 棵子树。当然每个树叶结点中的子树均为空树。在 B 树的结点结构中，每个关键字域的后面还应包含一个指针域，用以指向该关键字所属记录（元素）在主文件中的存储位置，在此省略未画。

B 树中除了结点结构与一般树不同外，还有一个特点就是所有叶子结点均在同一层上，或者说，在 B 树中每个叶子结点的层数值都相等。

由 B 树的定义可知，B 树也是一种搜索多路树或排序多路树，若对 B 树进行中序遍历，则得到的元素关键字序列将是一个从小到大排序的有序序列。

图 9-6 所示为一棵由 12 个关键字组成的四阶 B 树的示意图，当然同搜索二叉树一样，关键字的插入次序不同，将可能生成不同结构的 B 树。若对该 B 树进行中序遍历，则得到的关键字序列为：

18,24,35,47,56,60,66,70,73,84,92,95

可见，此序列是一个有序序列。该 B 树中共有 3 层，所有叶子结点均在第 3 层上。为了简化起见，每个结点的后面尚未利用的关键字域和指针域未画出，同时也未画出指向父亲结点的指针域（在以后其关键字个数 n 的域也将不被画出）。每个结点上标出的字母是为后面叙述查找过程的方便而添加的。

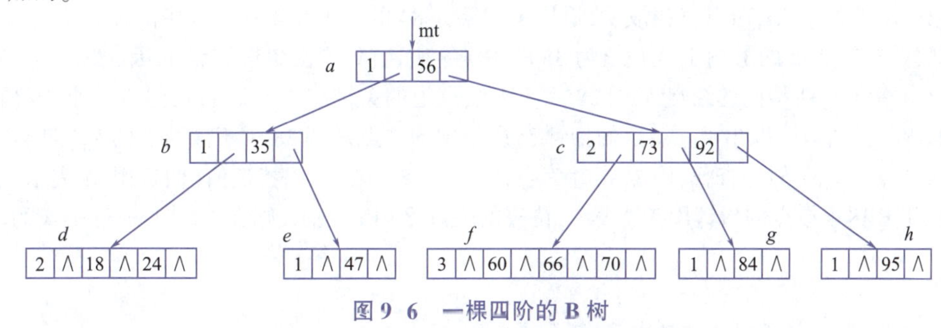

图 9-6 一棵四阶的 B 树

在一棵四阶的 B 树中，每个结点的关键字个数最少为 $\lceil m/2\rceil-1=\lceil 4/2\rceil-1=1$，最多为 $m-1=4-1=3$；每个结点的子树数目最少为 $\lceil m/2\rceil=\lceil 4/2\rceil=2$，最多为 $m=4$。当然不管每个结点中实际使用了多少关键字域和指针域，它都包含有 4 个关键字域、4 个指向记录位置的指针域、5 个指向子树结点的指针域、一个指向父亲结点的指针域和一个保存关键字个数 n 的域。

又如，在一棵七阶的 B 树中，树根结点的关键字个数最少为 1，最多为 $m-1=6$，子树个数最少为 2，最多为 $m=7$；每个非树根结点的关键字个数最少为 $\lceil m/2\rceil-1=\lceil 7/2\rceil-1=3$，最多为 $m-1=6$，子树个数最少为 $\lceil m/2\rceil=\lceil 7/2\rceil=4$，最多为 $m=7$。

B 树中的结点类型可定义如下：

```
#define m 3            //B 树的阶数,其值根据需要而定,这里暂且定义为 3
struct MBNode {                        //定义 B 树中每个结点的结构
    int keynum;                        //关键字个数域
```

```
    struct MBNode* parent;     //指向父结点的指针域
    KeyType key[m+1];          //用于保存 n 个关键字的域,下标 0 位置未用
    struct MBNode* ptr[m+1];   //用于保存 n+1 个指向子树的指针域
    int recptr[m+1];           //用于保存每个关键字对应记录的存储位置
};
```

假定所有记录被存储在外存上一个文件中,这里的 recptr[i]保存 key[i]对应记录在文件中的记录位置序号,所以被定义为整型。同样该数组的下标为 0 的位置未用。

9.5.2 在 B 树上查找元素的过程

根据 B 树的定义,在 B 树上进行查找的过程与在搜索二叉树上查找过程类似,都是经过一条从树根结点到待查关键字所在结点的查找路径,不过对路径中每个结点的比较过程比在搜索二叉树的情况下要复杂一些,通常需要经过同多个关键字比较后才能处理完一个结点,因此,又称 B 树为查找多叉树。

在 B 树中查找一个关键字等于给定值 K 的具体过程为:若 B 树非空,首先取出树根结点,使给定值 K 从前向后依次同该结点中的每个关键字进行比较,直到 $K \leqslant K_i$($1 \leqslant i \leqslant n+1$,假定用 K_{n+1} 作为终止标志,保存着比所有关键字都大的一个特定值,该值不妨用 MaxKey 常量表示)时为止,此时若 $K=K_i$,则表明查找成功,返回具有该关键字 K_i 所在记录的存储位置,否则其值为 K 的关键字只可能落在该结点的由 P_{i-1} 所指向的子树上,接着只要在该子树上继续进行查找即可;这样,每取出一个结点比较后就下移一层,直到查找成功,或被查找的子树为空(即查找到叶子结点中的子树,表明查找失败)时止。

例如,若在图 9-6 的 B 树上查找值为 84 的关键字时,首先取出树根结点 a,因 84 大于 a 结点中的第一个关键字 K_1,即 84>56,所以再同 a 结点中的 K_2 比较,因 84 必然小于 K_2 的值 MaxKey,接着取出由 a 结点的 P_1 指针所指向的结点 c,因 84 大于 c 结点中的第一个关键字 K_1,即 84>73,所以再同 c 结点中的 K_2 比较,因 84 小于 K_2 的值 92,接着取出由 c 结点的 P_1 指针所指向的结点 g,因 84 等于 g 结点中的第一个关键字 K_1,所以查找成功,返回关键字为 84 的那个元素在文件中的存储位置。

又如,若在图 9-6 的 B 树上查找值为 38 的关键字时,首先取出树根结点 a,因 38<K_1(即 56),所以再取出由指针 P_0 所指向的结点 b,因 38 大于 b 结点中的关键字 K_1(即 35),但必然小于终止标志 K_2(即 MaxKey),所以再取出由 b 结点的指针 P_1 所指向的结点 e,因 38 小于该结点的 K_1(即 47),所以接着向该结点的 P_0 子树上查找,因 P_0 指针为空,所以查找失败,返回特定值(假定用-1 表示)。

设指向 B 树根结点的指针用 MT 表示,待查的关键字用 K 表示,则在 B 树上进行查找的算法描述为:

```
int searchMBTree(struct MBNode* MT,KeyType K)
{   //从树根指针为 MT 的 B 树上查找关键字为 K 的对应记录的存储位置
    int i;
    struct MBNode* p=MT;
    while(p! =NULL){                  //从树根结点起依次向下一层查找
        i=1;                          //用 i 表示待比较的关键字序号,初值为 1
        while(K>p->key[i])i++;        //用 K 顺序同结点中的关键字比较
        if(K==p->key[i])
            return p->recptr[i];      //查找成功返回记录的存储位置
        else p=p->ptr[i-1];           //继续向子树查找
    }
    return -1;                        //查找失败返回-1
}
```

在 B 树上进行查找需比较的结点数最多为 B 树的深度。B 树的深度与 B 树的阶 m 和关键字总

数 N 有关，下面讨论它们之间的关系。

在一棵 B 树中，第一层结点（即树根结点）的子树数至少为 2 个，第二层结点的子树数至少为 $2\times\lceil m/2\rceil$ 个，第三层结点的子树数至少为 $2\times\lceil m/2\rceil^2$ 个，依此类推，若 B 树的深度用 h 表示，则最低层（即树叶层）的空子树（即空指针）数至少为 $2\times\lceil m/2\rceil^{(h-1)}$ 个。另一方面，B 树中的空指针数 C_1 应等于总指针数 C_2 减去非空指针数 C_3，而总指针数 C_2 又等于关键字的总数 N 加上所有结点数 C_4，这是因为每个结点中的指针数等于其关键字个数加 1，所以，所有结点的指针数就等于所有结点的关键字个数加上结点数。除树根结点外，每个结点都由 B 树中的一个非空指针所指向，所以 $C_4=C_3+1$，从而得到：

$$C_1=C_2-C_3=(N+C_4)-C_3=(N+C_3+1)-C_3=N+1$$

即 B 树中的空指针数等于所有关键字总数加 1，这与二叉树中的空指针数与关键字总数的关系相同。因为对于一棵非空二叉树，每个结点有一个值域和两个指针域，N 个结点中共有 $N-1$ 个非空指针域和 $N+1$ 个空指针域。

综上所述，可列出如下不等式

$$N+1\geqslant 2\times\lceil m/2\rceil^{(h-1)}$$

即 B 树中的空指针数应大于或等于它所具有的最小值，求解后得

$$h\leqslant 1+\log_{\lceil m/2\rceil}\left(\frac{N+1}{2}\right)$$

又因为具有深度为 h 的 m 阶 B 树的最后一层结点的所有空子树个数不会超过 m^h 个，即

$$N+1\leqslant m^h$$

求解后得

$$h\geqslant \log_m(N+1)$$

由以上分析可知，m 阶 B 树的深度 h 的取值范围为：

$$\log_m(N+1)\leqslant h\leqslant 1+\log_{\lceil m/2\rceil}\left(\frac{N+1}{2}\right)$$

例如，当 $N=1000$，$m=10$ 时，B 树的深度为 4，若由 $N=1000$ 个记录构成一棵搜索二叉树，则树的深度至少为 10，即为对应的理想平衡树的深度，通常要比这个理想值大得多。由此可见，在 B 树上查找所需比较的结点数比在搜索二叉树上查找所需比较的结点数要少得多。这意味着若 B 树和搜索二叉树都被保存在外存文件上，若每读取一个结点需访问一次外存，则使用 B 树可以大大减少访问外存的次数，从而大大提高处理数据的速度。

9.5.3　在 B 树上插入元素的过程

在 B 树上插入一个记录的关键字 K 同在搜索二叉树上类似，首先要经过一个从树根结点到叶子结点的查找过程，查找出 K 的插入位置，然后插入。不过在 B 树中不是添加新的叶子结点，而是直接把关键字 K 按序插入到对应的叶子结点（假定该结点用 a 表示）中，但需要进行插入后的处理。关键字 K 插入 a 结点后，使得该结点的关键字个数 n 增加 1，此时若 a 结点中的关键字个数 $n\leqslant m-1$，则插入完成，否则因 a 结点中的关键字个数 $n=m$，超过了规定的范围，所以要进行结点的"分裂"，使之变为两个结点，具体分裂过程为：

①执行动态分配结点的函数 malloc( ) 运算，产生一个新结点 b。

②将 a 结点中的原有信息：

$$m,P_0,(K_1,P_1),(K_2,P_2),\cdots,(K_m,P_m)$$

除 $K_{\lceil m/2\rceil}$ 之外分为前后两部分，分别存于 a 和 b 结点中，原有的 a 结点中保留的信息为：

$$\lceil m/2\rceil-1,P_0,(K_1,P_1),\cdots,(K_{\lceil m/2\rceil-1},P_{\lceil m/2\rceil-1})$$

新产生的 b 结点中存储的信息为：

$$m-\lceil m/2\rceil,P_{\lceil m/2\rceil},(K_{\lceil m/2\rceil+1},P_{\lceil m/2\rceil+1}),\cdots,(K_m,P_m)$$

其中 a 结点中含有$\lceil m/2\rceil-1$ 个索引项，b 结点中含有 $m-\lceil m/2\rceil$个索引项，每个索引项包含一个关键字 K_i、该关键字所对应记录的存储位置 R_i 和一个子树指针 P_i。

③将关键字 $K_{\lceil m/2\rceil}$ 和指向新结点 b 的指针（假定用 p 表示）作为一个新索引项（$K_{\lceil m/2\rceil},p$）插入 a 结点在其前驱结点（即父亲结点）中的索引项的后面（特别地，若 a 结点是由前驱结点中的 P_0 指针指向的，则插入位置是 K_1 和 P_1 的位置上）。

当 a 结点的前驱结点被插入一个索引项后，其关键字个数又有可能超过 $m-1$，若超过又得使该结点分裂为两个结点，其分裂过程同上。在最坏的情况下，这种从叶子结点开始产生的分裂，要一直传递到树根结点，使树根结点也产生分裂，从而导致一个新的树根结点的诞生。该新产生的树根结点应包含有一个关键字和左、右两棵子树，其中关键字为原树根结点内的中项关键字 $K_{\lceil m/2\rceil}$，左子树是以原树根结点为根的子树，右子树是由原树根结点分裂出的一个新结点为根的子树。在 B 树中通过插入关键字可能最终导致的树根结点的分裂从而产生新的树根结点使 B 树的高度增长 1，这是 B 树增长其高度（深度）的唯一途径。

假定有一个数据集为{35,26,48,50,39,62,83,54}，若从空树起，依次插入元素建立一棵 3 阶 B 树，则插入过程如图 9-7 所示。

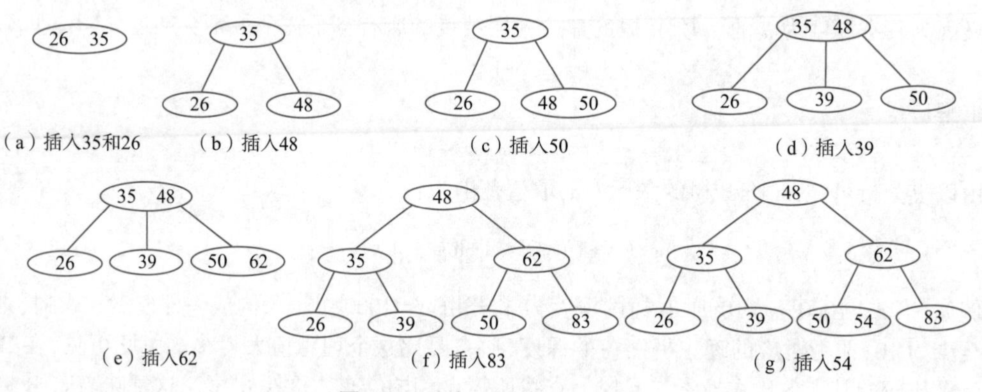

图 9-7 3 阶 B 树的插入过程

图 9-7(a)所示为相继插入元素关键字为 35 和 26 后的情况；图 9-7(b)所示为接着插入关键字为 48 后的情况，此时产生了结点分裂并产生出新的根结点，使整个 B 树增加一层；图 9-7(c)所示为接着插入 50 后的情况；图 9-7(d)所示为接着插入 39 后的情况，此时又出现了结点分裂，使以关键字为 48 的索引项继续插入到上一层；图 9-7(e)所示为接着插入 62 后的情况；图 9-7(f)所示为接着插入 83 后的情况，此时又出现了结点分裂，使以关键字为 62 的索引项继续插入到上一层，接着又引起上一层树根结点的分裂，产生出关键字为 48 的新结点以及两棵子树，并且使树的高度增加一层；图 9-7(g)所示为接着插入最后一个关键字 54 后的情况，至此完成整个插入过程。

在 3 阶 B 树中，每个结点的关键字个数最少为 1，最多为 2，当插入后关键字的个数为 3 时（此时子树的个数为 4），就得分裂成两个结点，让原有结点只保留第 1 个关键字和它前后的两个指针，让新结点保存原有结点中的最后一个（即第 3 个）关键字和它前后的两个指针，让原有结点的第 2 个关键字和指向新结点的指针作为新结点的索引项插入到原有结点的前驱结点中，若没有前驱结点，则就生成一个新的树根结点，并将原树根结点和分裂出的结点作为它的两棵子树。读者自行分析图 9-7 中向 B 树插入每个关键字时的变化状态。

9.5.4 在B树上删除元素的过程

在B树上删除一个关键字 K 也和在搜索二叉树上删除过程类似，都首先经过一个从树根结点到待删除关键字所在结点的查找过程，然后分情况进行删除。若被删除的关键字在叶子结点中则直接从该叶子结点中删除，若被删除的关键字在非叶子结点中，则首先要将被删除的关键字同它的中序前驱关键字（即它的左边指针所指子树的最右下叶子结点中的最大关键字）或中序后继关键字（即它的右边指针所指子树的最左下叶子结点中的最小关键字）进行对调（当然要连同对应记录的存储位置一起对调），然后再从对应的叶子结点中删除。例如，若从图9-7(g)中删除关键字62时，首先要将它与中序前驱关键字54对调，然后从对调后的叶子结点中删除关键字62。从B树上一个叶子结点中删除一个关键字后，使得该结点的关键字个数 n 减1，此时应分以下三种情况进行处理：

①若删除后该结点的关键字个数 $n \geq \lceil m/2 \rceil - 1$，则删除完成。如从图9-7(g)中删除关键字50或54时就属于这种情况。

②若删除后该结点的关键字个数 $n < \lceil m/2 \rceil - 1$，而它的左兄弟（或右兄弟）结点中的关键字个数 $n > \lceil m/2 \rceil - 1$，则首先将双亲结点中指向该结点指针的左边（或右边）一个关键字下移至该结点中，接着将其左兄弟（或右兄弟）结点中的最大关键字（或最小关键字）上移至它们的双亲结点中刚空出的位置上，然后将左兄弟（或右兄弟）结点中的 P_n 指针（或 P_0 指针）赋给该结点的 P_0 指针域（或 P_n 指针域）。

如从图9-7(g)中删除关键字83后，需首先把62下移至被删除关键字83的结点中，接着把它的左兄弟结点中的最大关键字54上移至原62的位置上，然后把左兄弟结点中的原 P_2 指针（即为空）赋给被删除关键字83结点的 P_0 指针域，得到的B树如图9-8(a)所示。

③若删除后该结点的关键字个数 $n < \lceil m/2 \rceil - 1$，同时它的左兄弟和右兄弟（若有的话）结点中的关键字个数均等于 $\lceil m/2 \rceil - 1$。在这种情况下，就无法从它的左、右兄弟中通过双亲结点调剂到关键字以弥补自己的不足，此时就必须进行结点的"合并"，将该结点中的剩余关键字和指针连同双亲结点中指向该结点指针的左边（或右边）一个关键字一起合并到左兄弟（或右兄弟）结点中，然后回收（即删除）掉该结点。

如从图9-8(a)所示的3阶B树中删除关键字50后，该结点（即被删除关键字为50的结点）中剩余的关键字个数为0，低于规定的下限1，但它的右兄弟中的关键字个数也只有一个（即为最低限），所以只能将该结点中剩余的关键字（在此没有）和指针（在此为空）连同双亲结点中的关键字54一起合并到右兄弟结点中，然后将包含被删除关键字50的结点回收掉，删除50后得到的B树，其树根48的右孩子结点中的关键字个数又变为0，如图9-8(b)所示，还需要继续合并结点。

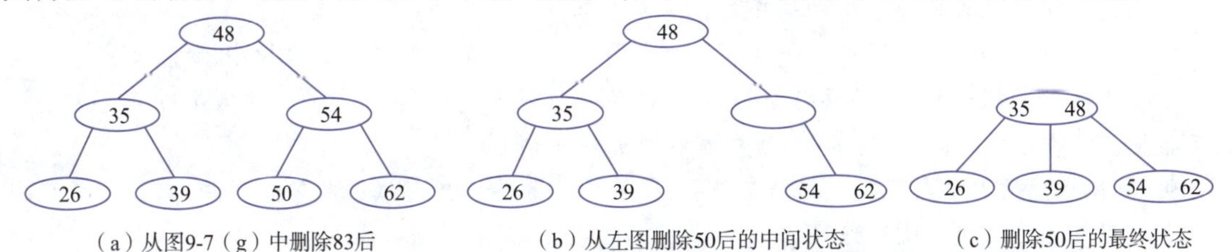

(a) 从图9-7(g)中删除83后　(b) 从左图删除50后的中间状态　(c) 删除50后的最终状态

图9-8 从B树中删除关键字示例

当从一棵B树的叶子结点中删除一个关键字后，可能出现上面所述的第③种情况，此时需要合并结点，在合并结点的同时，实际上又从它们的双亲结点中删除（即因合并而被下移）了一个关键字，而双亲结点被删除一个关键字（实际为所在的索引项）后，同从叶子结点中删除一个关键字一样，又可分为上面所述的三种情况处理，当属于第③种情况时，又需要进行合并，依此类推。在最坏的情况下，这种从叶子结点开始的合并要一直传递到树根结点，使只包含有一个关键字的树根结点同它的两个孩子结点合并，形成以一个孩子结点为树根结点的B树，从而使整个B树的深度减少1，这也是 B 树减少其深度的唯一途径。

继续上面叙述的从图 9-8(a)所示的 3 阶 B 树中删除关键字 50 时的情况，就需要接着把该结点中剩余的关键字(在此没有)和指针(在此指向 54 和 62 的结点)连同双亲结点中的关键字 48 一起合并到左兄弟结点中，在此过程中又要回收掉两个结点，删除 50 后得到的 B 树如图 9-8(c)所示。

B 树的插入和删除算法都比较复杂，为节省篇幅，在本书中就不给出算法实现的具体编码，有兴趣的读者可参考其他相关图书。

假定一棵 B 树的深度为 h，B 树的阶数为 m，则 B 树查找、插入和删除算法的时间复杂度均相同，大致为 $O(h*m)$。

小　结

1. 顺序查找既适应于顺序表，也适应于单链表，并且对表中元素的排列次序无要求。顺序查找的时间复杂度为 $O(n)$，平均查找长度为 $(n+1)/2$。二分查找只能适应于顺序存储的有序表，不适应于单链表。二分查找的时间复杂度为 $O(\log_2 n)$，二分查找的平均查找长度等于判定树中所有顶点的层数之和的平均值。

2. 索引查找包括查找索引表和查找子表两个阶段。若索引表的长度为 m，每个子表的平均长度为 s，并假定采用顺序方法查找索引表和相应子表，则平均查找长度为 $1+(m+s)/2$。

3. 分块查找是索引查找中的一种特例，其索引表中的索引值与主表中每个元素的关键字具有相同的数据类型，并且索引表是按索引值升序排列的，而每个子表中的元素排列次序可以任意安排。

4. 索引表分为稠密索引和稀疏索引两种，在稠密索引中每个索引项对应下一级表中的一条索引项或记录，在稀疏索引中每个索引项对应下一级表中的多条索引项或记录。当主数据表(即原始数据记录)很大时，可以建立多级索引。

5. 散列存储是根据元素的关键字计算存储地址的一种存储方法，此地址称为散列地址，用于计算地址的函数称为散列函数，用于存储元素的数组空间称为散列表。

6. 待散列存储的元素个数 n 与散列表长度 m 的比值称为散列表的装填因子，用 α 表示，它等于 n/m。在利用开放定址法处理冲突的散列存储中，α 必须小于或等于 1，在利用链接法处理冲突的散列存储中，α 既可以小于或等于 1，也可以大于 1，通常使用为大于 1。

7. 散列查找的平均查找长度等于查找全部元素的查找长度之和除以所有元素的个数。此查找长度通常比采用其他查找方法得到的查找长度要小得多。

8. 在一棵 m 阶 B 树中，所有叶子结点都处在同一层上。在一棵非空的 B 树中，树根结点至少具有一个关键字和两棵子树，至多具有 $m-1$ 个关键字和 m 棵子树；非树根结点至少具有 $\lceil m/2 \rceil-1$ 个关键字和 $\lceil m/2 \rceil$ 棵子树，最多具有 $m-1$ 个关键字和 m 棵子树。

9. 在 B 树上插入结点可以引起结点分裂，在 B 树上删除结点可以引起结点合并，它们是最终引起树的高度增 1 或减 1 的唯一途径。

思考与练习

一、单选题

1. 对长度为 10 的顺序表进行顺序查找，若查找前面 5 个元素的概率相同，均为 1/8，查找后面 5 个元素的概率相同，均为 3/40，则查找任一元素的平均查找长度为(　　)。

A. 5. 5　　　　B. 5　　　　C. 39/8　　　　D. 19/4

2. 对长度为3的顺序表进行顺序查找,若查找第一个元素的概率为1/2,查找第二个元素的概率为1/3,查找第三个元素的概率为1/6,则查找任一元素的平均查找长度为( )。

A. 5/3　B. 2　C. 7/3　D. 4/3

3. 对于长度为n的单链有序表,若查找每个元素的概率相等,则查找任一元素的平均查找长度为( )。

A. $n/2$　B. $(n+1)/2$　C. $(n-1)/2$　D. $n/4$

4. 对于长度为n的顺序存储的有序表,若采用二分查找,则对元素的最长查找长度大致为( )。

A. $(n-1)/2$　B. $\log_2 n$　C. $n/2$　D. $(n+1)/2$

5. 对于长度为9的顺序存储的有序表,若采用二分查找,在等概率情况下的平均查找长度为( )。

A. 20/9　B. 18/9　C. 25/9　D. 22/9

6. 对于顺序存储的有序表(5,12,20,26,37,42,46,50,64),若采用二分查找,则查找元素26的查找长度为( )。

A. 2　B. 3　C. 4　D. 5

7. 对具有n个元素的有序表采用二分查找,则算法的时间复杂度为( )。

A. $O(n)$　B. $O(n^2)$　C. $O(1)$　D. $O(\log_2 n)$

8. 在索引查找中,若用于保存数据元素的主表的长度为n,它被均分为k个子表,每个子表的长度均为n/k,并假定对索引表和子表均采用顺序查找,则索引查找的平均查找长度为( )。

A. $n+k$　B. $k+n/k$　C. $(k+n/k)/2$　D. $(k+n/k)/2+1$

9. 在索引查找中,若用于保存数据元素的主表的长度为144,它被均分为12个子表,每个子表的长度均为12,则索引查找的平均查找长度为( )。

A. 13　B. 24　C. 12　D. 79

10. 若根据数据集合{23,44,36,48,52,73,64,58}建立散列表,采用$h(K)=K\%13$计算散列地址,并采用链接法处理冲突,则元素64的散列地址为( )。

A. 4　B. 8　C. 12　D. 13

11. 若根据数据集合{23,44,36,48,52,73,64,58}建立散列表,采用$h(K)=K\%7$计算散列地址,则同义词元素的个数最多为( )个。

A. 1　B. 2　C. 3　D. 4

12. 对于长度为m的散列表,若采用线性探测法处理冲突,假定对一个元素计算出的散列地址为d,则第一次发生冲突时再计算出的散列地址为( )。

A. d　B. $d+1$　C. $(d+1)/m$　D. $(d+1)\%m$

13. 在采用线性探测法处理冲突的散列表上,假定装填因子α的值为0.5,则查找任一元素的平均查找长度为( )。

A. 1　B. 1.5　C. 2　D. 2.5

14. 在采用链接法处理冲突的散列表上,假定装填因子α的值为4,则查找任一元素的平均查找长度为( )。

A. 3　B. 3.5　C. 4　D. 2.5

15. 在散列查找中,平均查找长度的主要相关因素为( )。

A. 散列表长度　B. 散列元素的个数

C. 装填因子　D. 处理冲突方法

16. 在5阶B树中,每个结点最多允许具有的关键字个数为( )。

A. 2　B. 3　C. 5　D. 4

17. 在一棵含有 n 个关键字的 B 树中,所有结点中空指针的个数为(　　)。

A. n　　B. $n+1$　　C. $n-1$　　D. $2n$

18. 在一棵高度为 h 的 B 树中,当插入一个新关键字时,为查找插入位置需访问的结点数为(　　)。

A. h　　B. $h+1$　　C. $h-1$　　D. $2h$

二、判断题

1. 以二分查找方法从长度为 n 的有序表中查找一个元素时,平均查找长度大于或等于 $\log_2 n$。(　　)

2. 以二分查找方法从长度为 12 的有序表中查找一个元素时,平均查找长度为 37/12。(　　)

3. 对于二分查找所对应的判定树,它既是一棵二叉排序树,又是一棵理想平衡树。(　　)

4. 假定对长度 $n=50$ 的有序表进行二分查找,则对应的判定树高度为 5。(　　)

5. 假定对长度 $n=50$ 的有序表进行二分查找,则在对应的判定树中,最后一层的结点个数为 19。(　　)

6. 在索引表中,每个索引项至少包含有索引值域和开始位置域这两项数据。(　　)

7. 假定一个集合为{12,23,74,55,63,40,82,36},若按 Key%3 条件进行划分,使得同一余数的元素成为一个子集,则余数等于 0 的子集中包含的元素个数为 3。(　　)

8. 在索引表中,若一个索引项对应主表中的一条记录,则称此索引为稀疏索引,若对应主表中的若干条记录,则称此索引为稠密索引。(　　)

9. 在稀疏索引表上进行二分查找时,若当前查找区间为空,则不是返回−1 表示查找失败,而是返回该区间的下限值。(　　)

10. 假定对长度 n 的数据表进行索引查找,并假定每个子表的长度均为 $\sqrt{n}$,则进行索引查找的平均查找长度为 $1+\sqrt{n}$ 。(　　)

11. 若对长度 $n=6\,000$ 的数据表进行二级索引存储,每级索引表中的索引项是下一级 20 个记录的索引,则二级索引表的长度为 20。(　　)

12. 假定对数据集合{38,25,74,52,48}进行散列存储,采用 $H(K)=K\%7$ 作为散列函数,若采用线性探查法处理冲突,则对散列表进行查找的平均查找长度为 2。(　　)

13. 假定对数据集合{38,25,74,52,48}进行散列存储,采用 $H(K)=K\%7$ 作为散列函数,若采用链接法处理冲突,则对散列表进行查找的平均查找长度为 7/5。(　　)

14. 在线性表的散列存储中,装填因子α又称装填系数,若用 m 表示散列表的长度,n 表示待散列存储的元素的个数,则α等于 m/n。(　　)

15. 在线性表的散列存储中,处理冲突有开放定址法和链接法。(　　)

16. 对于一棵含有 N 个关键字的 m 阶 B 树,其最小高度为 $\log_m(N+1)$。(　　)

17. 已知一棵 3 阶 B 树中含有 50 个关键字,则该树的最小高度为 5。(　　)

18. 已知一棵 3 阶 B 树中含有 50 个关键字,则该树的最大高度为 6。(　　)

19. 在一棵 9 阶的 B 树中,每个非树根结点的关键字数目最少为 4 个,最多为 8 个。(　　)

20. 在对 m 阶 B 树插入元素的过程中,每向一个结点插入一个索引项后,若该结点的索引项数等于 m,则必须把它分裂为两个结点。(　　)

21. 在从 m 阶的 B 树删除元素的过程中,当一个结点被删除掉一个索引项后,所含索引项数等于 $\lceil m/2\rceil-2$ 个,则需要从兄弟结点中调剂索引项,若不允许调剂则需要进行合并。(　　)

22. 向一棵 B 树插入元素的过程中,若最终引起树根结点的分裂,则新树与原树的高度相同。(　　)

23. 从一棵B树删除元素的过程中,若最终引起树根结点的合并,则新树比原树的高度较少1。 (　　)

三、运算题

1. 假定查找有序表A[25]中每一元素的概率相等,试分别求出进行顺序、二分和分块(假定被分为5块,每块5个元素)查找每一元素时的平均查找长度。

2. 假定一个待散列存储的数据集合为{32,75,29,63,48,94,25,46,18,70,55},散列地址空间为HT[13],若采用除留余数法构造散列函数和线性探查法处理冲突,试求出每一元素的散列地址,给出最后得到的散列表,求出平均查找长度。

3. 假定一个待散列存储的数据集合为{32,75,29,63,48,94,25,46,18,70,55},散列地址空间为HT[13],若采用除留余数法构造散列函数和链接法处理冲突,试求出每一元素的散列地址,给出最后得到的散列表,求出平均查找长度。

4. 已知一组关键字为{26,38,12,45,73,64,30,56},试依次插入关键字生成一棵3阶的B树,给出每次插入一个关键字后B树的结构,以及给出最后得到的B树中根结点数据、单关键字的结点个数、双关键字的结点个数。

5. 已知一棵3阶B树如图9-7(g)所示,假定从中删除关键字35,试画出删除后的B树结构,以及给出最后得到的B树中单关键字的结点个数、双关键字的结点个数。

第 10 章 排序

排序是进行数据检索的前提，只有在数据被排序的基础上，才能实现有效和快速的检索。数据排序分为内排序和外排序两大类。内排序的整个排序过程是在内存中进行的，即对内存数组中的数据进行排序。外排序的整个排序过程是需要不断地进行内外存数据交换的，对于存储有大量数据的文件，则必须采用外排序的方法实现。内排序的方法很多，本书主要介绍插入排序、选择排序、交换排序、归并排序等方法。外排序的方法也很多，本书只介绍了归并排序方法，它是一种比较有效和常用的外排序方法。

本章知识导图

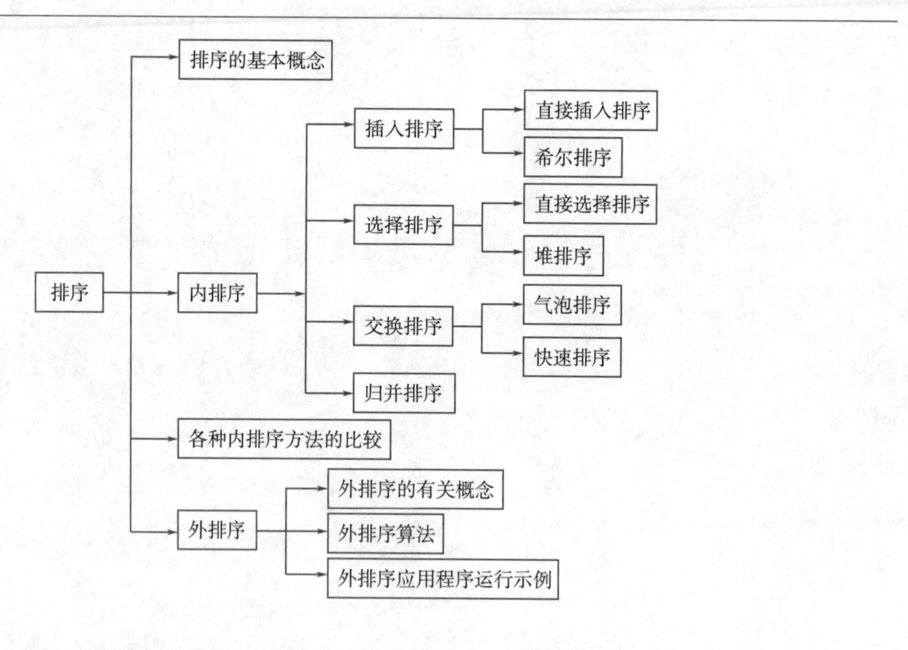

学习目标

◎了解:每一种排序的有关概念,以及时间复杂度和空间复杂度,希尔排序方法、冒泡排序方法和外排序方法的算法描述。

◎掌握:直接插入排序、直接选择排序、堆排序、快速排序、归并排序的方法和算法描述。

◎应用:能够根据已知数据表和所采用的排序方法,写出在排序过程中的数据表变化,对应堆排序和快速排序,能够给出相应的完全二叉树和搜索二叉树。

10.1 排序的基本概念

排序(sorting)是数据处理领域一种最常用的运算。排序的主要目的是方便查找。由第 9 章可知,对于一个顺序存储的集合或线性表,若不经过排序则只能进行顺序查找,其时间复杂度为 $O(n)$,若在排序的基础上进行二分查找,则时间复杂度可提高到 $O(\log_2 n)$,效果是相当显著的。

排序就是把一组记录(元素)按照某个域值的递增(即由小到大)或递减(即由大到小)的次序重新排列的过程。通常把用于排序的域称为排序域或排序项,它可以是关键字域,也可以是其他非关键字域,该域中的每一个值(它与一个记录相对应)称为排序码。为了以后讨论方便,假定排序域的域名用标识符 stn 表示。如对于具有 ElemType 类型的一条记录 x 来说,x. stn 为它的排序码。

设待排序的一组 n 个记录集合为$\{R_0,R_1,\cdots,R_{n-1}\}$,对应的排序码为$\{S_0,S_1,\cdots,S_{n-1}\}$,若排序码的递增次序为$\{S'_0,S'_1,\cdots,S'_{n-1}\}$,即 $S'_0\leqslant S'_1\leqslant\cdots\leqslant S'_{n-1}$,则排序后的记录次序为$\{R'_0,R'_1,\cdots,R'_{n-1}\}$,其中 R'_i的排序码为 $S'_i(0\leqslant i\leqslant n-1)$;若排序码的递减次序为$\{S''_0,S''_1,\cdots,S_{n-1}\}$,即 $S''_0\geqslant S''_1\geqslant\cdots\geqslant S''_{n-1}$,则排序后的记录次序为$\{R''_0,R''_1,\cdots,R''_{n-1}\}$,其中 R''_i的排序码为 $S''_i(0\leqslant i\leqslant n-1)$。

例如,在表 10-1 中,若以每个记录的职工号为关键字,以基本工资为排序码,则所有 8 条记录可简记为:

{(100,9100),(101,7600),(102,7760),(103,8950),(104,7630),(105,8800),(106,7140),(107,7760)}

表 10-1 职工登记表

职工号	姓名	性别	出生日期	基本工资(元)
100	王明	男	1971/04/25	9100
101	吴进	男	1991/03/12	7600
102	邢学	男	1983/06/28	7760
103	王兰	女	1971/03/26	8950
104	赵利	女	1994/05/03	7630
105	刘平	男	1985/12/18	8800
106	李敏	女	2002/03/26	7140
107	卢明	男	1989/12/20	7760

若按排序码的递增次序对记录进行重排,则得到的排序结果为:

{(106,7140),(101,7600),(104,7630),(102,7760),(107,7760),(105,8800),(103,8950),(100,9100)}

若以每个记录的出生日期为排序码(出生日期为 10 位字符串,其中前四位数字代表出生年份,中间两位数字代表月份,最后两位数字代表月内日号),并按出生日期从前到后的次序(即递增次序)对记录进行重新排列,则得到的排序结果为:

{(103,1971/03/26),(100,1971/04/25),(102,1983/06/28),(105,1985/12/18),(107,1989/12/20),(101,1991/03/12),(104,1994/05/03),(106,2002/03/26)}

一组记录按排序码的递增或递减次序排列得到的结果称为有序表,相应地,把排序前的状态称为无序表。递增次序又称升序或正序,递减次序又称降序、逆序或反序。若有序表是按排序码升序排列的,则称为升序表或正序表,若按相反次序排列,则称为降序表或逆序表。因为将无序表排列成正序表或逆序表的方法相同,只是排列次序正好相反而已,所以通常均按正序讨论,并且若不特别指明,所说的有序均指正序,所说的有序表均指正序表。

记录的排序码可以是记录的关键字,也可以是任何非关键字,所以排序码相同的记录可能只有一个,也可能有多个。对于具有同一排序码的多个记录来说,若采用的排序方法使排序后记录的相对次序不变(即原来在前面的记录经排序后仍在前面,原来在后面的记录经排序后仍在后面,当然会由远邻变为相邻),则称此排序方法是稳定的,否则称此排序方法是不稳定的。如假定一组记录的排序码为(23,15,72,18,23,40),其中排序码同为23的记录有两个,为了加以区别,后一个记录的排序码23人为地加上了下画线。若一种排序方法使排序后的结果必然为(15,18,23,23,40,72),则称此排序方法是稳定的;若一种排序方法使排序后的结果可能为(15,18,23,23,40,72),则称此排序方法是不稳定的。

按照排序过程中所使用的内、外存情况不同,可把排序分为内排序和外排序两大类。若排序过程全部在内存数组中进行,则称为内排序;若排序过程需要不断地进行内存和外存之间的数据交换,并且排序的原始数据和结果都为外存文件,则称为外排序。显然,外排序速度比内排序速度要慢得多。对于一些较大的文件,由于内存容量的限制,不能一次装入内存进行内排序,只得采用外排序来完成。内排序和外排序各有许多不同的排序方法,本书主要对内排序的各种方法进行讨论,对外排序只介绍适应于磁盘(光盘、U盘)文件的二路归并排序算法。内排序方法有许多种,按排序思路的不同,可归纳为五类:插入排序、选择排序、交换排序、归并排序和分配排序。分配排序使用较少,本章将讨论前四类中的一些常用排序方法。

在内排序中,待排序的 n 个记录或 n 个记录的索引项(每个记录的索引项通常包括该记录的关键字码、排序码和记录的存储地址等部分)通常是从外存文件中读入到内存一维数组中的,排序过程就是对记录的排序码进行比较以及记录在数组中的移动过程,排好序后再写到外存。当一种排序方法使排序过程在最坏或平均情况下所进行的比较和移动次数越少,则说明该方法的时间复杂度就越好,否则就越坏。分析一种排序方法,不仅要分析它的时间复杂度,而且要分析它的空间复杂度、稳定性和简单性等因素。

10.2 插入排序

10.2.1 直接插入排序

插入排序主要包括直接插入排序和希尔排序两种。直接插入排序(straight insertion sorting)是一种简单的排序方法,在第3章中已经作了详细讨论,这里不再赘述。下面只给出相应的C语言算法描述。

```
void insertSort(ElemType A[],int n)
{   //对数组A中的n个元素进行直接插入排序
    ElemType x;
    int i,j;
    for(i=1;i<n;i++){                  //i表示插入次数,共进行n-1次插入
        x=A[i];                        //暂存待插入有序表中的元素A[i]的值
        for(j=i-1;j>=0;j--)            //为后面无序表中的首元素插入前面有序表寻找位置
            if(x.stn<A[j].stn)A[j+1]=A[j];  //从后向前进行顺序比较和移动
            else break;                //当x的排序码大于或等于A[j]的排序码时离开循环
        A[j+1]=x;                      //把原A[i]的值插入下标为j+1的已空出位置
    }
}
```

直接插入排序的时间复杂度为 $O(n^2)$。

在直接插入排序中，若采用二分查找而不是顺序查找待插入元素的插入位置，则可减少记录的最大和平均比较的总次数，使排序速度有所提高，但提高不会太大，因为移动记录的总次数不受改变，其时间复杂度仍为 $O(n^2)$。

由上面对直接插入排序的算法过程可知，当待排序记录为正序或接近正序时，所用的比较和移动次数较少，当待排序记录为逆序或接近逆序时，所用的比较和移动次数较多，所以直接插入排序更适合于原始数据基本有序（即正序）的情况。

在直接插入排序中，只使用一个临时工作单元 x 暂存待插入的元素，所以其空间复杂度为 $O(1)$。另外，直接插入排序算法是稳定的，因为具有同一排序码的后一元素必然插在具有同一排序码的前一元素的后面，即相对次序保持不变。

最后还需要指出，直接插入排序的方法不仅适用于顺序表（即数组），而且适用于单链表，不过在单链表上进行直接插入排序时，不是移动记录的位置，而是修改相应的指针。

10.2.2　希尔排序

希尔（Shell）排序又称缩小增量排序（diminishing increment sort），它是对直接插入排序的一种改进方法，是由希尔（D. L. Shell，有的书上翻译成“谢尔”）于 1959 年提出的。希尔排序的过程是：首先以 $d_1(0<d_1<n-1)$ 为步长，把数组 A 中 n 个元素分为 d_1 个组，使下标距离为 d_1 的元素在同一组中，即 $A[0],A[d_1],A[2d_1],\cdots$ 为第一组，$A[1],A[d_1+1],A[2d_1+1],\cdots$ 为第二组，$\cdots$，$A[d_1-1],A[2d_1-1],A[3d_1-1],\cdots$ 为最后一组（即第 d_1 组），接着在每个组内进行直接插入排序；然后再以 $d_2(d_2<d_1)$ 为步长，在上一步排序的基础上，把 A 中的 n 个元素重新分为 d_2 个组，使下标距离为 d_2 的元素在同一组中，接着在每个组内进行直接插入排序；依此类推，直到 $d_t=1$，把所有 n 个元素看作一组，进行直接插入排序为止。

在希尔排序中，开始步长（增量）较大，分组较多，每个组内的记录条数较少，因而记录的比较和移动次数都较少，且移动距离较远；越到后来步长越小（最后一步为 1），分组越少，每个组内的记录条数也越多，但同时记录次序也越来越接近有序，同时记录的比较和移动次数也都较少。从理论和实验上都已证明，在希尔排序中，记录的总的比较次数和总的移动次数比直接插入排序时要少得多，特别是当 n 越大时效果越明显。

对希尔排序的理论分析提出了许多困难的数学问题，特别是如何选择增量（步长）序列才能产生最快的排序效果，至今没有得到解决。希尔本人最初提出取 $d_1=\lfloor n/2\rfloor, d_{i+1}=\lfloor d_i/2\rfloor, d_t=1$，其中 $1\leqslant i\leqslant t-1, t=\lfloor \log_2 n\rfloor$；后来有人提出取 $d_1=\lfloor n/3\rfloor, d_{i+1}=\lfloor d_i/3\rfloor, d_t=1$，其中 $1\leqslant i\leqslant t-1, t=\lfloor \log_3 n\rfloor$；等等。一般选取增量序列的规则是：取 d_{i+1} 在 $\lfloor d_i/3\rfloor$ 至 $\lfloor d_i/2\rfloor$ 之间，其中 $0\leqslant i\leqslant t-1, d_t=1$，并假定 $d_0=n$；同时要使得增量序列中的每两个或多个值之间没有除 1 之外的公因子。若按照这种规则选取增量序列，希尔排序的时间复杂度在 $O(n\log_2 n)$ 和 $O(n^2)$ 之间。

假定有 10 个待排序元素的排序码为：

$$(36,48,25,52,\underline{25},65,43,58,32,16)$$

若按 $d_{i+1}=\lfloor d_i/2\rfloor$ 选取增量序列，则取 $d_1=5, d_2=2$ 和 $d_3=1$。图 10-1 给出了取每一增量时所得到的排序结果。首先 $d_1=5$，把 10 个元素分为 5 组，每组均有两个元素，对每一组分别进行直接插入排序；接着 $d_2=2$，在上一步分组排序结果的基础上，重新把 10 个元素分为 2 组，每组均有 5 个元素，其中下标为偶数的元素为一组，下标为奇数的元素为另一组，对每一组再分别进行直接插入排序；最后 $d_3=1$，在 $d_2=2$ 分组排序结果的基础上，把所有 10 个元素看作一组进行直接插入排序，此步得到的结果就是希尔排序的最后结果。

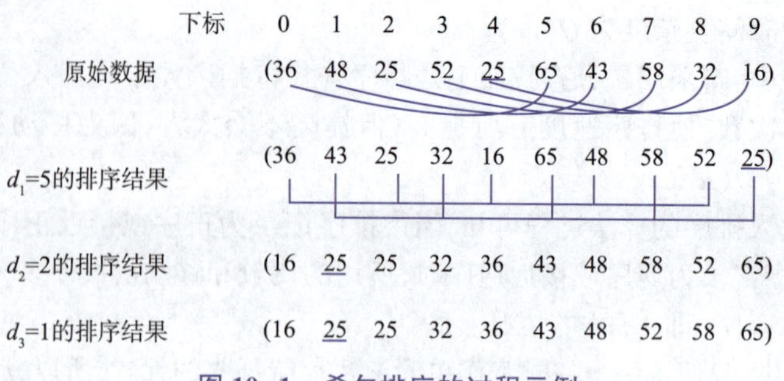

图 10-1 希尔排序的过程示例

希尔排序是不稳定的,这从图 10-1 可以得到证明。

下面给出希尔排序的算法描述,假定按 $d_{i+1}=\lfloor d_i/2\rfloor$ 选择增量序列,直到最后一个增量值为 1 止。

```
void shellSort(ElemType A[],int n)
{    //利用希尔排序的方法对数组 A 中的 n 个元素进行排序
    ElemType x;
    int i,j,d;
    for(d=n/2;d>=1;d/=2)
    {    //按不同增量进行排序
        for(i=d;i<n;i++)
        {    //将 A[i]元素直接插入到对应分组的有序表中
            x=A[i];
            for(j=i-d;j>=0;j-=d)
            {    //在组内向前顺序进行比较和移动
                if(x.stn<A[j].stn)A[j+d]=A[j];
                else break;          //查找到合适位置就退出 j 循环
            }
            A[j+d]=x;                //将 A[i]的值放入合适位置
        }
    }
}
```

虽然希尔排序的算法是三重循环,但只有中间 for 循环是 n 数量级的,外 for 循环为 $\log_2 n$ 数量级,内 for 循环也远远低于 n 数量级,因为当分组较多时,组内元素较少,所以此循环的次数就较少,当分组逐渐减少时,组内元素也逐渐增多,但由于记录也逐渐接近有序,所以此循环中记录的移动次数不会随之增加。总之,希尔排序的时间复杂度在 $O(n\log_2 n)$ 和 $O(n^2)$ 之间,大致为 $O(n\sqrt{n})$。

10.3 选择排序

10.3.1 直接选择排序

选择排序主要包括直接选择排序和堆排序两种。直接选择排序(straight select sorting)也是一种简单的排序方法。它每次从待排序的区间中选择出具有最小排序码的元素,把该元素与该区间的第一个元素交换位置。第一次(即开始)待排序区间包含所有元素 $A[0]\sim A[n-1]$,经过选择和交换后,$A[0]$为具有最小排序码的元素;第二次待排序区间为 $A[1]\sim A[n-1]$,经过选择和交换后,$A[1]$

为仅次于$A[0]$的具有最小排序码的元素；第三次待排序区间为$A[2]\sim A[n-1]$，经过选择和交换后，$A[2]$为仅次于$A[0]$和$A[1]$的具有最小排序码的元素；依此类推，经过$n-1$次选择和交换后，$A[0]\sim A[n-1]$就成为有序表，整个排序过程结束。

在直接选择排序过程中，其前面有序元素构成一个有序表，后面无序元素构成一个无序表，开始时有序表为空，无序表包含全部n个元素，每经过一次选择和交换后，前面的有序表就增加一个元素，后面的无序表就减少一个元素，这样经过$n-1$次后有序表包含$n-1$个元素，无序表中只剩下一个元素，无须再排，肯定是具有最大值的元素，至此排序结束。

直接选择排序的算法描述为：

```
void selectSort(ElemType A[],int n)
{   //采用直接选择排序的方法对数组A中的n个元素排序
    ElemType x;
    int i,j,k;
    for(i=1;i<=n-1;i++){            //i表示次数,共进行n-1次选择和交换
        k=i-1;                      //用k保存当前最小排序码元素的下标,初值为i-1
        for(j=i;j<=n-1;j++)
        {                           //从当前排序区间中顺序查找出具有最小排序码的元素A[k]
            if(A[j].stn<A[k].stn)k=j;
        }
        if(k! =i-1){ //把A[k]对调到该排序区间的第一个位置,即i-1位置
            x=A[i-1];A[i-1]=A[k];A[k]=x;
        }
    }
}
```

在直接选择排序中，共需要进行$n-1$次选择和交换，每次选择需要比较$n-i$次，其中$1\leqslant i\leqslant n-1$，每次交换最多需移动3次记录，故

总比较次数 $$C=\sum_{i=1}^{n-1}(n-i)=\frac{1}{2}(n^2-n)$$

总移动次数（即最大值） $$M=\sum_{i=1}^{n-1}3=3(n-1)$$

可见，直接选择排序的时间复杂度为$O(n^2)$，但由于其移动记录的总次数为$O(n)$数量级，所以当记录占用的字节数较多时通常比直接插入排序的执行速度要快一些。

由于在直接选择排序中存在着不相邻元素之间的互换，因而可能会改变具有相同排序码元素的前后位置，所以此方法是不稳定的排序方法。

10.3.2 堆排序

堆排序（heap sorting）是利用堆的特性进行排序的过程。堆排序包括构成初始堆和利用堆排序两个阶段。堆分为小根堆和大根堆两种，在堆排序中需要使用大根堆。

1. 构建初始堆的过程说明

构成初始堆就是把待排序的元素序列$\{R_0,R_1,\cdots,R_{n-1}\}$，按照堆的定义调整为堆$\{R'_0,R'_1,\cdots,R'_{n-1}\}$，其中对应的排序码$S'_i\geqslant S'_{2i+1}$和$S'_i\geqslant S'_{2i+2}$，$0\leqslant i\leqslant\lfloor n/2\rfloor-1$。为此需从对应的完全二叉树中编号最大的分支结点（即编号为$\lfloor n/2\rfloor-1$的结点）起，至整个树根结点（即编号为0的结点）止，依次对每个分支结点进行"筛"运算，以便形成以每个分支结点为根的堆，当最后对树根结点进行筛运算后，整个树就调整成为一个初始堆。

下面讨论如何对每个分支结点$R_i(0\leqslant i\leqslant\lfloor n/2\rfloor-1)$进行筛运算，以便构成以$R_i$为根的堆。因

为，当对 R_i 进行筛运算时，比它编号大的分支结点都已进行过筛运算，即已形成了以各个分支结点为根的堆，其中包括以 R_i 的左、右孩子结点 R_{2i+1} 和 R_{2i+2} 为根的堆，当然若孩子结点为叶子结点，则认为叶子结点自然成为一个堆。所以，对 R_i 进行筛运算是在其左、右子树均为堆的基础上进行的。

对 R_i 进行筛运算的过程为：首先把 R_i 的排序码 S_i 与两个孩子中排序码较大者 S_j($j=2i+1$ 或 $2i+2$)进行比较，若 $S_i \geqslant S_j$，则以 S_i 为根的子树成为堆，筛运算完毕，否则 R_i 与 R_j 互换位置，互换后可能破坏以 R_j(此时的 R_j 的值为原来的 R_i 的值)为根的堆，接着再把 R_j 与它的两个孩子中排序码较大者进行比较，依此类推，直到父结点的排序码大于或等于孩子结点中较大的排序码或者孩子结点为空时止。这样，以 R_i 为根的子树就被调整为一个堆。在对 R_i 进行的筛运算中，若它的排序码较小，则会被逐层下移，就像过筛子一样，小的被漏下去，大的被选上来，所以把构成(建立)堆的过程形象地称为筛运算。

2. 构建初始堆的过程示例

图 10-2 给出了对待排序元素的排序码序列(36,48,25,52,<u>25</u>,65,43,58,32,16)构建初始堆的全过程。因结点数 $n=10$，所以从编号为 4 的分支结点起至树根结点止，依次对每个分支结点进行筛运算。图 10-2(a)所示为按照原始排序码序列所构成的完全二叉树，图 10-2(b)~(f)所示为依次对每个分支结点进行筛运算后所得到的结果，其中图 10-2(f)所示为最后构成的初始堆。

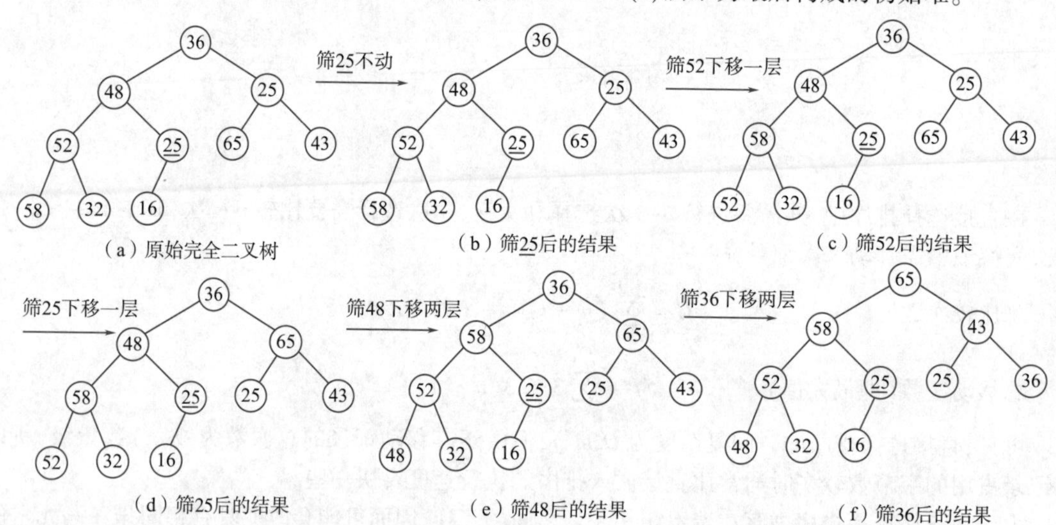

图 10-2 根据完全二叉树构成初始堆的图形示例

3. 进行筛运算的算法描述

假定待排序的 n 个元素存放于一维数组 A 中，并假定以 $A[i+1]$ 至 $A[n-1]$ 的每个元素为根的子树均已成为堆，则对 $A[i]$ 进行筛运算使以 $A[i]$ 为根的子树成为堆的算法描述为：

```
void sift(ElemType A[],int n,int i)
{   //对A[n]数组中的A[i]元素进行筛运算,形成以A[i]为根的堆
    ElemType x=A[i];            //把待筛结点的值暂存于x中
    int j=2*i+1;                //A[j]是A[i]的左孩子
    while(j<=n-1){              //当A[i]的左孩子不为空时执行循环
        //若右孩子的排序码较大,则把j修改为右孩子的下标
        if(j<n-1 && A[j].stn<A[j+1].stn)j++;
        //将A[j]调到双亲位置上,修改i和j的值,以便继续向下筛
        if(x.stn<A[j].stn){
```

```
            A[i]=A[j];i=j;j=2*i+1;
        }
        //查找到 x 的最终位置,终止循环
        else break;
    }
    A[i]=x;                     //被筛结点的值放入最终位置
}
```

4. 进行堆排序过程的图形示例

根据堆的定义和上面建堆的过程可以知道,编号为 0 的结点 $A[0]$(即堆顶)是堆中 n 个结点中排序码最大的结点。所以利用堆排序的过程比较简单,首先把 $A[0]$ 与 $A[n-1]$ 对换,使 $A[n-1]$ 为排序码最大的结点,接着对 $A[0]$(即对调前的 $A[n-1]$ 的值)在前 $n-1$ 个结点中进行筛运算,又得到 $A[0]$ 为当前区间 $A[0]$ 至 $A[n-2]$ 内具有最大排序码的结点,接着把 $A[0]$ 同当前区间内的最后一个结点 $A[n-2]$ 对换,使 $A[n-2]$ 为次最大排序码结点,这样经过 $n-1$ 次对换和筛运算后,所有结点成为有序,排序结束。

假定在图 10-2(f)已构成堆的基础上进行堆排序,则经过 9 次对换和筛运算后,就完成了堆排序,其排序过程如图 10-3 所示。

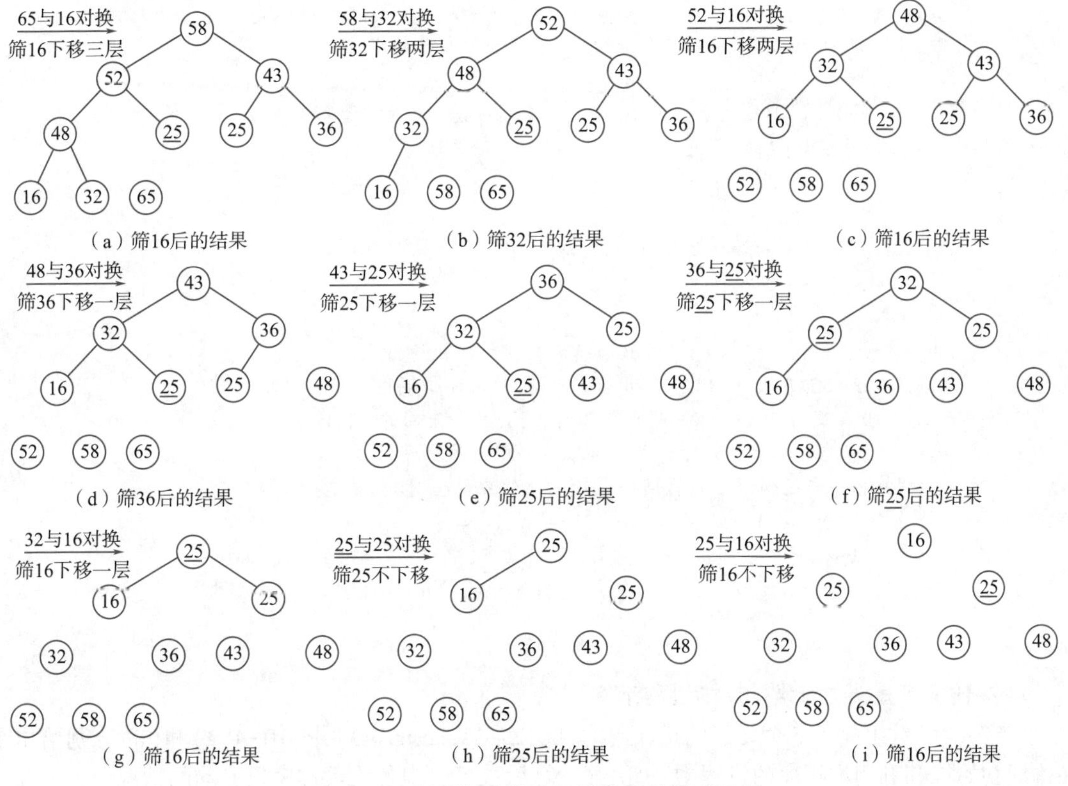

图 10-3 利用初始堆进行堆排序的图形示例

5. 堆排序的算法描述

堆排序的算法描述为:

```
void heapSort(ElemType A[],int n)
{   //利用堆排序的方法对数组 A 中的 n 个元素进行排序
    ElemType x;
    int i;
```

```
    for(i=n/2-1;i>=0;i--)sift(A,n,i);     //建立初始堆
    for(i=1;i<=n-1;i++){     //进行 n-1 次循环,完成堆排序
        //将树根结点的值同当前区间内最后一个结点的值对换
        x=A[0];A[0]=A[n-i];A[n-i]=x;
        //筛 A[0]结点,得到 n-i 个结点的堆
        sift(A,n-i,0);
    }
}
```

6. 堆排序的递归算法

进行整个堆排序的过程,也可以写成递归算法,这只要把上面介绍的两个算法合二为一,并做适当修改后即可得到,如下所示。

```
void heapSortDG(ElemType A[],int n,int i)
{   //对数组 A[]中的 n 个元素进行堆排序的递归算法,i 的初值应为 n/2-1
    if(n<=1)return;            //若 A 中的元素个数不大于 1 则无序再排序直接返回
    if(i>=0){                  //对一个分支结点进行筛运算
        ElemType x=A[i];       //把待筛结点的值暂存于 x 中
        int j=2*i+1;           //A[j]是 A[i]的左孩子
        while(j<=n-1){         //当 A[i]的左孩子不为空时执行循环
            //若右孩子的排序码较大,则把 j 修改为右孩子的下标
            if(j<n-1 && A[j].stn<A[j+1].stn)j++;
            //将 A[j]调到双亲位置上,修改 i 和 j 的值,以便继续向下筛
            if(x.stn<A[j].stn){
                A[i]=A[j];i=j;j=2*i+1;
            }
            //查找到 x 的最终位置,终止循环
            else break;
        }
        A[i]=x;                //被筛结点的值放入最终位置
        heapSortDG(A,n,i-1);   //开始时 n/2-1 次递归调用构成初始堆
    }   //但当 i 变为 0,i-1 为-1,再调用时,将会执行下面的 else 子句
    else {    //进入此子句进行建立初始堆后的堆排序阶段
        //将树根结点的值同当前区间内最后一个结点的值对换
        ElemType x=A[0];A[0]=A[n-1];A[n-1]=x;
        //当 n>1 时,通过递归调用,每次筛 A[0]结点,得到 n-1 个结点的堆
        if(n>1)heapSortDG(A,n-1,0);//共递归调用 n-1 次
    }
}
```

7. 在数组上直接进行堆排序的过程示例

假定 $n=6$,数组 A 中 6 个元素的排序码为(36,25,48,12,65,43),图 10-4(a)和(b)分别给出了在构成初始堆和利用堆排序的过程中,每次筛运算后数组 A 中各元素排序码变动的情况。

下标	0	1	2	3	4	5	
(0)	36	25	48	12	65	43	//筛48时不用移动
(1)	36	25	48	12	65	43	//筛25时与65对调
(2)	36	65	48	12	25	43	//筛36时与65对调
(3)	65	36	48	12	25	43	//筛36后的结果

(a) 构成初始堆的过程

图 10-4　堆排序的全过程示例

(0)	65	36	48	12	25	43	//初始堆
(1)	48	36	43	12	25	65	//65与43对调后筛43的结果
(2)	43	36	25	12	48	65	//48与25对调后筛25的结果
(3)	36	12	25	43	48	65	//43与12对调后筛12的结果
(4)	25	12	36	43	48	65	//36与25对调后筛25的结果
(5)	12	25	36	43	48	65	//25与12对调后筛12的结果

(b) 利用堆排序的过程

图 10-4 堆排序的全过程示例(续)

8. 堆排序的性能分析

在整个堆排序中,共需要进行 $n+\lfloor n/2\rfloor-1$ 次(约 $3n/2$ 次)筛运算,每次筛运算进行父子或兄弟结点的排序码的比较次数和记录的移动次数都不会超过完全二叉树的高度,所以每次筛运算的时间复杂度为 $O(\log_2 n)$,故整个堆排序过程的时间复杂度为 $O(n\log_2 n)$。另外,由于在堆排序中需要进行不相邻位置间元素的移动和交换,所以它也是一种不稳定的排序方法。

直接选择排序和堆排序都属于选择类型的排序,下面比较它们的差别。在直接选择排序中,共需进行 $n-1$ 次选择,每次从待排序的区间(对应无序表)中选择一个最小值,而选择最小值的方法是通过顺序比较实现的,其时间复杂度为 $O(n)$,所以整个直接选择排序的时间复杂度为 $O(n^2)$。在堆排序中,同样需要进行 $n-1$ 次选择,每次从待排序区间(即当前筛运算的区间)中选择一个最大值,而选择最大值的方法是在各子树已是堆的基础上对根结点进行筛运算(即树形比较)实现的,其时间复杂度为 $O(\log_2 n)$,所以整个堆排序的时间复杂度为 $O(n\log_2 n)$。显然,堆排序比直接选择排序的速度要快得多。另外,直接选择排序和堆排序都是不稳定的,空间复杂度也都为 $O(1)$。

10.4 交换排序

10.4.1 气泡排序

交换排序包括气泡排序和快速排序两种。气泡排序(bubble sorting)又称冒泡排序,它也是一种简单的排序方法。它通过相邻元素之间的比较和交换使排序码较小的元素逐渐从底部移向顶部,即从下标较大的单元移向下标较小的单元,就像水底下的气泡一样逐渐向上冒。当然,随着排序码较小的元素逐渐上移,排序码较大的元素也逐渐下移。气泡排序过程可具体描述为:首先将 $A[n-1]$ 元素的排序码同 $A[n-2]$ 元素的排序码进行比较,若 $A[n-1].stn<A[n-2].stn$,则交换两元素的位置,使轻者(即排序码较小的元素)上浮,重者(即排序码较大的元素)下沉,接着比较 $A[n-2]$ 同 $A[n-3]$ 元素的排序码,同样使轻者上浮,重者下沉,依此类推,直到比较 $A[1]$ 同 $A[0]$ 元素的排序码,并使轻者上浮重者下沉后,第一趟排序结束,此时 $A[0]$ 为具有最小排序码的元素,因为它依次小于每个元素的排序码;然后在 $A[n-1]\sim A[1]$ 排序区间内进行第二趟排序,使次最小排序码的元素被上浮到下标为 1 的位置;重复进行 $n-1$ 趟后,整个气泡排序结束。

例如,假定有 8 个元素的排序码为(26,55,34,22,48,84,$\underline{34}$,67),图 10-5 给出了进行气泡排序的过程,其中中括号为下一趟排序的区间,中括号前面的一个排序码为本趟排序上浮出来的最小排序码,箭头表示在本趟排序中较小排序码最终上浮的位置。在此过程中,从第 5 趟排序起,没有出现排序码元素的交换,表明元素已经有序,以后各趟的排序无须进行。

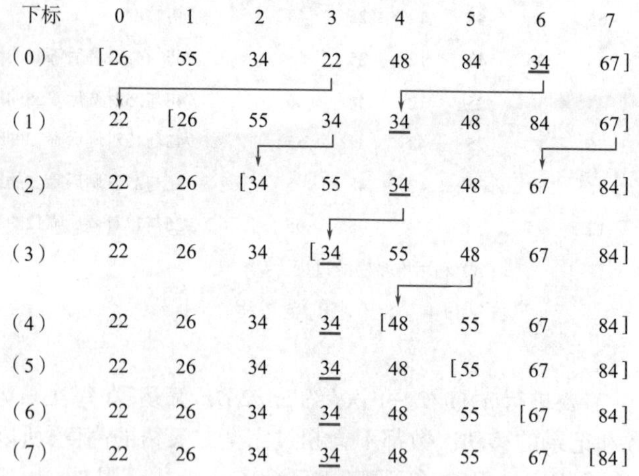

下标	0	1	2	3	4	5	6	7
(0)	[26	55	34	22	48	84	34	67]
(1)	22	[26	55	34	34	48	84	67]
(2)	22	26	[34	55	34	48	67	84]
(3)	22	26	34	[34	55	48	67	84]
(4)	22	26	34	34	[48	55	67	84]
(5)	22	26	34	34	48	[55	67	84]
(6)	22	26	34	34	48	55	[67	84]
(7)	22	26	34	34	48	55	67	[84]

图 10-5　气泡排序的过程示例

气泡排序的算法描述为：

```
void bubbleSort(ElemType A[],int n)
{   //采用气泡排序的方法对数组 A 中的 n 个元素排序
    ElemType x;
    int i,j,flag;
    for(i=1;i<=n-1;i++){            //i 表示趟数,最多进行 n-1 趟
       flag=0;                       //flag 表示每一趟是否有交换
       for(j=n-1;j>=i;j--)           //进行第 i 趟排序
          if(A[j].stn<A[j-1].stn){
             x=A[j-1];A[j-1]=A[j];A[j]=x;
             flag=1;                 //置 1 表示有交换
          }
       if(flag==0)return;            //进行一趟后若无交换则排序完成应返回
    }
}
```

从气泡排序算法可以看出，若待排序元素为有序（即正序，最好情况），则只需进行一趟排序，其记录（元素）的比较次数为 $n-1$ 次，且不移动记录；反之，若待排序元素为逆序（最坏情况），则需进行 $n-1$ 趟排序，其比较次数为 $\sum_{i=1}^{n-1}(n-i)=\frac{1}{2}n(n-1)$ 次，移动次数为 $\sum_{i=1}^{n-1}3(n-i)=\frac{3}{2}n(n-1)$ 次，因为每次交换需移动三次记录；在平均情况下，比较和移动记录的总次数大约为最坏情况下的一半。因此，气泡排序算法的时间复杂度为 $O(n^2)$。由于气泡排序通常比直接插入排序和直接选择排序需要移动较多次数的记录，所以它是三种简单排序方法中速度最慢的一个。另外，气泡排序是稳定的排序。

10.4.2　快速排序

1. 快速排序的过程说明

快速排序（quick sorting）又称划分排序。顾名思义，它是目前所有排序方法中速度最快的一种。快速排序是对气泡排序的一种改进方法，在气泡排序中，进行元素（记录）的比较和交换是在相邻单元中进行的，记录每次交换只能上移或下移一个相邻位置，因而总的比较和移动次数较多；在快速排序中，记录的比较和交换是从两端向中间进行的，排序码较大的记录一次就能够交换到后面单元，排序码较小的记录一次就能够交换到前面单元，记录每次移动的距离较远，因而总的比较和移动次数较少。

快速排序的过程为：首先从待排序区间（开始时为 $A[0] \sim A[n-1]$）中选取一个元素（为方便起见，一般选取该区间的第一个元素，若不是，则要把它同第一个元素交换位置）作为比较的基准元素，通过从区间两端向中间顺序进行比较和交换，使前面单元中只保留不大于基准元素排序码的元素，后面单元中只保留不小于基准元素排序码的元素，而把每次在前面单元中碰到的大于基准元素排序码的那个元素同每次在后面单元中碰到的小于基准元素排序码的那个元素交换位置，当所有元素的排序码都比较过一遍后，把基准元素交换到前后两部分单元的交界处，这样，前面单元中所有元素的排序码均小于或等于基准元素的排序码，后面单元中所有元素的排序码均大于或等于基准元素的排序码，基准元素的当前位置就是排序后此元素的最终位置，然后再对基准元素的前后两个子区间分别进行快速排序，即重复上述过程，当一个区间为空或只包含一个元素时，就结束该区间上的快速排序过程。

在快速排序中，把待排序区间按照第一个元素（即基准元素）的排序码分为前后（又称左右）两个子区间的过程称为一次划分。设待排序区间为 $A[s] \sim A[t]$，其中 s 为区间下限，t 为区间上限，$s<t$，$A[s]$ 为该区间的基准元素。当进行第一次划分时，s 和 t 的值分别为 0 和 $n-1$，n 为待进行快速排序的数组 A 中元素的个数。为了实现一次划分，首先让 i 和 j 的初值分别为 $s+1$ 和 t，接着使 i 依次向后移动，并使每一元素 $A[i]$ 的排序码同 x 的排序码（x 暂存基准元素 $A[s]$ 的值）进行比较，当碰到 $A[i]$. stn>x. stn 或者 $i>j$ 时止，若此时 $i \leqslant j$，再让 j 从 t 开始，依次向前移动，并使每一元素 $A[j]$ 的排序码同 x 的排序码进行比较，当碰到 $A[j]$. stn<x. stn 或者 $j<i$ 时止，若此时 i 小于 j 则交换 $A[i]$ 与 $A[j]$ 的值。接着让 i 继续向后移动，让 j 继续向前移动，继续从两边向中间进行比较和交换，直到 $i>j$ 为止。此时 i 等于 j 加 1，而 $A[s] \sim A[j]$ 元素的排序码必然小于或等于基准元素 $A[s]$ 的排序码，$A[j+1] \sim A[t]$ 元素的排序码必然大于或等于基准元素 $A[s]$ 的排序码，把 $A[s]$ 同 $A[j]$ 交换其值后，就完成了一次划分。此时得到了前后两个子区间，分别为 $A[s] \sim A[j-1]$ 和 $A[j+1] \sim A[t]$，其中前一区间元素的排序码均小于或等于基准元素的排序码，后一区间元素的排序码均大于或等于基准元素的排序码。

2. 一次划分的过程示例

微视频

快速排序中一次划分的过程示例

例如，设待排序的区间为 $A[0] \sim A[9]$，其 10 个元素的排序码序列为：

(46,73,32,54,25,40,48,93,<u>25</u>,33)

下面给出按照 $A[0]$ 元素的排序码 46 进行一次划分的过程，如图 10-6 所示。

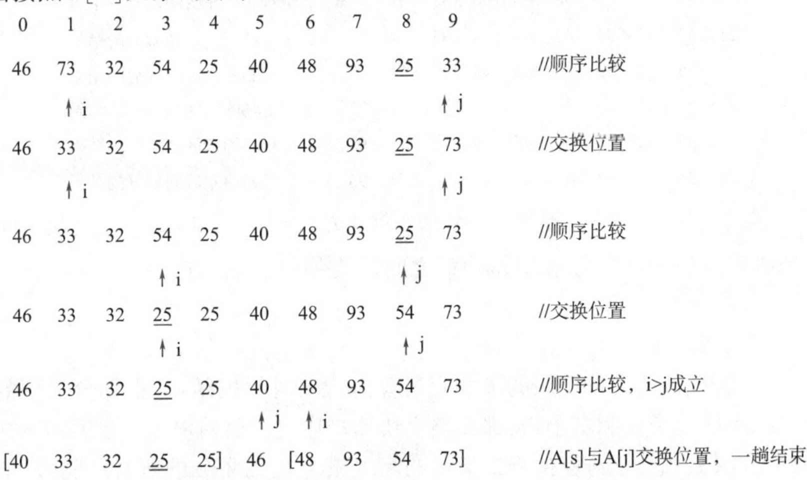

图 10-6 在快速排序中进行一次划分的过程示例

3. 快速排序的算法描述

根据以上分析,编写出快速排序的递归算法如下:

```
void quickSort(ElemType A[],int s,int t)
{  //采用快速排序方法对数组A中A[s]至A[t]区间进行排序,
   //开始进行非递归调用时s和t的初值应分别为0和n-1
   //对当前排序区间进行一次划分
   int i=s+1,j=t;        //给i和j赋初值
   ElemType x=A[s];      //把基准元素的值暂存x中
   while(i<=j){
      while(A[i].stn<=x.stn && i<=j)i++;  //从前向后顺序比较
      while(A[j].stn>=x.stn && j>=i)j--;  //从后向前顺序比较
      if(i<j){        //当条件成立时交换A[i]和A[j]的值
         ElemType temp=A[i];A[i]=A[j];A[j]=temp;
         i++;j--;
      }
   }
   //交换A[s]和A[j]的值,得到前后两个子区间A[s]~A[j-1]和A[j+1]~A[t]
   if(s! =j){A[s]=A[j];A[j]=x;}
   //在当前左区间内超过一个元素的情况下递归处理左区间
   if(s<j-1)quickSort(A,s,j-1);
   //在当前右区间内超过一个元素的情况下递归处理右区间
   if(j+1<t)quickSort(A,j+1,t);
}
```

4. 快速排序数据的完整过程示例

仍以图10-6第一行元素的排序码为例,图10-7给出了在调用快速排序算法的过程中,对每个区间划分后排序码(代表各自元素)的排列情况,其中加蓝色的中括号区间为当前待排序区间。

0	1	2	3	4	5	6	7	8	9	
[46	73	32	54	25	40	48	93	25	33]	//原始数据
[40	33	32	25	25]	46	[48	93	54	73]	//一次划分后的结果
[25	33	32	25]	40	46	[48	93	54	73]	//对46的左区间划分的结果
25	[33	32	25]	40	46	[48	93	54	73]	//对40的左区间划分的结果
25	[25	32]	33	40	46	[48	93	54	73]	//对25的右区间划分的结果
25	25	32	33	40	46	[48	93	54	73]	//对33的左区间划分的结果
25	25	32	33	40	46	48	[93	54	73]	//对46的右区间划分的结果
25	25	32	33	40	46	48	[73	54]	93	//对48的右区间划分的结果
25	25	32	33	40	46	48	54	73	93	//对93的左区间划分的结果

图10-7　快速排序的过程示例

因为在快速排序方法中存在着不相邻元素之间的交换,所以快速排序也是一种不稳定的排序方法。

5. 快速排序的性能分析

在快速排序中,若把每次划分所用的基准元素看作二叉树的根结点,把划分得到的左区间和右区间看作这个根结点的左子树和右子树,那么整个快速排序过程就对应着一棵具有 n 个元素的搜索二叉树,所需划分的层数就等于对应搜索二叉树的高度减1,所需划分的所有区间数(它包括开始非递归调用使用的区间和每次递归调用所使用的区间的总个数)等于对应搜索二叉树中分支结点数。例如,图10-7的快速排序过程所对应的搜索二叉树如图10-8(a)所示。该树的高度为6,分支结点

数为 8,所以该排序过程需要进行 5 层划分,共包含 8 个划分区间,其中每层包含的划分区间数依次为 1、2、2、2 和 1。

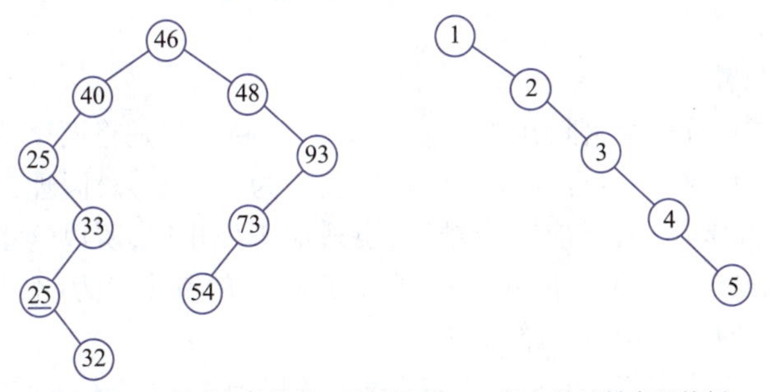

（a）图10-7所对应的搜索二叉树示例　　（b）快速排序的特例

图 10-8　快速排序示例所对应的搜索二叉树示例

在快速排序中,记录的移动次数通常小于记录的比较次数,因为只有当记录出现逆序(即 $A[i]$.stn>$A[s]$.stn 同时 $A[j]$.stn<$A[s]$.stn)时才需要把 $A[i]$ 同 $A[j]$ 交换值,即移动记录。因此,讨论快速排序算法的时间复杂度只要按它的比较次数讨论即可。为了讨论方便,假定由快速排序过程得到的搜索二叉树是一棵理想平衡树。在理想平衡树中,结点数 n 同高度 h 的关系为 $\log_2 n<h\leqslant\log_2 n+1$,且前 $h-1$ 层都是满的,最后一层为叶子结点。由快速排序算法可知,进行每一层所有区间的划分时,需要比较记录的总次数小于或等于 n 次,所以快速排序过程中比较记录的总次数 C 小于或等于 $n(h-1)$,因 $h-1\leqslant\log_2 n$,故总次数 $C\leqslant n\log_2 n$。

由以上分析可知,在快速排序过程得到的是一棵理想平衡树的情况下,其算法的时间复杂度为 $O(n\log_2 n)$。当然这是最好的情况,在一般情况下,由快速排序得到的是一棵随机的搜索二叉树,树的具体结构与每次划分时选取的基准元素有关。理论上已经证明,在平均情况下,快速排序的比较次数是最好情况下的 2ln2 倍,约 1.39 倍。所以在平均情况下快速排序算法的时间复杂度仍为 $O(n\log_2 n)$,并且系数比其他同数量级的排序方法要小。大量的实验结果已经证明:当 n 较大时,它是目前为止在平均情况下速度最快的一种排序方法。另外,在平均和最好情况下快速排序算法的空间复杂度为 $O(\log_2 n)$,显然它比前面讨论过的所有排序方法要多占用一些辅助存储空间。

快速排序的最坏情况是得到的搜索二叉树为一棵单支树,如待排序区间上的记录已为正序或逆序时就是如此,图 10-8(b)给出了正序为 5 个元素(1,2,3,4,5)时的情况。在这种情况下共需要进行 $n-1$ 层,同时也是 $n-1$ 次划分,每次划分得到一个子区间为空,另一个子区间包含有 $n-i$ 个记录,i 代表层数,取值范围为 $1\leqslant i\leqslant n-1$,每层划分需要比较 $(n-i+1)$ 次,所以总的比较次数为 $\sum_{i=1}^{n-1}(n-i+1)=\frac{1}{2}(n^2+n-2)$,即时间复杂度为 $O(n^2)$。在这种情况下需要递归处理 $n-1$ 次(含第 0 次递归调用),所以其空间复杂度为 $O(n)$。换言之,在最坏情况下,快速排序就退化为像简单排序方法那样的"慢速"排序了,而且比简单排序还要多占用一个具有 n 个单元的栈空间,从而使快速排序成为最差的排序方法。

为了避免快速排序最坏的情况发生,一是若事先知道待排序的记录已基本有序(包括正序和逆序),则采用其他排序方法,而不要采用快速排序方法;二是修改上面的快速排序算法,使得在每次划分之前比较当前区间的第一个元素、最后一个元素和中间一个元素的排序码,取排序码居中的一个元素作为基准元素并调换到第一个元素位置上。

10.5 归并排序

1. 把两个有序表归并为一个有序表

在讨论归并排序之前,首先给出归并的概念。归并(merge)就是将两个或多个有序表合并成一个有序表的过程。若将两个有序表合并成一个有序表称为二路归并,同理,有三路归并、四路归并等。二路归并最为简单和常用,既适应于内排序,也适应于外排序,所以这里只讨论二路归并。例如,有两个有序表(7,12,15,20)和(4,8,10,17),归并后得到的有序表为(4,7,8,10,12,15,17,20)。以后若不特别指明,所提的归并均指二路归并。

二路归并算法很简单,假定待归并的两个有序表分别存于数组 A 中从下标 s 到下标 m 的单元和从下标 $m+1$ 到下标 t 的单元($s \leq m, m+1 \leq t$),即每个有序表中至少有一个元素,结果有序表存于数组 R 中从下标 s 到下标 t 的单元,并令 i,j,k 分别指向这些有序表的第一个单元。其归并过程为:比较 $A[i]$.stn 和 $A[j]$.stn 的大小,若 $A[i]$.stn $\leq A[j]$.stn,则将第一个有序表中的元素 $A[i]$ 复制到 $R[k]$ 中,并令 i 和 k 分别增1,使之分别指向后一单元(位置),否则将第二个有序表中的元素 $A[j]$ 复制到 $R[k]$ 中,并令 j 和 k 分别增1;如此循环下去,直到其中的一个有序表比较和复制完,然后再将另一个有序表中剩余的元素复制到 R 中从下标 k 到下标 t 的单元。

二路归并算法描述为:

```
void twoMerge(ElemType A[],ElemType R[],int s,int m,int t)
{   //把 A 数组中两个相邻的有序表 A[s]~A[m]和 A[m+1]~A[t]归并为 R 数组中对应位置上的一
    //个有序表 R[s]~R[t]
    int i,j,k;
    i=s;j=m+1;k=s;          //分别给指示每个有序表元素位置的变量赋初值
    while(i<=m && j<=t)     //两个有序表中同时存在未归并元素时的处理过程
        if(A[i].stn<=A[j].stn){
            R[k]=A[i];i++;k++;
        }
        else {
            R[k]=A[j];j++;k++;
        }
    while(i<=m){            //对第一个有序表中存在的未归并元素进行处理
        R[k]=A[i];i++;k++;
    }
    while(j<=t){            //对第二个有序表中存在的未归并元素进行处理
        R[k]=A[j];j++;k++;
    }                       //此两个 while 循环最多被执行一个
}
```

2. 二路归并排序的过程示例

归并排序(merge sorting)就是利用归并操作把一个无序表排列成一个有序表的过程。若利用二路归并操作则称为二路归并排序。二路归并排序的过程是:首先把待排序区间(即原始数据表)中的每个元素都看作一个有序表,则 n 个元素构成 n 个有序表,接着两两归并,即第一个表同第二个表归并,第三个表同第四个表归并,…,若最后只剩下一个表,则直接进入下一趟归并,这样就得到了 $\lceil n/2 \rceil$ 个长度为2(最后一个表的长度可能小于2)的有序表,称此为一趟归并;然后再两两有序表归并,得到 $\lceil \lceil n/2 \rceil /2 \rceil$ 个长度为4(最后一个表的长度可能小于4)的有序表;如此进行下去,直到归并第 $\lceil \log_2 n \rceil$ 趟后得到一个长度为 n 的有序表为止。

例如,有 10 个元素的排序码为:

(38,44,28,62,75,30,53,86,17,<u>30</u>)

则进行二路归并排序的过程如图 10-9 所示。

```
(0) [38]  [44]  [28]  [62]  [75]  [30]  [53]  [86]  [17]  [30]  //长度为1
(1) [38    44]  [28    62]  [30    75]  [53    86]  [17    30]  //长度为2
(2) [28    38    44    62]  [30    53    75    86]  [17    30]  //长度为4
(3) [28    30    38    44    53    62    75    86]  [17    30]  //长度为8
(4) [17    28    30    30    38    44    53    62    75    86]  //排序完成
```

图 10-9　二路归并排序的过程示例

3. 一趟二路归并排序的算法

要给出二路归并的排序算法,首先要给出一趟归并排序的算法。设数组 $A[n]$ 中每个有序表的长度为 len(但最后一个表的长度可能小于 len),进行两两归并后的结果存于数组 $R[n]$ 中。进行一趟归并排序时,对于 A 中可能除最后一个(当 A 中有序表个数为奇数时)或两个(当 A 中有序表个数为偶数,但最后一个表的长度小于 len 时)有序表外,共有偶数个长度为 len 的有序表,由前到后对每两个假定从下标 p 单元开始的有序表调用 twoMerge(A,R,p,p+len−1,p+2 * len−1)过程即可完成归并;对可能剩下的最后两个有序表(后一个长度小于 len,否则不会被剩下),假定是从下标 p 单元开始的,则调用 twoMerge(A,R,p,p+len−1,n−1)过程即可完成归并;对可能剩下的最后一个有序表(其长度小于等于 len),则把它直接复制到 R 中对应区间即可。至此,一趟归并完成。

进行一趟二路归并的算法描述为:

```
void mergePass(ElemType A[],ElemType R[],int n,int len)
{    //把数组 A[n]中每个长度为 len 的有序表两两归并到数组 R[n]中
    int i,p=0;                 //p 为每一对待合并表的第一个元素的下标,初值为 0
    while(p+2* len-1<=n-1){ //两两归并长度均为 len 的有序表
        twoMerge(A,R,p,p+len-1,p+2*len-1);
        p+=2*len;
    }
    if(p+len-1<n-1)            //归并最后两个长度不等的有序表
        twoMerge(A,R,p,p+len-1,n-1);
    else
        for(i=p;i<=n-1;i++)
            R[i]=A[i];         //把剩下的最后一个有序表复制到 R 中
}
```

4. 整个二路归并排序的非递归算法

二路归并排序的过程需要进行$\lceil \log_2 n \rceil$趟,第一趟 len 等于 1,以后每进行一趟将 len 加倍。假定待排序的 n 个记录保存在数组 $A[n]$ 中,归并过程中使用的辅助数组为 $R[n]$,第一趟由 A 归并到 R,第二趟由 R 归并到 A;如此反复进行,直到 n 个记录成为一个有序表为止。

在归并过程中,为了将最后的排序结果仍置于数组 A 中,需要进行的趟数为偶数,如果实际只需奇数趟(即$\lceil \log_2 n \rceil$为奇数)完成,那么最后还要进行一趟,正好此时 R 中的 n 个有序元素为一个长度不大于 len(此时 len$\geq n$)的表,将会被直接复制到 A 中。

二路归并排序的非递归算法描述为:

```
void mergeSort(ElemType A[],int n)
{    //采用非归并排序的方法对数组 A 中的 n 个记录进行排序
    ElemType* R=calloc(n,sizeof(ElemType));  //定义长度为 n 的辅助数组 R
    int len=1;                               //从有序表长度为 1 开始
```

```
    while(len<n){
        mergePass(A,R,n,len);  //从A归并到R,得到每个有序表的长度为2*len
        len*=2;                //修改len的值为R中的每个有序表的长度
        mergePass(R,A,n,len);  //从R归并到A,得到每个有序表的长度为2*len
        len*=2;                //修改len的值为A中的每个有序表的长度
    }
    free(R);                   //释放R数组所占用的动态存储空间
}
```

5. 整个二路归并排序的递归算法

二路归并排序算法,可以采用上面非递归的方法编写,也可以采用下面递归的方法编写,若采用递归的方法,则在数组 *a* 上进行二路归并排序的算法描述如下:

```
ElemType* mergeSortDG(ElemType a[],ElemType b[],int m,int n)
{   //采用归并排序方法,对a数组中的n个元素进行排序的递归算法,b为辅助数组,m为每趟归并时
    //有序表(归并段)的长度,初始值为1
    if(m>=n)return a;          //如果条件成立则表明a已经归并有序,应返回
    else {                     //否则采用二路归并的方法进行递归排序
        int i,j,k,p;
        k=0;                   //k用来指示新元素待写入数组b中的下标位置,每趟初值为0
        for(p=0;p<n;p+=2* m){  //进行一趟归并排序的过程,有序表长度为m
            i=p;j=p+m;         //让i和j分别指向前后两个有序表的开始位置
            //两个有序表中同时存在未归并元素时的处理过程
            while(i<(p+m<=n? p+m:n)&& j<(p+2* m<=n? p+2* m:n)){
                if(a[i].stn<=a[j].stn){  //较大者被顺序写入数组b
                    b[k]=a[i];i++;k++;
                }
                else {
                    b[k]=a[j];j++;k++;
                }
            }
            //对第一个有序表中存在的未归并元素进行处理
            while(i<(p+m<=n? p+m:n)){
                b[k]=a[i];i++;k++;
            }
            //对第二个有序表中存在的未归并元素进行处理
            while(j<(p+2*m<=n? p+2*m:n)){
                b[k]=a[j];j++;k++;
            }
        }          //此for循环结束后表示一趟排序结束
        m=2*m;   //有序表长度增加一倍,即修改为数组b中的有序表长度
        return mergeSortDG(b,a,m,n);//进行递归调用
    }
}
```

二路归并排序
算法分析

6. 二路归并排序算法的性能分析

二路归并排序的时间复杂度等于归并趟数与每一趟时间复杂度的乘积。归并趟数为 $\lceil \log_2 n \rceil$(当 $\lceil \log_2 n \rceil$ 为奇数时,则为 $\lceil \log_2 n \rceil+1$)。因为每一趟归并就是将两两有序表归并,而每一对有序表归并时,记录的比较次数均小于或等于(实际约等于)记录的移动次数(即由一个数组复制到另一个数组中的记录个数),而记录的移动次数等于这一对有序表的长度之和,

所以每一趟归并的移动次数均等于数组中记录的个数 n，即每趟归并的时间复杂度为 $O(n)$。因此，二路归并排序的时间复杂度为 $O(n\log_2 n)$。

二路归并排序时需要利用与待排序数组一样大小的一个辅助数组，所以其空间复杂度为 $O(n)$。显然它高于前面所有排序算法的空间复杂度。

二路归并排序是稳定的，因为在每两个有序表归并时，若分别在两个有序表中出现有相同排序码的元素，twoMerge 算法能够使前一有序表中同一排序码的元素先被复制，后一有序表中同一排序码的元素后被复制，从而确保它们的相对次序不会改变。

7. 各种内排序算法的程序调试

可以用下面的程序调试上面介绍的对数组进行排序的各种算法。

```
#include<stdio.h>
#include<stdlib.h>
#define MaxSize 20           //定义待排序数组的长度
typedef int KeyType;         //定义关键字的类型 KeyType 为整型
struct searchType {          //定义待排序数据的类型为此结构类型
    KeyType key;             //关键字域
    int stn;                 //排序码域
    int other;               //其他域
};
typedef struct searchType ElemType;  //定义元素类型 ElemType
#include"内排序各种方法的相应算法.c"
void outputArray(ElemType a[],int n){  //输出显示数组 a[n]中每个元素
    int i;
    for(i=0;i<n;i++){
        printf("{% d,% d} ",a[i].key,a[i].stn);
    }
    printf("\n");
}
void main()
{
    ElemType a[MaxSize]={{28,25},{75,46},{33,35},{46,65},{48,45},{50,69},
        {58,65},{82,72},{77,46},{34,27}};     //a 中保存 10 个待排序元素
    ElemType b[MaxSize],*c;
    int i,n=10;              //待排序的元素个数被定义为 10
    for(i=0;i<n;i++)b[i]=a[i];
    printf("输出数组 a 中待排序的 % d 个元素:\n",n);
    outputArray(a,n);
    printf("输出直接插入排序后的结果:\n");
    insertSort(a,n);
    outputArray(a,n);
    printf("输出希尔排序后的结果:\n");
    for(i=0;i<n;i++)a[i]=b[i];
    shellSort(a,n);
    outputArray(a,n);
    printf("输出直接选择排序后的结果:\n");
    for(i=0;i<n;i++)a[i]=b[i];
    selectSort(a,n);
    outputArray(a,n);
```

```
    printf("输出冒泡排序后的结果:\n");
    for(i=0;i<n;i++)a[i]=b[i];
    bubbleSort(a,n);
    outputArray(a,n);
    printf("输出堆排序后的结果:\n");
    for(i=0;i<n;i++)a[i]=b[i];
    heapSort(a,n);
    outputArray(a,n);
    printf("调用堆排序递归算法后的输出结果:\n");
    for(i=0;i<n;i++)a[i]=b[i];
    heapSortDG(a,n,n/2-1);
    outputArray(a,n);
    printf("输出快速排序后的结果:\n");
    for(i=0;i<n;i++)a[i]=b[i];
    quickSort(a,0,n-1);
    outputArray(a,n);
    printf("输出归并排序后的结果(调用非递归算法):\n");
    for(i=0;i<n;i++)a[i]=b[i];
    mergeSort(a,n);
    outputArray(a,n);
    printf("输出归并排序后的结果(调用递归算法):\n");
    for(i=0;i<n;i++)a[i]=b[i];
    c=mergeSortDG(a,b,1,n);
    outputArray(c,n);
}
```

此程序运行结果如下:

```
输出数组 a 中待排序的 10 个元素值:
{28,25} {75,46} {33,35} {46,65} {48,45} {50,69} {58,65} {82,72} {77,46} {34,27}
输出直接插入排序后的结果:
{28,25} {34,27} {33,35} {48,45} {75,46} {77,46} {46,65} {58,65} {50,69} {82,72}
输出希尔排序后的结果:
{28,25} {34,27} {33,35} {48,45} {75,46} {77,46} {58,65} {46,65} {50,69} {82,72}
输出直接选择排序后的结果:
{28,25} {34,27} {33,35} {48,45} {77,46} {75,46} {58,65} {46,65} {50,69} {82,72}
输出冒泡排序后的结果:
{28,25} {34,27} {33,35} {48,45} {75,46} {77,46} {46,65} {58,65} {50,69} {82,72}
输出堆排序后的结果:
{28,25} {34,27} {33,35} {48,45} {75,46} {77,46} {58,65} {46,65} {50,69} {82,72}
调用堆排序递归算法后的输出结果:
{28,25} {34,27} {33,35} {48,45} {75,46} {77,46} {58,65} {46,65} {50,69} {82,72}
输出快速排序后的结果:
{28,25} {34,27} {33,35} {48,45} {75,46} {77,46} {46,65} {58,65} {50,69} {82,72}
输出归并排序后的结果(调用非递归算法):
{28,25} {34,27} {33,35} {48,45} {75,46} {77,46} {46,65} {58,65} {50,69} {82,72}
输出归并排序后的结果(调用递归算法):
{28,25} {34,27} {33,35} {48,45} {75,46} {77,46} {46,65} {58,65} {50,69} {82,72}
```

可见,使用各种方法排序后的记录均已按排序码的升序排列了。

10.6　各种内排序方法的比较

各种内排序方法之间的比较，主要从以下几个方面综合考虑：时间复杂度、空间复杂度、稳定性、算法简单性、待排序记录数 n 的大小、记录本身信息量的大小等。

1. 时间复杂度

从时间复杂度看，直接插入排序、直接选择排序和气泡排序这三种简单排序方法属于一类，其时间复杂度为 $O(n^2)$；堆排序、快速排序和归并排序这三种排序方法属于第二类，其时间复杂度为 $O(n\log_2 n)$；希尔排序介于这两者之间。这种分类只是就平均情况而言，若从最好情况考虑，则直接插入排序和气泡排序的时间复杂度最好，为 $O(n)$，其他算法的最好情况同其平均情况基本相同。若从最坏情况考虑，则快速排序的时间复杂度为 $O(n^2)$，直接插入排序、希尔排序和气泡排序虽然其最坏情况与在平均情况下相同，但系数大约增加一倍，所以运行速度将降低一半，最坏情况对直接选择排序、堆排序和归并排序影响不大。若再考虑各种排序算法的时间复杂度的系数，则在第一类算法中，直接插入排序的系数最小，直接选择排序次之（但它的移动次数最小），气泡排序最大，所以直接插入排序和直接选择排序比气泡排序速度快；在第二类算法中，快速排序的系数最小，堆排序和归并排序次之，所以快速排序比堆排序和归并排序速度快。由此可知，在最好情况下，直接插入排序和气泡排序最快；在平均情况下，快速排序最快；在最坏情况下，堆排序和归并排序最快。

2. 空间复杂度

从空间复杂度看，所有排序方法可归为三类，归并排序单独属于一类，其空间复杂度为 $O(n)$；快速排序也单独属于一类，其空间复杂度为 $O(\log_2 n)$；其他排序方法归为第三类，其空间复杂度为 $O(1)$。由此可知，第三类算法的空间复杂度最好，第二类次之，第一类最差。

3. 排序稳定性

从排序方法的稳定性看，所有排序方法可分为两类，一类是稳定的，包括直接插入排序、气泡排序和归并排序，另一类是不稳定的，包括希尔排序、直接选择排序、快速排序和堆排序。

4. 算法简单性

从算法简单性看，一类是简单算法，包括直接插入排序、直接选择排序和气泡排序，这些算法都比较简单和直接，易于理解；另一类是改进后的算法，包括希尔排序、堆排序、快速排序和归并排序（归并排序可看作对直接插入排序的另一种改进，它对记录分组排序，但分组方法同希尔排序不同，另外，它把记录的插入和移动改为向另一个数组的复制），这些算法都比较复杂。

5. 数据量的大小

从待排序数据集中的记录数 n 的大小看，n 越小，采用简单排序方法越合适，n 越大采用改进排序方法越合适。因为 n 越小，n^2 同 $n\log_2 n$ 的差距越小，并且简单算法的时间复杂度的系数均小于 1（除气泡排序中最坏情况外），改进算法的时间复杂度的系数均大于 1，因而也使得它们的差距变小，另外，输入和调试简单算法比输入和调试改进算法要节省许多时间，若把此时间也考虑进去，当 n 较小时，选用简单算法比选用改进算法要少花时间。当 n 越大时选用改进算法的效果就越显著，因为 n 越大，n^2 和 $n\log_2 n$ 的差距就越大。例如，当 $n=1\ 000$ 时，$n\log_2 n$ 只是 n^2 的约 1/100。

6. 记录长度的大小

从记录本身长度的大小看，记录本身的长度越大，表明占用的存储字节数就越多，移动记录时所花费的时间就越多，所以对记录的移动次数较多的算法不利。例如，在三种简单排序算法中，直接选择排序移动记录的次数为 n 数量级，其他两种为 n^2 数量级，所以当记录本身的信息量较大时，对直接选择排序算法有利，而对其他两种算法不利。在四种改进算法中，记录本身长度（信息量）的大小，对它们影响区别不大。

以上从六个方面对各种排序方法进行了大致的比较和分析，那么如何在实际的排序问题中分主次地考虑它们呢？首先考虑排序对稳定性的要求，若要求稳定，则只能在稳定方法中选取，否则可以从所有方法中选取；其次要考虑待排序记录数 n 的大小，若 n 较大，则在改进方法中选取，否则在简单方法中选取；然后再考虑其他因素。

下面给出综合考虑以上六个方面所得出的大致结论，供读者选择内排序方法时参考。

(1)当待排序记录数 n 较大，排序码分布较随机，且对稳定性不作要求时，则采用快速排序为宜。

(2)当待排序记录数 n 较大，内存空间允许，且要求排序稳定时，则采用归并排序为宜。

(3)当待排序记录数 n 较大，排序码分布可能会出现正序或逆序的情况，且对稳定性不作要求时，则采用堆排序或归并排序为宜。

(4)当待排序记录数 n 较小，记录或基本有序或分布较随机，且要求稳定时，则采用直接插入排序为宜。

(5)当待排序记录数 n 较小，对稳定不作要求时，则采用直接选择排序为宜，若排序码不接近逆序，亦可采用直接插入排序。

10.7 外排序

10.7.1 外排序的有关概念

外排序就是对外存文件中的记录进行排序的过程，排序结果仍然被放到外存文件中。

外存文件排序包括磁盘(还有光盘、U 盘等，下同)文件排序和磁带文件排序两种，这里只讨论磁盘文件排序的问题。

每个磁盘文件的存储空间逻辑上是按字节从 0 开始顺序编址的。若一个文件中存放有 n 个记录，每个记录占有 b 字节，则每个记录的首字节地址为 $(i-1)\times b$，其中 $1\leqslant i\leqslant n$。此文件按字节计算出的大小为 $n\times b$，按记录计算出的大小为 n，通常文件的长度是指文件中所含的记录数，所以该文件的长度为 n。

当使用 C 语言中文件型对象打开一个磁盘文件后，系统就为其分配一个内部的文件指针，通过调用文件类型中移动文件指针的函数可以使文件指针指向文件中的任何字节位置，该位置就是对文件进行信息读写(存取)操作的首字节地址。当向文件中读写一个记录中具有 b 字节的信息块后，其文件指针自动由原来位置向后移动 b 字节的位置，以便用户存取下一个信息块(记录)。当然若在进行下一次文件存取前，用户把文件指针移向了其他位置，接着存取信息就会从这个新位置开始。当文件指针移动到最后一个字节位置之后时，若再从文件中读出信息，则就读到了文件的结束标记(每个文件的最后都会存在有这个结束标记)，此时用于读出信息的函数将返回 0，表示读出操作失败。

在 C 语言中，数据文件被分为两种类型，即字符文件和字节文件，字节文件又称二进制文件，文件类型不同，其读写函数也对应不同。以二进制(binary)方式打开的数据文件是通过 fread()和 fwrite()函数按信息块传送方式存取文件信息的，每个信息块通常包含一个或若干个实际记录的内容。信息块在内存中对应着一个记录对象或保存多条记录的数组对象。内存中的一个信息块可以一次写入到磁盘文件中，磁盘文件中的一个信息块也可以一次读入到内存中具有同样大小的变量或数组对象中。

外存文件同内存信息块之间的信息交换实际上是通过内存文件缓冲区实现的。当打开每个文件时，计算机操作系统就在内存中至少为其分配一个数据缓冲区，每个缓冲区的大小(即所含的字节数)通常为外存中一个物理记录块的大小，对于一般的微机而言，其大小为 1~4 KB。当向文件中写入信息时，首先是把它写入对应文件的数据缓冲区中，待数据缓冲区写满后，系统才一次性把整个缓冲区的内容写入外存文件上。当程序执行从文件中读出信息时，首先是在该文件所对应的数据缓冲区中查找，若找到则不需要访问外存，直接从缓冲区中取出所需要的数据使用即可，否则访问一次外存，把包含访问信息的整个物理记录块全部读入到内存文件缓冲区中，然后再从文件缓冲区中读出使用，即读入内存变量或数组对象中。

因为进行一次外存访问操作，即把一个物理信息块从外部磁盘读入内存或从内存写入磁盘，与在内存中传送同样大小的信息量操作相比，从时间上要高出 2 至 3 个数量级，所以在进行文件操作时要使得设计出的算法能够尽量减少访问外存的次数。因此在文件操作中要尽量读写文件中相邻位置上的信息，从而达到减少外存访问次数的目的。

对于外存磁盘文件，由于能够随机存取任何字节位置或记录位置上的信息，所以在逻辑结构及操作上同使用内存数组类似，在数组上采用的各种内排序方法都能够用于外排序中，考虑到要尽量减少访问外存的次数，所以在外排序中最合适使用归并排序方法，因为此方法是依次访问存储位置上相邻的记录。

内存归并排序在开始时是把数组中的每个元素均看作长度为 1 的有序表（在外排序中又称归并段），也就是说，在进行归并排序过程中，归并段的长度从 1 开始，依次为 2,4,8,…，直到归并段的长度 len 大于或等于待排序的记录数 n 为止。在对外存文件的归并排序中，初始归并段的长度通常不是从 1 开始，而是从一个确定的长度（如 16）开始，这样能够有效地减少归并趟数和访问外存的次数，提高外排序速度。这要求在对磁盘文件归并排序之前首先要利用一种内排序方法，按照初始归并段确定的长度在原文件上依次建立好每个有序表，然后再调用对文件的归并排序算法完成排序。

在对磁盘文件进行二路归并排序时，有两种方法：一种是采用两个文件，交替把一个文件中的数据归并到另一个文件中，每次使归并段的长度翻番；另一种是采用四个文件，交替把两个文件中的对应有序子表（归并段）的数据归并到另两个文件中，同样每次使归并段的长度翻番。

假定采用使用四个文件的第二种方法，首先把原始数据文件 f1 中的所有记录，依次按照初始归并段的长度进行内排序，随时把排序好的每个初始归并段交替写入到两个数据文件 f2 和 f3 中，接着对 f2 和 f3 中的每两个对应位置上的归并段进行两两归并，交替写入数据文件 f4 和 f5 中，同样，再把 f4 和 f5 中的每两个对应位置上的归并段进行两两归并，交替写入 f2 和 f3 中，依此循环，每归并一趟，其归并段的长度就增加一倍，直到 f2 中只含有一个归并段为止，此时 f3 中也只含有一个归并段，并且该归并段可能为空，最后把 f2 和 f3 二路归并到原始数据文件 f1 中即可。

例如，假定 f1 中含有 200 个记录，并假定初始归并段的长度为 16，则归并过程中各文件所含的归并段个数及大小如图 10-10 所示。

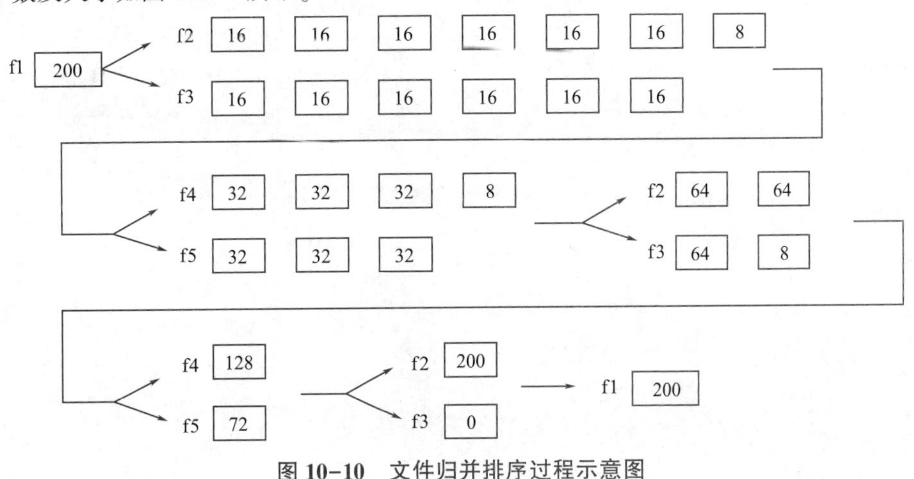

图 10-10　文件归并排序过程示意图

在图10-10中,对于f1中的200个原始数据记录,依次按16个一组在内存数组中排序成初始归并段,并交替写入f2和f3文件中;接着把f2和f3中各自第一个归并段归并到f4文件中,把f2和f3中各自第二个归并段归并到f5文件中,把f2和f3中各自第三个归并段归并到f4文件中,依此类推;接着把f4和f5中各自第一个归并段归并到f2文件中,把f4和f5中各自第二个归并段归并到f3文件中,把f4和f5中各自第三个归并段归并到f2文件中,把f4中最后一个长度为8的归并段归并到f3文件中,至此f2中含有两个归并段,其长度依次为64和64,f3中含有两个归并段,其长度依次为64和8;接着继续归并,在f4中得到长度为128的一个归并段,在f5中得到长度为72的一个不足长度的归并段(此趟归并长度为128);再继续归并,在f2文件中得到长度小于256(实际长度为200)的一个归并段,f3文件中为空;至此在f2文件中就得到了最后的结果,当然还可把f2和f3归并到原始数据文件f1中。

10.7.2 外排序算法

1. 把两个文件中对应归并段的内容归并到第3个文件中

假定要把文件A和B中对应归并段的内容归并到文件R的对应位置上,A和B中待归并段的起始位置(即记录的顺序编号)分别用sa和sb表示,各自归并段中所含的记录个数分别用ca和cb表示,每条记录的长度(即所占用的字节数)用b表示,则实现对两个归并段进行二路归并的算法描述如下:

```
void fileTwoMerge(FILE* A,FILE* B,FILE* R,int sa,int ca,int sb,int cb)
{  //把文件A和B中对应的各自一个归并段,归并到文件R的对应位置上
    int i,j;
    int ia=1,ib=1;                     //用ia和ib作为是否读取各自文件中下一个记录的标志
    ElemType a1,a2;                    //用a1和a2保存每次读取各自文件中的一条记录
    i=sa;j=sb;                         //给i和j赋初值,分别指向相应归并段的开始位置
    fseek(A,i* b,SEEK_SET);            //将文件A中的文件指针移至归并段开始读写位置
    fseek(B,j* b,SEEK_SET);            //将文件B中的文件指针移至归并段开始读写位置
    //当两个文件中同时存在未归并记录时的处理过程
    while(i<sa+ca && j<sb+cb){
        if(ia)fread((char* )&a1,b,1,A);           //从A中顺序读取一条记录到a1
        if(ib)fread((char* )&a2,b,1,B);           //从B中顺序读取一条记录到a2
        if(a1.stn<=a2.stn){                       //条件成立时将a1写入到R文件中
            fwrite((char* )&a1,b,1,R);
            i++;ia=1;ib=0;                        //进入下一轮循环时允许从A中读取新记录
        }
        else {                                    //否则将a2写入到R文件中
            fwrite((char* )&a2,b,1,R );
            j++;ib=1;ia=0;                        //进入下一轮循环时允许从B中读取新记录
        }
    }
    //对读出但尚未写入R的记录进行写入操作
    if(ia==0){fwrite((char* )&a1,b,1,R);i++;}
    if(ib==0){fwrite((char* )&a2,b,1,R);j++;}
    //对A中归并段尚未归并的部分直接写入到R中
    while(i<sa+ca){
        fread((char* )&a1,b,1,A);
        fwrite((char* )&a1,b,1,R);
        i++;
```

```
    }
    //对 B 中归并段尚未归并的部分直接写入到 R 中
    while(j<sb+cb){
        fread((char* )&a2,b,1,B);
        fwrite((char* )&a2,b,1,R);
        j++;
    }
}
```

2. 对两个文件中的所有归并段进行一趟归并

假定对文件 A1 和 A2 进行一趟二路归并,将每对归并段的归并结果交替写入文件 R1 和 R2 中,此趟归并的归并段长度(记录数)用参数 len 表示,当一趟归并结束后,在 R1 和 R2 中得到的归并段长度为 2×len。此一趟归并的算法描述如下:

```
void fileMergePass(FILE* A1,FILE* A2,FILE* R1,FILE* R2,int len)
{    //把文件 A1 和 A2 中归并段长度为 len 的文件交替归并到文件 R1 和 R2 中
    int i,n1,n2,p;
    ElemType x;
    fseek(A1,0,SEEK_END);     //把 A1 中的文件指针移至结尾位置
    n1=ftell(A1)/b;           //在 n1 中得到文件 A1 中的记录数
    fseek(A2,0,SEEK_END);     //把 A2 中的文件指针移至结尾位置
    n2=ftell(A2)/b;           //在 n2 中得到文件 A2 中的记录数
    p=0;  //p 用于指向两文件中对应的两个归并段的首记录位置,初值为 0
    //两两归并长度(即记录个数)均为 len 的归并段
    while(p+len<=n1 && p+len<=n2){ //偶数归并段被归并到 R1,否则被归并到 R2
        if(p%(2*len)==0)fileTwoMerge(A1,A2,R1,p,len,p,len);
        else fileTwoMerge(A1,A2,R2,p,len,p,len);
        p+=len;
    }
    //归并最后两个长度不等长的归并段,并且 A1 的归并段长度必然大于或等于 A2 的长度
    if(p<n1 && p<n2)
        if(p% (2*len)==0)fileTwoMerge(A1,A2,R1,p,n1-p,p,n2-p);
        else fileTwoMerge(A1,A2,R2,p,n1-p,p,n2-p);
    //把只可能在 A1 中剩下的归并段直接复制到对应文件中
    else {
        fseek(A1,p*b,SEEK_SET);  //将 A1 中的文件指针移至开始读写的存储位置
        for(i=p;i<n1;i++){
            fread((char*)&x,b,1,A1);
            if(p% (2*len)==0)fwrite((char*)(&x),b,1,R1);
            else fwrite((char*)&x,b,1,R2);
        }
    }
}
```

3. 从初始归并段开始对文件进行二路归并排序

对交替保存在 A1 和 A2 文件中的所有初始归并段进行二路归并排序,假定总记录个数为 n,初始归并段的长度(即所含记录数)为 block,则此算法描述为:

```
void fileMergeSort(FILE* A1,FILE* A2,int n,int block)
{    //采用归并排序方法从 A1 和 A2 中的每个初始归并段开始进行归并排序
    int len;
```

```
    //在当前目录下定义并打开两个能随机存取的辅助文件 R1 和 R2
    FILE* R1=fopen(f4,"wb+");
    FILE* R2=fopen(f5,"wb+");
    if(! R1 ||! R2){printf("文件没有打开,退出运行! \n");exit(1);}
    //从归并段长度(即记录个数)为给定值 block 开始
    len=block;
    //当归并段长度 len 小于待排序的记录总数 n 时,需要进行归并排序处理
    while(len<n){
        //重新关闭和打开二进制读写文件 R1 和 R2,并自动置为空文件
        fclose(R1);R1=fopen(f4,"wb+");
        fclose(R2);R2=fopen(f5,"wb+");
        //从 A1 和 A2 归并到 R1 和 R2,得到每个归并段的长度为 2*len
        fileMergePass(A1,A2,R1,R2,len);
        //修改 len 的值为 R1 和 R2 中的每个归并段的长度
        len* =2;
        //重新关闭和打开二进制读写文件 A1 和 A2,并自动置为空文件
        fclose(A1);A1=fopen(f2,"wb+");
        fclose(A2);A2=fopen(f3,"wb+");
        //从 R1 和 R2 归并到 A1 和 A2,得到每个归并段的长度为 2*len
        fileMergePass(R1,R2,A1,A2,len);
        //修改 len 的值为当前 A1 和 A2 中的每个归并段的长度
        len*=2;
    } //此循环结束时,在 A1 中一定得到了一个有序文件,A2 为空文件
    //关闭辅助文件 R1 和 R2
    fclose(R1);fclose(R2);
    //从当前目录中删除 R1 和 R2 所对应的数据文件
    remove(f4);remove(f5);
}
```

4. 利用随机函数建立包含 *n* 个记录的数据文件

```
void loadFile(FILE* ff,int n)
{   //向文件流为 ff 所对应的文件中输入 n 个记录
    int i;
    ElemType x;
    //假定只向每个记录的排序码域输入数据,其值由随机函数产生
    for(i=0;i<n;i++){
        x.stn=rand()%300;
        fwrite((char*)&x,sizeof(ElemType),1,ff);
    }
}
```

5. 打印输出数据文件中全部记录的排序码

```
void printFile(FILE* ff)
{   //顺序打印出由文件流 ff 所对应文件中的每个记录
    int n,i;
    ElemType x;
    fseek(ff,0,SEEK_END);                  //将文件指针移至文件末尾
    n=ftell(ff)/b;                         //用 n 表示文件所含的记录数
    fseek(ff,0,SEEK_SET);                  //将文件指针移至文件首
    for(i=0;i<n;i++){                      //假定只打印出每条记录的排序码
```

```
        fread((char*)&x,b,1,ff);          //从文件中读一记录到 x 中
        if(i%15==0)printf("\n");          //假定让每行显示出 15 个数据
        printf("%4d",x.stn);              //每个数据占 4 个字符显示位置
    }
    printf("\n");
}
```

10.7.3　外排序应用程序运行示例

下面是一个进行外排序的完整程序，该程序首先调用 loadFile()函数，在系统当前目录(即此程序所在的保存目录)中建立一个具有 n 个记录的数据文件，该数据文件的文件名由文件流对象 a1 相对应，即是文件名为 f1. dat 的文件，接着进行文件归并排序。若文件长度小于或等于初始归并段的长度 block，则一次全部记录读入到内存数组后，直接进行内排序，把排序结果再一次写入由文件流对象 a2 相对应的文件(即 f2. dat)即可；否则，对 a1 所表示的原数据文件，依次读出长度为 block 的记录数到内存数组中进行内排序，并交替写入 a2 和 a3 所表示的数据文件(即 f2. dat 和 f3. dat)中，然后进行 fileMergeSort(a2,a3,n,block)调用，完成整个排序过程。

```
#include<stdio.h>
#include<stdlib.h>
typedef int KeyType;                       //定义关键字的类型 KeyType 为整型
struct searchType {                        //定义待排序数据的类型为此结构类型
    KeyType key;                           //关键字域
    int stn;                               //排序码域
    int other;                             //其他域
};
typedef struct searchType ElemType;       //定义元素类型为待排序数据类型
const int b=sizeof(ElemType);              //用全局常量 b 保存记录长度
int n;                                     //全局变量 n 用来保存待建立文件中的记录总数
int block;                                 //全局变量 block 用来保存初始归并段的长度
const char* f1="f1.dat";                   //定义 f1 文件名标识符
const char* f2="f2.dat";                   //定义 f2 文件名标识符
const char* f3="f3.dat";                   //定义 f3 文件名标识符
const char* f4="f4.dat";                   //定义 f4 文件名标识符
const char* f5="f5.dat";                   //定义 f5 文件名标识符
//相关函数原型声明
void insertSort(ElemType A[],int n);
void fileTwoMerge(FILE* A,FILE* B,FILE* R,int sa,int ca,int sb,int cb);
void fileMergePass(FILE* A1,FILE* A2,FILE* R1,FILE* R2,int len);
void fileMergeSort(FILE* A1,FILE* A2,int n,int block);
void loadFile(FILE* ff,int n);
void printFile(FILE* ff);
#include"外排序所涉及的各种算法.c"        //此文件中保存着以上 6 个函数定义
void main()
{
    int n;
    FILE *a1,*a2,*a3;
    printf("请输入存于文件的记录数:");
    scanf("%d",&n);
    printf("请输入初始归并段的长度:");
```

```
scanf("%d",&block);
printf("\n");
//在当前目录下打开3个用于读写的二进制文件,若不存在则建立,否则清空内容
a1=fopen(f1,"wb+");
a2=fopen(f2,"wb+");
a3=fopen(f3,"wb+");
//没有找到对应的磁盘文件则退出运行
if(! a1 ||! a2 ||! a3){printf("文件没有打开,退出运行! \n");exit(1);}
//调用此算法建立含有n个记录的文件,此文件为文件流a1所对应的f1.dat文件
loadFile(a1,n);
//顺序打印输出排序前文件中的数据
printf("排序前文件中的数据:\n");
printFile(a1);
printf("\n");
//文件指针移至原文件的开始
fseek(a1,0,SEEK_SET);
//当文件长度小于或等于初始归并段的长度时,无须进行外排序,只要将文件内容一次读入内存数组,
//进行内排序后再写入外存文件即可
if(n<=block){
    //定义与文件大小相同的内存数组d
    ElemType* d=malloc(n* b);
    if(d==NULL){printf("动态内存用完,退出运行! \n");exit(1);}
    //将文件内容整块读入数组d中
    fread((char* )d,b,n,a1);
    //任选一种内排序方法对数组d进行内排序,这里采用直接插入排序方法
    insertSort(d,n);
    //把已排序的数组内容写入文件流a2所代表的f2.dat文件中
    fwrite((char* )d,b,n,a2);
    //删除临时数组d
    free(d);
}
//当文件长度大于初始归并段的长度时,须进行外排序,首先要对文件建立好每个初始归并段,然后
//调用归并排序算法进行外排序
else {
    int k,m,i;
    //动态分配具有初始归并段长度的数组d
    ElemType* d=malloc(block* b);
    if(d==NULL){printf("动态内存用完,退出运行!\n");exit(1);}
    //求出文件中的初始归并段的整倍数并赋给k
    k=n/block;
    //求出最后一个不足长度的归并段的长度并赋给m
    m=n%block;
    //依次建立好k个整倍数归并段,交替写入到文件流a2和a3所代表的文件中
    for(i=0;i<k;i++){
        fread((char*)d,b,block,a1);
        insertSort(d,block);
        if(i%2==0)fwrite((char*)d,b,block,a2);
        else fwrite((char*)d,b,block,a3);
    }
```

```
        //建立好最后一个不足长度的归并段,写入到相应的文件中
        if(m>0){
            fread((char*)d,b,m,a1);
            insertSort(d,m);
            if(i% 2==0)fwrite((char* )d,b,m,a2);
            else fwrite((char* )d,b,m,a3);
        }
        //删除动态数组 d
        free(d);
        //对依次保存着每个初始归并段的两个文件进行外归并排序,n 和 block 分别表示待排序的总
        //记录数和初始归并段长度
        fileMergeSort(a2,a3,n,block);
    }
    printf("排序后文件中的数据:\n");
    //顺序打印出文件流 a2 所代表的文件内容,它是根据原文件已排序的一个有序文件
    printFile(a2);
    //关闭 3 个文件流分别所代表的数据文件,及删除文件标识符 f3 所代表的 f3.dat 文件
    fclose(a1);fclose(a2);fclose(a3);
    remove(f3);
}
```

假定要求对 160 个记录进行外排序,初始归并段的长度为 12,则该程序的运行结果为:

```
请输入存于文件的记录数:160
请输入初始归并段的长度:12
排序前文件中的数据:
41   167  34   100  269  124  78   258  262  164  5    245  181  27   61
191  295  242  27   36   291  204  2    153  292  82   21   116  218  95
47   126  71   138  69   112  167  199  235  294  203  111  122  33   273
164  141  211  53   268  47   44   262  57   237  259  23   141  229  178
16   35   290  42   288  106  40   242  64   148  146  105  290  129  70
50   6    201  93   248  129  23   84   154  156  140  166  176  131  208
144  39   26   223  137  238  218  282  129  41   33   215  139  258  204
30   177  206  173  186  221  245  224  172  270  129  77   273  297  12
286  90   161  36   155  167  255  274  131  52   50   250  141  124  166
130  207  191  7    237  157  287  153  183  245  209  109  158  221  288
122  46   206  130  213  68   0    191  162  155
排序后文件中的数据:
0    2    5    6    7    12   16   21   23   23   26   27   27   30   33
33   34   35   36   36   39   40   41   41   42   44   46   47   47   50
50   52   53   57   61   64   68   69   70   71   77   78   82   84   90
93   95   100  105  106  109  111  112  116  122  122  124  124  126  129
129  129  129  130  130  131  131  137  138  139  140  141  141  141  144
146  148  153  153  154  155  155  156  157  158  161  162  164  164  166
166  167  167  167  172  173  176  177  178  181  183  186  191  191  191
199  201  203  204  204  206  206  207  208  209  211  213  215  218  218
221  221  223  224  229  235  237  237  238  242  242  245  245  245  248
250  255  258  258  259  262  262  268  269  270  273  273  274  282  286
287  288  288  290  290  291  292  294  295  297
```

小　结

1. 直接插入排序、直接选择排序和冒泡排序是三种最基本的简单排序方法，它们的时间复杂度均为$O(n^2)$，空间复杂度均为$O(1)$。归并排序、堆排序和快速排序是三种改进型的排序方法，它们的时间复杂度均为$O(n\log_2 n)$，空间复杂度分别为$O(n)$、$O(1)$和$O(\log_2 n)$。希尔排序介于这两者之间，其时间复杂度也在$O(n\log_2 n)$和$O(n^2)$之间。

2. 对n个元素进行堆排序的过程包括建立初始堆和利用堆排序两个阶段。建立初始堆就是按结点编号从大到小的次序，依次对每个分支结点进行筛运算，共需进行$\lfloor n/2 \rfloor$次筛运算；利用堆排序需要依次对堆顶元素进行$n-1$次筛运算，在每次筛运算前都要进行堆顶与堆尾元素的位置交换。

3. 对n个元素进行快速排序是一个递归过程，每执行一次这个过程就把当前区间上的所有元素按基准元素划分为前后两个子区间，当一个子区间的元素个数大于或等于2时需要继续向下递归排序。

4. 在快速排序中进行一次划分时，通常以该区间上的第一个元素作为基准元素，从第二个元素起依次向后扫描，当被扫描到的元素大于基准元素时止，再从当前区间的最后一个元素起依次向前扫描，当被扫描到的元素小于基准元素时止，接着对调这两个位置上的元素，然后继续从两边向中间扫描并交换，直到扫描过程相遇为止，把基准元素对调到相遇位置就完成了一次划分。

5. 归并排序是两两有序表依次归并的过程，第一趟归并时，有序表的长度为1，即每个元素为一个有序表，归并结果得到的每个有序表的长度为2，当然最后一个有序表可能小于2；第二趟归并时，有序表的长度为2，得到长度为4的有序表，依此类推，直至归并到第$\lceil \log_2 n \rceil$趟后完成，就得到了一个有序表。归并排序方法同样适应于外存文件排序。

6. 对数据进行排序的方法很多，如果只需要内排序，则就从众多内排序方法中选择较合适的一种，如果需要外排序，即数据文件排序，则也有许多方法可供选择，本书只介绍了一种方法，即归并排序方法，它也是比较实用和有效的一种外排序方法。

思考与练习

一、单选题

1. 若对n个元素进行直接插入排序，在进行第i趟$(1 \leq i \leq n-1)$排序时，为寻找插入位置最多需要进行元素的比较次数为(　　)。

A. $i+1$　　B. $i-1$　　C. i　　D. 1

2. 在对n个元素进行快速排序中，第一次划分最多需要交换的元素成对数为(　　)。

A. $\lceil n/2 \rceil$　　B. $n-1$　　C. n　　D. $n+1$

3. 在对n个元素进行快速排序中，最好情况下需要进行划分的层数为(　　)。

A. n　　B. $n/2$　　C. $\log_2 n$　　D. $2n$

4. 在对n个元素进行快速排序中，最坏情况下需要进行划分的层数为(　　)。

A. n　　B. $n-1$　　C. $n/2$　　D. $\log_2 n$

5. 在对n个元素进行快速排序中，最坏情况下的时间复杂度为(　　)。

A. $O(1)$　　B. $O(\log_2 n)$　　C. $O(n^2)$　　D. $O(n\log_2 n)$

6. 在对n个元素进行直接选择排序中，需要进行选择和交换的趟数为(　　)。

A. n　　B. $n+1$　　C. $n-1$　　D. $n/2$

7. 若对 n 个元素进行直接选择排序，则进行任一趟排序的过程中，为寻找最小值元素所需要的时间复杂度为(　　)。

A. $O(1)$　　B. $O(\log_2 n)$　　C. $O(n^2)$　　D. $O(n)$

8. 在对 n 个元素构成初始堆的过程中，需要进行筛运算的结点数为(　　)。

A. 1　　B. $n/2$　　C. n　　D. $n-1$

9. 在对 n 个元素由初始堆开始进行堆排序的过程中，共需要进行结点值交换和筛运算的次数为(　　)。

A. $n+1$　　B. $n/2$　　C. n　　D. $n-1$

10. 若对 n 个元素进行堆排序，则每次进行筛运算的时间复杂度为(　　)。

A. $O(1)$　　B. $O(\log_2 n)$　　C. $O(n^2)$　　D. $O(n)$

11. 若对 n 个元素进行归并排序，则进行归并的趟数为(　　)。

A. n　　B. $n-1$　　C. $n/2$　　D. $\lceil \log_2 n \rceil$

12. 若一个元素序列基本有序，则最好选用的排序方法是(　　)。

A. 直接插入排序　　B. 直接选择排序　　C. 堆排序　　D. 快速排序

13. 若要对较多元素进行排序，要求既快又稳定，则采用(　　)。

A. 直接插入排序　　B. 归并排序　　C. 堆排序　　D. 快速排序

14. 若要对较多元素进行排序，要求既快又省存储空间，则选用的排序方法是(　　)。

A. 直接插入排序　　B. 归并排序　　C. 堆排序　　D. 快速排序

15. 在下列排序方法中，空间复杂度为 $O(\log_2 n)$ 的方法是(　　)。

A. 直接选择排序　　B. 归并排序　　C. 堆排序　　D. 快速排序

二、判断题

1. 若对 n 个元素进行直接插入排序，在进行任一趟排序的过程中，为寻找插入位置而需要的时间复杂度为 $O(\log_2 n)$。(　　)

2. 每次从无序表中取出一个元素，将其插入有序表中的适当位置，此种排序方法称为直接插入排序。(　　)

3. 每次从无序表中挑选出一个最小或最大值元素，将其交换到一端，此种排序方法称为气泡排序。(　　)

4. 每次直接或通过基准元素间接比较两个元素，若出现逆序排列时就交换它们的位置，此种排序方法称为交换排序。(　　)

5. 在对 n 个元素进行快速排序中，平均情况下的空间复杂度为 $O(\log_2 n)$。(　　)

6. 每次使两个相邻的有序表合并成一个有序表的排序方法称为归并排序。(　　)

7. 在直接选择排序中，记录的比较次数小于记录的移动次数。(　　)

8. 在堆排序中，建立初始堆所需要进行筛运算的次数大于其后进行筛运算的次数。(　　)

9. 在堆排序中，树根结点的值可能会一直被筛到叶子结点上。(　　)

10. 假定一组记录为{46,79,56,38,40,84}，则建成初始堆后的队尾元素为46。(　　)

11. 对一组数据进行快速排序得到的搜索二叉树是一棵完全二叉树。(　　)

12. 快速排序的空间复杂度要好于堆排序的空间复杂度。(　　)

13. 假定一组记录为{46,79,56,38,40,80}，则进行快速排序一次划分后的第一个元素为38。(　　)

14. 假定一组记录为{46,79,56,38,40,80}，对其进行快速排序的过程中，对应搜索二叉树的深度为3。(　　)

15. 归并排序是所有排序方法中空间复杂度最差的。 ( )

16. 若要对20个记录进行归并排序时,共需要进行5趟归并过程。 ( )

17. 假定一组记录为{46,79,56,38,25,80},对其进行归并排序的过程中,第2趟排序结束后,第一个位置上的元素为25。 ( )

三、运算题

已知一组元素的排序码为:

{46,74,16,53,14,26,40,38}

1. 利用直接插入排序的方法写出每次向前面有序表中插入一个元素后的排列结果。

2. 利用直接选择排序方法写出每次选择和交换后的排列结果。

3. 利用堆排序的方法写出在构成初始堆和利用堆排序的过程中,每次筛运算后的排列结果,并画出初始堆所对应的完全二叉树。

4. 利用快速排序的方法写出每一层划分后的排列结果,并画出由此快速排序得到的搜索二叉树。

5. 利用归并排序的方法写出每一趟二路归并排序后的结果。

四、算法设计题

1. 已知一种奇偶转换排序方法如下所述:第一趟从第一个数开始,依次对数组 a 中所有奇数位的元素,将 $a[i]$ 和 $a[i+1]$ 进行比较,第二趟从偶数位元素开始,依次对数组 a 中所有偶数位,将 $a[i]$ 和 $a[i+1]$ 进行比较,每次比较时若 $a[i]>a[i+1]$,则将两者交换,重复以上过程,直到整个数组有序。按照下面的函数原型,编写一个实现上述排序过程的算法。

```
void oddEvenSort(int a[],int n);
```

2. 假定保存在一个数组中的集合元素均为正整数或负整数,设计一个算法,将正整数和负整数分开,使集合的前部为负整数,后部为正整数,不要求对它们排序,但要求尽量减少交换次数。函数原型为:

```
void separate(int s[],int n);
```

3. 编写一个对整型数组 $a[n]$ 中的 n 个元素进行选择排序的算法,要求首先从待排序区间中选择出一个最小值并同第一个元素交换,再从待排序区间中选择出一个最大值并同最后一个元素交换,反复进行直到待排序区间中元素的个数不超过1为止。算法原型为:

```
void otherSelectSort(int a[],int n);
```

4. 根据下面的函数原型编写出快速排序的非递归算法。

```
void nonQuickSort(int a[],int n);
```

5. 把归并排序中的递归算法改写为非递归算法,其函数原型如下:

```
ElemType* mergeSortFDG(ElemType a[],ElemType b[],int m,int n);
```